U0192820

脉冲激光加工技术

梅雪松　赵万芹　王文君　崔健磊　著

科学出版社

北京

内 容 简 介

本书以作者历时十余年针对脉冲激光加工的研究为基础,从脉冲激光与材料相互作用机理出发,着重介绍毫秒、纳秒和超快激光加工多种材料,尤其是难加工的具有硬脆特性材料的仿真分析与工艺技术,最后以两款自主搭建的脉冲激光和脉冲激光复合加工装备为例,概述激光加工装备的组成和特点等。本书从机理开始,工艺接续,装备收尾,全方位展示脉冲激光加工技术,具有统一性、系统性和协同性等特点。

本书可作为激光加工、材料加工、机械工程等专业高年级本科生、研究生的参考书,也可供有关领域的科研人员、工程技术人员阅读。

图书在版编目(CIP)数据

脉冲激光加工技术 / 梅雪松等著 . —北京:科学出版社,2023.1
ISBN 978-7-03-074334-3

Ⅰ.①脉… Ⅱ.①梅… Ⅲ.①激光加工 Ⅳ.①TG665

中国版本图书馆 CIP 数据核字(2022)第 241464 号

责任编辑:张艳芬 李 娜 / 责任校对:崔向琳
责任印制:赵 博 / 封面设计:蓝正设计

科 学 出 版 社 出版
北京东黄城根北街 16 号
邮政编码:100717
http://www.sciencep.com
北京建宏印刷有限公司印刷
科学出版社发行 各地新华书店经销

*

2023 年 1 月第 一 版 开本:720×1000 1/16
2024 年 5 月第二次印刷 印张:26
字数:514 000
定价:230.00 元
(如有印装质量问题,我社负责调换)

前　　言

　　激光具有高亮度、单色性、方向性和相干性，使其在材料加工方面具有独特的优势。材料加工领域使用的脉冲激光主要包括长脉冲毫秒激光、短脉冲纳秒激光以及超短脉冲皮秒激光和飞秒激光等。近年来，随着新材料和智能产品的发展及制造需求的提高，脉冲激光加工技术在众多制造行业中获得了进一步拓展和应用，尤其是超快激光加工技术，不仅在一些金属加工领域逐步替代传统加工方法，而且在硬脆、耐高温等新材料加工领域已成为最活跃的研究热点，可以说其是最具原创性和颠覆性的制造技术之一。

　　本书旨在介绍作者研究团队长期关于脉冲激光加工技术在多种材料加工中理论和实践的研究成果，尤其是难加工的高硬度、高脆性等材料，如高温镍基合金、金刚石、氧化铝和碳化硅等，期望能够给从事脉冲激光加工技术研究和应用的读者一些借鉴和启发。全书从脉冲激光加工理论和应用着手，第1章简要介绍激光原理、加工应用及其未来发展；第2章着重介绍毫秒激光、纳秒激光和超快激光加工过程的仿真分析；第3～5章分别介绍毫秒激光、纳秒激光和超快激光对多种材料的加工技术，包括激光重熔、激光冲击强化、激光孔/槽加工、激光切割、激光抛光、激光标印等；第6章介绍两款自主搭建的激光加工装备。

　　感谢段文强、凡正杰、刘斌、潘爱飞、王晓东、杨成娟、耿永祥、孙小云老师对本书提出的宝贵意见。博士生闫兆暄、孙晓茂、王汝家、李泉省、郑庆振、樊盼盼、任笑莹，硕士生杨子轩、豆剑、方旭阳、董向阳等对本书文字和插图进行了整理，一并表示感谢。

　　本书的出版得到了国家自然科学基金重点项目(51735010)、国家科技重大专项(2019-VII-0009-0149)、航空发动机及燃气轮机基础科学中心项目(P2022-A-IV-002-003)、教育部"长江学者奖励计划"青年学者、国家自然科学基金优秀青年科学基金项目(52022078)等的支持。

　　限于作者水平，书中难免存在不足之处，敬请读者提出宝贵的意见和建议。

目　　录

第1章 概　述

1.1　激光的原理与分类

激光是 20 世纪以来继核能、计算机、半导体之后,人类的又一重大发明,被称为"最快的刀""最准的尺""最亮的光"。

激光产生于物质微观粒子态的变化。原子内电子通过吸收或释放光子而在各高、低能级之间跃迁,可细分为以下三种形式:

(1)自发吸收。原子内电子通过吸收光子而获得能量,从低能级跃迁至高能级,如图 1.1(a)所示。

(2)自发辐照。原子内电子自发地释放光子使自身能量降低,从高能级跃迁至低能级,如图 1.1(b)所示。

(3)受激辐照。光子入射到物质内部,会使高能级电子在光子的激发下从高能级跃迁至低能级,同时辐照出一个与入射光子具有完全相同状态(相同的波长、相位、频率和方向)的光子,致使完全无法区分出两者的差异,这一现象便是电子的受激辐照,如图 1.1(c)所示,辐照出的光子的波长即对应于高、低能级之间的能量差。

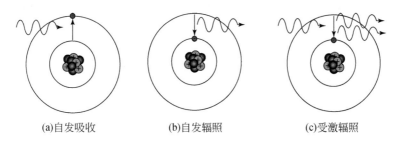

(a)自发吸收　　　　　(b)自发辐照　　　　　(c)受激辐照

图 1.1　原子内电子的跃迁过程

爱因斯坦从理论上指出受激辐照的存在和光放大的可能,奠定了激光是由电子的受激辐照机制产生的理论基础。因此,激光最初称为镭射或莱塞(light amplification by stimulated emission of radiation,LASER)。与普通光相比,经过受激辐照产生的激光具有以下四大专属特性。

(1)方向性好:激光的高方向性使其能在有效传递较长距离的同时,还能保证聚焦得到极高的功率密度,这两点都是激光加工的重要条件。

(2)亮度高:激光的亮度较高,且具有高亮度的激光束经透镜聚焦后,能在焦点附近产生数千摄氏度乃至上万摄氏度的高温,这使其几乎能够对所有材料进行加工。

(3)单色性好:在整个产生机制中,只会产生一种波长的光,从而保证光束能精确地聚焦到焦点上,得到很高的功率密度和极小的光斑尺寸。

(4)相干性好:主要描述作为光波时激光各个部分的相位关系,所有光子都有相同的相位和偏振,它们叠加起来便产生较大的强度。

激光器是指能发射激光的装置。1960 年,世界上第一台激光器问世,其是由美国科学家 Maiman[1] 根据量子电子学的发展而研制出的一台红宝石激光器。1961 年,Javan 等[2]研制出了首个气体激光器——氦氖激光器;1962 年,其又应用半导体材料成功研制出了气体激光器。1964 年,美国贝尔实验室的科学家 Patel[3]成功研制出了 CO_2 激光器钇铝石榴石(yttrium aluminium garnet,YAG)。从此之后,各种类型的激光器不断涌现,为实验研究和商业应用创造了条件。由于激光的发展以及实验条件的改善,实验相比以前更容易实现。激光器的应用开始进入快速发展阶段,在激光器发展的基础上,研究人员开始对激光与物质的相互作用展开广泛研究。

自第一台激光器问世,人们就开始着手研究如何获得更窄激光脉冲宽度的方法。研究发现,脉冲压缩是解决激光领域中脉冲宽度的重要手段。在脉冲压缩过程中,调 Q 技术以及锁模技术是使用最多的两种技术,其不仅可以提高脉冲峰值功率,而且高效实用。

1961 年,Hellwarth[4]为了实现脉冲激光的输出,首先提出调 Q 的概念。其表达式为

$$Q = 2\pi\nu_0 \frac{腔内存储能量}{每秒损耗能量} \tag{1.1}$$

式中,ν_0 为谐振腔的谐振频率。

根据上述定义,得到调 Q 所采用的原理:泵浦开始时刻,激光器谐振腔处于高损耗低 Q 值状态,不能满足激光器的振荡条件,但是激光器一直处于泵浦脉冲的激励中,将得到很高的粒子数密度,当反转粒子数密度达到峰值时,谐振腔的 Q 值会突然增大,迅速满足激光器振荡的条件,而且反转粒子数密度远远大于反转粒子数密度阈值,迅速建立起激光振荡,突然的变化使功率在很短时间内达到峰值,同时存储在亚稳态的粒子所具有的能量迅速转化为光子的能量,反转粒子的能量很快耗尽,脉冲结束,光子以极高的速率增长,此时激光器输出的光脉冲具有脉冲宽度窄和峰值功率高的特点。

1961 年,Hellwarht 采用被动调 Q 技术首次使红宝石激光器产生了纳秒量级的短脉冲激光,激光脉冲脉度为几十纳秒。1965 年,Mocker 等[5]利用被动调 Q 技

术取得了更进一步的研究成果,把脉冲宽度缩短到 10ns 以下。根据原理,利用调 Q 技术得到的脉冲宽度的极限为 $2L/c$(L 为激光器谐振腔的长度;c 为真空中的光速),因此根据调 Q 技术得到的大都是纳秒脉冲宽度的激光。

为了得到更窄的激光脉冲,有学者提出了锁模技术。锁模技术,即锁相技术,是指将多个纵模激光器中各个纵模的初相位关系固定,形成等时间间隔的光脉冲序列,使得每个振荡模之间有固定的频率差,保证每个振荡模之间的相位也是相对固定的。在锁模技术中,激光输出的是间隔相等的规则脉冲,间隔为 $2L/c$,但是与调 Q 技术相比,其脉冲宽度变得更窄,最窄可以达到调 Q 技术产生的脉冲的 $1/(2N+1)$,其中 $2N+1$ 表示锁模中纵模的个数。根据上述脉冲宽度和纵模之间的关系,锁模技术输出的最高功率密度可以达到调 Q 技术的 $2N+1$ 倍。例如,固体激光器的锁模数可能达到 $10^3 \sim 10^4$ 个,这样峰值功率会产生很高的窄脉冲。综上,锁模技术是实现脉冲变窄的重要手段之一。

随着激光锁模技术的不断发展,脉冲宽度越来越窄,因此超短脉冲激光器迎来了快速发展时期。最先发展且被应用到超短脉冲激光器的锁模技术是被动锁模技术。1965 年,Mocker 等[5]首次在红宝石激光器上使用了被动锁模技术,此后,他们又陆续将被动锁模技术应用到钕玻璃和掺钕钇铝石榴石(neodymium-doped yttrium aluminium garnet,Nd：YAG)激光器上。1966 年,Demaria[6]采用该技术首次得到了皮秒激光。皮秒激光的主要特点是 10^{-12} s 量级的脉冲宽度以及更大的脉冲功率。达到皮秒级的脉冲宽度可以实现对瞬态基元反应的研究。以前,光源能量限制了对许多微弱高级非线性现象的研究,随着皮秒激光的问世,这些研究成为现实。短脉冲激光发展到今天,已经有很多非线性现象得到了研究和解释。皮秒激光也可用来泵浦反应物分子,使反应物分子能够从基态被激发到激发态,也可以用来探测,根据物质的激发态或者中间瞬态行为探测物质的结构,如快速的瞬态现象、超快弛豫过程,以及能级寿命的测量、动力学中的碰撞等。激光技术的快速发展,极大地推动了脉冲压缩技术的进步,人们在皮秒激光之后得到了飞秒激光。1976 年,在染料激光器中首次产生了飞秒激光[7]。1982 年,美国贝尔实验室首次产生了 90fs 的激光脉冲,三年后,该实验室使用新技术产生了 27fs 的激光脉冲。Fork 等[8]和 French 等[9]使用碰撞脉冲锁模(colliding pulse mode-locking,CPM)环形染料激光器得到了 19fs 的激光脉冲。

激光器大多由泵浦源、激光介质和谐振腔三部分组成。激光的产生必须选择合适的激光介质,如气体、液体或固体,激光介质可以实现粒子数反转,是获得激光的必要条件。为了使激光介质中出现粒子数反转,必须用一定的能量去激励原子体系,增加处于上能级的粒子数,泵浦源就是产生光能、电能或化学能的激励装置。有了合适的激光介质和泵浦源,就可以实现粒子数反转,但这样产生的受激辐照强度很弱,无法获得实际应用,需要通过谐振腔进行放大。谐振腔实际是在激光器两端对称地装上两面反射镜,一面几乎全反射,另一面是大部分反射、少量透射的耦合镜,以使激光可以透过并射出,被反射回激光介质的光继续诱发新的受激辐照,从而在光学谐振腔中来回振荡放大,最后从耦合镜的一端输出。

激光器按激光介质的不同可以分为气体激光器、固体激光器和液体激光器等,按工作方式的不同可以分为连续激光器和脉冲激光器。连续激光器可以在较长一段时间内连续输出,工作稳定、热效应高。脉冲激光器以脉冲形式输出,主要特点是峰值功率高、热效应低。在对激光技术不断认知的过程中,也从未停止对高性能、高质量激光技术的探索。脉冲激光的输出波长范围覆盖了从红外(infrared,IR)到紫外(ultraviolet,UV)的全光波段,输出的脉冲宽度越来越窄,经历了毫秒($1ms=10^{-3}s$)、皮秒($1ps=10^{-12}s$)、飞秒($1fs=10^{-15}s$)直至阿秒($1as=10^{-18}s$)的超短脉宽输出,与此同时,输出的能量强度越来越高,经历了兆瓦($1MW=10^6W$)、吉瓦($1GW=10^9W$)、太瓦($1TW=10^{12}W$)甚至拍瓦($1PW=10^{15}W$)量级的超强脉冲输出。由此可见,脉冲激光正朝着脉冲宽度越来越窄、峰值功率越来越高的方向不断前进。下面给出常见的脉冲激光器。

(1)准连续波激光器。

准连续波(quasi-continuous wave,QCW)激光器也称为长脉冲激光器,可以产生毫秒量级的脉冲,占空比为10%。这使得脉冲激光具有比连续激光高10倍以上的峰值功率,对钻孔等应用来说非常有利。

(2)纳秒激光器。

二极管泵浦固态(diode pumped solid state,DPSS)激光器是在20世纪90年代末被首次引入工业环境的。第一台此类激光器仅具有几瓦的低输出功率,波长为355nm。在二极管泵浦之前,使用灯泵浦可获得激光,但是这类激光器非常不可靠。当时,几瓦的纳秒紫外光的成本超过10万美元。随后,纳秒激光器市场越来越成熟,可从许多不同的制造商(提供红外、可见和紫外波长)处购买到纳秒激光器。在大多数情况下,纳秒激光器的脉冲持续时间介于几十纳秒到几百纳秒。这类短脉冲激光器广泛用于打标、钻孔、医疗、快速成型等领域。

(3)皮秒激光器。

近年来,全固态皮秒激光器在材料微加工、激光光谱分析、激光光通信、非线性频率变换、激光检测与计量等方面发挥着重要作用。其中,在进行金属加工时,激光脉冲宽度并不是越短越好,因为当利用脉冲宽度低于5ps的激光进行加工时,会产生非线性效应,这一情况对金属材料的激光加工非常不利。综上所述,脉冲宽度在10ps左右的皮秒激光是进行金属激光微加工的最佳选择。皮秒激光器在微加工领域具有热影响区小、对材料损伤极低等优点,并且皮秒激光器本身结构简单、造价低、稳定可靠,高重复频率提高了加工效率、降低了单件成本。

(4)飞秒激光器。

飞秒激光器是一种脉冲激光器。飞秒是指脉冲的持续时间,与脉冲的频率不同。脉冲的频率是指 1s 内激光器发出的脉冲数目。飞秒激光器具有非常高的瞬时功率,可达百万亿瓦,比目前全世界的发电总功率还要高出上百倍;物质在飞秒激光的作用下会产生非常奇特的现象,即气态的物质、液态的物质、固态的物质都会瞬间变成等离子体;利用飞秒激光进行手术,没有热效应和冲击波,在整个光程中都不会有组织损伤。因此,飞秒激光广泛应用在激光医疗、精密钻孔、精密切割、超微细加工等领域。

1.2 材料加工的脉冲激光

激光的脉冲宽度是一个重要参数,是指单个激光脉冲释放能量真正作用于材料的时间。材料加工用的脉冲激光主要包括:长脉冲激光,主要指毫秒脉冲激光(millisecond pulse laser,MPL),简称毫秒激光,常见脉冲宽度为 1~1000ms;短脉冲激光,主要指纳秒脉冲激光(nanosecond pulse laser,NPL),简称纳秒激光,常见脉冲宽度为 1~1000ns;超短脉冲激光(ultrashort pulse laser,UPL),又称超快激光,包括皮秒超快激光和飞秒超快激光,普遍脉冲宽度≤10ps。将脉冲激光作用于材料表面,是一种无接触、微细精密、高灵活性的先进加工技术,是先进激光应用的重要方向之一。与传统的加工技术不同,脉冲激光加工的主要特点包括:普适性,即对材料硬度、脆性、熔点等不敏感,可以加工陶瓷、玻璃等硬脆材料以及镍基高温合金等高熔点材料;高分辨率,即具有发散角小,激光光斑直径可以聚焦到纳米量级,进而实现高精密微细加工;高自动化,即激光易于导向,易与数控技术结合,进而实现对复杂样品的加工,具有高灵活加工的特点。

脉冲激光器是指单个激光脉冲宽度小于 0.25s,每间隔一定时间才发出一次光束的激光器。材料加工用脉冲激光器按照增益介质,即用来实现粒子数反转并产生光的受激辐照放大作用的物质体系进行分类,主要包括固体激光器和气体激光器。固体激光器主要有 YAG 激光器和光纤激光器等,其中,Nd:YAG 激光器是目前使用最广泛的固体激光器,其能够掺进较高浓度的钕,因此单位工作物质体积能提供较高的激光功率。固体激光器一般由激光介质、激励源、聚光腔、谐振腔和电源等部分构成。其中,激光介质是激光器的核心,其能级结构决定了激光的光谱特性和荧光寿命等激光特性。激励源为工作物质中上下能级间的粒子数反转提供能量。激光介质和激励源都安装在聚光腔内,并用于两者的有效耦合,同时决定物质上激励光密度的分布,影响到输出光束的均匀性、发散度和光学畸变。谐振腔由全反射镜和部分反射镜组成,提供光学正反馈维持激光持续振荡以形成受激发射,对振荡光束的方向和频率进行限制,以保证输出激光的单色性和定向性。光纤激光器是一种增益介质为掺稀土元素玻璃光纤的固体激光器。在光纤激光器中有一根非常细的光纤纤芯,外泵浦光的作用使得在光纤内很容易形成高功率密度,从而引起激光介质能级的粒子数反转,加入适当的反馈机制,以控制激光从纤芯输出光束的能量大小和频率。

在材料加工领域应用的气体激光器,主要包括 CO_2 激光器和准分子激光器等。CO_2 激光器是以二氧化碳(CO_2)气体为激光介质的气体激光器,其占气体百分比为 10%～20%,其余氮气(N_2)占气体百分比为 10%～20%,氦气(He)占气体百分比为 60%～80%;准分子激光是指受到电子束激发的惰性气体和卤素气体结合的混合气体形成的分子向其基态跃迁时发射所产生的激光,常用的准分子激光波长主要处于紫外波段,如 193nm、248nm 和 351nm 等。之所以称其为准分子,是因为其激光介质在激发态时复合成分子,在基态时则离解成原子的不稳定缔合物。准分子激光跃迁发生在束缚的激发态到排斥的基态,属于束缚-自由跃迁。

脉冲激光的主要参数包括脉冲宽度、平均功率、峰值功率、单脉冲能量和重复频率等。脉冲宽度是指激光功率维持在一定值时所持续的时间,调 Q 技术和锁模技术是实现激光不同脉冲宽度的两种主要技术。调 Q 技术又称为 Q 开关技术,是指控制激光介质粒子数反转程度和共振腔 Q 值(损耗率)突变特性的专门技术,通过调 Q 技术可以获得毫秒、微秒量级的脉冲激光。为了获得更窄的激光脉冲宽度,如皮秒、飞秒等,通常采用锁模技术,即通过共振调制的方法在不同振荡纵模(轴模)之间建立确定相位关系的专门技术。锁模技术虽然可以将激光的脉冲宽度压缩至超快激光的范畴内,但是激光介质有一个临界功率,在很长一段时间内一直是激光放大的极限,限制了高强度激光的制造。直至 1985 年,Mouro 教授及其博士生 Strickland 提出了啁啾脉冲放大技术,即放大前分散激光种子脉冲的能量,放大后再集中,该技术使激光功率提高了千倍以上,为实现最短且最强的激光脉冲奠定了基础。

脉冲激光的平均功率(单位:W)是指一个重复周期内单位时间输出的能量;峰值功率(单位:W)是指一个脉冲的功率,等于单脉冲能量(单位:J)除以脉冲宽度(单位:s);单脉冲能量(单位:J)是指一个光脉冲的总能量,等于平均功率(单位:W)除以重复频率(单位:Hz);重复频率(单位:Hz)是指每秒钟产生的触发脉冲数目,等于脉冲重复间隔的倒数。

不同的脉冲激光由于其各自不同的特性,其加工特性和应用也不同,如表 1.1 所示。例如,毫秒激光由于其平均激光功率较高,普遍以热效应熔化/气化材料后实现去除,广泛应用于焊接、打孔和切割等领域;纳秒激光可用于冲击强化、打孔、打标、切割、划切、表面功能织构等,尤其是短波长的紫外和极紫外纳秒激光可以进行较精密的加工。超快激光由于作用时间极短(低皮秒量级至飞秒量级)、峰值功率极高,对材料具有"冷加工"特性,可以进行多种材料的精密加工,如打孔、切割、划切、表面功能织构等。近年来,超快激光也应用于特种材料如玻璃、陶瓷等的焊接领域。

表 1.1　脉冲激光加工一览表

类别	典型代表	用途
长脉冲激光	毫秒激光	焊接、打孔、切割等
短脉冲激光	纳秒激光	冲击强化、打孔、打标、切割、划切、表面功能织构等
超短脉冲激光	皮秒/飞秒超快激光	打孔、切割、划切、表面功能织构等

1.3　脉冲激光材料去除机理

由于脉冲宽度不同,加工效果的差异很大,如毫秒激光加工热效应最为严重,加工的微结构普遍带有严重的喷溅物、重铸层及微裂纹;以纳秒激光为代表的短脉冲激光热效应相对较小,加工的微结构形貌的质量有很大提升;超快激光具有"冷加工"特性,可以最大限度地降低热效应的影响,进而可以加工出更高形貌质量的微结构。因此,揭示脉冲激光材料去除机理是开发脉冲激光加工技术的关键环节。

1.3.1　毫秒激光材料去除机理

毫秒激光的脉冲宽度一般介于几百纳秒到几十毫秒之间,由于其脉冲宽度作用时间远大于电子声子的弛豫时间,电子和晶格系统处于热平衡状态。较长的脉冲宽度作用时间可以使吸收的激光能量存储在材料内部,当吸收的能量超过材料的熔化或气化潜热时,材料将发生剧烈的熔化或蒸发现象。物质的烧蚀过程属于热烧蚀行为,一般将经历传热、熔化、蒸发、等离子体形成等过程。材料的烧蚀去除主要由熔化喷射和蒸发两种形式完成。

随着激光与材料相互作用时间的增加,被吸收能量在材料内部沉积和传播,引起辐照区材料升温、熔化、沸腾等现象。根据毫秒激光烧蚀过程中发生物理现象的特点,可以将烧蚀过程细分为如图 1.2 所示的四个阶段:辐照区升温、辐照区熔化、气化与剧烈液态喷溅和气化与稳定液态喷溅。

1. 辐照区升温

激光能量被材料表面自由电子吸收后通过碰撞将能量传递给晶格引起辐照区材料温度上升,表面热量再通过热传导向材料内部传递。在材料被破坏之前,吸收

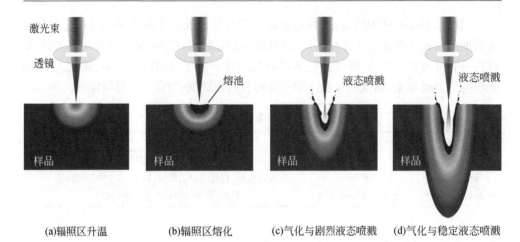

(a)辐照区升温　　　(b)辐照区熔化　　　(c)气化与剧烈液态喷溅　　(d)气化与稳定液态喷溅

图 1.2　毫秒激光的烧蚀过程示意图

率基本不变,因此这是一个稳态的传热过程。假定激光能量在光束横截面内呈高斯分布,则材料内部的温度场会出现如图 1.2(a)所示的中心高、四周低的半球形分布。热传导深度主要受激光功率密度、吸收率、辐照时间、材料热传导系数和熔点的影响,并与激光功率密度和吸收率成反比,与辐照时间、材料热传导系数和熔点成正比。在毫秒激光作用下,材料熔化前的升温阶段非常短暂。

2. 辐照区熔化

当材料表面温度高于熔点时,材料表面发生熔化,如图 1.2(b)所示,由于激光能量分布呈高斯态,熔化区仍然形成半球形熔池。同时,由于温度分布的不均性,以及表面张力和重力的作用,熔池内将出现轴对称的马兰戈尼对流(Marangoni convection),对流产生的效果是熔池表面材料沿径向向外延展。此外,由于热膨胀,熔池表面会略高于周围材料表面,并在对流的作用下在固液界面与材料外表面交界处形成小的驼峰。在气化发生前,熔池内的对流可视为层流。在一般的激光烧蚀过程中,这一阶段的时间占比也很小,因为一旦材料发生熔化,对激光能量的吸收率会大幅提高,材料很快开始气化并进入下一阶段。

3. 气化与剧烈液态喷溅

在升温阶段,材料对激光的反射率很高,被吸收的能量在材料熔化前可以传导较长的距离,材料熔化后,也会形成一个较大的熔池(相对于下一阶段),相当于在材料中存储了较高的还未释放的能量。因此,在材料表面温度超过气化温度后,材料开始急剧气化,并在熔池上方形成一个远高于周围环境压强的高压蒸气区,高压蒸气对熔融物产生沿其表面法向指向材料内部的反冲气压,由于前期积累了大量熔融物,此时在反冲气压的作用下,将会出现最强烈的液态材料喷溅现象,如图 1.2(c) 所示,此时材料去除率达到烧蚀过程中的峰值。

4.气化与稳定液态喷溅

随着脉冲作用的继续,烧蚀深度逐渐增加,在较长的一段时间内材料在激光辐照作用下形成相对稳定的熔化和气化,液态材料在反冲气压的作用下沿着烧蚀结构的侧壁自底向上流动,并最终从烧蚀几何结构的入口喷出,同时由于表面张力的作用,会有少量熔融物堆积在入口边缘形成毛刺,如图 1.2(d)所示。此外,在金属熔融物的冲刷作用下,侧壁材料也会发生一定程度的径向熔化,导致径向尺寸的增大。这一阶段进入烧蚀几何结构内的激光能量几乎不会反射出去而全部被吸收。随着烧蚀深度的增加,烧蚀所形成的结构内部等离子体会对激光产生一定的散射作用,此外,激光还会在结构内部经历多次反射,这样当激光达到一定深度时,激光功率密度会有所下降,因此材料去除率会逐渐降低。若在材料穿透前到达底部的激光能量不能再使材料发生气化,则烧蚀深度达到饱和,后续激光能量将全部转化为热量并通过热传导向材料内部扩散。

1.3.2 纳秒激光材料去除机理

相比于毫秒激光,纳秒激光的脉冲持续时间更短,峰值功率密度更高。当纳秒激光加工陶瓷材料时,材料去除机理主要包括光致等离子体过程和光化学过程。在光致等离子体过程中,样品在纳秒激光的辐照作用下,部分气化材料在极强的激光电场扰动下,最外层电子脱离了原子核的约束产生部分电离,进而在材料上方形成部分激光诱导等离子体,其中假设气化材料热力学服从理想气体玻尔兹曼分布,其电离过程可以简化为 Saha 方程描述的热电离过程。同时,脉冲宽度时间与等离子体持续寿命相近,等离子体对后续激光形成逆韧致吸收,从而进一步增强了等离子体的电子密度,形成了较致密、高温、高压的等离子体层,而形成的致密等离子体会对入射激光产生强烈的吸收作用,导致大量激光的能量不能传播到样品表面,称为等离子体屏蔽过程。随后,在高温、高压等离子体的推动下,部分去除材料离开样品表面,实现材料的去除和剥离,但是这会产生严重的热效应并造成样品热损伤,通过调控激光等离子体可以改善热损伤。

当光化学作用发生时,材料直接吸收激光光子能量,导致其分子键断裂,材料晶粒被消融成更小的分子并在外力作用下去除,整个过程基本不会产生冗余的残余热量,不会对加工质量造成不利影响。激光光子能量为[1]

$$E=h\nu=hc/\lambda \tag{1.2}$$

式中,h 为普朗克常数;ν 为光的频率;c 为光在真空中的速度;λ 为激光波长。

由式(1.2)可知,激光光子能量大小和激光波长成反比,激光波长越长,激光光子能量越小,激光波长越短,激光光子能量越大。光化学作用发生的条件是激光光子能量大于材料的化学键,因此光化学作用主要与激光光子能量和作用材料自身的化学键能相关,此时短波长激光由于具有更高的激光光子能量而更具优势。另外,当分子键能大于激光的单光子能量时,难以被单个光子破坏,但对于很多宽带隙材料,其自身带隙的缺陷,使得激光材料加工时会发生多光子吸收现象,材料分子能同时吸收多个光子的能量,导致其分子键断裂,从而发生光化学作用以实现材料去除。当纳秒激光材料加工时,两种去除机理多是同时发生的,受加工参数和环境条件的影响,两种去除机理将占据不同的主导地位,从而产生不同的加工效果。

1.3.3　超快激光材料去除机理

超快激光与材料的相互作用过程发生在一个极短的时间范围(皮秒甚至更小)和极小的空间区域(几十纳米)内,超快激光辐照作用下激发粒子的产生、热化、相变或光化学反应、等离子体的形成等过程,以及随之而来的强烈的非线性、非平衡,光-热-机械耦合过程,致使材料的光化学属性和热力学属性发生相当大的改变,最终导致超快激光与材料的烧蚀机制变得十分复杂。

当激光能量转化为材料内部自由电子的动能时,由自由电子再次将能量传递给晶格,进而引起相变,最终导致材料的去除。激光与材料相互作用的基本物理过程及时间尺度和光强的关系如图 1.3 所示[2]。在激光辐照下,电子吸收光子被激发的时间在飞秒量级,晶格吸收光子能量并传递给晶格使其达到热平衡的时间在皮秒量级,材料表面发生烧蚀的时间尺度在纳秒量级,这导致了在不同脉冲宽度下会产生完全不同的材料去除机理。

将激光与材料作用的时间进行细分,约 10^{-14} s 电子改变了受激态的相位,但对电子的能量分布不造成影响,在 10^{-13} s,电子通过散射得到一个准热平衡态,且拥有比周围晶格温度高得多的电子温度。准热平衡态的电子能量通过向外辐照声子传递给晶格,这个电子-声子耦合弛豫时间为 $10^{-13} \sim 10^{-12}$ s。随后,通过声子的辐照最终达到热平衡态,并且声子重新分布。激光能量沉积后,经过 10^{-11} s 的弛豫时间,能量分布才接近热平衡态。在电子与声子达到热平衡态后,通过电子漂移与晶格-晶格耦合热量向材料周围扩散,热扩散时间为 10^{-11} s 量级。当材料中沉积的能量足够多时,将逐步达到其熔点温度,从而发生从固态到液态的相态转变。对微观的电子-晶格系统的尺度而言,超快激光与材料的相互作用过程可以分为以下三个阶段:

第一阶段为电子吸收激光能量,电子温度升高甚至可电离出新的自由电子,此时声子温度基本保持不变,该过程的持续时间为飞秒量级。

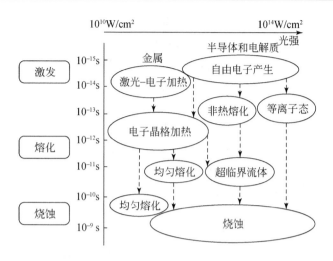

图 1.3　激光与材料相互作用的基本物理过程及时间尺度和光强的关系

第二阶段为声子通过电子-声子耦合吸收能量,声子温度逐渐升高,该过程的持续时间在亚皮秒及皮秒量级。

第三阶段为电子-声子温度基本保持一致,该过程一般在脉冲结束后才能发生,此时利用声子-声子耦合传递能量,持续时间可达纳秒量级。

1.4　脉冲激光加工技术

激光加工技术进入 21 世纪后得到了迅猛发展,激光技术从广度和深度两方面日益拓展其应用领域并影响人们的生活,逐步渗透到国民经济的多个领域。

脉冲激光加工技术作为先进的激光制造技术之一,其应用主要涉及减材制造的激光切割、打孔、打标、划切和激光表面处理的激光熔覆、表面合金化、激光表面功能织构等。近年来,随着精密增材制造技术的发展,脉冲激光也用于材料的微细结构增材制造领域,包括微细焊接、纳米连接、双光子复合加工等方面。将脉冲激光器作为光源的激光加工设备,在航空、航天、军事、汽车、高铁、船舶、消费电子等制造领域发挥着越来越重要的作用,另外脉冲激光在医疗、生物、可控核聚变等领域的研究也逐渐成为热点,将产生变革性的成果。

脉冲激光加工技术的发展依赖先进的激光器,近年来,随着脉冲激光器制造水平和性能的不断提升,激光加工技术的可达性、可控性不断扩展,新的激光应用技术也不断被开发出来,应用领域逐步扩大。脉冲激光加工技术不仅在逐步替代某些传统的加工方法,而且是硬脆、复合等新兴难加工材料精密成型的新工艺和新产品最活跃的发源地,已经成为一项颠覆性的制造技术,这也给先进激光加工技术的落地提供了巨大的商机。因此,近年来,发达国家激光制造完成了从辅助制造技术到主流制造技术的转变,而我国由于制造业的巨大需求,包括脉冲激光在内的先进激光制造技术在航空、航天、电子制造、医疗、新能源、汽车等经济主战场得到了广泛应用,据统计,2015~2020 年,我国激光制造领域的产值增长率为 20%~30%、年利润增长率为 20%~40%、科研投入年增长率为 30%、大型激光装机容量占据全球装机总容量的 40%以上,显示出我国先进激光制造技术蓬勃发展的态势。

目前,脉冲激光器作为激光制造技术的最重要功能部件,仍然向着更大功率、更短波长、更短脉冲宽度、更高重复频率等极端方向发展,激光器推陈出新,产品迭代速度极快。图 1.4 给出了高功率半导体激光器的光强变化情况与晶体管/芯片行业摩尔定律的对比。因此,脉冲激光将按照类似晶体管/芯片行业摩尔定律,在激光的单脉冲功率、稳定性和激光成本等方面得到进一步发展和优化,将有可能解决脉冲激光加工的分辨率和效率这一对难以调和的矛盾,从而实现微细结构高效率、低成本的激光加工。

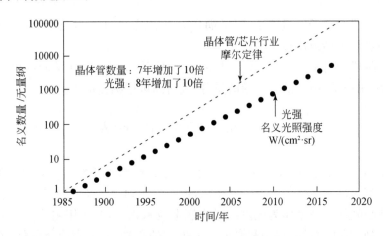

图 1.4　激光光强与摩尔定律

脉冲激光在微观制造方面拥有得天独厚的优势,其卓越的材料定域去除性能和宽泛的材料适用性使激光成为材料微加工最为理想的工具,在航空航天关键零部件、光伏、液晶显示、半导体、发光二极管(light emitting diode,LED)、有机发光二极管(organic light emitting diode,OLED)等领域的微细钻孔、刻线、划槽、表面纹理化、表面改性、修整、清洗等环节发挥了不可替代的作用。在微观增材制造方面,双光子聚合技术可以加工出纳米量级的精细结构,展现出巨大的优势,图 1.5 给出了超快激光 3D 打印精细复杂半导体微纳结构[3],可以看出,超快激光除了可以用于精密减材制造,在未来微纳增材制造领域也表现出优越的制造能力,进一步地,未来这种微纳增减材的超快激光加工,实现复杂微纳结构的一体化复合制造技术成为新材料开发与产业发展的方向之一。虽然目前在大多数情况下,激光微细加工的效率比较低,难以满足工业大批量、低成本的生产需要,但近年来超快激光加工技术的应用也会因为激光器的摩尔定律、精密微细激光制造技术的工业应用得到突破,如表面超疏水、宽频吸波、复眼透镜等。图 1.6 给出了超快激光制备的多种微纳功能表面结构[4-6],通过微细表面微织构制造形成超材料特性的低成本、高效率制造技术将得以实现,超快激光的微纳制造和工业应用前景十分广阔。

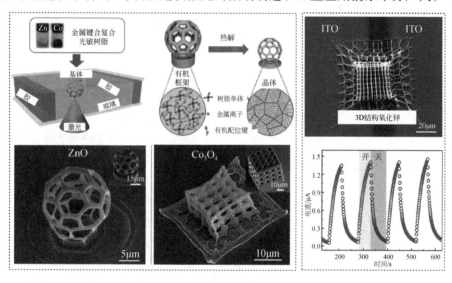

图 1.5　超快激光 3D 打印精细复杂半导体微纳结构
ITO 表示氧化铟锡(indium tin oxid)

　　近年来,对脉冲激光复合加工技术的研究不断有新的进展,如水导激光、激光电解复合加工技术、激光超声复合加工技术、激光电场复合加工技术等,这些复合工艺的初衷是解决单一加工方法无法避免的某项缺陷问题,例如,水导激光可以避免激光加工时强烈等离子体屏蔽问题,提升材料成型加工的质量和效率;激光电解复合加工技术可以避免激光加工时在材料中产生的重铸层和热影响区问题。激光复合加工技术具有很好的应用前景,但是复合加工技术本身也存在一些工艺难题,这就需要国内外科技工作者共同努力解决。

　　脉冲激光在加工制造领域应用的进一步突破,不仅依赖脉冲激光器本身的发展,也依赖装备智能化方面的技术进步,随着脉冲激光器、光路调控、运动控制、检测、自动化和智能化等关键技术的进一步突破,各类应用于脉冲激光装备的核心功能部件得到了开发和应用,脉冲激光加工技术的应用范围进一步扩大,在先进材料的加工、复杂零件的成型、材料特性的改进等方面发挥着重要的作用,采用脉冲激光加工技术的成本、效率问题将得到解决,脉冲激光制造的发展将得到进一步加强。

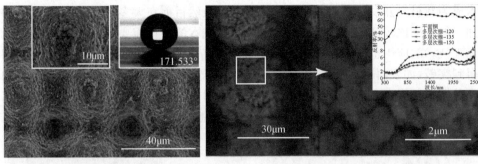

(a)表面超疏水[4]　　　　　　　　　(b)宽频吸波[5]

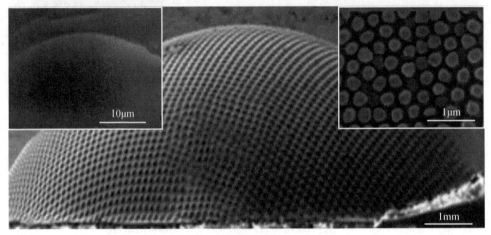

(c)复眼透镜[6]

图1.6　超快激光制备的微纳功能表面结构

　　未来,随着阿秒激光器的出现,激光制造将走向更深层次的极端制造——微观粒子层面的人工干预和调控,人类通过改变原子形态和排列状态开发各种超材料实现量子领域的激光制造也将成为可能,脉冲激光加工技术为基础物理学研究提供了新的手段,相信在不远的将来,这一方面研究的突破可能会带来前所未有的材料成型与改性技术的革命。

　　总之,脉冲激光加工技术未来将朝着更快、更精、更广泛应用的方向发展。

参 考 文 献

[1] Maiman T H. Stimulated optical radiation in ruby[J]. Nature,1960,187:493-494.

[2] Javan A,Bennett W R,Herriott D R. Population inversion and continuous optical maser oscillation in a gas discharge containing a He-Ne mixture[J]. Essentials of Lasers,1961, 6(3):167-177.

［3］ Patel C. Continuous-wave laser action on vibrational-rotational transitions of CO_2 [J]. Physical Review A,1964,136(5A):1187-1193.

［4］ Hellwarht R W. Control of fluorescent pulsations[J]. Advances in Quantum Electronics, 1961:334-341.

［5］ Mocker H W,Collins R J. Mode competition and self-locking in a Q-switched ruby laser[J]. Applied Physics Letters,1965,7(10):270-273.

［6］ Demaria A J. Self mode-locking of lasers with saturable absorbers [J]. Applied Physics Letters,1966,8(7):174-176.

［7］ Ruddock I S,Bradley D J. Bandwidth-limited subpicosecond pulse generation in mode-locked CW dye lasers[J]. Applied Physics Letters,1976,29(5):296-297.

［8］ Fork R L,Greene B I,Shank C V. Generation of optical pulses shorter than 0. 1 psec by colliding pulse mode locking[J]. Applied Physics Letters,1981,38(9):671-672.

［9］ French P,Chen G F,Sibbett W. Tunable group velocity dispersion interferometer for intracavity and extracavity applications[J]. Optics Communications,1986,57(4):263-268.

［10］ Chen G,Finch A,Sibbett W,et al. Generation and measurement of 19 femtosecond light pulses[J]. 18th International Congress on High Speed Photography and Photonics,1989, 1032:432-436.

［11］ Strickland D,Mourou G. Compression of amplified chirped optical pulses[J]. Optics Communications,1985,55(3):219-221.

［12］ Wang L,Zhao W,Mei X,et al. Improving quality and machining efficiency of hole during AlN trepanning with nanosecond pulse laser-sciencedirect[J]. Ceramics International,2020, 46(15):24018-24028.

［13］ Rethfeld B,Sokolowski- Tinten K,Linde D V D,et al. Timescales in the response of materials to femtosecond laser excitation[J]. Applied Physics A,2004,79(4/6):767-769.

［14］ Liu J,Liu Y,Deng C,et al. 3D printing nano-architected semiconductors based on versatile and customizable metal-bound composite photoresins [J]. Advanced Materials Technologies,2021,2101230:1-8.

［15］ Wang W,Chen Y,Sun X,et al. Demonstration of an enhanced "interconnect topology"-based superhydrophobic surface on 2024 aluminum alloy by femtosecond laser ablation and temperature-controlled aging treatment[J]. Journal of Physical Chemistry C, 2021, 125 (43):24196-24210

［16］ Chen T,Wang W, Tao T, et al. Broad-band ultra-low-reflectivity multiscale micronano structures by the combination of femtosecond laser ablation and in SITU deposition[J]. ACS Applied Materials & Interfaces,2020,12(43):49265-49274.

［17］ Wang W,Li J,Li R,et al. Fabrication of hierarchical micro/nano compound eyes[J]. ACS Applied Materials & Interfaces,2019,11(37):34507-34516.

第2章　脉冲激光加工过程的仿真分析

对脉冲激光加工过程的仿真分析是揭示激光与材料相互作用规律和去除机理的重要方法,而且从脉冲激光加工过程的建模、数字求解等方面来看,也与连续激光作用在材料上的仿真分析有很大区别。为此,本章介绍毫秒激光、纳秒激光和超快激光加工过程中的仿真与理论分析。首先,毫秒激光去除过程属于热烧蚀,其加热过程遵循傅里叶传热定律,当温度超过材料的相变点时,会产生材料的去除和永久性变化。同时,加工过程中的瞬时温度产生的热力学作用也会对材料产生巨大的影响,尤其是对于多层材料的热力耦合效应,其界面热应力的仿真分析和界面裂纹特征的表征,是毫秒激光加工过程中不可忽视的地方。其次,纳秒激光加工过程脉冲持续时间更短,峰值功率密度更高,材料的最外层电子在强激光电场扰动下脱离了原子核的约束,形成部分电离及电子跃迁,产生光致等离子体作用过程以及光化学过程。这需要针对激光等离子体屏蔽效应、光路传输过程以及光热分解建立耦合模型来描述激光的刻蚀过程。最后,超快激光的脉冲持续时间内电子系统和声子系统尚未达到平衡,因此需要分别对电子系统激光激发过程、电子-声子能量耦合过程及声子系统耦合能量平衡过程三个阶段进行分析建模,从而得出准确的激光与材料的作用过程。

2.1　毫秒激光加工过程的数值分析和仿真分析

2.1.1　毫秒激光加工过程的数值分析

作为一种特种加工方法,脉冲激光加工通过激光束与物质之间的相互作用来实现对材料的去除。脉冲激光加工采用激光束作为能量来源,因此加工过程中无刀具磨损,便于与加工机床集成,在复杂构型、超硬难加工材料上表现优异。在脉冲激光加工过程中,光子能量以热能或光化学能的形式传递到靶材上。其中,毫秒激光由于其脉冲宽度作用时间处于毫秒量级,远大于电子、声子的弛豫时间(一般为 $10^{-12} \sim 10^{-11}$ s),加工过程中存在很明显的热效应,产生如裂纹、重铸层等热致缺陷。尽管如此,由于毫秒激光极高的单脉冲能量和激光功率,其加工效率也较高,在工业生产制造上有着广泛的应用。为了将脉冲激光加工技术更好地应用到现实生活中相关的加工场景(如激光打孔、激光焊接、激光强化、激光切割、激光重熔等),规避或抑制毫秒激光带来的不利影响,构建一个清晰、全面的物理图像非常关键。

毫秒激光烧蚀过程十分复杂,加工过程中的传热现象仍属于傅里叶传热定律的范畴,主要涉及材料加热、材料相变、熔融层/固体界面处熔化而产生的边界运动以及熔融层/气化蒸发界面处反冲压力导致的熔体流动。本节将以稳定的液态喷溅阶段为研究对象,以激光强度为主要研究参数,并根据质量守恒定律和能量守恒定律对烧蚀过程进行更为详细的介绍和分析,以对毫秒激光加工过程中的加工速率和能量流向有一个更为直观、清晰的认识。

1. 质量守恒

图 2.1 为激光辐照区域材料去除的物理模型示意图。可以将激光束看成一个具有特定半径 w_0 的点热源,当材料受到激光热源辐照时,其中一部分激光能量通过热传导的方式加热固体,当超过固体材料的熔点时,发生相变形成新的熔融层。熔融层继续受到激光辐照而升温,当超过材料的气化温度而以气化蒸发的形式脱离母体材料时,会对熔体本身产生反冲压力,再加上熔体自身的流体流动,最终以向外喷射的方式脱离母体材料。综上,烧蚀的产生是熔融层/气化蒸发界面和熔融层/固体界面向烧蚀深度方向不断推进的综合结果。

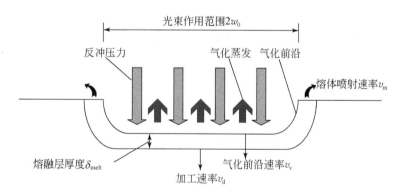

图 2.1 激光辐照区域材料去除的物理模型示意图

该物理模型基于以下假设:气化蒸发和熔体喷射处于平衡稳定状态,即达到一个稳定的加工速度。此时,固体材料熔化的质量 m_s 变化率等于气化喷射质量 m_m 和熔体蒸发质量 m_v 的变化率之和,即[1,2]

$$\frac{dm_s}{dt} = \frac{dm_m}{dt} + \frac{dm_v}{dt} \tag{2.1}$$

$$\pi w_0^2 \rho_s v_d = 2\pi w_0 \delta_{melt} \rho_m v_m + \pi w_0^2 \rho_m v_v \tag{2.2}$$

式中，$\dfrac{dm_s}{dt}$ 为固体材料熔化的质量变化率，kg/s；$\dfrac{dm_m}{dt}$ 为熔体喷射的质量变化率，kg/s；

$\dfrac{dm_v}{dt}$ 为气化蒸发的质量变化率，kg/s；w_0 为激光束光斑半径；ρ_s 为固态密度，kg/m³；v_d 为加工速率，m/s；ρ_m 为液态密度，kg/m³；v_m 为熔体喷射速率，m/s；v_v 为气化前沿速率，m/s；δ_{melt} 为熔融层厚度，其表达式为

$$\delta_{melt}=\frac{\alpha_m}{v_d} \tag{2.3}$$

式中，α_m 为液态热扩散系数，m²/s。

式(2.2)是对式(2.1)的等效变形。将式(2.2)和式(2.3)联立计算求解可得

$$v_d=\frac{1}{2}\left\{\frac{\rho_m}{\rho_s}v_v+\left[\left(\frac{\rho_m}{\rho_s}v_v\right)^2+8\frac{\rho_m}{\rho_s}\frac{\alpha_m}{w_0}v_m\right]^{1/2}\right\} \tag{2.4}$$

2. 能量守恒

以熔融层为研究对象，输入的激光功率 P_{in} 最终以热传导 $P_{conduction}$（固体加热熔化）、热对流 $P_{convection}$（熔体喷射）、气化蒸发 $P_{vaporization}$ 三种形式耗散，三项总和为 P_{in}，则有

$$P_{in}=P_{conduction}+P_{convection}+P_{vaporization} \tag{2.5}$$

$$P_{in}=I_{abs}\cdot\pi w_0^2 \tag{2.6}$$

式中，I_{abs} 为吸收的激光强度，W/m²。

热传导项由沿着孔深方向和孔径方向热传导两部分组成[1]，即

$$P_{conduction}=\rho_s c_s(T_m-T_0)v_d\cdot\pi w_0^2+\frac{\rho_s c_s(T_m-T_0)v_d}{\left(\frac{\alpha_m}{\alpha_s}+\frac{v_d}{\alpha_s}w_0\right)^{1/2}}\cdot\pi w_0^2 \tag{2.7}$$

式中，c_s 为固态比热容，J/(kg·K)；T_m 为熔化温度，K；T_0 为初始温度，K；α_m 为液态热扩散系数，m²/s；α_s 为固态热扩散系数，m²/s。

热对流项和气化蒸发项可分别表示[1]为

$$P_{convection}=\rho_m v_m\cdot 2\pi w_0\delta_{melt}\cdot[c_m(T^*-T_m)+c_s(T_m-T_0)+L_m] \tag{2.8}$$

$$T^*=T_m+0.5(T_s-T_m) \tag{2.9}$$

$$P_{vaporization}=\rho_m v_v L_v\cdot\pi w_0^2 \tag{2.10}$$

式中，c_m 为液态比热容，J/(kg·K)；T^* 为熔融层平均温度，K；T_s 为材料表面温度，K；L_m 为熔化潜热，J/kg；L_v 为气化潜热，J/kg。联立式(2.5)～式(2.10)，则有

$$I_{abs}=\rho_s c_s(T_m-T_0)v_d+\frac{\rho_s c_s(T_m-T_0)v_d}{\left(\frac{\alpha_m}{\alpha_s}+\frac{v_d}{\alpha_s}\right)^{1/2}}+2\rho_m[c_m(T^*-T_m)$$

$$+c_s(T_m-T_0)+L_m]\frac{v_m\alpha_m}{v_d w_0}+\rho_m v_v L_v \tag{2.11}$$

　　表 2.1 列举了镍基合金的热物理性能参数。这里以镍基合金为例进行分析计算,可以得到吸收的激光强度 I_{abs} 与加工速率 v_d、气化前沿速率 v_v、熔体喷射速率 v_m 以及材料表面温度 T_s 之间的影响关系。

表 2.1　镍基合金的热物理性能参数

参数	单位	数值
固态比热容 c_s	J/(kg·K)	452
液态比热容 c_m	J/(kg·K)	620
熔化潜热 L_m	J/kg	2.92×10^5
气化潜热 L_v	J/kg	6.40×10^6
熔化温度 T_m	K	1728
气化温度 T_v	K	3188
初始温度 T_0	K	300
固态热扩散系数 α_s	m²/s	2.98×10^{-6}
液态热扩散系数 α_m	m²/s	5.71×10^{-6}
固态密度 ρ_s	kg/m³	8900
液态密度 ρ_m	kg/m³	7905
光斑半径 w_0	m	1.2×10^{-4}

3. 数值模型的结果分析

　　图 2.2 为材料表面温度 T_s 与激光强度 I_{abs} 的变化关系。由变化曲线可以看出,随着激光强度的增大,材料表面温度急速上升,当进一步提高激光强度时,材料表面温度的增长速率下降。这主要是由于在较高的激光强度下,辐照区域将发生剧烈的熔体喷射现象。如图 2.3 所示,熔体喷射速率随着激光强度的增加而增加,熔体从熔融层脱离时将会带走一大部分能量,最终引起温度增长速率的下降。

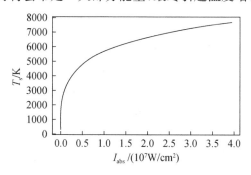

图 2.2　激光强度 I_{abs} 对材料表面温度 T_s 的影响规律

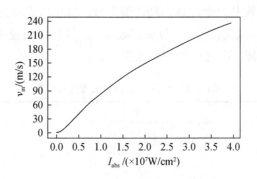

图 2.3　激光强度 I_{abs} 对加工过程中熔体喷射速率的影响

图 2.4 为烧蚀过程中加工速率 v_d 和气化前沿速率 v_v 与激光强度 I_{abs} 的变化关系。对镍基合金材料而言,其熔体喷射速率明显超过其气化前沿速率,而加工速率与气化前沿速率 v_v 在数值上接近。在加工过程中,气化前沿速率 v_v 与辐照区域材料表面温度 T_s 密切相关,随着材料表面温度的升高而增加,因此提高激光的输入功率密度可以作为一种有效提高烧蚀速率的方法。

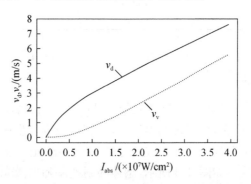

图 2.4　烧蚀过程中加工速率 v_d 和气化前沿速率 v_v 与激光强度 I_{abs} 的变化关系

图 2.5 显示了镍基合金在不同激光强度下热传导、热对流、气化蒸发三种方式的能量耗散比例。当入射激光强度小于 $0.5 \times 10^7 \, W/cm^2$ 时,大部分的激光能量以热传导的方式在材料内部耗散,并不能形成有效的烧蚀去除。随着入射激光强度的进一步提升,热对流的能量耗散比例逐渐下降,这主要是由于随着激光强度的提升,熔融/固体界面将发生明显的材料相变,熔体在进一步吸收激光能量后将发生明显的流体流动而引起熔体喷射。当入射激光强度进一步提高并超过 $10^7 \, W/cm^2$ 时,充足的激光能量可以大幅增加熔融/气化界面的蒸发强度,此时气化蒸发对加工过程的影响变得显著,并且随着激光强度的进一步提升,气化蒸发比例不断升高,可高达 70% 左右。由以上分析可知,通过调控入射激光强度,可以影响烧蚀过

程中熔体喷射和气化蒸发的主导地位,这也意味着可以根据不同的加工场景(激光辅助制造、激光焊接、激光切割和激光打孔等)选择合适的入射激光强度参数来满足不同的加工要求。

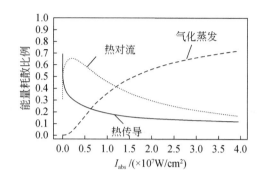

图 2.5　激光强度 I_{abs} 对加工过程能量耗散比例的影响

2.1.2　毫秒激光加工陶瓷-金属多层材料的仿真分析

由 2.1.1 节可知,提高激光强度(激光功率密度)可以有效提高微孔的加工速率。然而,过高的激光强度在加工过程中也会造成过高的表面温度以及靶材内部过于陡峭的温度梯度。毫秒激光加工的热力学作用属性使得人们不得不对其加工带来的热力学作用给予足够的重视。为了更易于阐明毫秒激光加工的热力学作用,本节选取陶瓷-金属多层材料作为研究对象进行详细说明。作为航空发动机叶片的一种典型材料,带热障涂层(thermal barrier coating,TBC)镍基合金的多层材料体系主要由表层的陶瓷层、中间的黏结层(bond coating,BC)以及金属基体构成,其中保证分层界面处的加工质量尤为关键。

毫秒激光微孔加工是瞬态的热力学过程,在脉冲宽度作用时间内材料受热发生熔化、相变和气化,孔腔内部产生剧烈的熔体喷射以及熔融层的气化蒸发现象。当脉冲宽度作用结束时,熔体内部开始冷却降温,达到一个温度平衡状态,当下一个脉冲到来时,重复这一过程。材料受到温度场变化的影响产生变形量,尤其是界面处不同层材料的热膨胀系数不匹配将带来应力集中问题。因此,为了预测和评估毫秒激光加工过程中的热力学作用,本书建立了陶瓷-金属多层材料毫秒激光微孔加工的热力耦合模型。

1. 陶瓷-金属多层材料毫米激光微孔加工的热力耦合模型

陶瓷-金属多层材料毫米激光微孔加工的热力耦合模型研究的主要对象为微孔演化过程中不同层界面处的应力变化,为了简化该计算模型,将涉及的物理模型

和条件进行了假设,列举如下:

(1)激光源为高斯分布。

(2)考虑激光强度随空间位置的分布。

(3)考虑材料物理特性随温度的变化关系。

(4)考虑不同层材料(涂层材料和镍基合金)的吸收系数。

(5)当材料表面温度超过气化温度时,材料去除。

(6)等离子演化以及流体流动未做考虑。

1)模型描述

陶瓷-金属多层材料毫米激光微孔加工的热力耦合模型基于经典的传热方程对材料内部的温度场分布进行求解,传热方程为

$$\rho C_p \frac{\partial T}{\partial t} = -\nabla \cdot \boldsymbol{q} + Q \tag{2.12}$$

式中,ρ 为物体密度,kg/m^3;C_p 为物体比热容,$J/(kg \cdot K)$;$\boldsymbol{q}$ 为热通量密度矢量,W/m^2;Q 为内热源,W/m^3。内热源可以是材料内的体积加热,也可以是电子与声子之间的热耦合(金属超快传热)。对于经典的工程问题,热通量密度大小与温度场梯度有关,两者满足傅里叶传热定律,即

$$q = -k \nabla T \tag{2.13}$$

式中,k 为热传导系数,$W/(m \cdot K)$。

为了模拟求解带涂层镍基合金系统中的加工过程和应力分布,陶瓷-金属多层材料毫米激光微孔加工的热力耦合模型利用了 COMSOL Multiphysics 中的传热模块、变形几何模块、固体力学模块以及热力耦合模块等。其中,变形几何模块用来追踪孔型界面的变化;热力耦合模块用来预测和评估加工过程中的热应力变化。图 2.6 为三层材料的几何模型示意图。

2)相变处理及边界条件

在陶瓷-金属多层材料毫米激光微孔加工的热力耦合模型中,采用有效热容法对固态到液态、液态到气态以及相变过程的潜热进行描述。材料的有效热容 C_{pe} 可以表示为[3]

$$C_{pe} = C_p + \delta_m L_m + \frac{L_m}{T_m} \cdot H'((T - T_m), \Delta T) + \delta_v L_v + \frac{L_v}{T_v} \cdot H'((T - T_v), \Delta T) \tag{2.14}$$

$$\delta_m = \frac{\exp[-(T - T_m)^2 / \Delta T^2]}{\Delta T \sqrt{\pi}} \tag{2.15}$$

$$\delta_v = \frac{\exp[-(T - T_v)^2 / \Delta T^2]}{\Delta T \sqrt{\pi}} \tag{2.16}$$

式中,δ_m 为熔化温度附近的归一化函数;H' 为平滑单位阶跃函数(赫维赛德阶跃函

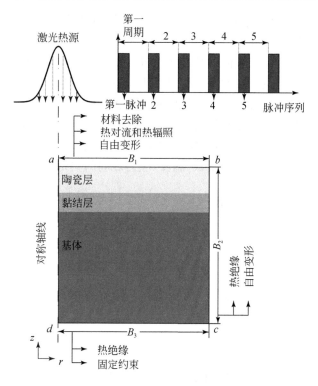

图 2.6 三层材料的几何模型示意图

数);δ_v 为气化温度附近的归一化函数;ΔT 为温度转换区半宽度。

在 B_1 边界上,材料表面受到激光束辐照,光束能量 $I(r,z)$ 呈高斯分布,是 r 和 z 坐标的函数。在一个脉冲周期内考虑材料对激光束的吸收率 α_A,吸收的激光功率密度表达式为

$$q_{in} = \alpha_A I(r,z) \tag{2.17}$$

另外,考虑 B_1 边界上的热对流效应以及热辐照效应,最终 B_1 边界上的热对流边界条件为

$$-\boldsymbol{n} \cdot \boldsymbol{q} = q_{in} + h(T_{amb} - T) + \varepsilon\sigma(T_{amb}^4 - T^4) \tag{2.18}$$

式中,$\boldsymbol{q}$ 为热通量密度矢量,W/m^2;h 为表面对流传热系数,$W/(m^2 \cdot K)$;ε 为黑体辐照系数;σ 为斯特藩-玻尔兹曼常数;T_{amb} 为周围环境的温度,K。

对于 B_2 和 B_3,将其设置为绝热边界条件。材料域中的初始温度设置为室温 $293.15K$。随着材料表面温度升高到气化温度,材料以气化蒸发的形式去除,这一过程通过变形几何模块来实现,具体是在 B_1 界面上定义一个气化蒸发速率 v 来实现网格单元的移动去除[4,5],即

$$v = \frac{q}{\rho(C_p T_v + L_v)} \tag{2.19}$$

式中，q 为边界上的净热通量密度，W/m^2；ρ 为物体密度，kg/m^3；C_p 为物体比热容，$J/(kg\cdot K)$；T_v 为气化温度，K；L_v 为气化潜热，J/kg。

为了评估和预测计算域内的热应力分布，在模拟中采用了固体力学和传热两个物理场耦合的方法进行处理。材料求解区域和顶面（B_1）以及侧面（B_2）均设置为自由变形。样品底部边界 B_3 设置为固定约束。两个物理场之间通过温度场分布以及材料结构的热变形相互耦合，并与温度相关的材料属性进行耦合来建立联系。Yilbas[6] 对激光微孔加工中的热应力进行了研究，其中热应力可以通过加工区域的材料应变与材料热膨胀系数、温度、应力之间的关系进行表示：

$$\varepsilon_r = \frac{1}{E}[\sigma_r - \mu(\sigma_\theta + \sigma_z)] + \alpha(T)T \tag{2.20}$$

$$\varepsilon_\theta = \frac{1}{E}[\sigma_\theta - \mu(\sigma_r + \sigma_z)] + \alpha(T)T \tag{2.21}$$

$$\varepsilon_z = \frac{1}{E}[\sigma_z - \mu(\sigma_\theta + \sigma_r)] + \alpha(T)T \tag{2.22}$$

式中，E 为热膨胀系数，K；ε_r、ε_θ、ε_z 为应变；σ_r、σ_θ、σ_z 为应力，Pa；μ 为泊松比。von-Mises 应力可由如下表达式得到：

$$\sigma_e = \sqrt{\frac{1}{2}[(\sigma_r - \sigma_\theta)^2 + (\sigma_\theta - \sigma_z)^2 + (\sigma_r - \sigma_z)^2]} \tag{2.23}$$

因此，在陶瓷-金属多层材料毫米激光微孔加工的热力耦合模型中可以通过 von-Mises 应力对界面处的应力变化进行评估和预测。

2. 模型仿真和实验结果对比分析

本节基于陶瓷-金属多层材料毫米激光微孔加工的热力耦合模型，研究脉冲宽度、激光峰值功率密度两个激光加工参数对加工过程中孔型演化以及热应力变化规律的影响。由于仿真模型忽略了熔体流动的影响，这里选取峰值功率密度大于 $10^7 W/cm^2$ 的参数范围进行相关模拟，以提高模型的准确性。仿真参数如表 2.2 所示，同时为了验证该模型，在相同的仿真参数下进行微孔加工实验。实验中采用同轴辅助气体一方面有利于防止聚焦系统受到喷溅物的污染；另一方面有利于熔体从孔腔内部排出。

表 2.2 仿真参数

组号	脉冲宽度/ms	单脉冲能量/J	峰值功率密度/($\times 10^7 W/cm^2$)	脉冲数/个
A	0.2	1.30	1.44	1～5
B	0.2	2.28	2.52	1～5
C	0.5	2.28	1.01	1～5

1)激光参数对微孔形貌的影响

图 2.7 为 5 个脉冲作用下微孔加工深度的实验结果与仿真结果对比,其误差在 10% 以内。产生这种差异的原因在于实际微孔加工过程中熔体喷射是不可避免的,并且在孔腔中熔体也会因脉冲宽度作用结束缺少驱动力而产生回流,或者因反冲压力过大而造成剧烈的喷溅。

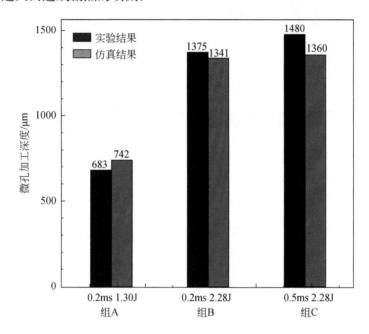

图 2.7　微孔加工深度的实验结果与仿真结果对比

在后面的实验中进一步扩展加工参数的选用范围,图 2.8 为不同峰值功率密度下的微孔剖面形貌。当峰值功率密度在 $10^6\,\mathrm{W/cm^2}$ 时,峰值功率密度较低,孔腔内的反冲压力不足以提供金属熔体向外排出的动力,引起熔体的二次回流,最终在孔腔内重新凝固,出现加工"停滞现象",如图 2.8(a)所示。当峰值功率密度增加时(约 $10^7\,\mathrm{W/cm^2}$),熔体表面温度随之升高,孔腔内的反冲压力也会增强,可以有效地驱动熔体从孔腔内部排出,进而有效抑制或避免加工"停滞现象"的发生,如图 2.8(b)所示。

2)峰值功率密度对界面应力和分层裂纹的影响

图 2.9 为不同激光参数下分层裂纹的特征形貌。界面处的分层裂纹主要有加工区域裂纹和非加工区域裂纹两种。其中,加工区域裂纹代表界面处的初始裂纹形核,而非加工区域裂纹则代表裂纹沿着界面向非加工区域进一步扩展。实验结果表明,随着脉冲宽度的增加,当脉冲宽度为 0.5ms 和 1ms 时,界面处逐

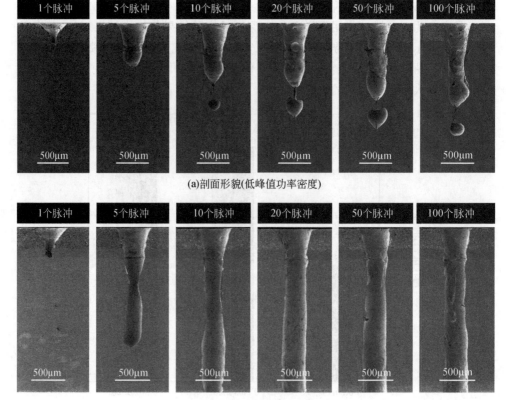

(a)剖面形貌(低峰值功率密度)

(b)剖面形貌(高峰值功率密度)

图2.8　不同峰值功率密度下的微孔剖面形貌

渐产生非加工区域裂纹。在相同脉冲宽度下,随着单脉冲能量(峰值功率密度)的增加,非加工区域裂纹可以得到一定程度的抑制。当脉冲宽度为0.2ms时,第2组实验参数下,在分层界面附近未见明显裂纹现象,并且分层界面处均无非加工区域裂纹产生,进一步提高了峰值功率密度,在界面处出现加工区域裂纹现象。

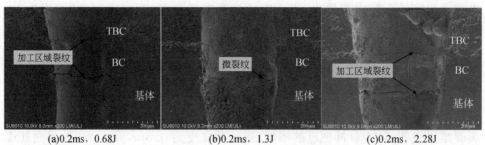

(a)0.2ms,0.68J　　　　　　　(b)0.2ms,1.3J　　　　　　　(c)0.2ms,2.28J

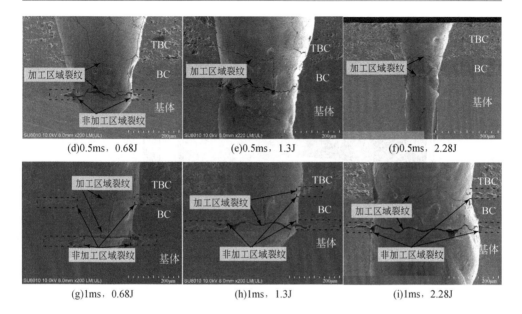

(d)0.5ms，0.68J　　　　　(e)0.5ms，1.3J　　　　　(f)0.5ms，2.28J

(g)1ms，0.68J　　　　　(h)1ms，1.3J　　　　　(i)1ms，2.28J

图 2.9　不同激光参数下分层裂纹的特征形貌

　　实验研究表明,界面处的裂纹主要是由分层材料之间的热失配引起的[7]。为了分析和理解毫秒激光加工中产生的热力学作用,选择图 2.10(a)中 A-A 和 B-B 这两条剖面线位置来评估打孔过程中的热应力变化,其中 A-A 和 B-B 剖面线分别距离孔中心轴线位置 0.28mm 和 0.5mm。热应力集中易发生于微孔入口、TBC/BC/基体界面和孔壁位置。另外,如图 2.10(b)所示,微孔加工区域的材料形变位移量较大,这也是这些位置容易萌生裂纹缺陷的原因。

　　图 2.11 显示了 A-A 和 B-B 剖面线位置处每个脉冲结束时沿深度方向上的热应力分布。从图中可以明显看出,在 TBC/BC 界面附近(距离表面约 $270\mu m$)存在着明显的热应力突变。

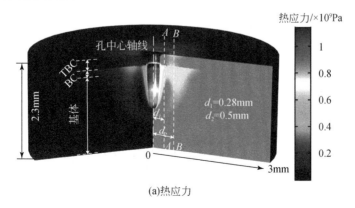

(a)热应力

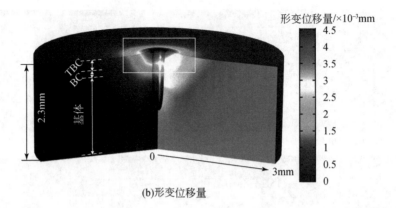

(b)形变位移量

图 2.10 脉冲作用后材料加工区域中的热应力和形变位移量分布

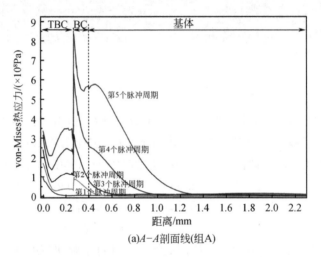

(a)$A-A$剖面线(组A)

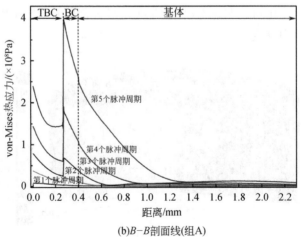

(b)$B-B$剖面线(组A)

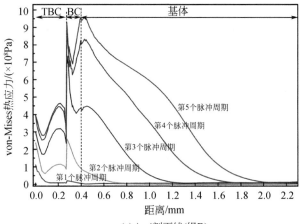

(c)$A-A$剖面线(组B)

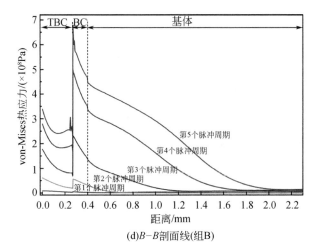

(d)$B-B$剖面线(组B)

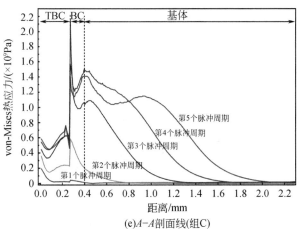

(e)$A-A$剖面线(组C)

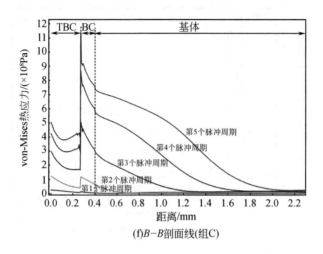

(f)$B-B$剖面线(组C)

图 2.11　不同激光参数下应力随脉冲数的变化曲线

　　图 2.12 为在模拟中采用的 TBC、BC 以及基体的弹性模量。当界面附近的材料与激光相互作用时,由于 TBC 和 BC 处的弹性模量和热膨胀系数存在明显差异,不同材料对加工产生的热效应将产生不同的响应。分层界面巨大的热应力差异引起该位置附近产生不一致的热变形,因此也容易诱发裂纹。同样地,在 BC/基体界面(距材料表面约 $400\mu m$)也可以发现另一种热应力突变,但它的变化不如 TBC/BC 界面附近剧烈。这主要是由于 BC 与基体材料物理特性非常接近。在相同的

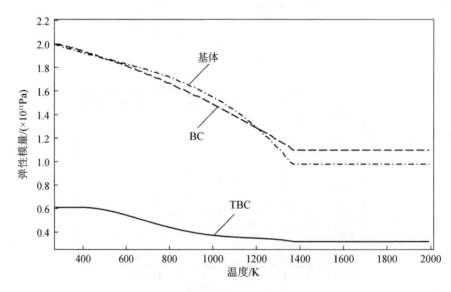

图 2.12　各层材料的弹性模量

脉冲宽度(0.2ms)作用下,随着激光峰值功率密度的增加,界面热应力值也随之增加,在 BC/基体界面附近的热应力也会大幅增加,如图 2.11(c)所示。对比实验结果[图 2.9(b)和(c)]可以发现,在高峰值功率密度下,材料界面在加工过程中将承受更高的界面热应力,当其超过材料界面处的安全阈值时,界面发生破坏,进而产生加工区域裂纹。

3)脉冲宽度对界面热应力和分层裂纹的影响

脉冲宽度对界面热应力的形成和扩展有着不可忽视的作用。在相同的单脉冲能量下,随着脉冲宽度的增加,产生的界面热应力会进一步增强,如图 2.11(e)所示,TBC/BC 界面附近的热应力差高达 1.5×10^9 Pa。如图 2.11(e)和图 2.11(f)所示,在距孔中心轴线 0.28mm($A-A$)和 0.5mm($B-B$)处,脉冲宽度为 0.5ms 时产生的界面热应力都远大于在脉冲宽度为 0.2ms 时产生的界面热应力。这表明,在较大脉冲宽度下,在远离钻孔区域的界面位置仍将产生较高的热应力,这可能为裂纹扩展提供一定的条件。可以预见,当使用较大脉冲宽度时,裂纹会沿着界面延伸形成严重的非加工区域裂纹[图 2.9(g)、图 2.9(h)和图 2.9(i)]。

图 2.13 描绘了脉冲周期下不同界面处热应力的变化规律。在微孔加工过程中,激光脉冲周期性作用于材料。由于脉冲宽度在数值上远小于脉冲周期,这里对横坐标进行了处理,以便于对比分析。在脉冲周期作用下,多层材料界面处将产生相应的热应力振荡。在较大脉冲宽度下,一方面,在每个脉冲周期作用下界面处都将产生更高的热应力;另一方面,TBC/BC 和 BC/基体界面在每个脉冲周期作用下都会经历更加剧烈的热应力升(向上箭头)和热应力降(向下箭头)。例如,在第 4

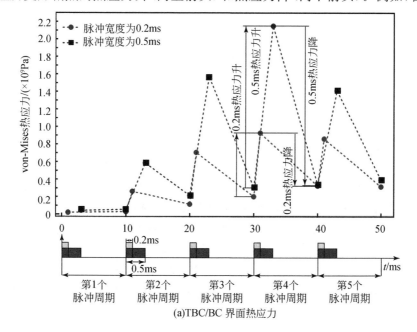

(a)TBC/BC 界面热应力

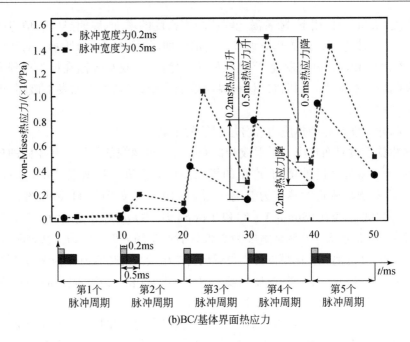

(b)BC/基体界面热应力

图 2.13　不同界面处热应力的变化规律

个脉冲周期时,脉冲宽度为 0.5ms 时的热应力升量和热应力降量约为脉冲宽度为 0.2ms 时的 3 倍。这意味着在较大脉冲宽度下,分层界面处将产生更强的周期性热应力振荡,经受更剧烈的热应力冲击,并且很容易产生裂纹使其进一步沿着界面方向扩展。

2.2　纳秒激光加工过程的建模与仿真

相比于毫秒激光加工,当纳秒激光辐照在材料表面上时,材料表面很快会被气化,气化表面温度可达近万摄氏度,这些气化的材料在高温高压作用下,外层电子摆脱原子核的束缚成为自由电子,从而在材料表面形成等离子体。激光致等离子体将会影响材料表面吸收激光的能量,该效应称为等离子体屏蔽现象。因此,需考虑烧蚀部分气化电离作用产生的等离子体,分析入射激光与表面以及激光诱导等离子体之间相互作用的非平衡现象,并建立等离子体的演化物理模型。本节针对两种材料(金属和氮化硅陶瓷材料)的激光等离子体相互作用进行理论分析,并在毫秒激光加工的热模型基础上添加等离子体运动模型,进而确定材料最终的刻蚀量。其中,对于金属,材料去除仍旧保留相变去除理论模型;对于陶瓷,材料去除主要依靠高温热分解,因此需要确定分解速度与温度的关系,构建热分解去除模型,进而确定材料的刻蚀量。

2.2.1　纳秒激光刻蚀金属的等离子体动力学

　　本节首先对纳秒激光辐照钛金属进行理论研究。如图 2.14 所示,在纳秒激光辐照下,金属吸收部分激光能量,发生相变并生成等离子体,其中等离子体不仅减少了沉积在材料表面的激光能量,还会对熔融液体的运动过程造成影响,形成驼峰形状。针对上述过程,需要研究等离子体运动过程,分析其对辐照在材料表面能量损失及熔融液体运动的影响。为此,本节构建一个等离子体运动及流体传热耦合的有限元模型。

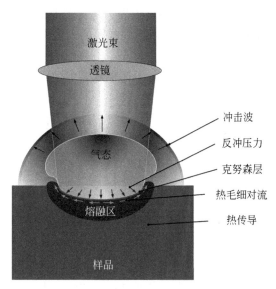

图 2.14　激光诱导等离子体产生示意图

1. 模型方程建立

1) 流体传热模型

　　本节需要考虑激光辐照到材料表面时材料的吸收及熔融液体的流动,为此需构建一个流体传热模型。其中,物质流动和能量流动可以用以下控制方程[8]进行描述:

$$\begin{cases} \nabla V = 0 \\ \rho\left[\dfrac{\partial V}{\partial t} + \nabla \cdot (VV)\right] + \mu \nabla^2 V + \nabla p = 0 \\ \rho C_{\mathrm{p}}\left[\dfrac{\partial T}{\partial t} + \nabla \cdot (VT)\right] - \nabla \cdot (k \nabla T) = 0 \end{cases} \qquad (2.24)$$

式中，V 为材料的速度，由熔融材料的蒸发和流体驱动产生；T 为温度；ρ、μ、C_p 和 k 分别为钛金属的密度、黏度、比热容和热传导系数。大部分激光能量集中在中心点周围的一小块区域内，激光能量在时间和空间上服从高斯分布，热传导方程的边界条件[9,10]由式(2.25)给出：

$$k\left.\frac{\partial T}{\partial n}\right|_\Gamma = \frac{4(1-R)I_0}{t_p\sqrt{\pi/\ln 2}}\exp\left[-\frac{2r^2}{r_0^2}-(4\ln 2)\frac{t^2}{t_p^2}-\int_z^\infty \alpha(r,z)\mathrm{d}z\right]$$
$$-u_s\rho L_{ev}-h(T-T_{en})-\varepsilon\cdot\sigma(T^4-T_{en}^4) \tag{2.25}$$

式中，I_0 为激光能量密度；R 为材料表面的反射率；r_0 为光斑束腰半径；t_p 为激光脉冲的半高宽；$\alpha(r,z)$ 为激光诱导等离子体的吸收系数；u_s 为材料的蒸发速率；L_{ev} 为蒸发潜热；h 为空气对流系数；T_{en} 为环境温度。考虑到材料底部不受激光的影响，本节假设气体蒸发和辐照的热损失只发生在材料的上表面。

2)等离子体运动模型

对于金属材料，纳秒激光诱导等离子体的温度压强和电离度由式(2.26)和式(2.27)给出[11-13]：

$$\frac{T_v}{T_s}=\left\{\sqrt{1+\pi\left[\frac{(\gamma-1)s}{2(\gamma+1)}\right]^2}-\sqrt{\pi}\frac{(\gamma-1)s}{2(\gamma+1)}\right\}^2 \tag{2.26}$$

$$\frac{\rho_v}{\rho_s}=\sqrt{\frac{T_s}{T_v}}\left[\left(s^2+\frac{1}{2}\right)\exp(s^2)\mathrm{erfc}(s)-\frac{s}{\sqrt{\pi}}\right]+\frac{1}{2}\frac{T_s}{T_v}\left[1-\sqrt{\pi}s\exp(s^2)\mathrm{erfc}(s)\right]$$
$$\tag{2.27}$$

式中，T_v 和 ρ_v 分别为气体侧蒸气的温度和密度；T_s 和 ρ_s 分别为材料表面的温度和密度；γ 为比热比，这里认为蒸气是一种理想气体，比热比为 $5/3$；$s=\sqrt{\gamma/2}\,Ma$，Ma 为蒸气侧的马赫数；$\mathrm{erfc}(s)$ 为误差函数。此外，材料表面饱和蒸气压力与饱和蒸气密度相对应。蒸气等离子体的电离度由式(2.28)给出[14-16]：

$$\frac{\alpha_i^2}{1-\alpha_i}=\frac{2(2\pi m_e k_B T)^{3/2}}{n_0 h^3}\frac{g_{i+1}}{g_i}\exp\left(\frac{-\varepsilon_i}{k_B T}\right) \tag{2.28}$$

式中，α_i、g_i 和 ε_i 分别为离子的电离度、简并度和电离能；m_e 为电子质量；k_B 为玻尔兹曼常数。

2. 理论结果分析

1)等离子体运动过程

使用脉宽为 10ns 的纳秒激光对金属材料激光诱导等离子体进行仿真研究，激光作用期间材料表面附近的粒子数密度非常高，甚至可以达到 $10^{26}\,\mathrm{m}^{-3}$ 量级，如图 2.15 所示。与温度分布相似，目标中心蒸发速率最高。因此，在任意激光能量密度下，靶面中心的压力和粒子数密度最高。激光能量密度为 $12\mathrm{J/cm}^2$，时间 $t=$ 15ns，材料表面的最大压力可以达到 $10^7\,\mathrm{Pa}$ 以上，蒸由于材料气化产生的粒子数密度达到 300mol/m³ 以上，对材料表面造成了巨大的反冲压力。随着激光能量密度的增加，最大压力和蒸气的粒子数密度也趋于饱和。高速蒸气从材料表面喷出。在脉冲激光加工过程中，蒸气在材料表面中心附近产生巨大的压力梯度。同时，最大压力梯度的位置逐渐远离中心。材料表面由融化而形成的驼峰形貌的位置也随之移动。另外，由于激光脉冲照射过程中表面附近蒸气的粒子数密度很高，等离子体屏蔽现象极大地降低了到达材料表面的激光能量。蒸发和等离子体屏蔽的热损失使得材料表面温度降低，从而降低了蒸发速率。在激光脉冲持续时间结束时，靶材表面的压力和蒸气的粒子数密度逐渐减小。随着时间的推移，总压力从中心向外围传播，逐渐将空气推开，产生冲击波，与其他实验观测结果吻合较好。此外，蒸气向上移动并扩散到环境空气中，水平膨胀增大了蒸气宽度，随着蒸气的运动，气流涡出现在界面附近。

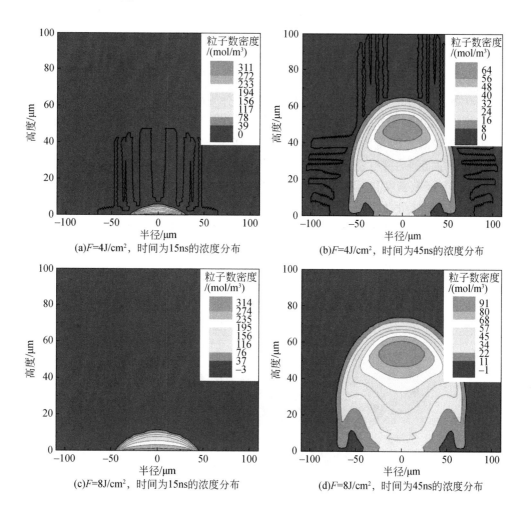

(a)F=4J/cm²，时间为15ns的浓度分布

(b)F=4J/cm²，时间为45ns的浓度分布

(c)F=8J/cm²，时间为15ns的浓度分布

(d)F=8J/cm²，时间为45ns的浓度分布

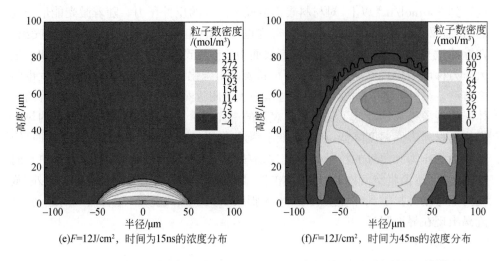

(e)$F=12\mathrm{J/cm^2}$，时间为15ns的浓度分布　　(f)$F=12\mathrm{J/cm^2}$，时间为45ns的浓度分布

图 2.15　不同激光能量密度下激光诱导等离子体粒子数密度的时间空间分布

2)等离子体运动过程对激光沉积能量的屏蔽效应

在激光作用的早期阶段，产生烧蚀之前没有等离子体屏蔽效应。随着激光能量的增加，烧蚀现象发生得越强烈，等离子体屏蔽的衰减系数也就越高。因此，能量效率随着激光能量密度的增加而降低。在 $12\mathrm{J/cm^2}$ 的激光能量密度下，只有27%的能量能到达材料表面，随着等离子体的扩散和对流，其逐渐消散于环境中，等离子体的粒子数密度和温度降低。总体而言，等离子体屏蔽现象严重降低了到达材料表面的激光能量，如图 2.16 所示。同时，材料表面温度由于蒸发和等离子体屏蔽期间的能量损失而迅速降低，大大降低了烧蚀速率，严重影响了激光加工效率。

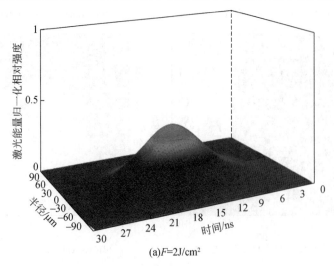

(a)$F=2\mathrm{J/cm^2}$

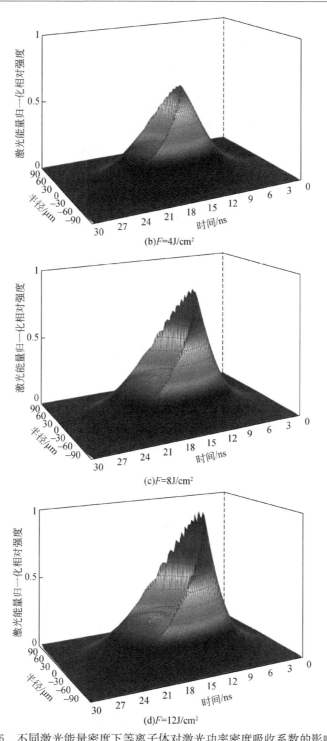

(b)F=4J/cm^2

(c)F=8J/cm^2

(d)F=12J/cm^2

图 2.16 不同激光能量密度下等离子体对激光功率密度吸收系数的影响规律

3)激光辐照中心位置的温度随时间变化

不同激光能量密度下材料表面中心点温度随时间的变化曲线如图 2.17 所示。在激光脉冲持续时间内,由于气化潜热和等离子体屏蔽现象,材料表面中心点的温度并不总是升高的。当激光能量密度为 $2J/cm^2$、$4J/cm^2$、$8J/cm^2$ 和 $12J/cm^2$ 时,温度在 18.65ns、16ns、15.55ns、14.95ns 时达到最大值。显然,在激光与材料相互作用初期,高通量的激光具有更高的加热速率,激光功率远远高于材料去除带来的能量损失,此时材料的温度处于升高的阶段。当温度达到沸点时,材料的气化速率取决于温度。同时,气化的物质阻碍了激光的传播,导致沉积在金属表面的激光能量也随之降低。激光的输入能量与材料去除的能力损失进入一个动态平衡,通量越高就会越早达到平衡态。因此,最高温度并不是在激光脉冲末端出现的。

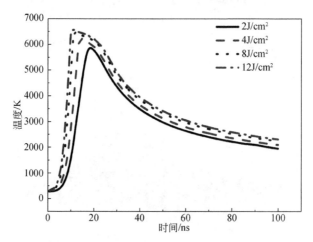

图 2.17　不同激光能量密度下材料表面中心点温度随时间的变化曲线

不同激光能量密度作用下材料表面流速分布如图 2.18 所示。在激光能量密度为 $12J/cm^2$ 的条件下,熔体区外部流速最高,在 60ns 时最大流速达到 120m/s。有两种可能的机制:①当中心温度高于沸点时,由于蒸发,在熔体区中心上方产生强烈的反冲压力,将液相推向外围区域。②在熔体区外部,虽然温度相对较低,但存在一个陡峭的温度梯度,平均在 $1×10^8K/m$ 量级,导致了一个强大的局部热毛细力将液相推向外部。换句话说,在熔体区边缘,液相无处可去,只能向上移动,从而产生一个驼峰状的熔融物质组成的表面形貌。

此外,在激光脉冲持续过程中,第一种机制占主导地位。材料表面形成一个小的驼峰,由于强烈的反冲压力,曲率随径向梯度发生变化。激光脉冲作用结束后,随着材料的冷却,反冲压力减小,热毛细力占主导地位。此外,在熔体区外部,由于驼峰处的表面曲率,热毛细力增强。因此,驼峰在熔体区边缘变大。驼峰的位置主要由第一种机制决定,驼峰的大小主要由第二种机制决定。

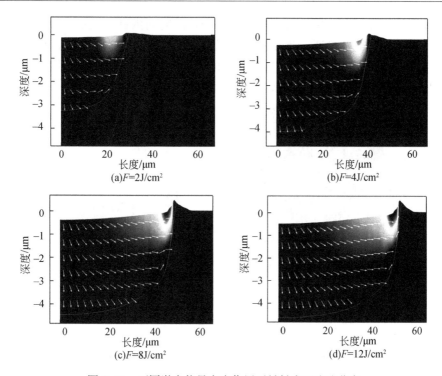

图 2.18 不同激光能量密度作用下材料表面流速分布

2.2.2 纳秒激光刻蚀陶瓷材料的光热化学作用

在传统的脉冲激光刻蚀加工中,如脉冲宽度为纳秒量级甚至更长的脉宽,普遍根据激光热作用下材料相变成气体而脱离基体的物理过程来确定材料的刻蚀量。由上述研究可知,纳秒激光加工金属材料需要考虑等离子体屏蔽效应,并在此基础上研究材料的热相变去除过程。考虑有些材料在高温下不仅发生相变,更多的是发生高温热分解,如陶瓷材料,此时,这种材料与激光相互作用不能从相变角度去考虑。目前,普遍方法是设置热分解温度[17],若材料表面温度高于热分解温度,则认为材料被刻蚀,但是化学反应是有一定反应速度的,将刻蚀临界温度设为定值存在局限性。

1. 理论模型

为了研究材料表面刻蚀与激光功率之间的关系,本节建立一个激光热作用下氮化硅化学反应烧蚀的二维数值模型。考虑氮化硅为多晶材料,为了简化模型,在本节理论模型中认为材料为均匀和各向同性的,同时忽略加工过程中的空气对流和辐照。该模型的核心是:氮化硅的烧蚀只归因于热化学反应而不是蒸发或熔化,如图 2.19 所示。首先,化学反应产物在脉冲持续时间内都假设成气体,这个假设会在后续研究中得到验证。此外,当材料温度逐渐回到室温时,材料表面只生成了硅和二氧化硅。同时,考虑靠近材料表面的等离子层温度等于材料表面温度的热化学反应,这里忽略了材料和等离子体之间的热辐照能量交换。

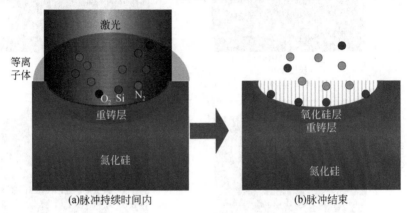

图 2.19 激光热作用下氮化硅化学反应烧蚀示意图

因此,该模型可描述为一个基于与温度相关的热物理参数的热化学反应模型,其参数的精确性直接影响探索激光与材料的相互作用过程的准确性。同时,必须在研究氮化硅陶瓷晶体结构的基础上,着重研究氮化硅的光束传播及热化学反应速率,讨论等离子体吸收对激光刻蚀率的影响机制,为热化学反应模型的建立提供基本参数。

2. 参数计算

1) 热化学反应速度确定

氮化硅在高温下的化学反应方程有[18]

$$Si_3N_4(s) = 3Si(l) + 2N_2(g) \tag{2.29}$$

$$Si_3N_4(s) + \frac{11}{2}O_2(g) = 3SiO(g) + 4NO_2(g) \tag{2.30}$$

$$3SiO(g) + \frac{3}{2}O_2(g) = 3SiO_2 \tag{2.31}$$

$$Si_3N_4(s) + \frac{3}{2}O_2(g) = 3SiO(g) + 2N_2(g) \tag{2.32}$$

通过计算反应物及其产物的 Gibbs 能,最终得到不同化学反应的 Gibbs 自由能,如图 2.20 所示。化学反应方程(2.29)和(2.31)需要足够氧气且反应温度较高,在本次热化学反应研究中予以忽略。

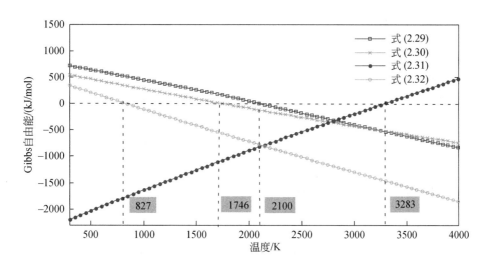

图 2.20　不同化学反应的 Gibbs 自由能

根据材料的实际化学反应速度,使用碰撞理论,并利用化学反应的 Gibbs 自由能代替活化能,通过式(2.33)进行拟合[19]:

$$k_{\text{chemical}} = P\pi d_{\text{AB}}^{2}L\sqrt{\frac{8RT}{\pi M}}\exp\left(-\frac{E_{\text{a}}}{RT}\right) \tag{2.33}$$

式中,d_{AB} 为原子半径之和;R 为摩尔气体常数;L 为阿伏伽德罗常数;M 为摩尔质量;P 为修正系数;E_{a} 为活化能。在本研究中,d_{AB} 为 2.12×10^{-10} m;R 为 8.3144621 J·kg/mol;L 为 6.02×10^{23};M 为 0.14 kg/mol;P 在反应式(2.29)中为 1.4×10^{-5},在反应式(2.32)中为 2×10^{-26};E_{a} 为图 2.20 的 Gibbs 自由能。最终得到氮化硅在不同温度下的化学反应速度,如图 2.21 所示。

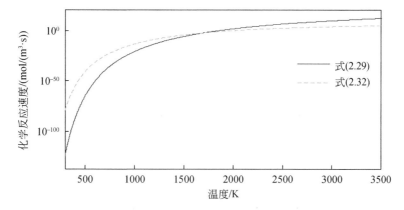

图 2.21　氮化硅在不同温度下的化学反应速度

2)化学反应长度确定

被刻蚀的材料体积不仅与速度有关,而且与温度有关,因此获得材料的去除速度也是需要解决的难题。在此,假定在激光脉冲持续时间内材料表面温度高于其产物的沸点温度,无熔融物质,即材料表面的熔融物质是在激光脉冲结束后逐渐降温时产生的。考虑材料表面在激光辐照下温度不均匀且反射掉的体积与该温度的体积有关,将前面热化学反应速度确定中得到的化学反应速度的单位 mol/(m³ · s)转变为 s⁻¹ 得到不同温度的化学反应速度长度比。设定以材料表面到材料基体 $0.1k_r$ 为反应单元长度,其中,k_r 为材料表面的化学反应速度,从而得到从材料表面到材料基体的反应单元长度计算式,即

$$l = \frac{1}{d(T,y)} \frac{0.9v_r}{d(k_r,T)} \tag{2.34}$$

式中,$d(k_r,T)$ 为反应速度对温度的导数;$d(T,y)$ 为沿着激光入射方向的温度梯度。假设在反应体积内速度处处相等,则该反应体积内的平均反应速度为 $0.55k_r$,进而确定刻蚀速度为

$$v = 0.55k_r l \tag{2.35}$$

该方程解决了化学反应速度表征难的问题,更贴近于激光与材料相互作用的本质,而且可得到材料表面更真实的温度场及刻蚀量。

3)等离子体特性

本节分别从等离子体对激光的吸收系数和等离子体体积角度分析等离子体屏蔽现象,具体为从等离子体对激光的吸收系数和等离子体在材料表面的运动规律两个方面分析等离子体在激光加工中起到的作用。

当激光能量作用于等离子体时,电离原子或正离子只吸收少量的辐照能量,而主要能量被自由电子吸收,被加速的电子通过晶格振动与碰撞将能量间接地传递给中性原子以及其他离子。虽然大部分中性原子在激光作用之初就变成了离子,但是电子原子逆轫致辐照最开始就已经在激光与等离子体相互作用中占据主导地位,相应的吸收系数 a_e 由式(2.36)给出[20],即

$$a_e = \frac{1}{4\pi\varepsilon_0} \frac{e^2 f_e n_e \lambda_L^2}{\pi m_e c^3} \tag{2.36}$$

式中,a_e 为等离子体吸收系数;ε_0 为真空介电常数;e 为电子电荷;f_e 为金属钛电子原子碰撞频率;n_e 为等离子体电子密度;λ_L 为激光波长;m_e 为电子质量;c 为真空中的光速。本节假设电子碰撞频率及密度与空穴相等,在本节研究中,$\beta\text{-Si}_3\text{N}_4$ 的电子密度近似为等离子体电子密度(电子密度乘以刻蚀体积与等离子体体积的比值)。不同能量状态下的电子平均数量 $f(\varepsilon_k)$(ε_k 为能量状态)遵循以下 Fermi-Dirac 分布,即

$$f(\varepsilon_k) = \frac{1}{\exp\left[\left(\varepsilon_k - \mu_{\mathrm{Si_3N_4}}(T_e)\right)/(k_b T)\right] + 1} \tag{2.37}$$

化学势 $\mu_{\mathrm{Si_3N_4}}(T_e)$ 可以通过式(2.38)进行预测,即

$$\mu_{\mathrm{Si_3N_4}}(T_e) = \frac{E_c + E_v}{2} + \frac{3 k_b T_e}{4} \ln \frac{m_h^*}{m_e^*} \tag{2.38}$$

式中,E_v 为能量价带的顶部;E_c 为能量传导带的底部;m_h^* 为空穴有效质量;m_e^* 为电子有效质量;T_e 为电子温度。在本节研究中,β-$\mathrm{Si_3N_4}$ 是一种本征半导体材料,因此导带电子浓度定义为

$$n_e = 2\left(\frac{k_B T_e}{2\pi\hbar^2}\right)^{\frac{3}{2}} \left(m_e^* m_h^*\right)^{\frac{3}{4}} \exp\left(\frac{-E_g}{2 k_B T_e}\right) \tag{2.39}$$

式中,E_g 为能带带隙,表示为

$$E_g = E_c - E_v \tag{2.40}$$

为了确定氮化硅的自由电子浓度与温度的关系,需要计算电子能带。在本节研究中,基于第一性原理计算材料的电子特性,本节采用基于密度泛函理论(density functional theory,DFT)的平面波赝势法以及广义梯度近似(generalized gradient approximation,GGA)。其中,以单晶胞总能量变化 $5\times10^{-7}\,\mathrm{eV}$ 为收敛性判据,由 Monkhorst-Pack 近似方法计算布里渊区内的总能量,其中 k-point 分布为 $15\times15\times36$。如图 2.22 所示,电子的有效质量标注在 a 和 b 两处,空穴有效质量在 c 处,获得曲线的二阶导数,其计算结果如表 2.3 所示。

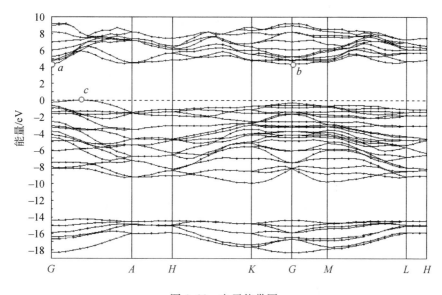

图 2.22　电子能带图

表 2.3　等离子体特性研究所需参数

m_e^* (a 处)	m_e^* (b 处)	m_e^*	E_f	E_g
$0.2349m_e$	$1.6295m_e$	$1.6566m_e$	11.20765eV	4.393eV

在材料表面受到激光辐照时,当材料被加热温度达到材料的气化点温度 (3260K)时,表面产生初始等离子体,这时表面的自由电子获得一个初始速度,自由电子的动能完全来自原子热能的传递,认为其温度恰好等于材料的气化点温度。在等离子体形成后,会持续吸收激光能量,温度继续上升。其中,吸收的激光能量主要转化为三部分:电子热能、电子-原子电离能损失以及电离原子或正离子动能,且满足如下关系:

$$\frac{2n_e k_B}{2}\frac{dT_e}{dt}=a_e I-W_{ionization}-E_k \tag{2.41}$$

式中,I 为激光能量通量;$W_{ionization}$ 为电子-原子电离能损失;E_k 为电离原子或正离子动能。

本节主要关心的是等离子体内对激光能量吸收占主导地位的电子这一项,联立式(2.40)和式(2.41),可以获得描述等离子体电子运动规律的方程,即

$$\frac{dv_e}{dt}=B\frac{1}{n_e v_e}\cdot\frac{a_e I}{m_e} \tag{2.42}$$

式中,B 为等离子体对激光能量吸收率的修正系数;v_e 为等离子体运动速度。将仿真结果与实验结果进行对比发现,在单脉冲能量为 1.15mJ 时,修正系数为 0.04 左右。等离子体的外表面在远离样品的表面服从高斯分布,可以表示为

$$y=a\exp\left(-\frac{3x^2}{r_{etched}^2}\right) \tag{2.43}$$

式中,a 为等离子体中心高度;x 为距离中心位移;r_{etched} 为刻蚀半径。

3. 实验与理论结果对比

1)刻蚀半径及刻蚀深度

设置脉冲激光的参数如下:激光脉冲宽度为 10ns,波长为 532nm,频率为 100Hz,聚焦光斑直径为 105μm,激光平均功率为 115mW、195mW、305mW、450mW、530mW、640mW、760mW、880mW 和 1020mW,利用 COMSOL Multiphysics 中的 Heat Transfer、Deformed Geometry 和 Wall Distance 三个模块耦合进行计算,其中 Heat Transfer 模块用来计算激光作用下的温度场,Deformed Geometry 模块用来计算表面的热化学刻蚀速度。

在激光加工氮化硅陶瓷后,按顺序依次将样品在氢氟酸溶液中进行清洗以去除二氧化硅,并在氢氧化钠溶液中进行清洗以去除硅,利用共焦显微镜测量不同功

率下的氮化硅刻蚀半径和体积。如图 2.23 所示，刻蚀半径和刻蚀体积随着激光平均功率的增加而逐渐增加，然后保持不变，该结果与实验数据吻合得很好。

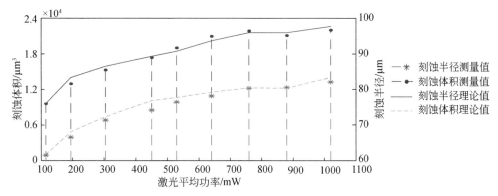

图 2.23　刻蚀半径、刻蚀体积与激光平均功率之间的关系

2) 刻蚀形貌

与此同时，分析材料表面的刻蚀形貌。把理论深度放大来分析不同激光平均功率下的刻蚀深度。图 2.24 是实验得到的微坑形貌和理论深度。通过实验和理论分析可得，刻蚀最深的地区并不是激光辐照区域的中心。主要原因是：尽管激光能量呈高斯分布，但是由于等离子体吸收，在脉冲持续时间内最大的能量密度逐渐从中心移动到边缘。此外，如图 2.24 所示，刻蚀的微坑形貌逐渐靠近黑色区域，也说明了上述刻蚀体积随着功率的增加逐渐增大，最终保持不变，从而说明了等离子体屏蔽会减少材料的刻蚀量。由此可见，理论结果与实验结果吻合得很好，可为氮化硅陶瓷材料激光加工实验研究奠定基础。

3) 表面最高温度变化规律

此外，本节还验证表面温度高于 1800K，即稳态下的分解温度。在本节研究中，表面最高温度随时间的变化如图 2.25 所示，在不同激光平均功率下，化学反应

(a) 微坑形貌

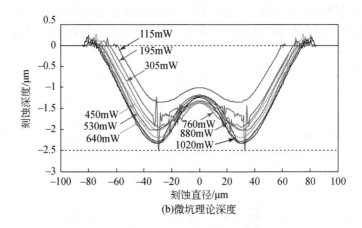

(b)微坑理论深度

图 2.24　实验得到的微坑形貌和理论深度

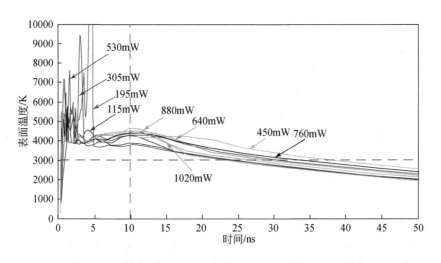

图 2.25　表面最高温度随时间的变化

发生的脉冲持续时间内表面温度都在 3000K 以上。结果表明,在脉冲持续时间内氮化硅化学反应的生成物为气体,与前面提到的假说是一致的,同时表明刻蚀体积不能简单地认为是温度高于 1800K 部分材料的体积。

　　4)考虑与不考虑等离子体运动理论的结果对比

　　图 2.26 给出了考虑与不考虑等离子体运动的刻蚀体积对比。图中显示了200ns 时的刻蚀区域,此时温度低于 800K,因此表面形貌不再改变。对比不考虑等离子体与考虑等离子体运动的刻蚀体积,发现不考虑等离子体运动的刻蚀体积过大。因此,在短脉冲激光加工中必须考虑等离子体运动的影响。

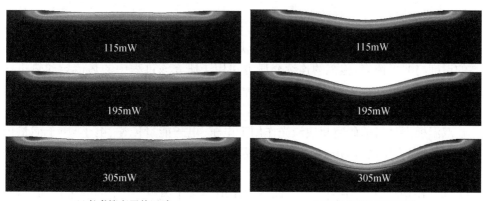

(a)考虑等离子体运动　　　　　　　　　　(b)不考虑等离子体运动

图 2.26　不考虑等离子体运动与考虑等离子体运动的刻蚀体积对比

2.3　超快激光加工过程的建模与仿真

与毫秒激光和纳秒激光的热加工不同,超快激光与材料相互作用时激光能量吸收、材料刻蚀及材料熔化发生在不同的时间尺度,是一个复杂的跨时间尺度过程。在超快激光与材料相互作用时,光子首先被电子吸收,即第一阶段;同时,电子运动造成原子局部场发生变化,电子能量从光学声子波传递到声学声子波,时间尺度为皮秒量级($10^{-12}\sim10^{-10}$ s),即第二阶段;此外,当电子-声子运动达到平衡时,原子通过库仑力及热运动等过程最终离开材料表面,即第三阶段。

其中,第一阶段的光致电离部分,金属与半导体材料电离方式有所不同。半导体及绝缘材料存在带隙,因此必须提供足够的能量使电子跨越禁带宽度,使电子从价带跃迁到导带。若禁带宽度小于光子能量,则一般为单光子吸收;若禁带宽度大于光子能量,则只有在高功率激光辐照下一次吸收多个光子的概率足够高时,电子才可以从价带跃迁到导带,这个过程称为多光子电离;当飞秒激光电场足够强时,将价电子束缚在原子上的库仑场将得到极大的抑制,在强激光场和低激光频率下,飞秒激光与材料的相互作用过程中起主导作用的是隧穿电离过程;此后,导带电子可吸收单个光子并获得更多的能量。如果导带电子有足够的能量可以与价带电子碰撞,并给予价带电子足够的能量将其激发到导带,那么这个过程称为雪崩电离。金属材料的最高能级电子占据满带的一部分,因为电子从占据态激发到占据态没有阈值效应,所以理论上可以吸附任意波长。一方面,金属材料体内已经含有高密度的自由电子($>10^{20}/\mathrm{cm}^3$),具有很高的电导率,电导率转化成材料的介电常数虚部,使得光趋肤深度在纳米量级;另一方面,金属等离子体的频率高于可见光的频率,金属材料的介电常数实部一般为负数,由电磁波边界条件可知,金属表面有很强的反射率。金属材料内部具有大量电子,超强激光辐照过程中电子主要发生雪崩电离。因此,在数值仿真建模方面,超快激光与材料的相互作用过程常常处于极高的温度与非平衡态,传统的连续介质方法用于研究该过程中的热传导和热机械耦合等现象变得不再适用,亟须寻求一种能够承担物质微观领域问题仿真任务的新数值模拟方法。

双温模型是目前研究超快激光作用下电子-电子能量传递、电子-声子能量传递及声子-声子能量传递的主流宏观模型,其中双温模型中每个子方程都为典型的傅里叶传热方程。双温模型中第一个方程考虑了能量吸收、电子升温、扩散及电子-声子耦合作用项,其中电子-声子耦合作用项决定了电子-声子的能量传递过程。此外,为了解决双温模型无法准确描述材料刻蚀情况的问题,将双温模型中的晶格温度代入分子动力学中,模型具体的运行过程为:在激光作用区域声子温度转化成分子动力学的微系综弛豫,获得原子的运动路径,最终确定材料的刻蚀行为。

本节针对超快激光加工过程的三个阶段,研究金属及陶瓷材料的电子电离过程(第一阶段),利用双温模型分析电子-声子耦合能量传递过程(第二阶段),并在此基础上,利用分子动力学分析材料的刻蚀过程(第三阶段)。

2.3.1　金属内雪崩电离过程

当超快激光作用在金属材料表面时,电子吸收激光能量并通过电子-声子耦合作用项将能量传递给声子。该过程可以用双温模型来描述,其包含电子传热方程及声子传热方程,具体方程如下:

$$\begin{cases} C_e \dfrac{\partial T_e}{\partial t} + k_e \nabla T_e = I - G(T_e - T_l) \\ C_l \dfrac{\partial T_l}{\partial t} + k_l \nabla T_l = G(T_e - T_l) \end{cases} \tag{2.44}$$

式中,C_e 为电子热容;k_e 为电子热导率;I 为激光能量通量;G 为电子-晶格耦合系数;C_l 为晶格热容;k_l 为晶格热导率;T_e 为电子温度;T_l 为晶格温度。

本节针对三个阶段的材料属性变化进行计算,为激光精确改性及其定量刻蚀理论研究奠定了基础。通过查表确认金属钛材料为 α 态,通过 X 射线衍射(X-ray diffraction,XRD)探测并拟合确认金属钛材料属于六角密积结构。

1. 钛原子空间排布第一性原理分子动力学分析

随着晶格温度的升高,原子排布的无序性增大且晶体体积变大。但是,超快激光加工属于非平衡过程,晶体结构变化是温度及时间组合的最终产物,因此需考虑时间效应及温度效应。同时,当晶格温度超过熔点时,晶格无序性将急剧增大,影响材料的物理属性。当晶格无序性随温度的变化基本不变时,晶格体积变化成为影响激光能量吸收及传递的主导因素。因此,需要在保持晶格无序性的前提下,构建不同晶体密度下材料的电子-原子动力学过程,进而精确描述材料的刻蚀过程。此外,在分子动力学模拟过程中,在热相变刻蚀过程中存在着过渡层,此时材料密度小于熔融物质密度,但远高于气态材料密度。因此,为了研究超快激光辐照下材料的整个动态光吸收过程,还需考虑过渡层材料的属性。

将钛电子层中 $3p^6 4s^2 3d^2$ 作为价电子,选取投影仪增强波(projector augmented wave,PAW)赝势 Ti_GW 作为赝势,波函近似方法采用广义梯度近似,每个原子的能带数为 22,当晶体密度小于原来的 60% 时,每个原子的能带数为 30。为了考虑声子动力学状态对电子运动状态的影响,这里构建了 $3\times3\times3$ 超胞,共 54 个原子,如图 2.27(a)所示。首先进行第一性原理分子动力学模拟,建立标准压力和温度(normal pressure and temperature,NPT)系统,计算过程的截断能为 800eV,时间步长为 1fs,弛豫时间为 1ps。当温度为 300K 时,最终获得原子位置分布,如图 2.27(b)所示,从图中可以看出,原子无序性有所增加。

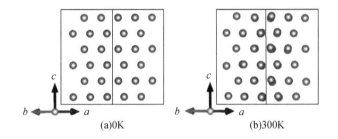

(a)0K　　　　　　　　　　(b)300K

图 2.27　NPT 系综弛豫前后的原子位置变化图

在 300K 晶体结构的基础上,以 1000K、2000K、3000K、5000K 及 7000K 弛豫 1ps,在 7000K 晶体结构的基础上弛豫 2 次,最终获得不同温度下的钛材料密度和晶体结构,如图 2.28 所示。其中,ρ_0 为室温下(300K)的材料密度,是一个常数。

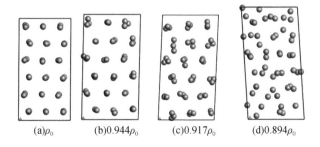

(a)ρ_0　　　(b)0.944ρ_0　　　(c)0.917ρ_0　　　(d)0.894ρ_0

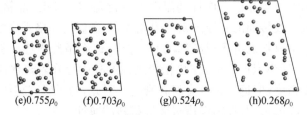

(e)0.755ρ_0　　(f)0.703ρ_0　　(g)0.524ρ_0　　(h)0.268ρ_0

图 2.28　以 300K 为基准不同密度下材料的原子分布

2. 不同声子/电子温度对电子雪崩电离程度的影响

1)电子热容

在自由电子模型的基础上,研究人员提出了电子在离子产生的平均势场中运动,电子气体服从 Fermi-Dirac 分布,如式(2.45)所示:

$$f(\varepsilon) = \frac{1}{\exp\left(\dfrac{\varepsilon - \mu_{T_e}}{kT_e}\right) + 1} \tag{2.45}$$

式中,T_e 为电子温度;ε 为能量;$f(\varepsilon)$ 为电子温度 T_e 下能量为 ε 的状态被占据的概率;μ_{T_e} 为电子温度为 T_e 时的材料化学势。

在上面模拟得到的原子分布基础上进行静态自洽计算。金属电子能级密度服从 Fermi-Dirac 分布,调整展宽即可调节金属的电子温度。在静态计算过程中原子的位置锁定,因此随着电子温度的升高整个系统的总能量增加,如图 2.29 所示。在获得体系能量的基础上,得到不同电子温度下的电子热容($\partial E_{system}/\partial T_e$,$E_{system}$ 为系统总能量),如图 2.30 所示。

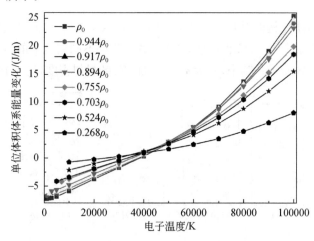

图 2.29　不同密度及电子温度下的体系能量变化图

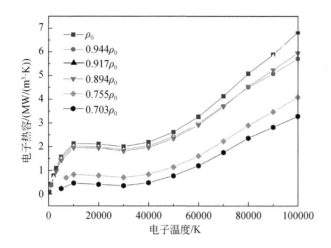

图 2.30　不同密度及电子温度下电子热容变化图

2)晶格/电子温度对电子热运动引起压力的影响规律

电子升温过程会对晶格产生压应力,从而导致材料表面的相变点发生变化。电子产生的压应力可以利用自由能 F 与体积 V 之间的关系得到,具体为

$$P_e = -\frac{\partial F}{\partial V} = -\frac{\partial E_{system}}{\partial V} + T_e \frac{\partial S}{\partial V} \qquad (2.46)$$

式中,S 为材料的熵。计算结果如图 2.31(a)所示,可以看出晶体所受压强随电子温度的升高而增加,随着材料密度的增加而减小。为了表征整个原子/电子对压强的影响,将电子温度与压强的关系进行线性拟合,如图 2.31(b)所示,最终获得不同材料密度下压强与电子温度的斜率,利用公式拟合后得到

$$P_e = \ln(0.9984 + 0.00201\rho(T_1, t)/\rho_0) T_e \quad (\text{GPa}) \qquad (2.47)$$

这里通过式(2.47)得到刻蚀过程中电子压强的变化,并利用系综弛豫方法构建反馈系统,确定原子的运动过程,最终获得材料的刻蚀量。

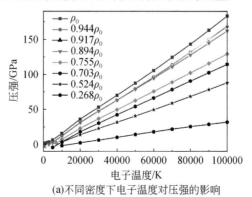

(a)不同密度下电子温度对压强的影响

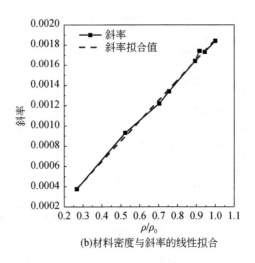

(b)材料密度与斜率的线性拟合

图 2.31　声子/电子参数与材料表面压强的关系及其线性拟合

3)材料光学特性

本节首先分析无序体系在频率为 ω 的交变电场作用下的电导率 $\sigma(\omega)=\sigma_1(\omega)+\mathrm{i}\sigma_2(\omega)$，设有交变电场 $F\cos(\omega t)$，作用在电子上的微扰势为 $qF_x\cos(\omega t)$。在该微扰势作用下，电子可以吸收光子从能量 E 跃迁到能量 $E'=E+\hbar\omega$，其中跃迁概率为

$$\frac{1}{4}q^2F^2\,\frac{2\pi}{\hbar}\,|\,X_{E+\hbar\omega,E}\,|\,^2_{av}N(E+\hbar\omega)\times 2 \tag{2.48}$$

式中

$$X_{E+\hbar\omega,E}=\frac{\hbar}{m\omega}D_{E+\hbar\omega,E}=\frac{\hbar}{m\omega}\int \varphi_E^*\,\frac{\partial}{\partial x}\varphi_E\mathrm{d}\tau \tag{2.49}$$

式中，φ_E 为能量 E 的本征态波函数。首先，通过式(2.50)获得材料的导电率实部 σ_1；然后，通过 Kramers-Kronig 关系式，即式(2.51)，获得导电率实部 σ_2；最后，根据式(2.52)获得材料的复光学介电常数，具体为

$$\sigma_1(\omega)=\frac{2\pi q^2\hbar^3}{m^2}\int-\left(\frac{\partial f}{\partial E}\right)|D|^2_{av}N(E)N(E+\hbar\omega)\,\mathrm{d}E \tag{2.50}$$

$$\sigma_2(\omega)=-\frac{2}{\pi}P\int_0^\infty \frac{\sigma_1(\omega')\omega}{\omega'^2-\omega^2}\mathrm{d}\omega \tag{2.51}$$

$$\varepsilon=\varepsilon_r+i\varepsilon_i=1-\frac{\sigma_2}{\omega\varepsilon_0}+\mathrm{i}\,\frac{\sigma_1}{\omega\varepsilon_0} \tag{2.52}$$

基于传统密度泛函的光学特性计算方法会忽略电子的带间跃迁,因此计算金属材料光学特性误差大。本书利用 K4GVASP 软件开发的 optics 补丁重新编译 VASP(Vienna Abinitio Simulation Package)软件,并结合上述结果得到的波函数文件及电荷文件进行自洽计算,最终获得光学特性。根据式(2.53)获得材料的光学参数,典型激光波长的光学特性随着材料密度变化及电子温度变化如图 2.32 所示。

$$\widetilde{n}=n+\mathrm{i}k=\left(\frac{|\widetilde{\varepsilon}|+\varepsilon_{\mathrm{r}}}{2}\right)^{\frac{1}{2}}+\mathrm{i}\left(\frac{|\widetilde{\varepsilon}|-\varepsilon_{\mathrm{r}}}{2}\right)^{\frac{1}{2}} \tag{2.53}$$

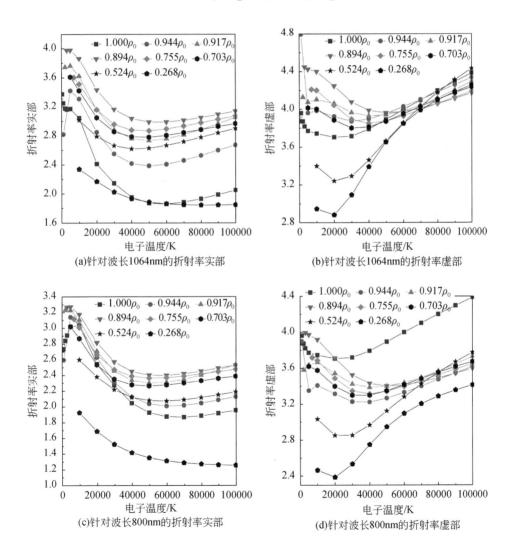

(a)针对波长1064nm的折射率实部

(b)针对波长1064nm的折射率虚部

(c)针对波长800nm的折射率实部

(d)针对波长800nm的折射率虚部

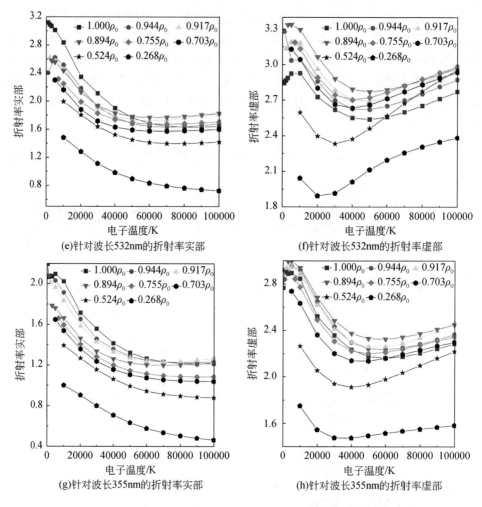

图 2.32　典型激光波长的光学特性随材料密度及电子温度的变化

4)热传导系数

金属电子的热传导系数可用式(2.54)进行计算,即

$$k_{\mathrm{e}} = \frac{1}{e^2 T}\Big(L_{22} - \frac{L_{12}^2}{L_{11}}\Big) \tag{2.54}$$

式中,动能系数 $L_{ij}(i, j = 1, 2)$ 可以用 Chester-Thellung 版本的 Kubo-Greenwood 方程进行计算,即

$$L_{ij} = (-1)^{(i+j)}\int \sigma(E)(E - E_{\mathrm{f}})^{(i+j-2)}\Big(-\frac{\partial f(E)}{\partial E}\Big)\mathrm{d}E \tag{2.55}$$

式中, E_{f} 为费米能。由此可以看出,已知电导率及电子态分布就可以推导出材料

电子热传导特性。首先利用 K4GVASP 软件处理获得材料的电导率,然后根据电导率与热传导之间的关系式,获得材料的电子热传导特性。仿真结果如图 2.33 所示。从图中可以看出,当电子温度超过 40000K 时,随着电子温度的升高,电子热传导系数先增大后趋于不变或略有减小。

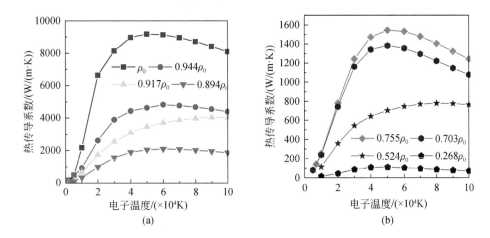

图 2.33　材料热传导特性随材料密度及电子温度的变化图

2.3.2　陶瓷基材料多光子电离/雪崩电离过程及能量传递分析

1. 超快激光作用下碳化硅非线性电离过程

当超快激光作用于金属材料时,电子电离以雪崩电离为主。但是,对于宽禁带材料,激光的单光子能量小于材料带隙,因此无法通过线性吸收激发电子。当超短脉冲激光辐照宽禁带材料表面时,价带电子几乎同时吸收多个光子跃迁至导带,此时激光电离材料的两个主要作用机制是多光子电离和雪崩电离。描述激光脉冲辐照期间和之后自由载流子产生密度的公式[21-24]为

$$\frac{\partial N_e}{\partial t} = \alpha(N_e) I(r,z,t) N_e + P(I) - \gamma N_e^3 \tag{2.56}$$

式中,$\alpha(N_e) I(r,z,t) N_e$ 为雪崩电离项;N_e 为自由载流子密度;$\alpha(N_e)$ 为能量吸收系数;$I(r,z,t)$ 为时变激光强度分布,由式(2.57)给出;$P(I)$ 为多光子电离项,由强场 Keldysh 公式给出;γN_e^3 为自由载流子的复合项,其中 γ 为复合系数。时变激光强度分布[25,26]为

$$I(r,z,t) = \frac{4[1 - R(r,z=0,N_e)]I_0}{t_p \sqrt{\pi/\ln2}} \exp\left[-\frac{2r^2}{r_0^2} - (4\ln2)\frac{t^2}{t_p^2} - \int_z^\infty \alpha(N_e)\mathrm{d}z\right]$$

$$\tag{2.57}$$

式中,I_0 为激光能量密度;$R(r,z=0,N_e)$ 为随材料内部自由载流子密度变化的表面反射系数;r_0 为光斑半径;t_p 为激光脉冲宽度的半高全宽(full width at half maximum,FWHM)。碳化硅的物理参数见表 2.4。

表 2.4　碳化硅的物理参数

参数	符号	数值
密度/(g/cm³)	ρ	3.21
晶格热容/(g/K)	C_l	1.26
电子热容/(g/K)	C_e	$3N_e k_e$
晶格热导率/(W/(m·K))	k_l	320
电子热导率/(W/(m·K))	k_e	$1.48 T_e/T_l$ [27]
冲击电离系数/(cm²/J)	β	4 [27]
俄歇复合系数/(cm⁶/s)	γ	7×10^{-31} [28]
电子-声子耦合系数/s⁻¹	g	2.86×10^{13} [29]

当激光辐照到半导体表面时,激发电子从价带跃迁至导带,并产生自由载流子,而在激光与物质相互作用过程中,强激光强度使得材料的光学参数不能视为一个常数。图 2.34 显示了使用 Drude 模型计算的飞秒激光激发碳化硅不同自由载流子密度下的光学特性。当自由载流子密度超过 $2\times10^{28}\,\mathrm{m}^{-3}$ 时(自由电荷密度接近金属材料),碳化硅从半导体状态转变为强吸收和高反射的类金属状态,导致折射率、消光系数和表面反射率急剧上升,如图 2.34 所示。

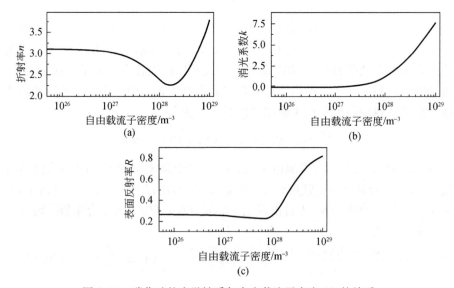

图 2.34　碳化硅的光学性质与自由载流子密度 N_e 的关系

根据上述激光作用下的电子电离公式,在 2.83J/cm² 、5.37J/cm² 和 7.92J/cm² 激光能量密度辐照下,分析碳化硅自由载流子密度及表面沉积激光脉冲强度的相互耦合过程。由图 2.35 可见,当自由载流子密度达到半导体金属态跃迁阈值时,碳化硅的光学性质发生明显改变,尤其是材料的消光系数发生变化,其表面反射率增大,进一步降低了对激光能量的吸收。在 2.83J/cm² 、5.37J/cm² 和 7.92J/cm² 激光能量密度辐照下,激光能量密度与自由载流子密度 N_e 达到了短期动态平衡。

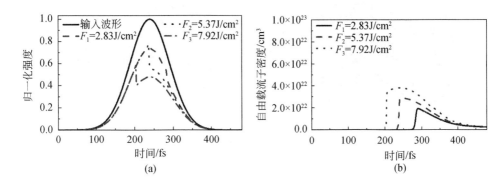

图 2.35　激光能量密度对碳化硅中归一化强度和自由载流子密度的影响

2.电子-声子耦合作用下能量传递过程

激光脉冲产生自由载流子后,沉积的激光能量从电子转移到晶格,从而产生烧蚀并改变材料表面。在超短脉冲的持续时间内,电子系统和晶格系统处于非平衡态,电子与晶格的相互作用可以用双温模型来描述。电子和晶格的温度演化分别在两个子系统[21,30]中求解,如式(2.58)和式(2.59)所示:

$$C_e \frac{\partial T_e}{\partial t} = \nabla(k_e \nabla T_e) - g(T_e - T_1) + I(r,z,t) \tag{2.58}$$

$$C_1 \frac{\partial T_1}{\partial t} = \nabla(k_1 \nabla T_1) + g(T_e - T_1) \tag{2.59}$$

式中,T_e 和 T_1 分别为电子温度和晶格温度;C_i 和 k_i 分别为电子和晶格子系统 $i(i=e,l)$ 的热容和热导率;g 为电子-声子耦合系数;$I(r,z,t)$ 为激光强度。

激光脉冲产生自由载流子后,通过原子内部的弛豫过程,激光能量从电子系统转移到晶格。本节通过建立双温模型来描述激光能量在不同系统间的转换过程,如图 2.36 所示。在 2.83J/cm² 的激光能量密度下,虽然晶格温度尚未达到碳化硅的分解温度,但是材料表面电磁波扰动导致激光沉积能量的周期性局部增强,从而产生选择性的表面烧蚀,并在一定范围内产生激光诱导表面的周期性结构;在 7.92J/cm² 的激光能量密度下,最大晶格温度远远超过碳化硅的分解温度,因此在碳化硅表面发生严重烧蚀。同时,随着激光能量密度的增加,表面反射率的增加会降低材料对激光能量的吸收。同时,由于光学性质的改变,激光的穿透深度降低,能量更集中地沉积在材料表面。比较图 2.36(a)和图 2.36(c)中电子温度发现,激光脉冲的穿透深度随着激光能量密度的增加而减小。

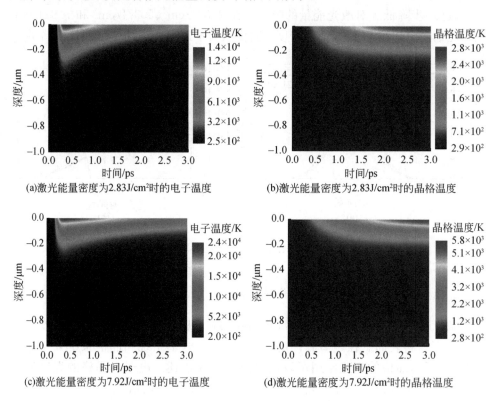

(a)激光能量密度为2.83J/cm²时的电子温度　　(b)激光能量密度为2.83J/cm²时的晶格温度

(c)激光能量密度为7.92J/cm²时的电子温度　　(d)激光能量密度为7.92J/cm²时的晶格温度

图 2.36　材料中心电子温度和晶格温度的演化

3.碳化硅非线性电离程度验证

1)Drude-spie 模型

由于电子密度和瞬时温度难以准确检测,为了验证电子密度方程以及双温模型的准确性,选择通过分析实验中与电子动态密度相关的激光诱导表面的周期性结构规律去反推激光作用过程中电子密度的演化,从而验证上述模型。

为了研究激光能量分布引起的周期性结构的形成机理,采用 Drude-spie 模型计算频域内空间结构的功效因子,从而模拟激光在粗糙表面传播产生的非均匀能量沉积[31,32],如式(2.60)所示:

$$A(\boldsymbol{k}) \propto \eta(\boldsymbol{k}, \boldsymbol{k}_i) |b(\boldsymbol{k})| \qquad (2.60)$$

式中，$\boldsymbol{k}_i$ 为入射激光的波矢量分量；$\boldsymbol{k}$ 为与表面平行的波矢量；$A(\boldsymbol{k})$ 为周期性能量沉积的振幅；$\eta(\boldsymbol{k},\boldsymbol{k}_i)$ 为功效因子；$b(\boldsymbol{k})$ 为粗糙表面的傅里叶分量。

对于一般的材料表面，粗糙表面的傅里叶分量 $b(\boldsymbol{k})$ 相比于周期性结构的空间频率可以看作一个缓慢变化的函数。于是，激光在粗糙表面上非均匀吸收的空间分布可以简化为正比于功效因子 $\eta(\boldsymbol{k},\boldsymbol{k}_i)$。在多次激光脉冲作用下，粗糙表面的傅里叶分量 $b(\boldsymbol{k})$ 可能会逐渐加剧周期性结构的演化。具体的功效因子计算方法[25]如下：

$$\eta(\boldsymbol{k},\boldsymbol{k}_i)=2\pi\,|\,v(\boldsymbol{k}_+)+v^*(\boldsymbol{k}_-)\,| \tag{2.61}$$

对于 S 或 P 两种偏振光，函数 v 由式(2.62)和式(2.63)确定[33]：

$$v(\boldsymbol{k}_{\pm},\text{s-pol})=[h_{ss}(\hat{k}_{\pm})(\hat{\boldsymbol{k}}_{\pm}\cdot\hat{\boldsymbol{y}})^2+h_{kk}(\boldsymbol{k}_{\pm})(\hat{\boldsymbol{k}}_{\pm}\cdot\hat{\boldsymbol{x}})^2]\gamma_t\,|\,t_s(\boldsymbol{k}_i)\,|^2 \tag{2.62}$$

$$\begin{aligned}
v(\boldsymbol{k}_{\pm},\text{p-pol})=&[h_{ss}(\boldsymbol{k}_{\pm})(\hat{\boldsymbol{k}}_{\pm}\cdot\hat{\boldsymbol{x}})^2+h_{kk}(\boldsymbol{k}_{\pm})(\hat{\boldsymbol{k}}_{\pm}\cdot\hat{\boldsymbol{y}})^2]\gamma_t\,|\,t_x(\boldsymbol{k}_i)\,|^2\\
&+h_{kz}(\boldsymbol{k}_{\pm})(\hat{\boldsymbol{k}}_{\pm}\cdot\hat{\boldsymbol{y}})\gamma_z\varepsilon t_x^*(\boldsymbol{k}_i)t_z(\boldsymbol{k}_i)\\
&+h_{zk}(\boldsymbol{k}_{\pm})(\hat{\boldsymbol{k}}_{\pm}\cdot\hat{\boldsymbol{y}})\gamma_t t_x(\boldsymbol{k}_i)t_z^*(\boldsymbol{k}_i)\\
&+h_{zz}(\boldsymbol{k}_{\pm})\gamma_z\varepsilon\,|\,t_z(\boldsymbol{k}_i)\,|^2
\end{aligned} \tag{2.63}$$

式中，s-pol 和 p-pol 表示偏振方向；$(\hat{\boldsymbol{k}}_{\pm}\cdot\hat{\boldsymbol{y}})=(\sin\theta\pm\kappa_y)/\kappa_{\pm}$，$(\hat{\boldsymbol{k}}_{\pm}\cdot\hat{\boldsymbol{x}})=\kappa_x/\kappa_{\pm}$，$\kappa_{\pm}=\sqrt{\kappa_x^2+(\sin\theta\pm\kappa_y)^2}$，$\kappa_{\pm}$ 分别表示凸表面和凹表面；上标"$*$"表示共轭；ε 为材料的介电常数；t_s 为表面法向分量；t_x 为表面 x 方向分量；t_z 为表面 z 方向分量。复函数 $h(k)$ 和 $t(k)$ 各分量定义如下：

$$h_{ss}(\kappa_{\pm})=\frac{2\mathrm{i}}{\sqrt{1-\kappa_{\pm}^2}+\sqrt{\varepsilon-\kappa_{\pm}^2}} \tag{2.64}$$

$$h_{kk}(\kappa_{\pm})=\frac{2\mathrm{i}\sqrt{(\varepsilon-\kappa_{\pm}^2)(1-\kappa_{\pm}^2)}}{\varepsilon\sqrt{1-\kappa_{\pm}^2}+\sqrt{\varepsilon-\kappa_{\pm}^2}} \tag{2.65}$$

$$h_{kz}(\kappa_{\pm})=\frac{2\mathrm{i}\kappa_{\pm}\sqrt{\varepsilon-\kappa_{\pm}^2}}{\varepsilon\sqrt{1-\kappa_{\pm}^2}+\sqrt{\varepsilon-\kappa_{\pm}^2}} \tag{2.66}$$

$$h_{zk}(\kappa_{\pm})=\frac{2\mathrm{i}\kappa_{\pm}\sqrt{1-\kappa_{\pm}^2}}{\varepsilon\sqrt{1-\kappa_{\pm}^2}+\sqrt{\varepsilon-\kappa_{\pm}^2}} \tag{2.67}$$

$$h_{zz}(\kappa_{\pm})=\frac{2\mathrm{i}\kappa_{\pm}^2}{\varepsilon\sqrt{1-\kappa_{\pm}^2}+\sqrt{\varepsilon-\kappa_{\pm}^2}} \tag{2.68}$$

$$t_s(\boldsymbol{k}_i)=\frac{2\,|\cos\theta|}{|\cos\theta|+\sqrt{\varepsilon-(\sin\theta)^2}} \tag{2.69}$$

$$t_x(\boldsymbol{k}_i)=\frac{2\sqrt{\varepsilon-(\sin\theta)^2}}{\varepsilon\,|\cos\theta|+\sqrt{\varepsilon-(\sin\theta)^2}} \tag{2.70}$$

$$t_z(\boldsymbol{k}_i) = \frac{2\sin\theta}{\varepsilon\,|\cos\theta| + \sqrt{\varepsilon - (\sin\theta)^2}} \tag{2.71}$$

$$\gamma_t = \frac{\varepsilon - 1}{4\pi\left\{1 + \dfrac{1}{2}(1-f)(\varepsilon-1)\left[F(s) - R \cdot G(s)\right]\right\}} \tag{2.72}$$

$$\gamma_z = \frac{\varepsilon - 1}{4\pi\left\{\varepsilon - (1-f)(\varepsilon-1)\left[F(s) + R \cdot G(s)\right]\right\}} \tag{2.73}$$

$$R = (\varepsilon - 1) / (\varepsilon + 1) \tag{2.74}$$

$$F(s) = \sqrt{s^2 + 1} - s \tag{2.75}$$

$$G(s) = \frac{1}{2}(\sqrt{s^2 + 4} + s) - \sqrt{s^2 + 1} \tag{2.76}$$

式中,γ_t 和 γ_z 为两个数值因子,用于确定表面形貌对能量分布的影响;s 为形貌因子;f 为填充因子。

　　基于上述公式,利用入射角 θ 对激光参数(波长 λ 和偏振方向)以及材料光学属性 ε 和表面粗糙度特性(s 和 f)计算出功效因子系数 η,作为归一化周期性结构波矢量分量 k_x、k_y 的函数。

　　通过前面对碳化硅物理性质的计算,可以得出不同电子密度下激光诱导周期结构的频域功效因子分布,如图 2.37 所示。在不同自由载流子密度 N_e 下,碳化硅功效因子在空间两个方向上的强度分布也发生了变化。归一化因子为 $k_0 = \lambda/\Lambda$,λ 是激光脉冲的波长,在本节取值为 800nm;Λ 是周期结构的空间周期。随着自由载流子密度的增加,最大功效因子逐渐增大,直至自由载流子密度 N_e 超过 2×10^{22} cm^{-3},达到半导体-金属态跃迁阈值。这是由于高消光系数阻挡了表面电磁波的传播和干扰。此外,当自由载流子密度 N_e 超过 2×10^{22} cm^{-3} 时,功效因子图的形状从新月形转变为薄镰刀形,这是金属材料上纳米结构的典型特征。功效因子图的形状表明,在任何自由载流子密度下,纳米结构的取向都垂直于激光脉冲的偏振方向。

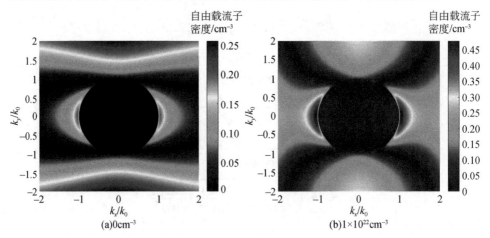

(a)0cm^{-3}　　　　　　　　　　　　　(b)1×10^{22}cm^{-3}

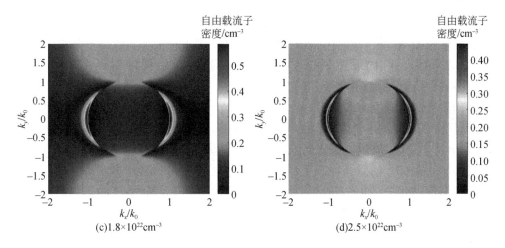

图 2.37　不同自由载流子密度的功效因子随归一化波矢量 k_x/k_0 和 k_y/k_0 的二维映射

随着自由载流子密度的增加，周期性结构频谱的最大功效因子逐渐增加，直到自由载流子密度 N_e 超过 $2\times10^{22}\,\mathrm{cm}^{-3}$，即半导体态和金属态的自由电子密度转换阈值，这是由于消光系数增大并超过了材料折射率的实部，材料界面处介电常数为负，从而生成了等离子体极化激元，功效因子的分布形状从新月形转变为薄镰刀形，周期性结构的分布逐渐趋于一个特定的频率。同时，功效因子的形状表明，在任何自由电子密度下，激光诱导表面周期性结构的取向都与激光脉冲的偏振方向垂直，功效因子的横截面分布如图 2.38 所示。激光诱导表面结构的周期在功效因子达到最大值和最小值时形成，因此功效因子的极值位置预测了激光诱导表面周期性结构的空间周期。根据前面的计算，产生周期性结构而又不发生破坏的激光

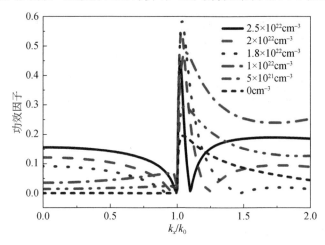

图 2.38　不同自由载流子密度分布情况下功效因子在 $k_y=0$ 时横截面分布

能量密度约为 $2.83J/cm^2$,相应的自由载流子密度 N_e 约为 $1.8\times10^{22}cm^{-3}$ 。当自由载流子密度 N_e 为 $1.8\times10^{22}cm^{-3}$ 时,最大功效因子和最小功效因子分别为 1.47 和 1.03,表明计算出的激光诱导表面周期性结构的空间波长为 544～776nm。

2)实验研究

当激光能量密度为 $7.92J/cm^2$ 和 $2.83J/cm^2$ 时,脉冲数为 50 个时激光辐照碳化硅表面的扫描电子显微镜(scanning electron microscope,SEM)图像如图 2.39 所示,其中展示了碳化硅表面的周期性纳米结构。如前所述,在激光能量密度为 $7.92J/cm^2$ 的激光辐照下,中心区域发生了强烈的烧蚀,并消除了区域Ⅰ的周期性结构,如图 2.39(a)所示。此外,从图 2.39(b)中观察到,去除的材料产生了一些纳米粒子,这些纳米粒子回落并黏附在区域Ⅱ的表面。除此之外,焦点附近的强激光功率密度会引起空气电离和光丝效应,从而干扰激光传播路径,降低碳化硅表面结构质量。为了避免高激光功率密度,实验中采用离焦条件降低高激光强度,增大激光诱导波纹的产生面积。当位移为 $-2mm$ 时,激光光斑半径由 $75\mu m$ 增大到 $125\mu m$,激光能量密度减小到 $2.83J/cm^2$ 。在相对较低的激光能量密度下,激光辐照区没有发生明显的烧蚀,获得了清晰的纳米波纹区,如图 2.39(b)所示,这与理论结果预测的晶格温度非常吻合。

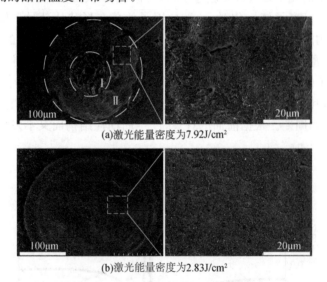

(a)激光能量密度为7.92J/cm²

(b)激光能量密度为2.83J/cm²

图2.39　脉冲数为 50 个时激光辐照碳化硅表面的 SEM 图像

碳化硅表面的 SEM 图像及其傅里叶变换分析如图 2.40 所示。激光辐照后的表面结构主要由两部分组成:激光诱导周期性结构和初始粗糙度。由图 2.40(c)可以看出,实验中周期性结构的取向垂直于激光偏振方向。实验中纳米波纹的范围为 $1.39～2.07\mu m^{-1}$,表明纳米波纹的空间波长范围为 719～483nm。Drude-spie

模型计算出的纳米波纹结构周期分别为 776nm 和 544nm。其中的偏差可能是由激光脉冲的光谱宽度和瞬态激光激发材料的特性引起的。如图 2.40(b)所示,二维快速傅里叶变换(two dimensional fast Fourier transform,2D-FFT)图像的高频(激光诱导的周期性结构)部分显示出新月形特征,这与自由载流子密度为 $1.8 \times 10^{22} \mathrm{cm}^{-3}$ 时功效因子的理论分析具有良好的一致性。

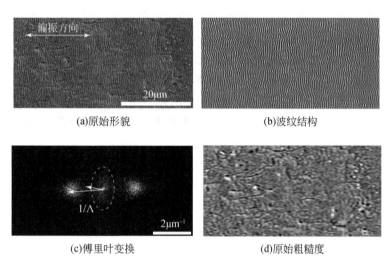

(a)原始形貌　　　　　　　　　　(b)波纹结构

(c)傅里叶变换　　　　　　　　　(d)原始粗糙度

图 2.40　碳化硅表面的 SEM 图像及其傅里叶变换分析

2.3.3　基于分子动力学的材料刻蚀过程

上述研究内容主要是关注超快激光作用下电子电离过程及能量传递过程,接下来着重研究超快激光作用下的刻蚀过程。分子动力学作为一种研究物质微观领域材料行为变化的计算机模拟方法,在过去的几十年发展迅速,尤其对超快激光烧蚀材料过程的仿真研究具有无可比拟的优势:首先,分子动力学仿真是一种典型的非连续(介质)方法,其仿真过程不需要将材料的宏观特性(热、机械特性等参数)作为研究的前提条件,也不需要宏观的控制方程进行物理量的求解。其次,该方法能从分子水平甚至原子水平对所研究的物理过程进行分析,进而在极短时间内精确地跟踪并捕捉到靶材内部各微观物理量的变化过程。再次,按照统计物理学的方法计算得到材料的各种宏观特性,如温度、压力、密度等。此外,分子动力学仿真方法在重现超快激光与材料相互作用微观过程的基础上,能够有效地对烧蚀过程的各种影响因素进行独立研究,为材料微加工过程内在机制的研究提供详细信息。因此,分子动力学仿真方法有助于深入分析发生于极小空间与极短时间内的超快激光与材料相互作用的微观机理、从理论角度揭示实验手段观测不到的新现象、深化对所研究问题的理解,对激光热累积和热损伤现象的控制提供了理论指导。

1. 分子动力学仿真流程——物理模型

硅是当今广泛应用、最重要和最典型的共价元素半导体材料。在过去的十几年间(硅时代),硅材料因其平易近人的价格以及作为电子与信息技术革命中推动电子元器件发展的一种最为重要的信息技术材料而得到广泛研究与应用。由于硅的巨大技术重要性,有关超快激光与硅之间相互作用的研究早在几十年前便开始了。近年来,晶体硅在超快激光与半导体材料之间相互作用机制的理论研究中一直处于引领地位,同时其在实际生产应用中的技术与经济地位也逐渐提高,因此本书将晶体硅作为研究对象,深入挖掘超快激光诱导半导体材料产生相关物理与化学变化的本质机理。

本节的主要研究目标是基于分子动力学仿真方法,对超快激光辐照诱导晶体硅所产生的材料固-液状态转变以及最终微结构状态等问题进行研究[34]。首先,基于硅晶胞单元建立如图 2.41 所示的模型,给出初始温度为 300K、由一定数量的原子构成的晶体硅体系。然后,按照超快激光作用与否,将本章的仿真研究划分为两个阶段:超快激光作用之前体系的平衡状态阶段(图 2.41(a))和超快激光作用之后体系对激光能量的吸收与变化阶段(图 2.41(b))。在分子动力学仿真研究中,对晶体硅体系施加脉冲宽度分别为 50fs 和 10ps 两种超快激光作用,利用 Stillinger-Weber 势能函数[35]对仿真体系中各个硅原子之间的相互作用势能进行精确计算,对势能函数进行微分求导获得原子之间的相互作用力。速度 Verlet 算法被用于积分牛顿运动方程。使用消息传递函数库的标准规范并行计算库来提高计算速度。首先在正则等温系统中运行分子动力学仿真程序长达 50ps,以便使系统达到具有稳定的预设平衡温度 300K 的平衡状态,接下来将仿真模型变为微正则等能量系综继续运行 50ps,其间使用速度划分方法不断更新系统的温度与粒子速度,最终系统的温度稳定在与期望值 300K 十分接近的 298.8K。对于本章所涉及的全部仿真模型,x、y 方向均为周期性边界条件,而 z 方向为自由边界条件。

2. 平衡熔化温度的确定

为了便于与施加超快激光作用后材料的正常非平衡熔化温度进行对比,合理解释由超快激光辐照诱导晶体硅所产生的一系列变化,本章在进行超快激光与晶体硅的相互作用仿真研究之前,首先对未受到激光脉冲作用的晶体硅的平衡熔化温度进行测定,以此作为后续研究过程中的标准参照温度。

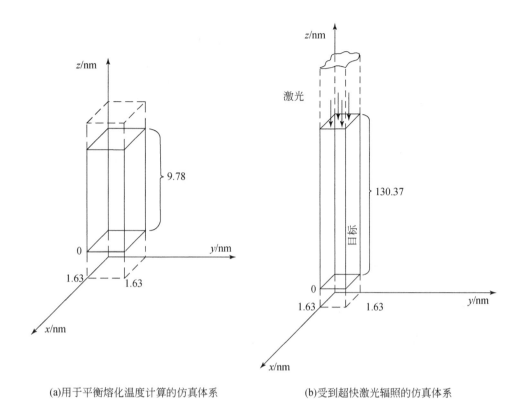

(a)用于平衡熔化温度计算的仿真体系　　　　　　　　(b)受到超快激光辐照的仿真体系

图 2.41　晶体硅的分子动力学仿真计算模型

如图 2.41(a)所示,用于计算晶体硅平衡熔化温度的较小平衡状态仿真体系在三个方向的尺寸分别为 1.63nm、1.63nm 和 9.78nm,该仿真计算区域在三个方向上分别由 3 个、3 个、18 个单元晶胞构成,每个单元晶胞包含一个硅晶格,每个硅晶格内含有 8 个硅原子,故此仿真体系共包含 1296 个硅原子。为了使位于该仿真计算区域 z 方向上下表面的体系原子由于温度升高而沿着 z 方向出现的自由膨胀现象不受限制,在其 z 方向的上下表面分别添加 18 个不包含硅晶格的空白单元晶胞。

为了确定受到超快激光作用之前晶体硅的平衡熔化温度,分别在一系列不同初始温度条件下开展平衡熔化温度测试的仿真实验。图 2.42 给出了硅熔点附近温度下,2ps 和 200ps 两个时间点处体系内部原子结构示意图。观察图 2.42(a)发现,当初始温度为 1780K 时,体系表面附近微小区域内的材料首先开始出现熔化现象,并且此时体系内部其他绝大部分原子仍处于具有规则晶格结构的固体状态。此外还发现,在初始温度为 1780K 时,体系内所有原子的结构没有随着仿真过程的进行发生明显变化。因此,最终将 1780K 确定为本书以 Stillinger-Weber 势能函数所建立的晶体硅仿真模型系统的平衡熔化温度。本节仿真研究计算所得的晶体硅平衡熔化温度1780K,要比固态晶体硅熔点的实验测量值1683K高出97K[36-38]。

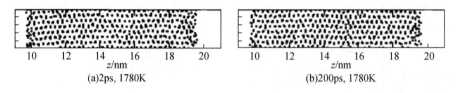

(a)2ps, 1780K　　　　　　　　　　　(b)200ps, 1780K

图2.42　不同时间条件下晶体硅体系内部原子结构示意图

3.晶体硅诱导产生的变化

1)温度变化

(1)飞秒激光烧蚀。

使用激光脉冲宽度为50fs、激光能量密度为60J/m^2的飞秒激光辐照晶体硅,体系内部原子温度变化情况的分子动力学仿真结果如图2.43所示。

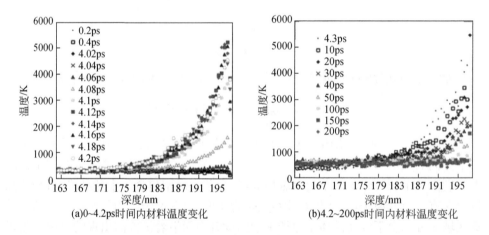

(a)0~4.2ps时间内材料温度变化　　　　　(b)4.2~200ps时间内材料温度变化

图2.43　飞秒激光烧蚀诱导晶体硅内部原子温度随时间的变化

在0~4ps时间内,尚未施加飞秒激光脉冲,体系内部的原子温度一直处于初始预设温度300K左右。

在4~4.2ps时间内,随着激光脉冲作用的开始,体系表面受辐照区域内的原子温度迅速从初始预设温度300K上升至5400K左右(峰值),随后基本保持稳定,由于该峰值温度不仅远高于平衡体系仿真实验所得晶体硅的平衡熔化温度1780K,而且超过了晶体硅的沸点3538K(熔点:1687K),所以此时材料理论上应早已从固态直接气化蒸发转变为气态。

　　在 4.2～200ps 时间内,随着飞秒激光脉冲作用的结束,体系近表面受辐照区域内的原子一方面由于激光脉冲作用的结束而停止吸收激光能量;另一方面通过粒子间的相互碰撞不断地向体系内部原子传递热量,因而近表面受辐照区域内的原子温度明显下降;相反,体系内部原子由于吸收了来自近表面受辐照区域内原子的热能而呈现出温度上升的趋势。

　　在 200ps 时,仿真结束,仿真区域内所有原子温度由于热传导作用而变得均匀一致,最终稳定在 500K 左右。

　　(2)皮秒激光烧蚀。

　　使用激光脉冲宽度为 10ps、激光能量密度为 60J/m² 的皮秒激光辐照晶体硅。皮秒激光烧蚀诱导晶体硅内部原子温度随时间的变化如图 2.44 所示。不难发现,其变化趋势与图 2.43 中所示的飞秒激光烧蚀仿真结果相近。

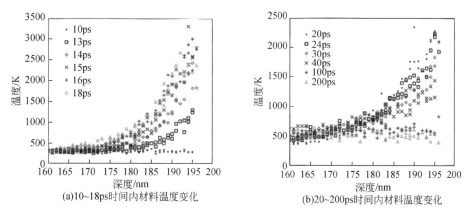

图 2.44　皮秒激光烧蚀诱导晶体硅内部原子温度随时间的变化

　　在 0～10ps 时间内,尚未施加皮秒激光脉冲,体系内部原子温度一直处于初始预设温度 300K 左右。

　　在 10～18ps 时间内,随着皮秒激光脉冲作用的开始,体系表面受辐照区域内的原子温度从 300K 左右的初始预设温度逐渐上升至 3300K 左右(峰值),随后基本维持稳定,虽然该峰值温度远远超过了平衡体系中仿真实验所得晶体硅的平衡熔化温度 1780K,但仍低于晶体硅的沸点 3538K(熔点为 1687K),此时材料理论上只是由固态受热熔化转变为液态。

　　在 20～200ps 时间内,随着皮秒激光脉冲作用的结束和时间的推移,一方面,体系近表面受辐照区域处的原子由于激光脉冲作用的结束而停止吸收激光能量,并不断通过粒子间的相互碰撞作用将所吸收的激光能量传递给体系内部其他原子,因而近表面受辐照区域内的原子温度明显下降;另一方面,体系内部原子由于吸收了来自近表面受辐照区域处原子的激光能量而展现出温度上升的趋势。

在 200ps 时,仿真计算结束,体系内所有原子由于热传导作用而达到一个恒定统一的温度,最终稳定在 485K 左右。

激光能量密度均为 60J/m² 的飞秒与皮秒激光脉冲辐照晶体硅的过程中,与皮秒激光烧蚀晶体硅的仿真结果相比,飞秒激光脉冲作用晶体硅后,体系内部原子温度的上升速度、体系所能达到的峰值温度以及体系最终稳定的平衡温度值均要较皮秒激光烧蚀的情况更高,反应过程更加短促而剧烈,因此说明了材料所受激光的热与机械特性影响更为严重。

2)微结构状态变化

(1)飞秒激光烧蚀。

为了更好地描述飞秒激光脉冲辐照晶体硅后体系内部原子微结构状态的发展变化过程,本书通过分子动力学仿真过程对体系表面受辐照区域内的原子微结构状态变化进行跟踪,结果在图 2.45 中给出。

在 0~4ps 时间内,由于激光脉冲尚未开始作用,整个仿真体系内部的原子微结构一直保持为规则稳定的平衡晶格结构,原子温度稳定在初始预设温度 300K 左右。

在 4~4.2ps 时间内,开始施加激光脉冲辐照,体系表面受辐照区域内的原子率先吸收了激光能量,其温度在短时间内急剧上升,直接气化蒸发转变为气态而逃离材料表面,发生材料烧蚀现象。受辐照表面次下层区域内的原子因温度超过熔点却低于沸点而变为紊乱无序的无定形非晶体态液体,此时体系处于固-液-气三相共存状态。整个体系处于熔化状态且其固-液交界面不断沿激光脉冲入射的方向(z 方向)向体系内部推进。由于材料表层原子的气化蒸发作用而被喷蚀的原子数量越来越多,体系的总体熔化深度逐渐降低。在飞秒激光脉冲作用将要结束时,材料的固-液交界面位置沿 z 方向移动至体系内部最深处 z＝186.0nm,如图 2.45 所示。

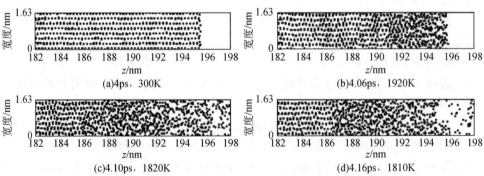

图 2.45　飞秒激光烧蚀诱导材料内部原子结构状态与对应原子的平均温度随时间的变化

（2）皮秒激光烧蚀。

同样，为了更加深入地了解皮秒激光脉冲辐照晶体硅后体系内部原子微结构状态的发展变化过程，本书通过分子动力学仿真过程对体系表面受辐照区域内部的原子微结构状态变化进行描述，结果在图 2.46 中给出。

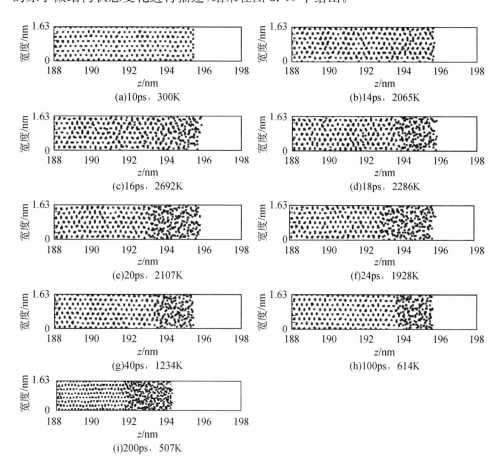

图 2.46　皮秒激光烧蚀诱导材料内部原子结构状态与对应原子的平均温度随时间的变化过程

在 $0 \sim 10\text{ps}$ 时间内，由于皮秒激光脉冲尚未开始作用，整个仿真体系内部原子微结构一直保持为规则稳定的平衡晶格结构，体系原子温度稳定在初始预设温度 300K 左右。

在 $10 \sim 20\text{ps}$ 时间内，随着激光脉冲作用的开始，体系表面受辐照区域内的原子率先吸收激光能量，其温度逐渐升高至晶体硅熔点之上（1687K），材料表面慢慢发生熔化，但因低于晶体硅的沸点温度，故只是由固态受热熔化转变为紊乱无序的无定形非晶体态液体。因而，此时体系为固-液两相共存状态。整个体系处于熔化状态且其固-液交界面不断沿激光脉冲入射的方向(z方向)向体系内部推进。在皮秒激光脉冲作用将要结束时,材料的固-液交界面位置沿 z 方向移动至体系内部最深处 $z=192.87\text{nm}$,如图 2.46(e)所示。

在 20～200ps 时间内,随着皮秒激光脉冲作用的结束,材料整体温度逐渐降低,整个体系进入再凝固阶段,直至 200ps 仿真结束时,体系内部所有原子的温度趋于均匀一致,稳定在 485K 左右,由于该温度远远低于晶体硅的熔化温度,可确定此时的材料已经完全凝固恢复为固体状态。类似于飞秒激光烧蚀的最终结果:熔化区域内的材料完全凝固后,靠近表面区域的一部分再凝固材料未能恢复到熔化之前的规则晶体态而呈现如图 2.46(i)所示紊乱无序的无定形非晶结构状态,且最终测得该无定形层的厚度约为 2.05nm(最终体系上表面位于$z=195.55\text{nm}$ 处,规则晶体态固体-无定形非晶体态固体交界面位于 $z=193.5\text{nm}$ 处);相应的经再凝固过程重新恢复为晶体态的固体硅层厚度约为 0.63nm,材料最大熔化深度达 2.68nm(规则晶体态固体-无定形非晶体态固体交界面位于 $z=193.5\text{nm}$ 处,材料熔化过程中最深固-液交界面位于 $z=192.87\text{nm}$ 处),如图 2.46(e)所示。

在相同激光能量密度(60J/m^2)条件下的飞秒与皮秒激光脉冲辐照晶体硅的过程中,与皮秒激光脉冲烧蚀晶体硅的仿真结果相比,飞秒激光脉冲作用晶体硅后,体系内部原子结构变化的剧烈程度、最大熔化深度、最终材料的结晶化与无定形化深度均较皮秒激光脉冲烧蚀情况更大,说明飞秒激光脉冲烧蚀晶体硅的反应过程更加剧烈,材料所受激光热特性与机械特性的影响更为严重。

4. 交界面动力学与最终微结构

前述分子动力学仿真计算所得的结果为交界面动力学的研究创造了条件。根据固-液状态改变交界面动力学理论,当熔化过程中固-液交界面以一个有限大小的速度移动时,固-液交界面处的温度被认为会偏离平衡熔化温度。固-液交界面处的过热温度与过冷温度 $\Delta T=T_{eq}-T_{int}$ 与固-液交界面速度 $V_{int}(T_{int})$ 有关[39]。其中,T_{eq} 是平衡熔化温度,T_{int} 和 V_{int} 分别是固-液交界面的温度和速度。当 ΔT 非常小时,固-液交界面处 V_{int} 和 ΔT 近似呈线性关系:

$$\Delta T=C_1 V_{int}(T_{int}) \tag{2.77}$$

式中,常数 C_1 与材料特性有关;ΔT 和 $V_{int}(T_{int})$ 能够通过对分子动力学仿真结果的分析求得。因此,最终可以确定 C_1 的值。

材料再凝固过程发生在极短的时间范围内,使得在测量固-液交界面速度和温度时存在很大的技术难度,因而即便对于成分简单的单质晶体材料,确定其固-液交界面速度与过热温度和过冷温度之间的函数关系也存在较大的困难。然而为了分析交界面动力学,最重要的仍然是要确定固-液交界面位置和固-液交界面温度。

对于熔化过程,固-液交界面位置可以通过对给定时间点的原子结构进行观察分析来确定。当观察如图 2.46(c)所示的 16ps 时,激光能量密度为 60J/m² 的皮秒激光脉冲辐照晶体硅材料近表面处原子的分布情况可以发现:熔化过程的规则晶体态固体硅-无定形非晶体态液体硅的交界面位于 194.5nm 处(距离材料上表面约 1.05nm),由于熔化过程不存在无定形非晶体态固体硅,该交界面位置即被认为是熔化过程的固-液交界面位置。该规则晶体态固体硅-无定形非晶体态液体硅交界面的温度通过对已知的固-液交界面位置处对应的一薄层体系原子动能的平均化计算获得。利用该方法求得 194nm 和 195nm 位置之间所有原子的平均温度为 2246K,将该温度作为所要求得的(194.5nm 处)固-液交界面温度。以此类推,可得到体系熔化过程中其他时刻固-液交界面位置和固-液交界面温度,最终发现,这些温度值均高于平衡熔化温度 1780K。

对于再凝固过程,通过观察原子结构来确定固-液交界面位置的方法不再适用,这是因为一部分材料经过再凝固可能仍然保持为液体时的无定形非晶体态结构。径向分布函数(radial distribution function,RDF)具有能够较精确地描述平面内粒子(原子或分子)结构特征的能力。其定义为:在给定的理想晶体中,距离一个给定原子 r 处原子的数量与平均原子数量密度的比值,因此本节分子动力学仿真过程中使用 RDF[40,41] 来辨识晶体硅的状态,确定再凝固过程中和凝固过程结束后固态硅(规则晶体态、无定形非晶体态)、液态硅和气态硅的位置。基于本节的仿真研究结果,对硅的不同状态进行识别的 RDF 曲线示于图 2.47 中。

图 2.47(a)给出了激光能量密度为 60J/m² 的皮秒激光脉冲辐照晶体硅 30ps 时体系原子结构示意图。相应地,图 2.47(b)显示了沿着图 2.47(a)中 z 方向三个不同位置处各自 216 个原子组成的不同状态的薄层原子的 RDF 曲线。规则晶体态固体硅的 RDF 中 z 取 189.8~190.2nm,无定形非晶体态固体硅的 RDF 中 z 取 194.4~194.8nm,液体硅的 RDF 中 z 取 194.8~195.2nm。

规则晶体态固体硅,也即晶体硅(c-Si)的 RDF 曲线具有能够反映其规则晶体态的周期性峰值,长程周期性是理想 c-Si 的主要结构特性。

液体硅(l-Si)和无定形非晶体态固体硅(a-Si)两者都具有相似的长程无序性,也即在较大 r 处没有峰值出现。l-Si 和 a-Si 可以通过短程范围内出现的细微差异来确定,主要表现为:a-Si 的 RDF 曲线的第一个峰值和第二个峰值比 l-Si 的 RDF 曲线的第一个峰值和第二个峰值高,而 l-Si 具有比 a-Si 更多的短程无序性,这使得 l-Si 的 RDF 曲线更加平滑。

硅材料不同状态的 RDF 曲线之间的差异为再凝固过程中每个时间步固-液交界面位置的判定提供了依据。该研究表明,通过观察扩散系数、计算三体势能、确定原子薄区中固体原子所占比例、计算原子薄区的有序参数等方法,RDF 能够对固-液交界面位置给出更为合理、准确的判定。

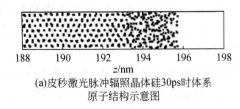

(a)皮秒激光脉冲辐照晶体硅30ps时体系
原子结构示意图

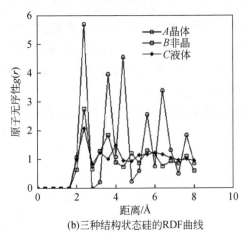

(b)三种结构状态硅的RDF曲线

图 2.47　用于确定固-液交界面位置的 RDF 曲线

1)飞秒激光脉冲烧蚀

图 2.48 给出了激光能量密度为 $60J/m^2$ 的飞秒激光脉冲烧蚀晶体硅,材料熔化与再凝固过程中的固-液交界面深度、速度及温度随时间变化的关系曲线。其中,固-液交界面速度曲线是通过对固-液交界面深度曲线进行求导得到的。

如图 2.48(a)所示,从 4ps 时激光脉冲开始作用,固-液交界面便以极高的速度沿激光入射方向向体系内部移动。在 4.2ps 时激光脉冲作用结束,固-液交界面位置到达 z 方向材料内部的最深处。紧接着是相对熔化过程十分缓慢的再凝固过程,材料固-液交界面位置朝相反方向,向材料受激光辐照表面方向返回。

如图 2.48(b)所示,3.95~4.2ps 这段时间内材料因激光辐照而迅速发生熔化,甚至蒸发,相应的固-液交界面速度高达 $1.1×10^5 m/s$。

如图 2.48(c)所示,4.2~60ps 这段时间内材料因激光脉冲作用结束和热传导效应而进入再凝固阶段,对应的材料固-液交界面速度最高仅为 433m/s。

如图 2.48(d)所示,材料固-液交界面温度随时间的变化曲线与固-液交界面速度曲线具有相似的变化趋势,因此可以确定,固-液交界面速度和固-液交界面温度之间的关系基本上遵从式(2.77)中交界面动力学所描述的线性关系。两者之间的微小差异,尤其是在接近再凝固过程结束时出现速度变化迟缓、温度继续明显降低的情形,一种可能性是使用 RDF 精确定位固-液交界面位置时还存在一些不确定性因素,另一种可能性是当固-液交界面靠近材料表面时,材料较低的表面能降低再凝固速率,这一点是式(2.77)所描述的交界面动力学理论没有考虑到的。需要注意的是,没有讨论压力波的反射对温度的确定可能造成的影响,原因是这方面的影响能够通过在仿真区域底部施加非反射边界条件来消除。在本节的仿真研究中,分别使用观察原子结构变化和 RDF 来对熔化过程与再凝固过程中的固-液(规则晶体态固体和无定形非晶体态固体)交界面位置进行跟踪,因而来自压力波反射的影响已经被隐性地考虑进来并予以消除。

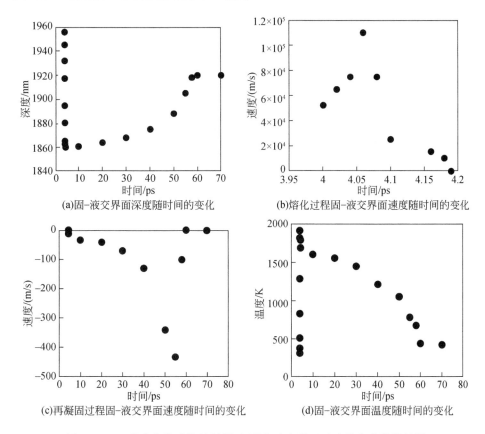

(a)固-液交界面深度随时间的变化　　　　(b)熔化过程固-液交界面速度随时间的变化

(c)再凝固过程固-液交界面速度随时间的变化　　　　(d)固-液交界面温度随时间的变化

图 2.48　飞秒激光脉冲烧蚀材料过程固-液交界面动力学仿真模拟结果

　　基于上述分析过程,本节对材料再凝固之后的最终微结构状态(规则晶体态固体和无定形非晶体态固体)与再凝固过程中固-液交界面速度之间的定量关系进行重点研究。通过定量计算发现:飞秒激光与晶体硅相互作用过程中的平均结晶化

速度和平均无定形化速度分别约为 52.63m/s 和 271.43m/s。然而,相比于文献
[42]中提到的硅的(最大)结晶化速度的实验测定和仿真计算结果,本节研究所得
结果在确定状态边界时,由于诸多不确定性因素的存在,仍然是一个较为粗略的
估计。

  2)皮秒激光脉冲烧蚀

  图 2.49 给出了激光能量密度为 60J/m² 的皮秒激光脉冲烧蚀晶体硅,材料熔
化与再凝固过程中的固-液交界面深度、固-液交界面速度及固-液交界面温度随时
间变化的关系曲线。其中,固-液交界面速度曲线是通过对固-液交界面深度曲线
求导得到的。

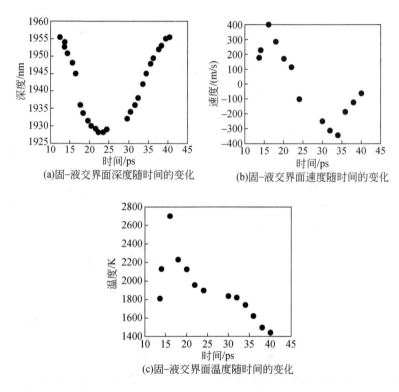

图 2.49　皮秒激光脉冲烧蚀材料过程固-液交界面动力学仿真模拟结果

  图 2.49 中,由各曲线的变化趋势可以发现,对于相同激光能量密度(60J/m²)
条件下的皮秒激光脉冲烧蚀晶体硅过程中固-液交界面深度、固-液交界面速度及
固-液交界面温度与时间之间的关系曲线与飞秒激光脉冲烧蚀晶体硅所得相应关
系曲线的变化规律基本一致。

  图 2.49(a)中,22ps 时激光脉冲作用结束,熔化深度达到最大值,紧接着是一

个相对较慢的再凝固过程。图 2.49(b)中,皮秒激光脉冲烧蚀晶体硅的熔化过程中固-液交界面速度最高为 398m/s,相比飞秒激光脉冲烧蚀晶体硅过程中的最大熔化速度 1.1×10^5 m/s,约降低为飞秒激光脉冲的 1/276,但是若从脉冲宽度由 50fs 扩展到 10ps 这一 200 倍的激光脉冲作用时间的差异来看,熔化速度如此大幅度的降低便可以理解。

基于上述分析过程,同样对皮秒激光脉冲辐照晶体硅的案例,将材料再凝固之后的最终微结构状态(规则晶体态固体和无定形非晶体态固体)与再凝固过程中固-液交界面速度之间的定量关系进行重点研究。经过计算发现:皮秒激光脉冲辐照晶体硅的相互作用过程中平均结晶化速度和平均无定形化速度分别约为 74m/s 和 230m/s。与文献[43]中提到的硅的(最大)结晶化速度的实验测定和仿真计算结果相比,确定状态边界时某些不确定性因素的存在导致研究结果仍然是一个较为粗略的估计。

5. 烧蚀产物中不定形物质成因

飞秒与皮秒激光脉冲烧蚀晶体硅所得烧蚀产物的最终微结构状态均表明:晶体硅受到单个超快(飞秒、皮秒)激光脉冲辐照作用,受热熔化与再凝固之后,最终烧蚀产物靠近被辐照表面区域内一部分再凝固材料未能恢复到熔化之前的规则晶体状态而凝固成为具有杂乱无序的无定形非晶体态的固体硅层,且该无定形非晶体态固体硅层厚度小于其最大熔化深度。因此,可确定熔融液体硅的再凝固过程首先形成一层规则晶体态固体硅,然后形成无定形非晶体态固体硅。

熔融硅的再凝固过程起始于具有近似平衡熔化温度的最大熔化深度,首先是一个较慢的凝固过程,之后随着体系整体温度的降低凝固过程被加速。基于固-液交界面动能理论对仿真计算所得再凝固过程中固-液交界面速度和固-液交界面温度曲线的分析,证实了再凝固过程中固-液交界面速度和材料再凝固后最终的微结构状态(规则晶体态固体硅和无定形非晶体态固体硅)之间有着紧密的联系。这种关系可概述为:较高的再凝固速度使得各个原子来不及恢复到规则排布的晶体态结构就被凝固,从而导致无定形非晶体态固体硅的形成;较低的再凝固速度给了原子足够的时间回到各自初始规则排布的晶体态结构,因而能够促使规则晶体态固体硅的产生。此外还发现,发生于再凝固过程初始阶段的结晶化过程以较低的再凝固速度在较短时间内完成,形成较薄的规则晶体态固体硅层。接下来发生的无定形化过程则以较快的速度持续了较长时间,并最终导致较厚的无定形非晶体态固体硅层的产生。

参 考 文 献

[1] Ng G K L,Crouse P L,Li L. An analytical model for laser drilling incorporating effects of ex-

othermic reaction, pulse width and hole geometry[J]. International Journal of Heat and Mass Transfer, 2006, 49(7-8):1358-1374.

[2] Low D K Y, Li L, Byrd P J. Hydrodynamic physical modeling of laser drilling[J]. Journal of Manufacturing Science and Engineering, 2002, 124(4):852-862.

[3] Vora H D, Santhanakrishnan S, Harimkar S P, et al. One-dimensional multipulse laser machining of structural alumina: Evolution of surface topography[J]. International Journal of Advanced Manufacturing Technology, 2013, 68(1):69-83.

[4] Bharatish A, Narasimha M H N, Aditya G, et al. Evaluation of thermal residual stresses in laser drilled alumina ceramics using micro-raman spectroscopy and COMSOL multiphysics [J]. Optics & Laser Technology, 2015, 70:76-84.

[5] Solana P, Kapadia P, Dowden J, et al. Time dependent ablation and liquid ejection processes during the laser drilling of metals[J]. Optics Communications, 2001, 191(1-2):97-112.

[6] Yilbas B S. Laser Drilling: Practical Applications[M]. Heidelberg: Springer, 2013.

[7] Guinard C, Guipont V, Proudhon H, et al. Study of delamination induced by laser-drilling of thermally-sprayed TBC interfaces[C]. Proceedings of the International Thermal Spray Conference, Houston, 2012:114-119.

[8] Zhou Y, Tao S, Wu B. Backward growth of plasma induced by long nanosecond laser pulse ablation[J]. Applied Physics Letters, 2011, 99(5):051106.

[9] Kou S, Sun D K. Fluid flow and weld penetration in stationary arc welds[J]. Metallurgical Transactions A, 1985, 16(1):203-213.

[10] Pan A F, Wang W J, Mei X S, et al. Laser thermal effect on silicon nitride ceramic based on thermo-chemical reaction with temperature-dependent thermo-physical parameters[J]. Applied Surface Science, 2016, 375:90-100.

[11] Tao S, Zhou Y, Wu B, et al. Infrared long nanosecond laser pulse ablation of silicon: Integrated two-dimensional modeling and time-resolved experimental study[J]. Applied Surface Science, 2012, 258(19):7766-7773.

[12] Chen Z, Bogaerts A. Laser ablation of Cu and plume expansion into 1atm ambient gas[J]. Journal of Applied Physics, 2005, 97(6):063305-1-063305-12.

[13] Gusarov A V, Smurov I. Thermal model of nanosecond pulsed laser ablation: Analysis of energy and mass transfer[J]. Journal of Applied Physics, 2005, 97(1):014307-1-014307-14.

[14] Stafe M. Theoretical photo-thermo-hydrodynamic approach to the laser ablation of metals [J]. Journal of Applied Physics, 2012, 112(12):311-314.

[15] Rat V, Murphy A B, Aubreton J, et al. Treatment of non-equilibrium phenomena in thermal plasma flows[J]. Journal of Physics D: Applied Physics, 2008, 41(18):183001.

[16] Rezaei F, Tavassoli S H. Numerical and experimental investigation of laser induced plasma spectrum of aluminum in the presence of a noble gas[J]. Spectrochimica Acta Part B: Atomic Spectroscopy, 2012, 78:29-36.

[17] Atanasov P A, Eugenieva E D, Nedialkov N N. Laser drilling of silicon nitride and alumina

ceramics: A numerical and experimental study[J]. Journal of Applied Physics, 2001, 89(4):
2013-2016.

[18] Shigematsu I, Kanayama K, Tsuge A, et al. Analysis of constituents generated with laser machining of Si_3N_4 and SiC[J]. Journal of Materials Science Letters, 1998, 17(9): 737-739.

[19] Lin H W, Huang M H, Chen Y H, et al. Novel oxygen sensor based on terfluorene thin-film and its enhanced sensitivity by stimulated emission[J]. Journal of Materials Chemistry, 2012, 22(27): 13446-13450.

[20] Brückner S, Vil W, Wieneke S. Coherence and Ultrashort Pulse Laser Emission[M]. Gottingen: InTech, 2010.

[21] Rethfeld B, Ivanov D S, Garcia M E, et al. Modelling ultrafast laser ablation[J]. Journal of Physics D-Applied Physics, 2017, 50(19): 1-39.

[22] Papadopoulos A, Skoulas E, Tsibidis G D, et al. Formation of periodic surface structures on dielectrics after irradiation with laser beams of spatially variant polarisation: A comparative study[J]. Applied Physics A, 2018, 124(2): 146-1-146-12.

[23] Sokolowski-Tinten K, Von Der Linde D. Generation of dense electron-hole plasmas in silicon [J]. Physical Review B, 2000, 61(4): 2643-2650.

[24] Bonse J, Rosenfeld A, Kruger J. On the role of surface plasmon polaritons in the formation of laser-induced periodic surface structures upon irradiation of silicon by femtosecond-laser pulses[J]. Journal of Applied Physics, 2009, 106(10): 104910-1-104910-21.

[25] Schwarz S, Rung S, Hellmann R. Generation of laser-induced periodic surface structures on transparent material-fused silica[J]. Applied Physics Letters, 2016, 108(18): 181607-1-181607-4.

[26] Stuart B C, Feit M D, Herman S, et al. Nanosecond-to-femtosecond laser-induced breakdown in dielectrics[J]. Physical Review B, 1996, 53(4): 1749-1761.

[27] Stuart B C, Feit M D, Rubenchik A M, et al. Laser-induced damage in dielectrics with nanosecond to subpicosecond pulses[J]. Physical Review Letters, 1995, 74(12): 2248-2251.

[28] Galeckas A, Linnros J, Grivickas V, et al. Auger recombination in 4H-SiC: Unusual temperature behavior[J]. Applied Physics Letters, 1997, 71(22): 3269-3271.

[29] Wan D P, Wang J, Mathew P. Energy deposition and non-thermal ablation in femtosecond laser grooving of silicon[J]. Machining Science and Technology, 2011, 15(3): 263-283.

[30] Jiang L, Wang A D, Li B, et al. Electrons dynamics control by shaping femtosecond laser pulses in micro/nanofabrication: Modeling, method, measurement and application[J]. Light-science & Applications, 2018, 7(2): 1-27.

[31] Xue H, Deng G, Feng G, et al. Role of nanoparticles generation in the formation of femtosecond laser-induced periodic surface structures on silicon[J]. Optics Letters, 2017, 42(17): 3315-3318.

[32] Deng G, Feng G, Zhou S. Experimental and FDTD study of silicon surface morphology induced by femtosecond laser irradiation at a high substrate temperature[J]. Optics Express, 2017, 25(7): 7818-7827.

[33] Sipe J E, Young J F, Preston J S, et al. Laser-induced periodic surface structure. I. theory [J]. Physical Review B,1983,27(2):1141-1154.

[34] Yang C, Wang Y, Xu X. Molecular dynamics studies of ultrafast laser-induced phase and structural change in crystalline silicon[J]. International Journal of Heat & Mass Transfer, 2012,55(21-22):6060-6066.

[35] Fan H, Yuen M. Application of Molecular Dynamics Simulation in Electronic Packaging [M]. Berlin:Springer,2008.

[36] Stillinger F H, Weber T A. Computer simulation of local order in condensed phases of silicon[J]. Physical Review B,1985,31(8):5262.

[37] Thijsse B. Relationship between the modified embedded-atom method and Stillinger-Weber potentials in calculating the structure of silicon[J]. Physical Review B, 2002, 65 (19): 195-207.

[38] Balamane H, Halicioglu T, Tiller W. Comparative study of silicon empirical interatomic potentials[J]. Physical Review B,1985,31(8):5262-5271.

[39] Broughton J Q, Li X P. Phase diagram of silicon by molecular dynamics[J]. Hysical Review B Condensed Matter,1987,35(17):9120-9127.

[40] Tian L, Wang X. Pulsed laser-induced rapid surface cooling and amorphization[J]. Japanese Journal of Applied Physics,2008,47:8113-8119.

[41] Xu X, Chen G, Song K. Experimental and numerical investigation of heat transfer and phase change phenomena during excimer laser interaction with nickel[J]. International Journal of Heat and Mass Transfer,1999,42(8):1371-1382.

[42] Chokappa D, Cook S, Clancy P. Nonequilibrium simulation method for the study of directed thermal processing[J]. Physical Review B,1989,39(14):10075-10087.

[43] Wang X. Thermal and thermomechanical phenomena in laser material interaction[D]. West Lafayette:Purdue University,2001.

第 3 章　毫秒激光加工技术

毫秒激光是最早应用于材料加工的脉冲激光,具有加工效率高和材料烧蚀明显等特征。为发挥毫秒激光高效加工技术特长,常将其与其他加工工艺复合应用。本章主要针对毫秒激光加工技术的特点与应用范畴进行分析,包括热障涂层毫秒激光重熔加工、毫秒激光深孔加工和毫秒激光复合深孔加工等,涉及航空叶片表面涂层技术及其表面气膜冷却孔加工技术,为毫秒激光加工应用提供指导。首先,为提升航空叶片耐高温性能,基于镍基合金基体,介绍具有不同柱状晶结构、分段裂纹密度、相成分的重熔组织的制备工艺方法,探讨重熔涂层的失效机理和失效形式,分析总结出柱状晶、分段裂纹与抗热震性能之间的相互影响规律。其次,介绍毫秒激光和毫秒-电解复合加工航空叶片表面大深径比深孔加工技术。对于前者,主要针对毫秒激光打孔中存在的明显热影响和重铸层等问题,介绍重铸层的抑制方法,并介绍孔形控制和优化方法;对于后者,重点介绍内冲液电解实验研究。最终,利用优化的激光与内冲液电解方法在涡轮导向叶片上进行气膜孔示范加工。

3.1　毫秒激光热障涂层激光重熔加工

3.1.1　热障涂层激光重熔技术

激光重熔(laser remelting,LR)技术是将激光工艺与等离子工艺相结合的一种复合加工技术。激光重熔技术常作为大气等离子喷涂热障涂层(atmospheric plasma spraying thermal barrier coating,APS-TBC)的表面改性技术之一[1,2],利用高能热源的快速移动使材料熔化后迅速凝固产生均匀、致密的显微结构。激光重熔示意图如图 3.1 所示。经过激光重熔热障涂层由表层重熔涂层(remelted layer,RL)、中间层残余等离子涂层、底层黏结层组成。重熔涂层消除了等离子涂层中的孔洞、间隙、层状等疏松组织结构,使涂层表层具有光洁致密、硬度大等特点,阻止熔盐、腐蚀颗粒及氧气等进入涂层,这些优点有利于改善涂层的耐腐蚀氧化、抗颗粒冲蚀性能等[3,4]。另外,控制重熔工艺可以改变熔池上下部分的温度梯度、熔池的固化速率等,从而可以获得沿热流生长的柱状晶结构,而这种柱状晶结构有助于提高涂层的应变容限,且可以明显改善等离子涂层的高温热震性,显著提高涂层的热循环寿命[5,6]。残余等离子涂层则保持其多孔洞、层状结构等,孔洞能够提高传热时的声子散射能力,层状结构垂直于热流方向,阻止热量向基体传播。因此,这些结构使得残余等离子涂层具有优良的隔热能力。

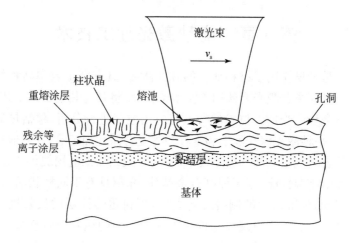

图 3.1　激光重熔示意图

因此,重熔的 APS-TBC 同时具备等离子涂层隔热能力强、电子束物理气相沉积(electron beam physical vapor deposition,EB-PVD)涂层的热循环寿命高、耐腐蚀及耐氧化能力强等综合优点。

同时,与传统的淬火工艺相比,激光重熔技术还具有以下优点[7]:

(1)表面熔化时一般不添加任何合金元素,重熔涂层与材料基体是天然的冶金结合。

(2)激光重熔可以消除涂层中的杂质、气体、微孔等缺陷,并且较快的冷却速度可以获得较细、较均匀的晶粒组织,使涂层具有较高的硬度、抗腐蚀性、耐磨性、光洁度等优良性能。

(3)可以通过改变激光工艺参数控制其重熔涂层的厚度,热作用区域小,对基体组织性能的影响也较小。

总之,激光重熔技术是残余等离子涂层最有效的表面改性技术之一,具有良好的应用前景。

毫秒激光重熔涂层的目标在于:一是获得均匀致密的重熔组织;二是分析重熔涂层抗热震性能及其失效机理。

1. 激光重熔对热障涂层结构组织的影响

激光加工的扫描速度对激光重熔涂层分段裂纹、等轴晶晶粒大小、柱状晶形貌及尺寸、相结构均有较明显的影响。另外,不同的表面结构、形貌的形成过程、不同结构重熔组织的制备工艺参数均为激光重熔涂层工艺重要的影响因素。

2. 激光重熔对热障涂层抗热震性能的影响

激光重熔涂层抗热震性能及其失效机理表现在:在热震前期,柱状晶间隙对重熔涂层/残余等离子涂层界面应力的调控起主导作用,在热震后期,随着相变体积的增加,热膨胀致使柱状晶间隙减小,分段裂纹则对热应力的缓释起主导作用,主要用以缓释陶瓷层和黏结层之间的热应力。

3.1.2 毫秒激光重熔对热障涂层结构组织的影响

1. 激光重熔涂层结构组织特征

激光重熔技术使得热障涂层表面的陶瓷层重新熔化凝固形成一层致密的重熔涂层。激光重熔后涂层组织发生两个变化:一个是重熔涂层中柱状晶结构的形成;另一个是表面网状分段裂纹的形成。涂层的性能变化与这两种组织结构紧密相关。图 3.2 为激光重熔 APS-TBC 断口组织形貌。可以看到,断口组织形貌中发现垂直于基体沿热流方向生长的柱状晶与底层未熔等离子涂层结合良好,为冶金结合。柱状晶之间的间隙能够缓解涂层经历高温热震时的体积膨胀和收缩,有利于提高涂层的抗热震性能。经过激光重熔后的热障涂层形成许多分段裂纹,这些分段裂纹垂直于表面,贯穿整个重熔涂层,分段裂纹交织成网状,将重熔涂层分成许多独立的小块,在重熔涂层经受高温热震时,这些网状分段裂纹之间的间隙也能提高重熔涂层的应变容限,从而提高重熔涂层的抗热震性能。然而,分段裂纹和柱状晶结构这两者哪个对涂层抗热震性能的影响最大以及影响机理都尚不清楚。因此,本节主要探讨这两者对重熔涂层抗热震性能的影响规律,为重熔涂层抗热震性能的进一步提高提供策略。

(a)截面　　　　　　　　　　　　　(b)表面

图 3.2　激光重熔 APS-TBC 断口组织形貌

2.激光重熔制备热障涂层

激光重熔涂层是利用高能热源的快速移动将材料表面迅速熔化并迅速凝固的过程。从冶金学方面来讲,重熔涂层组织的质量主要受熔池的冷却速率和熔池凝固时的温度梯度两方面因素影响。熔池的冷却速率和熔池凝固时的温度梯度共同决定熔池凝固速率,而熔池凝固速率决定重熔涂层中的晶粒结构。熔池凝固时的温度梯度直接影响凝固组织中残余应力,进而影响涂层的开裂,对重熔涂层分段裂纹的影响显著。影响冷却速率和温度梯度的激光重熔工艺参数,概括起来主要有重熔激光功率、光斑直径和扫描速度三个。本节主要以扫描速度为例介绍激光重熔工艺参数对重熔涂层组织形貌、相结构、柱状晶和分段裂纹的影响规律,而其他实验参数的优化及选取通过前期实验确定。通过改变扫描速度得到不同柱状晶结构、分段裂纹结构的激光重熔涂层,进而对激光重熔涂层进行高温抗热震性能实验测试,从而探讨不同激光重熔涂层的失效形式与失效机制,从而得出重熔组织、分段裂纹等与抗热震性能之间的相互影响规律,进一步探索提高重熔涂层抗热震性能的途径,最终得到具有优异抗热震性能的重熔涂层组织。

采用大气等离子喷涂方法制备热障涂层,制备过程如前所述,并对制备好的热障涂层进行激光重熔实验。为了得到不同的激光重熔涂层组织形貌,选取六种不同的扫描速度进行实验。激光重熔工艺参数如表 3.1 所示。

表 3.1　激光重熔工艺参数

标号	单脉冲能量/J	脉冲宽度/ms	光斑直径/mm	重复频率/Hz	扫描速度/(mm/s)
LR-A	7	1	4	40	5
LR-B	7	1	4	40	10
LR-C	7	1	4	40	20
LR-D	7	1	4	40	30
LR-E	7	1	4	40	40
LR-F	7	1	4	40	50

首先,用镶嵌机将小样品镶嵌在环氧树脂中,用砂纸磨出截面轮廓,用抛光机进行抛光,放在乙醇中浸泡,用超声波清洗。接着,分别使用激光共聚焦显微镜和扫描电子显微镜观察样品的表面形貌和截面形貌。

3. 激光重熔涂层组织结构分析

1）重熔涂层结构分析

图 3.3 为激光共聚焦获取的不同扫描速度下重熔涂层表面形貌图。从图中可以看出，扫描速度对重熔涂层形貌、分段裂纹分布、柱状晶结构等影响较大。裂纹

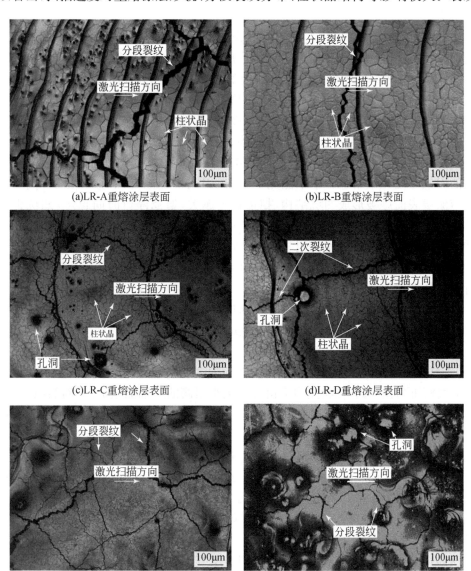

(a)LR-A重熔涂层表面

(b)LR-B重熔涂层表面

(c)LR-C重熔涂层表面

(d)LR-D重熔涂层表面

(e)LR-E重熔涂层表面

(f)LR-F重熔涂层表面

图 3.3　激光共聚焦获取的不同扫描速度下重熔涂层表面形貌图

密度随扫描速度的增加而增加,而裂纹宽度随扫描速度的增加呈下降趋势;扫描速度增加,重熔涂层表面的凹坑呈增加趋势,当扫描速度为 5mm/s(LR-A)时,表面有许多基体析出杂质相,致使重熔涂层表面杂质较多,不够光洁,当扫描速度为 10mm/s(LR-B)时,表面最为光洁;扫描速度增加,重熔涂层表面柱状晶端面尺寸减小,但其形状也逐渐变得不规则,当扫描速度为 50mm/s(LR-F)时,未形成柱状晶结构。

　　一方面,扫描速度对激光重熔陶瓷层凝固时的冷却速率影响最大,当扫描速度增加时,第二个脉冲对第一个脉冲作用形成的熔池时间短,导致熔池受热时间短,熔池停留时间短。因此,重熔涂层凝固时的冷却速率增大,致使重熔涂层中各处的残余热应力过大,裂纹成核概率高,重熔涂层中裂纹密度较大。另一方面,扫描速度通常使单位体积陶瓷材料吸收的热量变少,熔池内的热驱动变小,因此分段裂纹的宽度随扫描速度的增大呈下降趋势。另外,前面也阐述了重熔涂层表面凹坑的形成原因,对于扫描速度较大的重熔涂层,由于熔池停留时间较短,陶瓷层中的气泡在激光重熔过程中不能完全溢出,因此在熔池凝固时这些残留气泡在重熔涂层表面爆破形成凹坑结构,扫描速度越大,熔池停留时间越短,凹坑也就越多。扫描速度对重熔涂层表面的柱状晶晶粒形貌的影响极为显著,从整体来看,扫描速度增加,柱状晶尺寸呈减小趋势。柱状晶尺寸形貌对涂层的力学性能、高温性能影响最为显著,因此下面针对扫描速度对柱状晶晶粒结构的影响进行详细分析。

　　图 3.4 为激光共聚焦下拍摄的不同扫描速度下激光重熔涂层表面晶粒结构图。从图中可以看出,陶瓷层经过激光重熔,表面为柱状晶+等轴晶结构或者等轴晶结构。扫描速度不同,得到的柱状晶形貌也不一致,当扫描速度为 5mm/s(LR-A)时,重熔后得到的柱状晶形貌规则,端面为多边形,多边形边界近似于直线,柱状晶紧密排列在一起,柱状晶内部由许多细小紧簇的等轴晶组成。当扫描速度为 10mm/s(LR-B)时,重熔后得到的柱状晶形貌更加规则,陶瓷等轴晶粒沿着柱状晶边界择优分布,沿着近似于直线的边界一字排开,柱状晶之间的间隙较大。当扫描速度增加到 20mm/s(LR-C)和 30mm/s(LR-D)时,端面的柱状晶边界凹凸不平,柱状晶端面的等轴晶呈现不规律排列。当扫描速度为 40mm/s(LR-E)时,重熔涂层表面形貌如图 3.4(e)所示,重熔层表面为非柱状晶组织,表面由许多密排的等轴晶组成,局部可以发现一些等轴晶如同花瓣一样簇拥。当扫描速度为 50mm/s(LR-F)时,重熔涂层表面形貌如图 3.4(f)所示,可以发现重熔组织中也未发现柱状晶结构,并且等轴晶也未完全析出,没有完全结晶生成轮廓明显的晶粒组织。

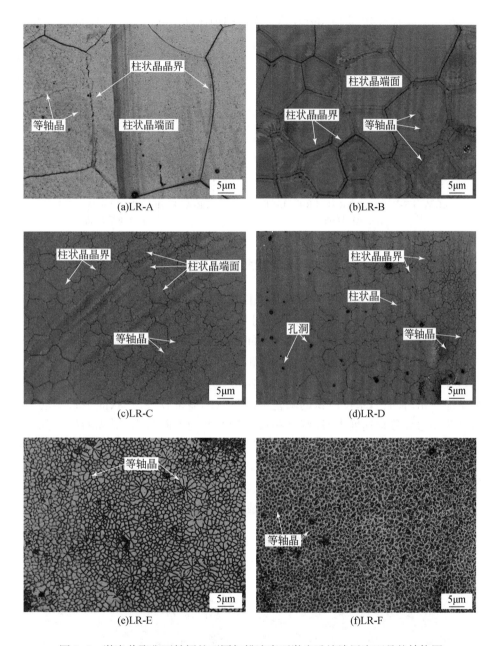

图 3.4 激光共聚焦下拍摄的不同扫描速度下激光重熔涂层表面晶粒结构图

将图 3.4 中不同扫描速度得到的柱状晶尺寸和等轴晶尺寸绘成曲线,得到晶粒尺寸与扫描速度之间的关系,如图 3.5 所示。可以看到,扫描速度增加,重熔涂层中柱状晶和等轴晶尺寸都呈下降趋势,当扫描速度为 5mm/s(LR-A)时,柱状晶尺寸最大,平均尺寸达到 $46.3\mu m$,其大小为扫描速度 10mm/s(LR-B)时的 3.6 倍。

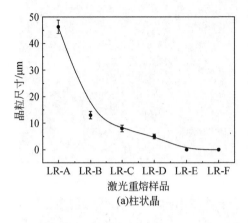
(a)柱状晶

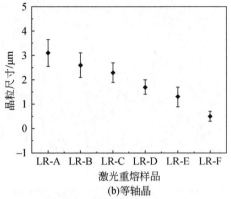
(b)等轴晶

图 3.5　不同扫描速度下晶粒尺寸

　　图 3.6 为不同扫描速度下柱状晶截面形貌,可以看到,当扫描速度为 5mm/s (LR-A)时,柱状晶棱角分明,边界清晰可见;当扫描速度为 10mm/s(LR-B)时,柱状晶边界也较为清晰,形状规则,柱状晶间隙较大;当扫描速度为 20mm/s(LR-C)和 30mm/s(LR-D)时,截面形状边界模糊不清,柱状晶紧密排列、相互镶嵌交织在一起,柱状晶之间几乎没有任何间隙。造成上述现象的原因是:当扫描速度较小时,熔池停留时间长,单位体积的陶瓷涂层吸收的能量较多,柱状晶生长驱动力较大,柱状晶边界移动速度大,柱状晶靠边界的吞并而不断长大,形成的柱状晶轮廓也比较清晰,从表面形貌也可以看到,柱状晶边界有许多等轴晶由于生长驱动力的作用而沿着柱状晶边界有规律地分布;当扫描速度过大时,熔池吸收的能量较少,凝固时间也较短,没有充足的能量驱动柱状晶边界吞并和柱状晶长大,柱状晶边界没有充足的时间长大、相互分开,因此形成的柱状晶轮廓模糊、尺寸较小。

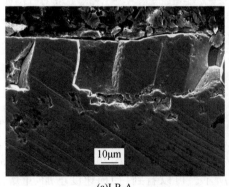

(a)LR-A

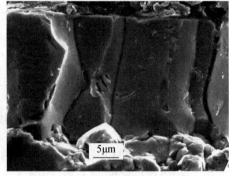
(b)LR-B

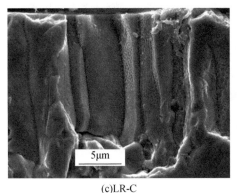
(c)LR-C

(d)LR-D

图 3.6　不同扫描速度下柱状晶截面形貌图

当扫描速度为 40mm/s(LR-E)时,柱状晶截面形貌如图 3.7 所示。可以看到,未形成轮廓清晰的柱状晶结构,其截面为重熔后凝固生长的新组织,表面为等轴晶组织,由放大图可以看到,形成的组织为沿热流生长的致密条状组织。当扫描速度为 50mm/s(LR-F)时,重熔后截面断面形貌如图 3.8 所示。可以发现,重熔组织中也未发现柱状晶结构,重熔涂层底部的晶粒为苞状结构,重熔涂层上部组织疏松,为非晶组织,由放大图可以看到,重熔涂层上部的组织为半熔状态,有许多半熔的亚微米晶粒结构。对于 LR-E 和 LR-F 涂层,主要是由于扫描速度过大、陶瓷加热不充分、熔池停留时间太短、冷却速率大、熔池内晶粒生长驱动力小,达不到等轴晶或柱状晶形核条件,因此不能形成像 LR-A 或者 LR-B 那样的柱状晶和等轴晶组织。

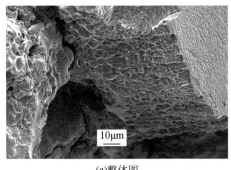
(a)整体图

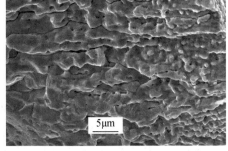
(b)放大图

图 3.7　扫描速度为 40mm/s(LR-E)时柱状晶截面形貌

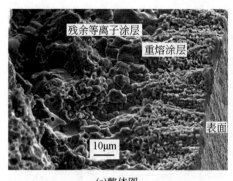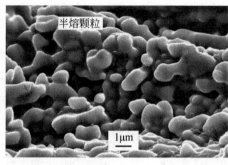

(a)整体图　　　　　　　　　　　　　　　　(b)放大图

图 3.8　扫描速度为 50mm/s(LR-F)时重熔后截面断面形貌

2)重熔涂层组织相结构分析

氧化钇稳定氧化锆(yttria-stabilized zirconia,YSZ)热障涂层的相变过程与 ZrO_2 粉末的相变过程不同,在 YSZ 热障涂层的形成过程中,熔融或气态的 YSZ 粉末急剧冷却而固化,所生成的 YSZ 处于非平衡态,其主要成分是含 Y_2O_3 稳定剂高的非平衡四方相(t')和含少量 Y_2O_3 的四方相(t),t' 相的形成主要是由于喷涂冷却速率过快(高达 10^7℃/s)抑制了成分的调整。t 相在高温下容易发生相变,导致体积改变,如前所述,当 t 相向单斜相 m 转变时,伴随有 8% 左右的体积膨胀,并且体积膨胀是不可逆的,体积膨胀导致涂层有较高的应力,不断累积的应力对涂层的抗热震性能、热循环寿命影响很大,可能导致涂层产生裂纹和过早脱落等缺陷。

激光重熔使得陶瓷层顶部 YSZ 材料重新熔化凝固形成新的组织结构,熔池的传质传热使得 YSZ 材料内的元素成分进行了重新分配调整。激光重熔工艺参数对熔池的流动状态、冷却速率影响很大,进而影响其元素分布、相成分等。

图 3.9 为 X 射线衍射仪测得的不同扫描速度下重熔涂层表面相成分图。从图中可以看到,等离子涂层中含有四方相(t)、立方相(c)及少量的单斜相(m)。在激光重熔涂层中,单斜相的含量减少,四方相和立方相则被保留下来,并且单斜相的含量随激光扫描速度的增大而增加。单斜相的含量百分比计算公式为

$$m\% = \frac{I_m(\bar{1}11) + I_m(111)}{I_m(\bar{1}11) + I_m(111) + I_t(111)} \times 100\% \tag{3.1}$$

式中,$I_m(\bar{1}11)$ 和 $I_m(111)$ 分别为衍射角度为 28° 和 31° 时的单斜相衍射强度值;$I_t(111)$ 为衍射角度为 30° 时的四方相衍射强度值。通过式(3.1)计算得到的单斜相含量为:LR-A 和 LR-B 样品中 m-ZrO_2 含量为 0%;LR-C 样品中 m-ZrO_2 含量为 6.2%;LR-D 样品中 m-ZrO_2 含量为 13.2%;LR-E 样品中 m-ZrO_2 含量为 16.6%,LR-F 样品中 m-ZrO_2 含量为 19.4%。

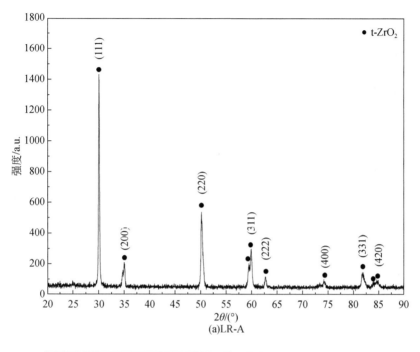

(a)LR-A

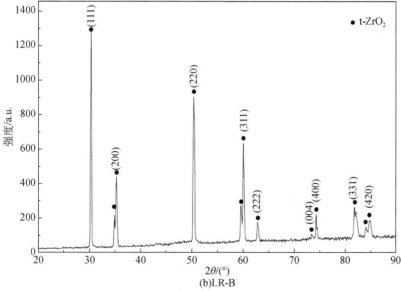

(b)LR-B

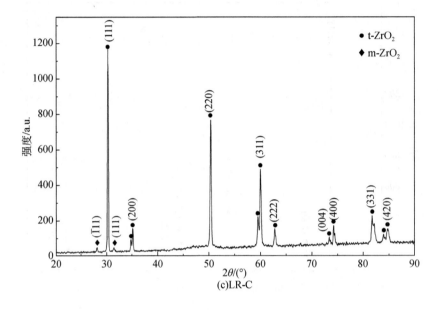

(c)LR-C

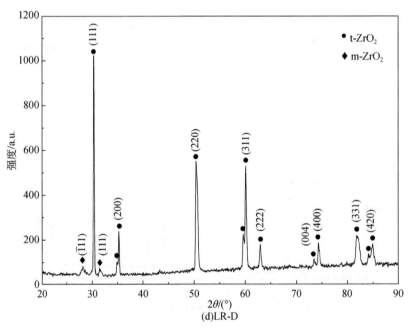

(d)LR-D

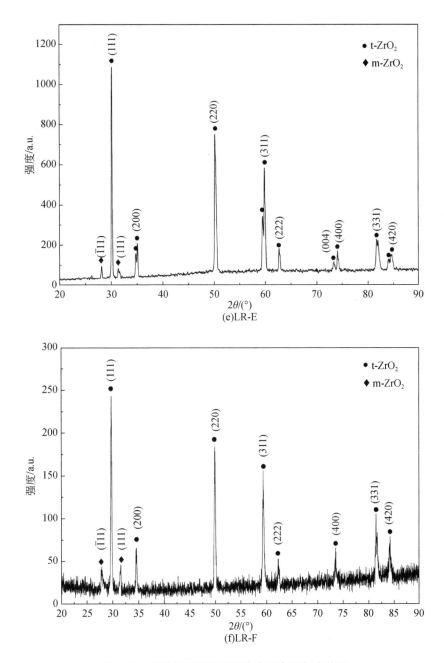

图 3.9　不同扫描速度下重熔涂层表面相成分图

不同扫描速度下激光重熔涂层中单斜相的含量不同,这是因为相比等离子喷涂过程激光重熔过程的冷却速率很低,一般为 $10^3 \sim 10^4 \, ℃/s$。在等离子喷涂过程中,熔化的陶瓷迅速冷却结晶,因此 Y_2O_3 稳定剂没有足够的时间扩散分布均匀,造成等离子顶部陶瓷层中 Y_2O_3 稳定剂含量局部不均匀。在没有或 Y_2O_3 稳定剂含量较少的区域,四方相向单斜相的转变未被抑制,因此单斜相的含量比较多。激光重熔使得元素成分重新分布,当扫描速度较小时,熔池传质传热较强,且具有较低的冷却速率,使得 Y_2O_3 稳定剂扩散分布均匀,导致单斜相的含量相对较少。当扫描速度较大时,熔池冷却速率高、停留时间短,Y_2O_3 稳定剂得不到充分扩散,因此在熔池内没有 Y_2O_3 稳定剂的区域,四方相比较容易向单斜相转变。另外,对于 LR-A 和 LR-F 涂层,X 射线衍射能谱中干扰峰比较多,这是由涂层表面形成的较多析出相、凹坑等造成的。

3.1.3　毫秒激光重熔对热障涂层抗热震性能的影响

热障涂层的工作环境极其恶劣,经常暴露在高压、高温、高速气流冲刷环境中,若热障涂层在工作过程中失效脱落,将导致高温合金基体直接暴露在高温燃气中,很容易引起零部件的故障,甚至发生灾难性事故。涂覆有热障涂层的涡轮叶片在发动机中工作时要经历发动机的点火、高温燃烧、熄火这一不断循环的过程,热障涂层要经历不断升温、降温的交变热载荷,因此抗热震性能是衡量热障涂层性能的重要指标之一。

本节主要探讨 3.1.2 节中提到的具有不同柱状晶结构、分段裂纹重熔涂层的抗热震性能,进而分析总结不同重熔涂层的失效机理,并进一步探索重熔柱状晶结构、分段裂纹与涂层抗热震性能之间的相互影响规律。

1. 激光重熔涂层抗热震性能实验

依据我国航空工业标准《热喷涂封严涂层质量检验》(HB 7236—1995)进行抗热震性能实验,该标准规定以涂层脱落面积 5% 为涂层抗热震性能失效的依据。但是为了更系统地研究分段裂纹和柱状晶结构与重熔涂层抗热震性能的相互影响规律,分别测定涂层开始脱落和涂层脱落面积为 5%、10%、20% 和 40% 的热震次数以及涂层脱落时的形貌变化。涂层抗热震性能采取水淬法进行测试,抗热震性能测试流程图如图 3.10 所示。具体步骤为:先将不同的重熔涂层样品放入电阻加热炉中,加热温度设定为 1000℃,温度稳定后将各组样品放入电阻加热炉中,保温 10min 后迅速取出放入 20℃ 的冷水中,冷却时间为 2min,取出、晾干;观察各组重熔涂层表面形貌的变化及脱落情况,记录热震次数,将其放入电阻加热炉内,不断重复上述步骤直到涂层脱落面积达到 40% 以上。

2. 激光重熔涂层抗热震性能实验结果

重熔涂层经抗热震性能测试出现不同脱落面积时的热震次数如图 3.11 所示。

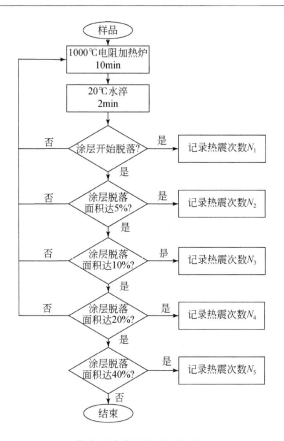

图 3.10　激光重熔涂层抗热震性能测试流程图

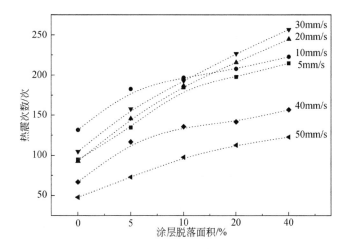

图 3.11　不同涂层脱落面积的涂层热震次数

可以看出,LR-F样品出现不同程度的脱落时,是所有涂层中经历热震次数最少的,当涂层脱落面积为0%~10%时,LR-B样品经历的热震次数最多,当脱落面积为20%~40%时,LR-D样品经历的热震次数最多。

表3.2为不同重熔涂层经历不同热震次数时的脱落情况。可以看到,热震次数为30次时,涂层结构没有发生明显变化;热震次数为50次时,仅LR-F重熔涂层在涂层边缘有少许脱落;热震次数为100次时,除了LR-D涂层没有脱落外,其他涂层均发生了不同程度的脱落;热震次数为200次时,涂层均发生了大面积脱落,其中LR-E和LR-F涂层脱落面积达到40%以上;经历热震次数250次后,涂层脱落更加严重,除了LR-D涂层,其他涂层的脱落面积均达40%以上。

表3.2　不同重熔涂层经历不同热震次数时的脱落情况

热震次数	LR-A	LR-B	LR-C	LR-D	LR-E	LR-F
30	无任何脱落	无任何脱落	无任何脱落	无任何脱落	无任何脱落	无明显变化
50	无任何脱落	无任何脱落	无任何脱落	无任何脱落	无任何脱落	重熔涂层边缘有少许脱落
100	裂纹相交处重熔涂层有少许脱落	裂纹相交处重熔涂层有少许脱落	重熔涂层边缘有少许脱落	重熔涂层和未熔层界面出现裂纹	重熔涂层在边缘处出现部分脱落	重熔涂层脱落面积扩大
150	黏结层-黏结层界面涂层脱落面积进一步增大	裂纹相交处重熔涂层有少许脱落,热障涂层-黏结层界面出现裂纹	重熔涂层脱落面积扩大,热障涂层-黏结层界面出现裂纹	重熔涂层在边缘处出现部分脱落	涂层沿热障涂层-黏结层界面大面积脱落	涂层沿热障涂层-黏结层界面大面积脱落
200	涂层沿热障涂层-黏结层界面在边缘、中部大面积脱落	涂层沿热障涂层-黏结层界面在边缘、中部大面积脱落	涂层沿热障涂层-黏结层界面脱落	重熔涂层在边缘处脱落面积扩大,热障涂层-黏结层界面出现裂纹	—	—
250	—	涂层沿热障涂层-黏结层界面在边缘、中部的脱落面积进一步扩大	涂层沿热障涂层-黏结层界面在边缘、中部有大面积脱落	涂层沿热障涂层-黏结层界面有大面积脱落	—	—

由热震实验结果还可以看到,对于LR-D、LR-E和LR-F样品,在热震实验初期,仅涂层边缘的重熔涂层发生脱落,在热震实验后期,脱落发生在热障涂层-黏结层界面处,即陶瓷层发生脱落。图3.12为LR-F样品经历热震67次后重熔涂层脱落情况,可以看到,脱落界面处有大量裂纹和孔洞。图3.12(b)为脱落界面形貌放

大图,重熔涂层为致密的非柱状晶组织结构,底层为结构疏松的残余等离子涂层结构,在重熔涂层和未熔残余等离子涂层界面有许多界面裂纹蔓延。

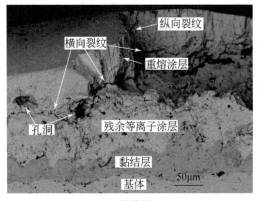
(a)整体图

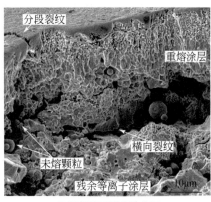
(b)脱落界面形貌放大图

图 3.12　LR-F 样品经历热震 67 次后重熔涂层脱落情况

　　图 3.13 为 LR-E 样品经历热震 100 次后重熔涂层脱落情况。可以看到,重熔涂层为致密的伪柱状晶结构,底层为疏松的残余等离子涂层结构,重熔涂层内有许多分段裂纹,经过一段时间的热震后,分段裂纹贯穿整个重熔涂层,并且分段裂纹扩展到重熔涂层-未熔残余等离子涂层界面,并与界面裂纹贯穿连接在一起。

　　图 3.14 为 LR-B 样品经历热震 100 次后表面形貌图。可以看到,涂层无明显脱落,仅裂纹相交处重熔涂层出现少许脱落。裂纹相交处容易形成应力集中,是重熔涂层最脆弱的地方。比较 LR-A、LA-E 和 LR-F 的脱落情况,再结合它们的组织结构,可以初步得出柱状晶结构对重熔涂层抗热震性能的影响要比分段裂纹的影响大。另外,通过重熔涂层脱落处的界面组织形貌可以判断出,重熔涂层的脱落与分段裂纹的传播和蔓延有关。

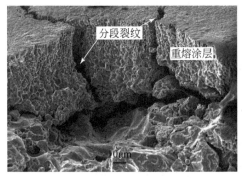

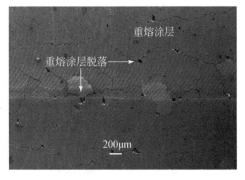

图 3.13　LR-E 样品经历热震 100 次后
重熔涂层脱落情况

图 3.14　LR-B 样品经历热震 100 次后
表面形貌图

3. 激光重熔涂层热震失效机理分析

影响热障涂层受热震失效的因素主要有热膨胀系数不匹配应力、热生长氧化物(thermally grown oxide，TGO)的氧化应力以及陶瓷层的相变应力。由于抗热震性能的实验周期较短，陶瓷层-黏结层界面没有产生明显的 TGO 层，本节抗热震性能实验的主要影响因素为热膨胀系数不匹配应力和陶瓷层的相变应力。不同结构的重熔涂层展现出不同的抗热震性能，这与不同重熔结构的应力缓释机制相关联。

一般情况下，热障涂层在瞬态热负荷下，各层间由于热膨胀系数不匹配而在界面处产生轴向的拉应力或压应力，应力的计算公式为

$$\sigma = \Delta T \cdot \Delta \alpha \cdot \frac{E}{1-\mu} \tag{3.2}$$

式中，ΔT 为加热温度与无应力状态温度差；$\Delta \alpha$ 为不同层的热膨胀系数差；E 和 μ 分别为不同材料的弹性模量和泊松比。式(3.3)给出了涂层弹性模量 E 和涂层的孔隙率 P 之间的关系[8]：

$$E = E_0(1 - 1.9P + 0.9P^2) \tag{3.3}$$

式中，E_0 为涂层完全致密时的弹性模量。式(3.3)表明，当涂层的孔隙率为 11% 时，涂层的弹性模量最小。一般等离子涂层的孔隙率为 6%～8%，因此等离子涂层的弹性模量随涂层孔隙率的增加而降低。

对于激光重熔涂层，涂层由顶部激光重熔涂层、底部未熔等离子涂层和黏结层组成。激光重熔涂层消除了等离子的孔隙、孔洞等疏松结构，其孔隙率远比等离子涂层的孔隙率小，因此当柱状晶间间隙较小时，对于被分段裂纹分割的重熔涂层，其弹性模量(E_{LR})要比等离子涂层的弹性模量(E_{APS})小。另外，金属黏结层的热膨胀系数要比陶瓷层的热膨胀系数大 60%～100%。因此，涂层在经历热震时，热不匹配应力主要产生于 LR-APS 和 APS-BC 界面，应力方向主要沿着各自的界面，其各层的应力分布示意图如图 3.15 所示。在加热阶段，LR 层和 BC 层的热膨胀系数要比 APS 层的大，进而导致 LR 层和 BC 层的热变形要比 APS 层的大，因此 APS 层将会受到 LR 层和 BC 层的拉伸，即 APS 层受到两个拉应力，拉应力大小分别为 $\sigma_{LR \to APS}$ 和 $\sigma_{BC \to APS}$，相应地 LR 层和 BC 层要受到 APS 层的压应力，压应力大小与各自的拉应力大小相同。在冷却阶段，APS 层最终要受到 LR 层和 BC 层的压应力，压应力大小分别为 $\sigma'_{LR \to APS}$ 和 $\sigma'_{BC \to APS}$，LR 层和 BC 层受到拉应力，拉应力大小分别为 $\sigma'_{APS \to LR}$ 和 $\sigma'_{APS \to BC}$。反复加热和冷却过程导致涂层界面的应力状态不断变化，因此涂层界面受到的应力为交变载荷应力，拉应力最终导致涂层界面产生裂纹与开裂。另外，如前所述，氧化钇稳定的氧化锆陶瓷层在高温时(>950℃)会发生四方相向单斜相的转变，相变会导致不可逆的体积膨胀。由于重熔涂层暴露在涂

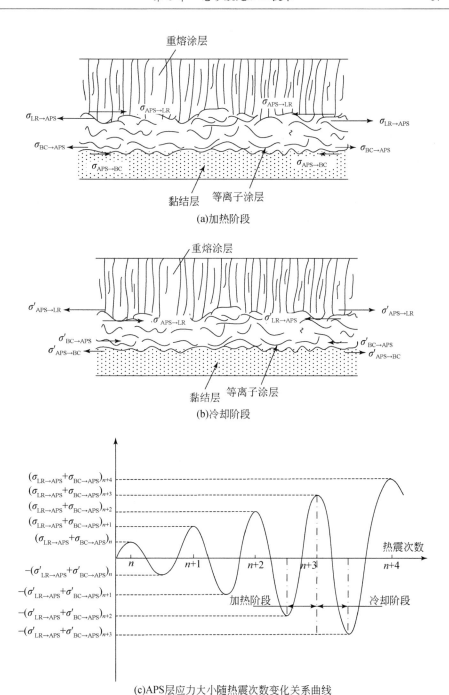

(a)加热阶段

(b)冷却阶段

(c)APS层应力大小随热震次数变化关系曲线

图 3.15 重熔涂层在经历热震时的层间界面应力分布示意图

层的最外部,其表面温度最接近氧化锆陶瓷材料的相变温度,因此相变累积体积膨胀主要产生于重熔涂层中。相变累积体积膨胀导致柱状晶间的间隙进一步减小,重熔涂层更加致密紧凑,因此重熔涂层的热膨胀系数降低,最终导致 LR 层和 APS 层的热膨胀系数不匹配应力增加,每次热震都会致使 LR 层和 APS 层的应力进一步增加。图 3.15(c)为 APS 层在热震过程中的应力变化趋势。最终,经历一定次数的热震后,LR 层或者 APS 层在冷却过程中的拉应力超过了陶瓷材料的屈服强度,导致 LR-APS 或者 APS-BC 界面出现开裂、裂纹,最终导致 LR 层或者 APS 层脱落失效。

一般地,重熔涂层中的分段裂纹和柱状晶间的间隙都能提高涂层的应变容限,降低层间的失配应力。因此,实际中涂层在经历热震时,涂层的失效机制与分段裂纹和柱状晶间隙的应力减缓机制密不可分。

这里主要以 LR-B、LR-C 和 LR-D 样品为例分析柱状晶结构和分段裂纹对重熔涂层抗热震性能的影响规律。从前面重熔结构分析中可以看到,在 LR-B 重熔组织中,柱状晶尺寸大、轮廓清晰、晶间相对独立、晶间间隙大,分段裂纹分布稀疏;在 LR-C 和 LR-D 中,重熔组织具有柱状晶尺寸小、轮廓模糊、晶界交织在一起、柱状晶间间隙小、分段裂纹分布稠密等特点。当涂层在热震的冷却阶段时,LR 层和 APS 层由于变形差异而产生位错,位错将会导致柱状晶根部受到拉应力,不同重熔组织受到的拉应力大小及其对拉应力的减缓能力不同。对于 LR-B,一方面,柱状晶具有较大的间隙,导致层间拉应力较小;另一方面,LR-B 样品中独立的、具有较大晶间间隙的柱状晶能通过自由移动更好地调节这种拉应力,如图 3.16 所示。因此,经过一定次数的热震后(其截面裂纹分布情况如图 3.17 所示),柱状晶与等离子涂层之间结合良好,无明显裂纹。

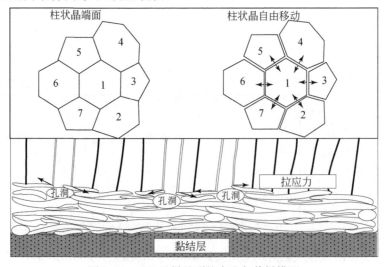

图 3.16　LR-B 样品裂纹产生与传播模型

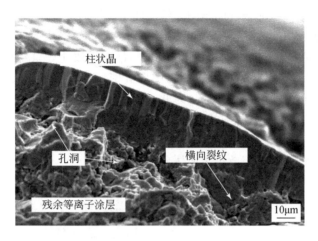

图 3.17　LR-B 样品截面裂纹分布

对于 LR-C 或者 LR-D 样品,LR-APS 层间的拉应力相对较大,密排的柱状晶间较小的间隙、相互交织的界面等会制约柱状晶的自由移动,从而在晶间界面产生如图 3.18 所示的晶粒移动抗力,该抗力阻碍了柱状晶的自由移动,相邻的柱状晶不能通过自由移动来释放柱状晶和等离子涂层界面处的拉应力,在不断的热震下,不断变化的拉应力将对柱状晶底部或者柱状晶和等离子涂层界面处产生强烈的撕扯,并且很容易在 LR-APS 界面孔洞、孔隙较多的地方产生应力集中,进而在这些地方诱导出裂纹。在热震的继续作用下,横向裂纹在界面处向前蔓延;由于晶粒的

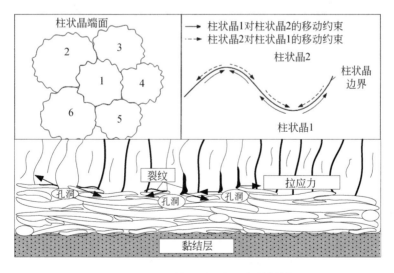

图 3.18　LR-C 样品裂纹产生与传播模型

抗力作用,产生于柱状晶根部的纵向裂纹不能有效地向上传播,在层间间隙和微裂纹的诱导下,很有可能改变传播方向使之横向传播,裂纹的横向传播将会导致横向裂纹与重熔过程中形成的纵向裂纹相互贯通,最终导致此处重熔涂层的脱落。如前所述,LR-B 和 LR-C 样品在重熔过程中形成密度较大的纵向裂纹,极易导致大量裂纹相互穿,如图 3.19 所示。因此,在热震前期(刚出现脱落或脱落面积为5%),LR-B 样品尽管具有晶粒粗大、分段裂纹少等特点,但是其抗热震性能明显高于 LR-C 和 LR-D 样品。这也进一步说明,在热震前期,柱状晶间隙对于层间应力的减缓起主导作用,其作用效果主要体现在重熔涂层上。

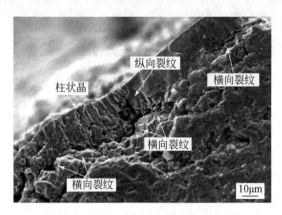

图 3.19　LR-C 样品截面裂纹分布

　　然而,从抗热震性能实验结果来看,在热震后期(当脱落面积为 0% 或者 40%时),LR-C 和 LR-D 样品的抗热震性能要优于 LR-B 样品的抗热震性能,进一步证实了在热震后期分段裂纹对层间应力的减缓起主要作用。经历一段时间的热震后,陶瓷材料经热膨胀和相变体积膨胀后,致使柱状晶间的间隙减小或消除,柱状晶的应变容限降低,相应地,柱状晶对层间应力的减缓作用降低或消除。同时,在容易产生应力集中的位置如孔洞、孔隙处的重熔涂层比较容易脱落,因此重熔涂层中的应力现象得到缓和。

　　从实验结果来看,在热震后期 LR-C 和 LR-D 样品涂层脱落形式主要为陶瓷层脱落,表现形式为热障涂层-黏结层界面处的断裂脱落。这是由于在热震后期柱状晶间的应变容限空间几乎消除,分段裂纹对应力的减缓起主要作用。在经历热震时,可以将被分段裂纹分割的重熔块看作一个单元体,不同重熔涂层经历热震时各层受力示意图如图 3.20 所示。与热震前期的情况类似,在加热阶段 LR 层和 BC 层对 APS 层产生拉应力,在冷却阶段 LR 层和 BC 层对 APS 层产生压应力,另外 APS 层受到 LR 层和 BC 层的共同作用,应力状态最为恶劣。热震的循环进行致使 APS 层受到交变载荷应力的冲击,等离子涂层与黏结层的结合方式为机械结合,这些应力施加到 APS-BC 界面时很容易导致其界面处产生裂纹。最终在循环热应力作用下,裂纹不断扩展,使得陶瓷层沿着热障涂层-黏结层界面脱落。

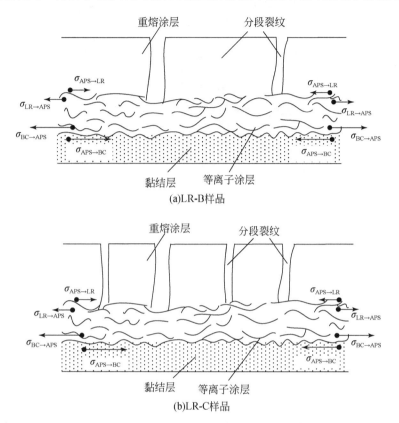

图 3.20　不同重熔涂层经历热震时各层受力示意图

　　在热震后期,LR-B 样品和 LR-C 样品或者 LR-D 样品抗热震性能的差异主要体现在分段裂纹的应力减缓作用上。热震时分段裂纹能提供重熔涂层横向应变的收缩空间,增大其应变容限。另外,分段裂纹对重熔涂层弹性模量的影响可以转化为孔隙率对弹性模量的影响,通常分段裂纹的体积占涂层总体积的比例只有 $3\%\sim5\%$,由式(3.3)可知,重熔涂层的弹性模量随裂纹体积的增加而降低。LR-B 样品中的分段裂纹密度要小于 LR-C 样品和 LR-D 样品的分段裂纹密度,因此在经历热震时,LR-C 样品和 LR-D 样品的弹性模量更小。由式(2.1)可知,LR-C 样品和 LR-D 样品中的层间应力要比 LR-B 样品的小,因此 LR-B 样品各层,尤其是 APS 层的应力状态要比 LR-C 样品和 LR-D 样品的恶劣。这也就解释了为什么在热震后期 LR-B 样品的抗热震性能反而比 LR-C 样品和 LR-D 样品的要差。图 3.21 为 LR-B 样品经历 225 次热震后涂层脱落情况,可以看到陶瓷层沿热障涂层-黏结层界面发生大面积脱落。

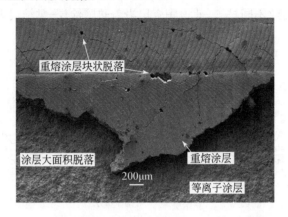

图 3.21　LR-B 样品经历 225 次热震后涂层脱落情况

3.2　毫秒激光深孔加工技术

本节主要通过实验研究长脉冲激光加工微孔时重铸层的抑制方法,开展包括叩击(直冲)打孔、旋切打孔、常规和调制激光脉冲打孔等方面的实验研究。通过对激光加工工艺参数的深度优化,力求减小孔壁重铸层的厚度。另外,还对激光旋切打孔中的旋切路径与孔质量的关系进行研究。

3.2.1　激光打孔工艺分类

为了满足不同零件在微孔加工尺寸、质量和效率方面不同的要求,目前激光打孔出现了四种不同的工艺,分别是单脉冲叩击打孔、多脉冲叩击打孔、旋切打孔和螺旋打孔,如图 3.22 所示,每种打孔方式都有其独特的工艺特点。

1.单脉冲叩击打孔

单脉冲叩击打孔指每个孔只需要一个脉冲就可以完成加工,是效率最高的一种打孔方法,可以达到 100 孔/s 的打孔速度。由于在加工中一般是激光头不动而样品高速旋转或平动,这种打孔方式也称为飞行打孔。单脉冲叩击打孔需要的激光单脉冲能量很大,一般从几焦到几十焦,脉冲宽度为 0.1~20ms,可根据材料的厚度进行相应调节。单脉冲叩击打孔多应用于加工整体结构较简单但表面分布有大量微孔的薄壁零件中,孔径一般小于 1mm、深度小于 3mm,如各类过滤器或滤网。孔是利用一个激光脉冲加工出来的,因此对激光光束质量和能量稳定性要求很高。

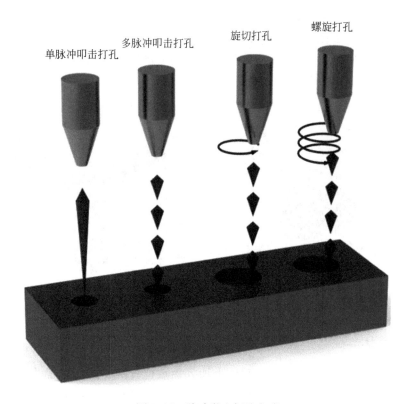

图 3.22　脉冲激光打孔方式

2. 多脉冲叩击打孔

多脉冲叩击打孔指在加工过程中激光束与样品位置相对静止,在一系列脉冲能量冲击下完成小孔的加工,孔径接近光斑尺寸,一般可用于加工孔径小于 1mm、深度最大可达 20mm 的微深孔。脉冲宽度从毫秒量级到飞秒量级激光都可以采取多脉冲叩击打孔加工微孔。多脉冲叩击打孔是工程应用最广泛的一种打孔方法,能高效地加工出大深径比的微孔,是国外目前加工气膜孔的主要方法。然而,多脉冲叩击打孔加工出的孔的质量容易受到光束质量和聚焦光学系统的影响,一般加工出的小孔热效应明显,精度和孔壁质量较差。

3. 旋切打孔

旋切打孔利用聚焦光束在样品表面做圆周运动,切除圆内多余材料后形成小孔,加工过程中焦点位置保持不变,可加工的孔深度与多脉冲叩击打孔方式相近。这种光束旋转可以通过两个直线机械轴差补运动的形式实现,也可以通过旋转光学棱镜系统实现,前者适合于各种类型的激光,原理上可以加工任意大于光斑尺寸的小孔或异形孔,如图 3.23 所示;后者多用于功率较低的高频短脉冲激光,但只能加工一定直径范围内的圆孔。由于旋切打孔加工过程更有利于熔融物质排出,孔壁热影响区和重铸层相对较小,因此孔质量较高。

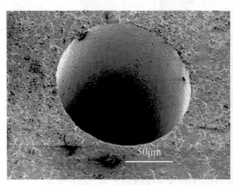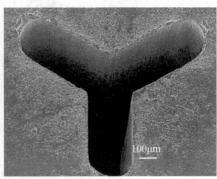

图 3.23　激光旋切打孔的不同孔形[9]

4.螺旋打孔

螺旋打孔是指在旋切打孔的基础上加入焦点位置渐进式向样品内部运动,目前多应用于纳秒激光打孔。由于加工中材料去除以气化为主,加工出来的孔的质量很高,孔的精度和圆柱度也更高。相比其他三种打孔方式,螺旋打孔方式工艺上稍复杂一些,加工效率也比较低。

这四种打孔方式所需的激光功率和脉冲能量依次降低,因此加工效率依次下降,而加工质量和精度却是依次提高的,在实际的激光打孔应用中,需要根据具体样品的结构特点和质量要求进行综合考虑并做出选择。在气膜孔加工中,应用最多的是多脉冲叩击打孔和旋切打孔两种加工方式,本节的加工实验研究也主要针对这两种微孔加工工艺展开。

3.2.2　激光旋切打孔加工通孔

旋切打孔比叩击打孔加工的孔的质量更高,从图 3.24 的对比实验中也可以清楚地看到,在激光参数相同的情况下,叩击打孔内壁黏结了大量的重铸物,而相比之下旋切打孔就少了很多,而且孔型更加规整,因此旋切打孔在工艺生产中应用最广泛,本节着重针对旋切打孔加工的微孔进行深入研究。

1.旋切打孔中的旋切路径优化

激光旋切打孔其实就是一种走刀路径为圆形的激光切割,但并不是只要走刀

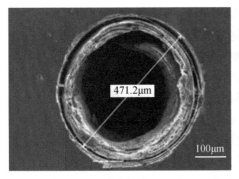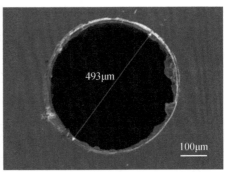

(a)叩击打孔　　　　　　　　　　(b)旋切打孔

图 3.24　叩击打孔和旋切打孔加工效果对比

路径为圆形就可以加工出形貌完好的小孔。在实验中发现,激光旋切打孔时的光束切入方式会对孔的入口形貌产生一定的影响,由于激光加工的特殊性,不良的光束切入方式会导致孔口出现残缺。本节对旋切打孔时的两种光束切入方式进行对比研究。

1)边缘起点旋切打孔

一般的旋切打孔是直接从圆周上的某一点开始完成旋切打孔后回到起点,如图 3.25(a)所示。这样的加工路径具有操作简单、效率高的优点,但是存在一个缺点,即容易在孔边缘产生一个如图 3.25(b)所示的缺口。孔边缘产生缺口很可能是由加工开始时第一个激光脉冲前沿与材料表面相互作用的特殊性造成的,因为第一个激光脉冲与材料发生相互作用时,材料温度较低且表面平整,金属材料对激光的反射率很高。激光与金属材料相互作用的起始阶段,材料对激光的反射率很

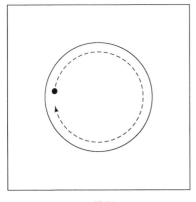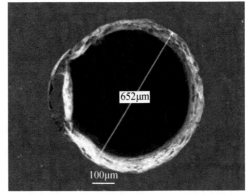

(a)路径　　　　　　　　　　(b)缺口

图 3.25　边缘起点旋切路径及其加工效果

高,但是当材料表面温度超过熔点时,反射率迅速降低,此时的吸收率约为85%。反射率高意味着材料需要更长的时间才能吸收足够的热量达到熔点,同时也意味着热量可以在材料内部通过热传导传播更远的距离。因此,当辐照范围内的材料达到熔点时,较小的温度梯度就会导致光斑范围外的一部分材料发生熔化,此时在气化压力和辅助气流的作用下,液态材料被排出所产生的小孔孔径必然大于光斑直径。在旋切打孔中,这种较大的起始孔径就会成为孔边缘上的缺口。

　　针对以上分析,又进行了两个实验验证:一个是孔径无限大的旋切实验,即直线切割;另一个是随机出光旋切实验。图3.26和图3.27分别是这两个实验结果的扫描电子显微镜照片。由图3.26可以看出,起点处明显有一个已成型的小孔,其直径大于随后切割时的线宽。若将实验中的路径首尾相连,则起点处自然形成一个缺口。在图3.27中的六个小孔边缘均出现缺口,而且出现的位置不同,这是因为在实验中是先让运动平台开始旋转,再随机开启激光快门开始加工,缺口位置的随机分布也证明了缺口是由激光加工中的第一个脉冲造成的。

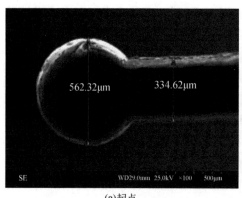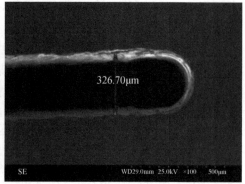

(a)起点　　　　　　　　　　　　　　　(b)终点

图3.26　激光直线切割时起点、终点差异

2)圆心起点旋切打孔

　　为了避免旋切打孔的小孔边缘出现缺口,必须改变旋切路径,因此进行以圆心为起点的旋切打孔实验。路径如图3.28(a)所示,即激光在圆心位置开启,先通过叩击打孔钻出一个小孔后,沿半径向预设孔边移动,再开始旋切打孔,完成加工后光束又回到圆心位置。入口孔形如图3.28(b)所示,可以看出,这种路径加工出的小孔边缘完整,缺口已经消失。

　　也有学者采用与孔内壁相切的光线切入方式开始旋切打孔,也可以得到孔边缘完整的微孔[10],如图3.29所示,这与圆心起点旋切打孔的加工效果无明显差异,而且相比之下,圆心起点旋切打孔的工艺操作性更简单一些。因此,以圆心为

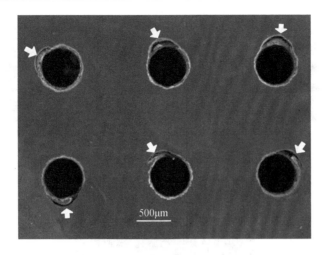

图 3.27　随机出光旋切实验

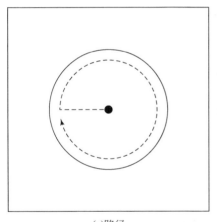

(a)路径　　　　　　　　　　　　　　(b)入口孔形

图 3.28　圆心起点直线引入旋切路径及其加工效果

起点的旋切路径是一种比较好的选择，也是本节接下来实验研究中所采取的旋切路径。

2. 旋切打孔中的激光参数优化

激光加工结果会受到多个激光参数的影响，而在不同的打孔方式中参数的具体影响也不尽相同，为此本节对激光旋切打孔中的四个关键激光参数(脉冲宽度 τ、离焦量 d、峰值功率 $P_{\text{峰}}$ 和重复频率 f)进行正交优化研究。通过正交实验一方面

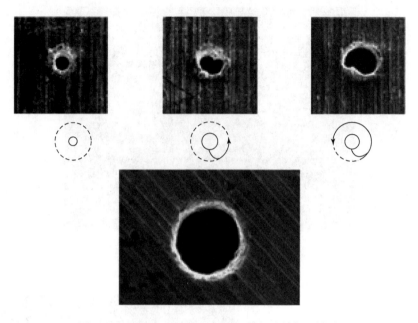

图 3.29　圆心起点切线引入旋切路径及其加工效果

可以确认各参数对孔壁重铸层厚度的影响趋势,另一方面可以对比这些参数影响力的大小。正交实验不同于一般实验中只考虑单一参数变化对孔加工质量的影响规律,而是根据正交性和经验有所偏向地在某一区域内选取有代表性的参数组合,可以减少实验次数,同时考查所有的参数,更好地获得各参数的综合影响规律。

　　本次实验分为两部分:第一部分在较广的范围内选择参数进行初步正交实验;第二部分在初步实验的基础上缩小参数范围进行二次正交实验以确认最佳的加工参数。实验材料为 2mm 厚的 1Cr13 不锈钢板材,辅助气体为 0.7MPa 压缩空气,光束旋切直径为 0.3mm,旋切速度为 0.5mm/s。

　　1)初步正交实验

　　正交实验方法是一种可以同时考察多个参数影响作用的可靠方法,其可以使实验的重复性工作减少以提高实验效率。选择脉冲宽度 τ、离焦量 d、峰值功率 $P_{峰}$ 和重复频率 f 这四个激光参数作为正交实验的考察对象,每个参数有三个水平,具体如表 3.3 所示,因此本实验为一个四因素三水平的正交实验。按照 $L_9(3^4)$ 正交表,共有 9 组参数,为了缩小实验误差,每组参数重复加工三个微孔。孔加工质量的评价标准是孔壁重铸层的厚度,厚度小者为优。

表 3.3　初步正交实验参数

序号	离焦量 d/mm	重复频率 f/Hz	脉冲宽度 τ/ms	峰值功率 $P_峰$/kW
1	-0.3	20	0.2	8
2	0.2	35	0.3	10
3	0.7	50	0.5	12
k_1	11.32	12.87	8.89	19.05
k_2	14.4	18.35	12.9	14.5
k_3	19.65	14.15	23.6	11.8
极差 R	8.33	5.48	14.71	7.25

　　孔加工完成后,首先对样品进行打磨抛光和金相腐蚀处理,然后利用扫描电子显微镜和金相显微镜进行观察和测量。图 3.30 是两组不同激光参数加工的孔壁重铸层,各参数组孔壁重铸层厚度的平均值填入表 3.3 中的相应位置。从表 3.3 中的 k 值变化可以看出每个参数对重铸层的影响趋势,其中在所选参数范围内与重铸层厚度成正比的有脉冲宽度 τ 和离焦量 d,成反比的是峰值功率 $P_峰$,而重复频率 f 的影响是先上升后下降的,但变化幅度并不大。从极差 R 值可以看出各参数的影响力大小,R 值越大说明其对重铸层的影响越大,由此可以得到各参数的影响力大小为:脉冲宽度>离焦量(以 0.5mm 变化时)>峰值功率>重复频率。

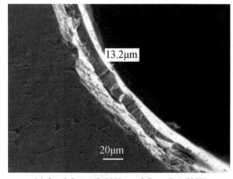
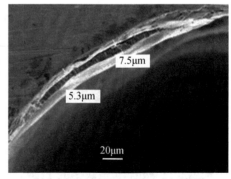

(a)$d=-0.3$mm,$f=50$Hz,$\tau=0.3$ms,$P_峰=8$kW　　　　(b)$d=0.2$mm,$f=20$Hz,$\tau=0.3$ms,$P_峰=12$kW

图 3.30　两组不同激光参数加工的孔壁重铸层

　　从本次实验中可以得到以下结论:为了降低孔壁重铸层厚度,需要更短的脉冲宽度和更高的峰值功率,这与盲孔加工实验中得到的结论一致。实验中的离焦量主要影响的是光斑大小和加工中光束的传播路径,进而影响激光功率密度和孔壁面的锥度,因此对重铸层厚度也会产生较大影响。随着正离焦量的增大,重铸层变厚,说明激光打孔中适量的负离焦有利于减小重铸层厚度。重复频率对重铸层的影响小很多,且没有出现一致的趋势,但是重复频率的增大可以提高加工效率,因此可以在不超过激光器最大功率的条件下按照式(3.4)选择最大重复频率,即

$$f_{max} = \frac{P_{max}}{P_{峰} \cdot \tau} \tag{3.4}$$

式中,f_{max} 为可用的最大重复频率;P_{max} 为激光器最大平均功率;$P_{峰}$ 为峰值功率;τ 为脉冲宽度。

2) 第二次正交实验

以初步正交实验为依据选择第二次正交实验参数,如表 3.4 所示。表中,脉冲宽度固定为激光器的最小值 0.2ms,离焦量向负偏移,即焦点位于材料上表面以下;重复频率在允许的最大极值附近选择 50Hz、60Hz 和 70Hz;峰值功率也在激光器的最大极值端选择 90%、95% 和 100%。实际上组成了一个三因素三水平 $L_9(3^3)$ 的正交实验,共有 9 组参数,其他实验条件与初步正交实验相同。为了降低实验误差,每组参数重复加工三个孔。加工完成后,对样品进行打磨抛光和金相腐蚀处理,对孔入口的重铸层进行测量。图 3.31 展示了本次实验中加工孔的典型形貌以及与未优化孔的对比情况。

表 3.4　第二次正交实验参数

序号	离焦量 d/mm	重复频率 f/Hz	脉冲宽度 τ/ms	峰值功率 $P_{峰}$/kW
1	−0.8	50	0.2	14.4(90%)
2	−0.3	60	0.2	15.2(95%)
3	0.2	70	0.2	16(100%)

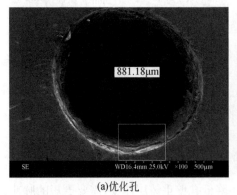 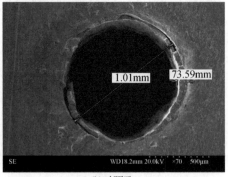

(a)优化孔　　　　　　　　　　(b)对照孔

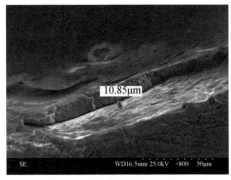

(c)孔边缘放大　　　　　　　　　　　(d)优化孔入口金相图

图 3.31　正交实验加工的微孔 SEM 图与金相图

本次实验加工的小孔孔径为 $670\sim970\mu m$,孔内重铸层清晰可见,如图 3.31 所示。实验中一个比较特殊的现象是多数孔壁重铸层出现分层结构,如图 3.31(c)所示,在底层重铸层表面有一层翘起的呈欲脱落状态的薄皮重铸层,厚度为 $1\sim2\mu m$,底层重铸层厚度基本在 $10\mu m$ 左右,图 3.31(d)是图 3.31(a)孔的金相图,可以看到孔壁黏结着重铸层,其金相组织结构与基体明显不同。将本次实验中加工的孔与文献[11]中利用相同激光器加工的孔对比,如图 3.31(b)所示,重铸层已从 $73\mu m$ 降至约 $10\mu m$,质量有了显著改善。孔内薄皮重铸层结构的出现是因为气化金属在孔壁重新液化凝固生成二次重铸层,并在快速凝固过程中的热应力作用下发生变形,并呈现出破裂欲脱落形貌。

综合考虑两次实验结果可以发现,两个最优激光参数(JK300D 激光器)是脉冲宽度为 0.2ms、峰值功率为 16kW(100%)。离焦量的最优参数值会随着材料厚度的不同而有所变化,当在较厚材料上加工孔时,适量的负离焦不仅有利于减小重铸层厚度,也会减小孔的锥度。图 3.32 是利用优化参数在不锈钢材料上加工的尺寸较大的孔,孔形规整,孔口没有发现明显的开裂重铸层,但孔壁仍然比较粗糙。

3. 旋切打孔中的光束运动参数优化

激光旋切打孔工艺中涉及两个重要的光束运动参数:旋切速度和旋切圈数。旋切速度,即光束绕圆心旋转的线速度;旋切圈数,即光束绕圆心旋转的圈数。本节将从实验与理论两个方面研究这两个参数对孔壁重铸层厚度的影响规律,旋切打孔中的激光参数优化实验中发现的重铸层厚度变化规律可以为其他金属类材料实验提供借鉴。激光与辅助参数设置如表 3.5 所示,这些参数在实验中均保持不变。本节先在 304 不锈钢材料上进行规律探索实验,再将所得规律移植到一种性能优越的高温超合金叶片材料:定向结晶镍基合金 DZ445。实验中所用的样品厚度均为 2mm。

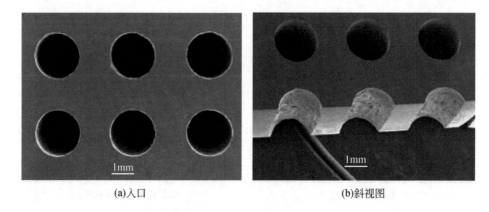

(a)入口　　　　　　　　　　　　　(b)斜视图

图 3.32　利用优化参数加工的尺寸较大的孔

表 3.5　激光与辅助参数设置

参数	脉冲宽度/ms	峰值功率/kW	重复频率/Hz	离焦量/mm	辅助气压/MPa
数值	0.2	16	70	−0.1	1

1)304 不锈钢材料上的实验

(1)旋切速度影响。

在 304 不锈钢材料上进行不同旋切速度的微孔加工实验,旋切速度依次设为 0.01mm/s、0.05mm/s、0.1mm/s、0.3mm/s、0.5mm/s、0.7mm/s、0.9mm/s 和 1.1mm/s,每个旋切速度下重复加工三个孔,每个孔光束旋切两圈,光束与样品表面的夹角为 90°,即垂直。加工完成后,对样品进行打磨抛光和金相腐蚀处理,利用金相显微镜观察并测量孔壁重铸层厚度,求出各个旋切速度下重铸层厚度的平均值。图 3.33 即为这八组数据孔的重铸层厚度随旋切速度的变化折线图。从图中可以看到,随着旋切速度的增大,重铸层厚度明显变大,特别是在 0.1～0.3mm/s 最为显著。图 3.34 为这两个旋切速度下加工的孔重铸层金相图。从图 3.33 中还可以看到,当旋切速度小于 0.1mm/s 或大于 0.5mm/s 时,重铸层厚度的变化趋于平缓。另外,实验中还进行了 0.3mm 和 0.5mm 两个不同旋切直径的小孔加工。图 3.33 中的统计数据表明,不同的旋切直径对重铸层厚度基本没有影响。

在本次实验中还发现了一个现象,当旋切速度过低时,小孔边缘会出现如图 3.35 所示的裂纹,而且随着旋切速度的减小裂纹现象变得更加严重。这意味着,通过减小旋切速度来减小重铸层厚度是不能无限制进行下去的,而在本次实验中,未出现孔边缘裂纹的最小旋切速度是 0.1mm/s,此时的重铸层厚度平均值为 2.8μm。

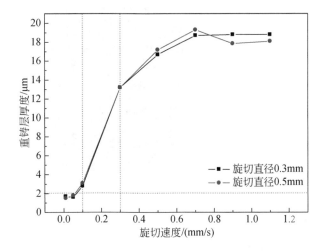

图 3.33　重铸层厚度随旋切速度的变化折线图

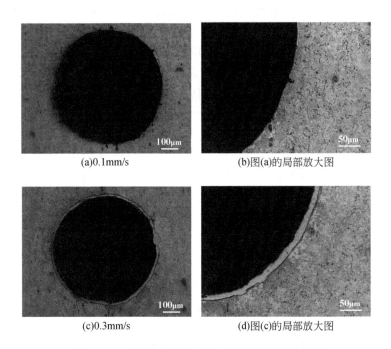

(a)0.1mm/s　　　　　　　　　(b)图(a)的局部放大图

(c)0.3mm/s　　　　　　　　　(d)图(c)的局部放大图

图 3.34　不同旋切速度下加工的孔重铸层金相图

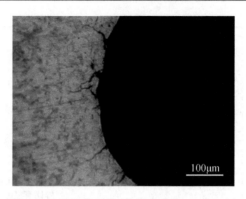

图 3.35　孔边缘裂纹(旋切速度为 0.1mm/s)

(2)旋切圈数影响。

为了明确旋切圈数对孔壁重铸层的影响,实验中保持旋切速度为 0.3mm/s 不变,首先进行 1~10 圈旋切的单因素实验,每个数据加工三个孔,然后对样品进行打磨抛光和金相腐蚀处理,接着利用金相显微镜观察并测量每个孔的重铸层厚度,最后求出每个数据下的厚度平均值。图 3.36 为重铸层厚度随旋切圈数的变化情况,可以看出,总体上重铸层厚度是随着旋切圈数的增加而减小的,而且减小速度在 2~6 圈范围内最为显著,之后趋于平缓,基本稳定在 4μm。图 3.37 是 2 圈旋切和 8 圈旋切所得小孔的金相图,可以看到后者相对前者重铸层厚度减小很多。

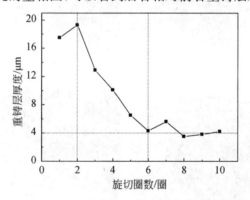

图 3.36　不同旋切圈数下重铸层厚度变化趋势

同样,随着旋切圈数的增加,小孔边缘也出现了类似图 3.35 的裂纹,并且裂纹长度和密度呈加速增长趋势。图 3.38 是对旋切圈数分别为 1 圈、3 圈、5 圈、7 圈、9 圈的小孔边缘裂纹长度进行测量后,绘制的每个参数下小孔边缘裂纹总长度的平均值,其中虚线为数据点的多项式拟合曲线,可以看到旋切圈数过多时将在小孔边缘产生严重的裂纹,因此旋切打孔中的旋切圈数也要控制在适当范围内。

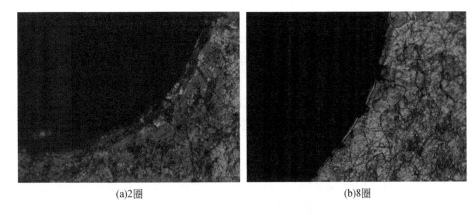

(a)2圈　　　　　　　　　　　　(b)8圈

图 3.37　两个不同旋切圈数加工的小孔金相图

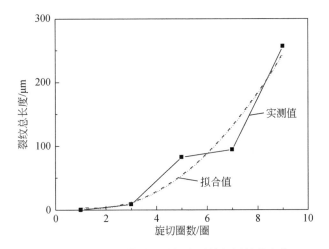

图 3.38　小孔边缘裂纹总长度随旋切圈数的变化

2)旋切打孔中重铸层厚度变化的机理分析与讨论

简单地说,重铸层就是激光打孔时熔化、结束又凝结在孔壁上的再结晶材料。由于气体氛围和冷却速率与原材料铸造时不同,重铸层的化学成分和金相组织与基体有所不同,力学性能也不相同,一般情况下,重铸层为非晶组织,硬度大于基体。

旋切打孔中重铸层的形成过程与叩击打孔中的不同,旋切打孔是先在圆心钻穿一个小孔,再开始光束旋切,绝大部分熔融材料在辅助气流和气化压力作用下在第一次旋切时就从出口喷出,因为固-液界面存在黏滞力,所以会有一部分熔融材料停留在孔壁并冷却凝固。在后续的光束旋切中,已形成的重铸层会在激光辐照作用下再次发生熔化,并在强制气流的影响下沿孔壁向出口移动,最终从出口排出,但当已形成的重铸层不再发生熔化时,重铸层厚度不再变化。

旋切打孔的过程可划分为两个阶段:第一个阶段是激光切割;第二个阶段是激光旋转修形。前者的主要作用是去除圆周内的材料形成粗孔;后者的主要作用是对孔壁进行修整,去除孔壁附着物,使孔壁更加圆整。根据材料的厚度和激光能量的大小,这两个阶段的时间分配比例会有所不同,在不同阶段会出现不同的现象和结果,而重铸层厚度随旋切速度和旋切圈数变化的机理则主要存在于第二个阶段。

旋切打孔中孔壁重铸层逐渐变薄的本质在于第二个阶段发生的液态材料质量迁移。图 3.39 为不锈钢实验中 0.1mm/s 的旋切速度下,不同旋切圈数(2 圈、3 圈、4 圈、5 圈、6 圈)加工的小孔重铸层从入口到出口沿孔壁的分布变化情况。在测量过程中,沿着孔壁纵向每隔 $50\mu m$ 进行一次数据采集。从图中可以明显看到,随着旋切圈数的增加,重铸层材料发生了从孔入口向出口的质量迁移。另外,当旋切圈数较多时,孔内部也观察到了微裂纹。

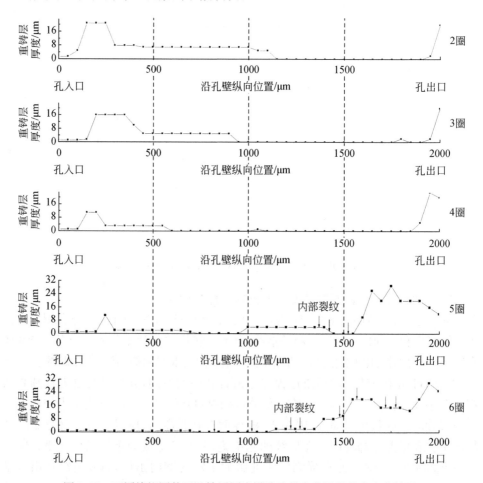

图 3.39　不同旋切圈数下重铸层厚度沿孔壁纵向位置的分布变化情况

3)重铸层厚度变化机理的动力学分析

假设小孔孔型为理想无锥度圆柱孔,光斑范围内光强均匀分布,光束方向竖直向下,则可对旋切打孔中重铸层厚度减小的机理进行如下分析:

在激光加工中,将熔融物迁移的驱动力 F 主要来源于激光与材料作用区域附近的气压和熔融材料飞离样品时出口处气压的差值,此差值由三个因素决定,分别是:材料气化时产生的反冲气压 P_r、辅助气压 P_a、环境气压 P_0,在加工过程中的不同时刻,三者的作用和贡献值会有所不同。此外,若加工时激光束竖直向下,则还需要考虑重力的影响,并规定当各力的方向有利于熔融物排出时,为正,否则为负。

熔融物排出的最大阻力是来自液态材料内部及其与固体孔壁间的黏滞力 f_v,黏滞力大小与辐照范围内的液态材料体积及其分布形式和黏度系数 η 有关。液态材料体积可通过重铸层厚度和光斑大小进行推算,黏度系数取决于液态材料的性质与温度,并且会随着温度的升高而减小。黏滞力 f_v 可表示为

$$f_v = \eta T \frac{\partial u}{\partial y} l h \tag{3.5}$$

式中,T 为熔融状态材料的温度,加工过程中 T 会在熔点与沸点之间变化,因此黏度系数 η 是温度的函数;u 为熔融物流动的速度;y 为在重铸层厚度范围内由圆心向外的径向坐标;$\frac{\partial u}{\partial y}$ 为熔融物在重铸层内的流动速度梯度;h 为孔深;l 为在激光辐照范围内重铸层边缘弧长。在第二个阶段,l 可表示为重铸层厚度 δ 的函数,即

$$l = 2(R-\delta)\arcsin\frac{b}{R-\delta} \tag{3.6}$$

式中,R 为理想的无重铸层孔半径;δ 为重铸层厚度;b 为 l 对应的半弦长,其表达式为

$$b = \frac{1}{2}\left[\delta(\delta^2 - 4r^2 - 2R\delta + 4Rr)(2R-\delta)\right]^{\frac{1}{2}}(R-r)^{-1} \tag{3.7}$$

式中,r 为光斑半径。

(1)在圆心小孔穿透前,气化反冲压力起主导作用,此时的辅助气压因为增加了入口处的气压而成为阻力。底部熔融物在反冲气压的推动下从熔池沿着孔壁向上移动,并以液态溅射的形式从入口喷出,此时的驱动力为

$$F = S_0(P_{r0} - P_{a0} - P_0) - \rho S_0 h g - f \tag{3.8}$$

式中,P_0 为环境气压;ρ 为材料密度;g 为重力加速度;S_0 为整个圆周孔壁重铸层的横截面积,其表达式为

$$S_0 = \pi\left[(r_0+\delta)^2 - r_0^2\right] \tag{3.9}$$

式中,r_0 为中心孔的半径。

由式(3.8)可以看到,此时熔融物排出遇到的阻力因素最多,导致熔融物不能

有效排出,若停止加工,则熔融物会停留在孔内形成较厚的重铸层。

(2)中心孔穿透后,激光切割过程中的大部分熔融物从出口排出,此时气化反冲压力、辅助气压和重力方向基本一致,均是竖直向下的,更利于熔融物的排出,并且光斑的运动减轻了热量在材料内部的累积效应,客观上减少了材料发生熔化的总量,这也正是旋切打孔相比叩击打孔重铸层厚度更小的原因。此时,驱动力为

$$F = S_1(P_{r1} + P_{a1} - P_0) + \rho S_1 h g - f \qquad (3.10)$$

式中,S_1 为激光在切割加工过程中,光斑前沿辐照到重铸层上表面的面积,即

$$S_1 = \frac{S_0}{2} \qquad (3.11)$$

(3)在激光切割完成后,加工进入第二个阶段的孔壁修形。随着光束的继续旋转,光斑辐照区域内的材料逐渐减少,气化压力的主导地位逐渐下降,直至材料不再发生气化时变为零,辅助气压逐渐变为主要驱动力。但是随着辐照区域内材料的继续减少,当材料不再发生熔化时,辅助气压的驱动力作用也将消失,此时孔壁重铸层达到最小极限。该过程中的驱动力可以表示为

$$F = (S_2 - S_{\text{气化终止}})P_{r2} + (S_2 - S_{\text{熔化终止}})(P_{a2} - P_0) + \rho S_2 h g - f \qquad (3.12)$$

$$S_2 = r^2 \arcsin \frac{b}{r} - (R - \delta)^2 \arcsin \frac{b}{R - \delta} + b(R - r) \qquad (3.13)$$

式中,S_2 为孔壁重铸层在入口端面上受到激光辐照的面积;$S_{\text{气化终止}}$ 和 $S_{\text{熔化终止}}$ 分别为气化终止和熔化终止时 S_2 的值,对于确定的光强和材料,这两个值是常值,可分别称为气化极限重铸层面积和熔化极限重铸层面积。设辐照范围内的重铸层材料吸收的能量与损失的能量差值为

$$\Delta = Q_{\text{吸}} - Q_{\text{传导}} - Q_{\text{对流}} - Q_{\text{辐照}} \qquad (3.14)$$

式中,$Q_{\text{吸}}$ 为光斑辐照范围内重铸层吸收的能量;$Q_{\text{传导}}$、$Q_{\text{对流}}$、$Q_{\text{辐照}}$ 分别为因热传导、对流和热辐照而损失的能量。之所以存在 $S_{\text{气化终止}}$ 和 $S_{\text{熔化终止}}$,是因为随着重铸层厚度的减小,$Q_{\text{吸}}$ 也随之减小,当 Δ 小于材料气化需要吸收的热量时,即

$$\Delta < m_1 S_2 h \rho [C(T_b - T_0) + L_m + L_v] \qquad (3.15)$$

孔壁材料便不再气化,蒸发气压排出液态材料的驱动力作用消失。式(3.15)中,m_1 是与材料气化比例相关的系数;C 为比热容;T_b 为沸点温度;T_0 为初始室温;L_m、L_v 分别为材料的熔化潜热和气化潜热。

当 Δ 小于材料熔化需要吸收的热量时,即

$$\Delta < S_2 h \rho [C(T_b - T_0) + L_m] \qquad (3.16)$$

孔壁材料不再发生熔化,小孔的重铸层厚度即达到最小极限。

综上所述,在激光旋切打孔微孔的过程中,重铸层厚度的减小需满足以下条件:

(1)光斑范围内的孔壁重铸层在激光辐照时可重复发生熔化或气化,即材料对

激光能量的吸收速率应大于因热传递而损失的速率。

（2）熔融物受到的驱动合力 $F>0$。

（3）材料在熔融状态下持续的总时间，即液态迁移时间内有足够强的驱动力将熔融状态的材料沿孔壁推到出口外。

重铸层厚度与旋切打孔工艺参数存在以下关系：在熔融物总量不再增加的情况下，孔壁重铸层厚度会与材料在熔融状态下的持续时间 $T_{时}$ 成反比，即

$$\delta = \frac{u}{T_{时}} \tag{3.17}$$

式中

$$T_{时} = m_2 \frac{C_i}{V} N(Q_{吸} - Q_{损}), \quad Q_{吸} > Q_{损} \tag{3.18}$$

式中，C_i 为旋切路径的周长，但是重铸层厚度和 C_i 没有依赖关系；V 为旋切速度；N 为旋切圈数；$Q_{损}$ 为旋切打孔中损失的总能量；u 和 m_2 为两个常系数。由式（3.17）和式（3.18）可以看出，旋切打孔的重铸层厚度会随着旋切速度的降低而减小，同时也会随着旋切圈数的增加而减小，但是由于热损失的存在，理论上旋切打孔也无法完全去除孔壁重铸层，这与前述实验结果一致。

3.2.3　调制脉冲激光叩击打孔

1. 激光调制脉冲概念

激光脉冲可以在时间或空间上被整形调制，前者是将激光脉冲输出阶段的能量根据需要在一维时间轴上延展或集中，后者是将激光能量在二维光束横截面上的能量进行分布调制，如图 3.40 所示。激光能量在时间和空间上不同的分布会对激光加工结果产生很大的影响，本节通过实验对时域调制激光脉冲加工微孔时的调制形式和参数对孔质量的影响展开研究。光束在横截面的分布形式保持基模高斯分布不变。

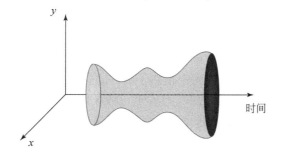

图 3.40　激光脉冲在时间与空间上的调制

在通常情况下,激光的输出脉冲是如图 3.41(a)所示的矩形脉冲序列,而本节使用的时域调制脉冲由若干个脉冲宽度和峰值功率不同的子脉冲组成,如图 3.41(b)所示。通过调节子脉冲能量的分布形式,可以提升激光打孔的质量,减小孔壁重铸层厚度。对于实验室所用的 JK300D 激光器,在整体脉冲能量不超过 35J 和平均功率不超过 300W 的情况下,子脉冲的数量和形状可以任意改变。

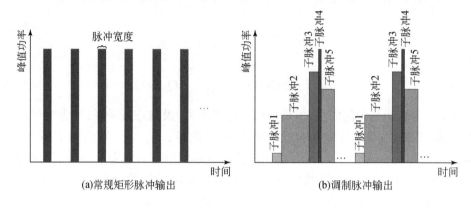

图 3.41　常规矩形脉冲与调制脉冲的对比

2.调制脉冲盲孔加工实验

为了全面了解调制脉冲打孔的机理和特点,依次进行盲孔和通孔激光加工实验。根据以往的经验,更短的激光脉冲宽度和更大的峰值功率可以在激光加工过程中产生更高的蒸气反冲压力,能将熔融物更有效的排出,进而减小孔内残留的重铸层厚度,因此在本次实验中将尾端子脉冲设置为激光器的极值,即脉冲宽度为 0.2ms,峰值功率为 16kW(100%)。前端子脉冲设置为低而宽的形式,预期前端子脉冲对材料产生预热作用,不同的预热参数会引起材料表面温度和物理形态的变化,进而影响激光与材料的相互作用过程,导致不同于矩形脉冲的加工结果。为此,本次实验研究在保持尾端脉冲为固定尖锐形态的情况下,研究不同的预热脉冲能量分布形式对微孔加工的影响。如图 3.42 所示,有三种不同的预热脉冲形式,分别对应 1~3 个预热子脉冲,每个预热子脉冲的宽度为激光器的最大值 5ms。另外,在对比不同预热子脉冲次数时,为了使三种脉冲形式之间具有可比性,预热脉冲的总能量为定值,即在脉冲形式 I 中,预热能量全部在一个子脉冲中施放;在脉冲形式 II 中,预热能量被平分在两个子脉冲中施放,以此类推,也可以认为,在三种不同的脉冲形式中,总能量一致,而预热脉冲的总脉冲宽度依次为 5ms、10ms 和 15ms。

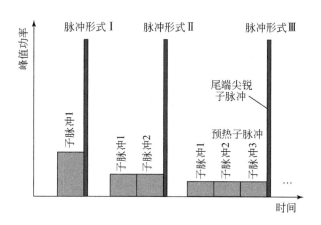

图 3.42　实验中用到的调制脉冲形式

3. 初步实验

实验所用样品是厚度为 5mm 的 GH4169 镍基合金板材。首先在样品 A 上进行单脉冲加工实验,实验参数在样品上的分布如图 3.43 所示,实验按预热脉冲数分为 3 组,每组又包括 6J、10J、14J、18J 四个不同的预热单脉冲能量,此外,加入一个对照组,即该组中没有预热脉冲,只利用单脉冲能量为 3J 的尾端尖锐子脉冲加工小孔。为减小实验误差,每个参数组合下重复加工三个小孔。为了了解预热脉冲对材料的具体影响,在样品 B 上进行与图 3.43 对应的纯预热脉冲实验,即在加工中去掉图 3.42 中所示的尾端尖锐子脉冲。需要强调的一点是,在实验中所有孔加工均未使用辅助气体,这是为了防止强制气流对加工过程中的材料液态喷溅过程产生影响,进而影响本次实验对调制脉冲加工机理的判断。也正因为没有使用辅助气体,激光打孔中产生的烟尘和液滴会污染聚焦透镜前的保护镜片,因此每次实验完成后必须更换保护镜片,以降低污染物对光束聚焦的影响。在所有孔被加

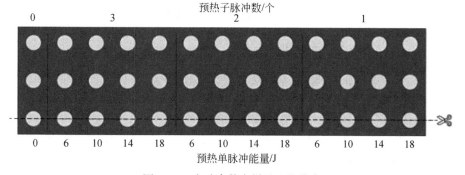

图 3.43　实验参数在样品上的分布

工完成后,首先利用扫描电子显微镜对未经处理的样品进行观察和测量,然后对三
个重复组中的一组进行纵向侧剖,即图 3.43 中的第三行,为了观察孔的纵向形貌
和孔壁的重铸层情况,对样品剖面进行打磨抛光和金相腐蚀处理(盐酸 100ml:硫
酸 7ml:硫酸铜 30g),最后利用扫描电子显微镜和光学显微镜对样品进行观测。在
分析实验结果时,以孔的几何形态和孔内的冶金状态来评估孔的质量。

1)实验结果几何形貌特征分析

本次实验结果中常规脉冲和调制脉冲加工的小孔典型形貌对比如图 3.44 所
示。可以看出,图 3.44(a)孔的边缘有明显的再凝结材料,而图 3.44(b)孔相比却
有一个更整洁的孔沿,而且可以看出调制脉冲加工的孔腔体积更大、孔形更饱满。
图 3.44(b)孔是预热能量为 10J、预热脉冲宽度为 10ms 的调制脉冲激光加工出来
的小孔,其他的调制脉冲孔形与其相似。因此,可以得到一个初步结论:带预热的
调制脉冲激光加工的小孔中熔融物的排出相比常规脉冲要更充分一些。

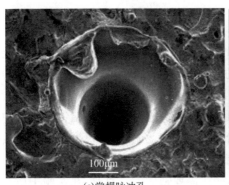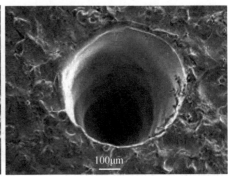

(a)常规脉冲孔　　　　　　　　　　　(b)调制脉冲孔

图 3.44　常规脉冲与调制脉冲加工的小孔典型形貌对比

将纯预热脉冲加工的样品 B 中的一参数组侧剖并进行金相腐蚀处理,观测预
热脉冲对材料的影响,发现所有参数均导致材料内产生局部深度熔化,重铸层轮廓
清晰,如图 3.45 所示。图 3.45(a)为重铸层的整体形貌(光镜),图 3.45(b)为重铸
层顶部的局部放大(电镜),并且重铸层的深度和直径也会根据预热参数的不同而
出现变化。从图 3.45 中可以观察到以下特点:

(1)在重铸层发生膨胀,顶部略高于周围基体,顶部中心略有凹陷。重铸层的
膨胀应该是由材料熔化又凝固后金相组织结构发生变化、晶粒变得粗大引起的,而
中心凹陷是由熔化时的马兰格尼对流引起的。

(2)重铸层内的晶粒以枝晶结构为主,并且生长方向呈现出轴对称形式,这应
该与材料熔化时熔池内的温度分布和凝固时的热扩散速率有关。

(3)从重铸层的整体形状来看,其具有与相应完整调制脉冲加工的孔腔类似的

孔形,均呈现出类似高斯曲线的轮廓,这都是由激光能量在光斑内的高斯分布导致的。

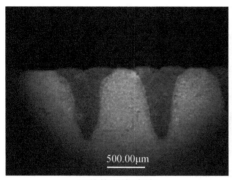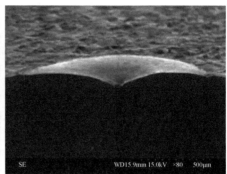

(a)整体形貌(光镜)　　　　　　　　(b)局部放大(电镜)

图 3.45　重铸层的典型形貌

为了对本次实验中的所有加工结果有一个更直观的认识,利用自由样条曲线分别对样品 A 和样品 B 纵剖面上的孔形和重铸层轮廓进行追踪,综合后绘制出如图 3.46 所示不同参数下的孔形变化示意图,图中灰色区域为纯预热脉冲在材料中产生的熔化区(即重铸层区域),曲线代表完整调制脉冲加工孔的轮廓线。从图 3.46 中可以清楚地看到,预热脉冲的能量和宽度对孔的熔化区和最终孔形的形貌有显著影响,呈现出一定的规律性。预熔化深度和孔深都随着预热脉冲能量的增加而增加,在相同的能量下,预热时间越短,孔深越深。值得注意的是,纯预热脉冲产生的熔化区与完整调制脉冲产生的孔腔在几何形貌方面具有几乎一致的变化趋势。本次实验中的最高打孔速率是由预热能量 18J、预热时长 5ms 的调制脉冲得到的,达到了 277mm/s,孔深接近于 1.5mm。

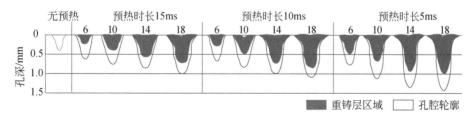

图 3.46　不同参数下的孔形变化示意图

为了对实验结果进行更准确的分析,这里利用一套数字光学显微系统测量了两个样品上孔的纵剖面面积。图 3.47 和图 3.48 分别给出了盲孔和预热熔化区的深度与面积在不同预热能量和时长下的变化情况。可以看出,在四幅图中数

据点随着预热能量的增加呈现出较好的线性增长关系,而与预热脉冲的宽度呈反比关系,即

$$h \propto E_{预热}, \quad h \propto \frac{1}{T_{预热}} \tag{3.19}$$

式中,h 为孔深;$E_{预热}$ 为预热能量;$T_{预热}$ 为预热脉冲宽度。

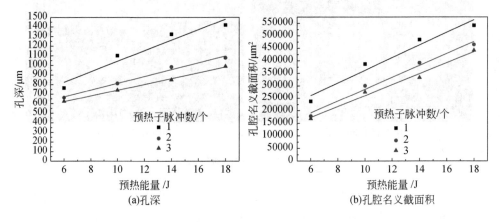

图 3.47   盲孔孔形数据

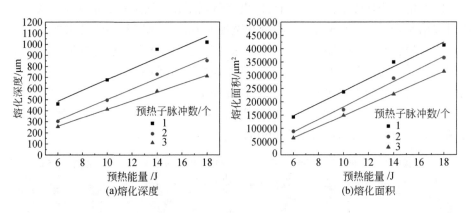

图 3.48   预热熔化区数据

    从本次实验中可以看出,调制脉冲的尾端尖锐子脉冲在材料的去除过程中起到了非常关键的作用,不仅完全排出了预热脉冲产生的熔化区材料,还进一步扩大了孔尺寸,而且大多数情况下这个扩大的量相比单独尖锐子脉冲加工孔时的材料去除量要大。这是由预热脉冲的作用使材料在尾端脉冲来临之前发生的物态改变导致的,根据 Voisey 等[12] 的研究,一旦材料发生熔化,材料对激光的吸收率会大幅提高,从熔化前的不足 10% 迅速提升至超过 80%。在材料已发生一定深度熔化的

情况下,尾端尖锐子脉冲的能量将有更高的比例被用于材料的气化,进而产生更大的反冲气压将熔融材料排出形成孔腔,打孔的效率也会提高。

材料的预熔化区体积随预热脉冲能量的增加而增大比较容易理解,这里不再赘述。关于更短的预热脉冲宽度导致孔体积增大的原因,则需要进一步解释:在相同的预热能量条件下,脉冲宽度短意味着激光脉冲峰值功率更高,能量通过热传导损失的量减少,有效利用的能量比例会有所提高,因此尽管能量相同,但在时域上更加集中的预热脉冲会产生更大的熔化深度。也可以预期,预热脉冲的能量不能过于集中,因为过高的峰值功率会使材料熔池内发生明显的沸腾气化现象,导致孔腔过早形成,不符合调制脉冲加工中仅对材料起预热作用的设定,还会使尾端尖锐子脉冲去除材料时的作用效果下降。

2)实验结果孔壁重铸层特征分析

对样品 A 的纵截面进行金相腐蚀处理,以观察孔内重铸层沿孔壁的完整分布情况,典型分布如图 3.49 所示。可以看到,整个孔内壁面上都黏结了一层薄薄的重铸层,侧壁上的厚度较均匀,约为 $5\mu m$,而在孔底位置厚度有所增加,约为 $10\mu m$。首先在每个孔的两侧壁各进行两次重铸层厚度测量,然后求出各孔壁的平均重铸层厚度,绘制出如图 3.50 所示的重铸层厚度随加工参数的变化情况(为避免交叉重叠,图中去掉了误差棒)。可以看到,对于有 3 个预热子脉冲的调制脉冲激光,当预热能量从 6J 增至 14J 时,重铸层厚度首先快速变小,然后变得平缓,前后相比降低了约 70%;对于带 2 个预热子脉冲的情况,重铸层厚度总体上变小,只是下降幅度相对来说不是很大,前后相比降低了约 53%;对于 1 个预热子脉冲的情况,重铸层厚度竟然开始随着预热能量的增加而变大,如预热能量 18J 相比预热能量 6J,重铸层厚度增大了约 40%。

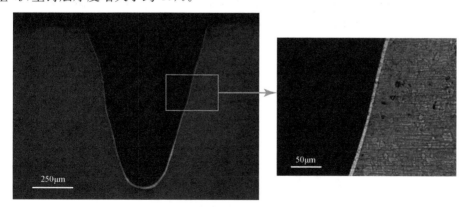

图 3.49　孔内重铸层的典型分布

($E_{预热}$＝14J,$T_{预热}$＝15ms)

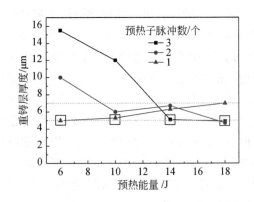

图 3.50　孔壁重铸层厚度随加工参数的变化情况

　　分析调制脉冲激光打孔的过程不难发现,重铸层厚度受到两个因素的影响:一个是预热熔池内的温度;另一个是预热熔池的深径比。对于 GH4169 材料,其熔点与沸点之间有约 1600℃的温度间隙,较高的熔池温度会使尾端尖锐子脉冲作用时省去一部分将熔池再次加热至沸点所需的能量,而将更高比例的能量用于材料的气化,更高的材料蒸发压力会更有效地将熔融物从孔内排出,进而减小残余重铸层厚度。预热单脉冲能量熔化的材料体积可以认为与熔池温度呈正交关系。如图 3.51 所示,对于 2 个和 3 个预热子脉冲的情况,单脉冲能量熔化的材料体积是逐渐增大的,而对于 1 个预热子脉冲的情况,却保持得相对平稳,即熔池温度基本不变。但是从图 3.47 可以看到,1 个预热子脉冲加工的孔深度是最大的,熔融物排出的难度也会随着预热熔池深径比的增大而增大,当孔深超过一定程度时,就会抵消熔池温度高带来的好处,使重铸层呈现出与前两种情况相反的变化趋势,导致重铸层厚度随预热能量的增加而变大。

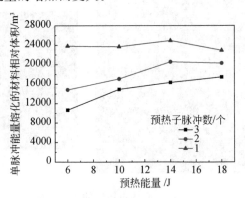

图 3.51　单脉冲能量熔化的材料相对体积

此外,从实验的测量结果中还发现一个现象:当孔壁重铸层较薄时,如图 3.50 所示两条直线间的数据点在 $5\sim7\mu m$,这些孔对应的预热熔化深度都在 $0.5\sim1mm$ 范围内。引起这一现象的原因是,当熔化深度小于 $0.5mm$ 时,意味着熔池温度较低,而当熔化深度大于 $1mm$ 时,会产生更大的深径比,这两个方面都不利于熔融物的排出。如此看来,$0.5\sim1mm$ 的预热熔化深度在本次实验中是最合适的范围。

在整个实验中,最小的孔壁重铸层厚度降到了约 $5\mu m$,这一结果相比曼彻斯特大学 Leigh 等[13]利用相同激光器系统在常规脉冲模式下加工的微小孔孔壁重铸层厚度要小很多。

作者在本次实验后提出设想,如果图 3.50 中的预热能量继续增加,按照目前的变化趋势,图中三线条的位置很有可能发生颠倒,即预热时间最长的调制脉冲激光将会产生重铸层厚度更小的微孔,而预热时间最短的调制脉冲激光则会产生重铸层厚度更大的微孔,这一设想将在下一步实验中进行验证。

在以上分析的基础上,为了更清楚地展现调制脉冲参数对重铸层的影响,这里绘制了如图 3.52 所示的堆积式直方图,这样图 3.50 中分散的结果被累积起来,就可以很容易地观察到两个主要变量对结果的影响趋势。另外,为了进行对比,无预热常规脉冲加工的小孔重铸层数据也被加入图 3.52 中(图中带斜线的条形)。从图 3.52(a)中可以明显看到,重铸层厚度是随着预热能量的增加而减小的,并且 4 个调制脉冲条形高度均低于常规脉冲,说明带预热的调制脉冲激光在减小重铸层厚度方面有效。由图 3.52(b)可以看到,预热时间较短的调制脉冲加工孔的孔壁重铸层厚度更小一些,同样调制脉冲均低于常规脉冲。

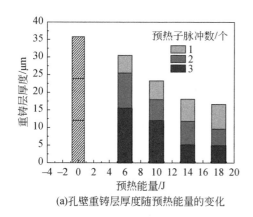

(a)孔壁重铸层厚度随预热能量的变化

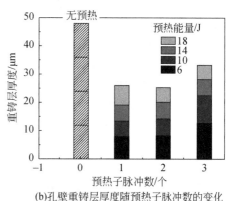

(b)孔壁重铸层厚度随预热子脉冲数的变化

图 3.52　孔壁重铸层堆积式直方图

本节对盲孔孔底的重铸层变化进行了数据分析,如图 3.53 所示。在图 3.53(a)

中可以看到,当预热能量为 6J 和 10J 时,孔底重铸层很厚,变化不大且只略低于常规脉冲,但是当预热能量增加到 14J 时,重铸层厚度突然降低了 42%,并在 18J 时还有所下降。从图 3.53(b)中可以看到,孔底重铸层厚度是随着预热时长的增加而减小的,但后期变化趋缓。同样,可以发现所有调制脉冲孔底重铸层厚度也都低于常规脉冲。

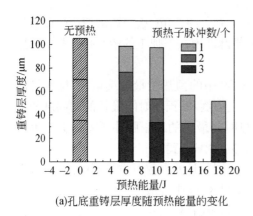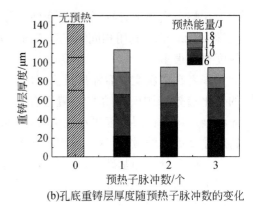

(a)孔底重铸层厚度随预热能量的变化　　　(b)孔底重铸层厚度随预热子脉冲数的变化

图 3.53　孔底重铸层堆积式直方图

在长脉冲激光打孔中,以液态喷溅形式去除的材料比例很大,根据光束强度和金属材料的不同,这一比例最高可达 70%。在本次实验中,被激光辐照的材料首先在预热脉冲的作用下发生深度熔化,然后熔化的材料在调制脉冲尾端尖锐子脉冲产生的蒸发反冲力作用下与新近熔化的材料一起从孔腔内喷溅出去。预热熔化材料体积与新近熔化材料体积的比例关系也与重铸层厚度有一定联系,因此这里从图 3.48 中计算出预热熔化材料体积与最终孔腔体积的比例,并将各孔的孔壁重铸层厚度随此比例的变化关系描绘在图 3.54 中。总体上可以看出,随着预热熔化材料体积比例的增加,重铸层越来越薄。预热熔化材料体积比例的增加说明尾端尖锐子脉冲新产生的熔化材料占比减小,这样尾端尖锐子脉冲更多的能量会被用于材料气化,增加材料喷射的动力,孔内残余熔融物减少,重铸层变薄。

4. 扩展实验

根据初步实验结果中的变化趋势(特别是图 3.50),为了验证初步实验内容中提到的设想,在本次实验中将参数进行了扩展,预热能量变为 20J、24J、28J(总脉冲能量已接近激光器上限),预热子脉冲数增加到 4 个,即 20ms 的预热时长。在本次实验中,为了有一个更为直观的认知,盲孔的加工紧邻其对应的纯预热脉冲生成的预熔化区,其他实验条件与初步实验保持一致。

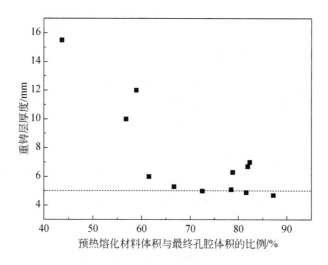

图 3.54　孔壁重铸层厚度随预热熔化材料体积与最终孔腔体积的比例的变化关系

1) 实验结果几何形貌特征分析

图 3.55 给出了扩展实验结果的整体电镜图像，从中可以看出以下特点：

(1) 预热能量更高但时间更短的调制脉冲激光，可以产生更深的预熔化区和盲孔。

(2) 盲孔的形状与其预熔化区越接近，图 3.55 的右下角形状越相似，预熔化区形状在一定程度上决定了盲孔的形状。

(3) 图 3.55 中虚线下方的孔均不同程度地出现了孔口重铸材料堆积甚至完全封闭的现象，且越向下越严重。

堵塞孔的封闭层随着预热能量在时域上集中程度的增大逐渐向下移动。图 3.56 分别展示了图 3.55 中 A、B 两个孔孔口的放大图，可以清楚地看到孔入口被一层凝结的熔融材料完全封闭。将图 3.55 中各孔的深度和纵截面面积测量后进行统计分析，结果如图 3.57 和图 3.58 所示。可以看到，熔深和孔深与预热能量呈较好的线性正比关系，与预热持续时间的缩短呈反比关系，而且各图中的线条向下趋于紧密，这意味着随着预热子脉冲数的增多，其影响力逐渐降低。孔的纵截面面积与孔深有相同的变化趋势。从图 3.55 中预熔化区和相应盲孔的对比中看到，无论预熔化区多深，调制脉冲的尾端尖锐子脉冲不仅将预熔化的材料几乎完全排出，而且进一步增大了孔的深度。

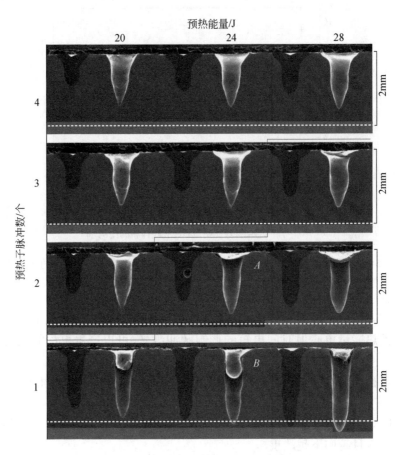

图 3.55　扩展实验结果的整体电镜图像

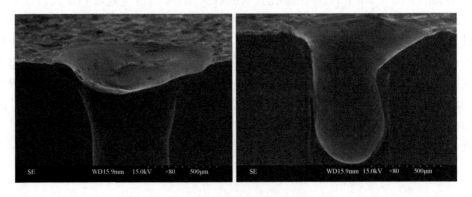

图 3.56　孔口封闭现象放大图

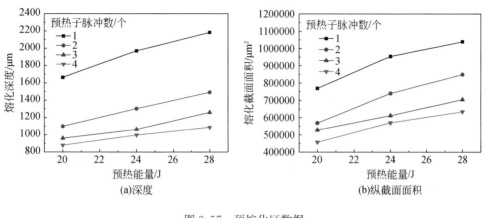

图 3.57　预熔化区数据

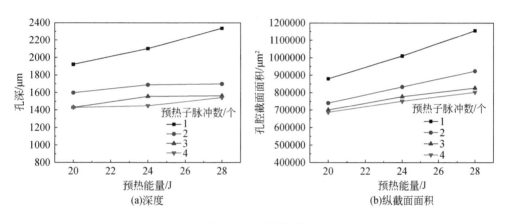

图 3.58　盲孔数据

图 3.57 和图 3.58 中展示的特点与图 3.55 和图 3.56 所示的特点一致,并且对应的直线具有相近的斜率。由于两次实验中更换了透镜后的保护镜片,两次实验的数据在 18~20J 有一个系统性的明显增量,虽然并不影响对整个实验结果的分析,但如果实验中保护镜片更换得更频繁一些,那么该系统误差应该可以被避免。

实验中的预热脉冲造成的深熔化现象值得深入讨论。在扩展实验中最大预熔化深度达到 2.2mm,深径比为 4。根据 Nowakowski[14] 的研究,在金属材料中,激光辐照主要是被自由电子气吸收,激光的透射距离仅有若干个原子直径的距离,不可能在金属中透射很长的距离。Anisimov 等[15] 的研究认为激光能量在材料表面沉积的深度可以用逐肤深度来表示,即

$$l_s = \frac{1}{\mu} \tag{3.20}$$

式中，μ 为材料对激光的吸收系数。

辐照能量被材料吸收后，对于长脉冲激光打孔的情况，因为热传导的存在，能量会立即在材料内部扩散，在脉冲持续时间内的热扩散距离可以表示为

$$l_{\mathrm{d}}=\sqrt{\kappa \cdot \tau} \tag{3.21}$$

式中，κ 为热扩散系数；τ 为激光脉冲宽度。

根据式(3.21)和 Sowdari 等[16]的研究，在金属材料中将出现一个半球形的熔池而不是像本次实验中的深度熔化，因此除了热扩散，必然还存在其他的传热机制。Rai 等[17]在其关于激光焊接的研究中认为，焊接熔池中存在的波动会提高热、质量和动量的传播速率。激光与物质的相互作用在某种意义上其实就是在光子与凝聚态物质粒子碰撞时，光子动量转变为自由电子和晶格振动动量，进而能量在材料中传播并引起一系列物理反应的过程。在熔化后，物质内粒子间的作用力减弱，高能粒子在其中的传播距离将会大大增加，并且材料表面粒子在受到光子碰撞后，沿光子传播方向的动量增加，加之温度梯度的存在，熔池内便形成了与激光传播方向一致的流体对流现象，对流速率与激光功率密度成正比。因此，本次实验中预热阶段熔池内存在的向下的熔融物对流现象是引起深度熔化的主要原因之一，起着重要的作用。

根据上述内容，可将带预热的调制脉冲激光打孔过程划分为如图 3.59 所示的5 个阶段。

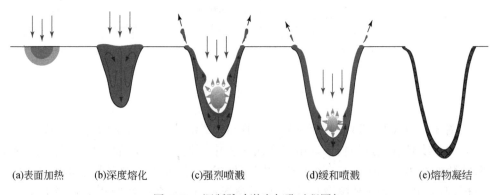

(a)表面加热　　　(b)深度熔化　　　(c)强烈喷溅　　　(d)缓和喷溅　　　(e)熔物凝结

图 3.59　调制脉冲激光打孔过程图解

(1)表面加热：材料表面吸收激光能量后温度升高，热量以热传导方式在材料内部扩散。

(2)深度熔化：辐照区温度超过熔点后材料发生熔化，在熔池内对流和热传导的共同作用下，熔化沿光束方向深入材料内部。

(3)强烈喷溅：在尾端尖锐子脉冲开始后，熔融物局部温度超过气化点，材料表面和内部剧烈沸腾气化，底部形成一个高压气化区，在反冲压力作用下，大部分熔

融材料在这一阶段沿孔壁从入口喷溅形成孔腔。

（4）缓和喷溅：在脉冲结束前，激光能量有所下降，加之激光到达孔底时发生散焦，造成表面功率密度下降，此时材料的气化较缓和，底部熔融材料在相对较低的气化压力下沿孔壁喷溅。

（5）熔物凝结：材料停止气化，由于熔融物与孔壁间存在黏滞力，孔内残余熔融物不能完全排出，冷却后凝结在孔壁形成重铸层。

与常规矩形脉冲打孔的区别是，调制脉冲加工中多了一个深度熔化阶段，这样在后续尖锐子脉冲作用时，就可以将绝大部分材料吸收并用于材料的气化与液态喷溅，因为一旦材料发生熔化，其对激光的吸收率将会大幅提高。材料气化形成的反冲压力与激光能量和材料吸收率成正比，任何可以增加气化压力的因素都有利于熔融材料的排出，进而减小孔内重铸层厚度。调制脉冲加工出的孔的孔壁重铸层较薄的原因就在于预熔化区的增加极大地提高了后续脉冲对激光的吸收率。

2）实验结果重铸层特征分析

为了便于对实验结果的孔壁重铸层进行比较，对实验中出现的孔口封闭现象暂时忽略而只对孔壁 1/2 深度重铸层厚度进行测量。图 3.60 给出了孔壁重铸层厚度随预热能量的变化情况，从图中可以看出，最小重铸层厚度约为 $6\mu m$，都是由带 4 个预热子脉冲的调制脉冲加工出来的。预热子脉冲数仍然对重铸层厚度有显著影响，而预热能量的影响已大为降低。预热子脉冲数越少，重铸层越薄，反之，则越厚，这与图 3.55 中观察到的预热子脉冲数越少孔口堵塞现象越严重是一致的。在解释图 3.50 时曾推测，预热子脉冲数对重铸层厚度的影响将会在预热能量继续增加时发生根本性改变，图 3.60 则恰好证实了这一推测是正确的。至于预热能量对重铸层厚度影响减弱的原因，应该是过深的预熔化深度和相对有限的尾端尖锐

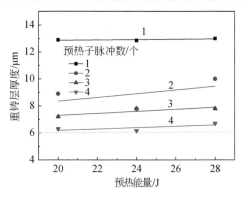

图 3.60　孔壁重铸层厚度随预热能量的变化情况

子脉冲能量。从图 3.50 和图 3.54 中可以看出,逐渐增加的预熔化深度会降低重
铸层厚度随着预热能量变化的幅度。

本节计算了实验中所有孔的深径比,并分析了其与重铸层厚度的关系。深径
比的计算公式为

$$\beta=\frac{h}{\phi}=\frac{h^2}{A} \tag{3.22}$$

式中,β 为孔的深径比;h 为孔深;ϕ 为孔的平均直径;A 为孔的纵截面面积。
图 3.61 给出了重铸层厚度随孔的深径比的变化情况。从图中可以看出:当深径比
小于 3.5 时,重铸层厚度随其明显增加,而当深径比大于 3.5 时,保持在一个较高
但稳定的水平,这是因为固定的尾端尖锐子脉冲能量在预熔化深度超过 2mm 后不
再适用,不足以将熔融物充分排出。图 3.55 中出现的孔口被熔融物堵塞的现象就
充分说明了这一点。如果只考虑没有堵塞孔的孔壁重铸层与深径比的关系,那么
可以认为两者间呈正比关系,即重铸层厚度随深径比的增加而增加,即

$$R\propto\beta \tag{3.23}$$

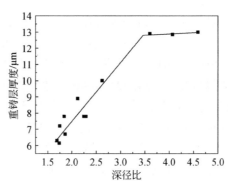

图 3.61　重铸层厚度随孔的深径比的变化情况

图 3.62 分析了孔的深径比随预热能量与预热子脉冲数比值(单位预热子脉冲
能量)的变化情况,可以看出这两者呈较好的线性关系,即

$$\beta=a\frac{E}{n}+b \tag{3.24}$$

式中,E 为预热能量;n 为预热子脉冲数;a 和 b 为两个常数,此处 $a=0.13$、$b=0.8$。
将式(3.24)代入式(3.23),得到重铸层厚度与预热参数之间的关系为

$$R\propto a\frac{E}{n}+b \tag{3.25}$$

由式(3.25)可以看到,重铸层厚度与预热子脉冲数成反比,这与图 3.60 相一
致。同时也可以看出,重铸层厚度应该与预热能量呈正比关系,但是图 3.60 中这
种关系显得很微弱。考虑到图 3.60 中 1~4 个预热子脉冲数的四条拟合直线的斜

率分别为 0.01、0.13、0.08、0.05,均为正数,因此在某种程度上也可以认为重铸层厚度是随着预热能量的增加而增大的。

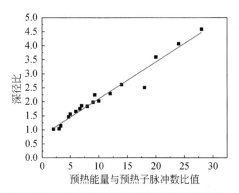

图 3.62　孔的深径比随预热能量与预热子脉冲数比值的变化情况

5.调制脉冲通孔加工实验

本节的目的之一是加工出无重铸层的通孔,因此在利用盲孔实验对调制脉冲激光打孔机理有了一定了解后,需要进一步开展通孔加工研究。与盲孔实验在参数设置中的一个不同点是,本次实验中的预热能量大小被以预热子脉冲的相对峰值功率值代替,这样就可以对实验参数进行更细致的研究。

1)通孔加工初步实验

在盲孔加工的两次实验中,得到的最小重铸层厚度为 $5\mu m$,且均出现在预热能量较低的初步实验中。在扩展实验中,又发现预热能量较高时其对重铸层厚度的影响减弱,因此综合盲孔实验结果选择了通孔加工实验的参数。脉冲形式Ⅰ的预热峰值功率分别设为 20%、25%、30%(对应的预热能量分别约为 9J、13J、17J),由于脉冲形式Ⅱ的预热总脉冲宽度是脉冲形式Ⅰ的 2 倍,其预热峰值功率分别是脉冲形式Ⅰ的1/2,具体如表 3.6 所示。通孔加工实验中仅对调制脉冲的脉冲形式Ⅰ和脉冲形式Ⅱ进行了研究。为了确保实验中加工的是通孔,并观察不同脉冲数时孔的演化过程,这里分别进行了预热子脉冲数为 1 个、2 个、20 个的三组实验,材料为镍基合金 GH4169,厚度为 1mm。

表 3.6　通孔加工初步实验参数

脉冲形式	预热能量(相对预热峰值功率表达)		
脉冲形式Ⅰ	20%×1	25%×1	30%×1
脉冲形式Ⅱ	10%×2	12.5%×2	15%×2

加工完成后,对样品进行打磨抛光和金相处理,实验结果如图 3.63 所示。可以观察到的一个明显特点是,脉冲形式 I 加工的孔大多出现了严重的堵塞现象,孔内凝固的熔融物呈现出以中心轴对称的枝晶结构,堵塞现象会随着预热子脉冲数的增加逐渐减轻。对于脉冲形式 II,大多数孔为锥度明显的通孔,预热能量为25%和30%的调制脉冲仅用 1 个预热子脉冲就击穿了样品,因此后续预热子脉冲只能在最小孔径小于所在位置光斑直径时才会与孔壁材料发生作用,使其再次发生熔化和变形,图 3.64 为预热能量为 25%和 30%实验组中通孔最小直径随预热子脉冲数的变化,可以看到预热能量为 30%的孔直径明显大于预热能量为 25%的孔直径,而且如图 3.63 所示,预热能量为 35%加工的几个通孔孔形十分相似,可以判断预热能量为 30%实验中,在第 1 个预热子脉冲后的后续脉冲全部从已形成的

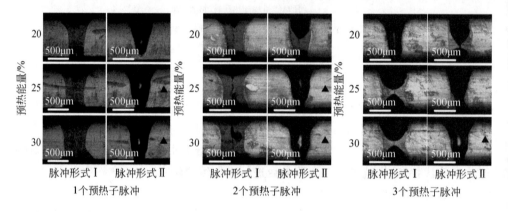

图 3.63　通孔初步实验结果

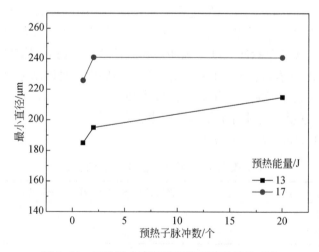

图 3.64　通孔最小直径随预热子脉冲数的变化

孔腔穿出,未与孔壁发生接触。25％实验组中一个脉冲加工的孔接近出口的最小直径仍然小于光斑直径,因此后续脉冲会辐照在出口附近,使部分材料熔化,导致出口变形。

对实验中质量较好的几个通孔(图 3.63 标"▲"的孔)孔壁重铸层厚度进行了测量,为保证可比性,测量位置均在孔深 1/2 处,测得结果是重铸层厚度为 4～5μm。为了对本次实验结果有更形象的理解,将图 3.63 第二行孔的入口 SEM 形貌展示于图 3.65 中,可以看到三个通孔轮廓清晰、内表面光滑,但是三个脉冲形式 I 加工出的三个孔被熔融物凝固后完全堵塞。

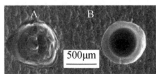

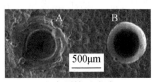

1个预热子脉冲　　　　　　2个预热子脉冲　　　　　20个预热子脉冲

图 3.65　预热能量为 25％时实验组孔入口 SEM 形貌

实验发现,脉冲形式 I 单脉冲加工出的孔均出现了贯穿整个孔深的堵塞现象,且这种堵塞很难用增加预热子脉冲数的方式进行清除,下面对造成这一现象的原因展开讨论。

在预热能量相同的情况下,脉冲形式 I 是脉冲形式 II 的预热子脉冲峰值功率的 2 倍,根据盲孔实验中的结果,集中度更高的激光能量会引起更大的熔化深度,再由图 3.63 中第一列的熔化区形貌判断,可推断实验中脉冲形式 I 的预熔化深度必然超过材料的厚度。下面解释调制脉冲的尾端尖锐子脉冲没有像脉冲形式 II 那样将孔内的绝大部分熔融物排出可能的原因:

(1)一旦材料发生熔透,固-液界面的熔融物在黏性力作用下会成为一种弹性体,当尾端尖锐子脉冲作用时,在液体层表面形成的蒸发压力找不到固定的反作用力载体而不能将气化压力有效地施加在熔融物上,部分激光能量会通过熔融体的弹性变形而被消耗。另外,尾端尖锐子脉冲作用在材料表面时的功率密度约为 4×10^7W/cm^2,还不足以形成以气化为主的材料去除机理。根据 Ng 等[18]的研究,在每个调制脉冲的作用下,只有很小的一部分材料发生气化,因此为了将已发生熔透的孔内熔融物去除形成通孔,不得不增加打孔时的预热子脉冲数。

(2)熔融材料在一定程度上对激光束呈现出透明的特性,换句话说,当材料发生熔化时,激光在材料内透射的距离急剧增大,导致后续激光脉冲的能量大部分将从熔融孔出口透射出去或在熔融孔内因为透射距离的增加被不同深度的材料分层吸收,而材料表面的能量密度不足以产生气化,从而导致熔融孔不能被尾端尖锐子脉冲或后续脉冲有效打通。

值得注意的是,图 3.63 中左上小孔内的重铸层分布似乎证明了第二种原因的存在。假设熔融材料对激光呈现出一定的透明度,则在调制激光加工盲孔中,当尾端尖锐子脉冲作用时,材料的气化应该首先并且主要发生在熔池底部,因为激光能量的吸收集中在熔融孔底的固-液界面上。这样就在熔池底部产生一个高压蒸发区,一方面向上会像气缸运动一样将熔融材料推出孔腔;另一方面向下会依赖其过高的温度继续使材料发生熔化,并将新的熔融材料沿孔壁向上推动,使孔下端的深度和宽度增加。如果在孔向下扩展同时熔融材料向上运动的过程中材料突然发生穿透,那么高压蒸发区会迅速消失,孔内熔融体就会停止向上运动,脉冲结束后在重力作用下还会出现一定的向下位移,然后凝固在孔内,而图 3.66 正是这个时刻孔内的状态。

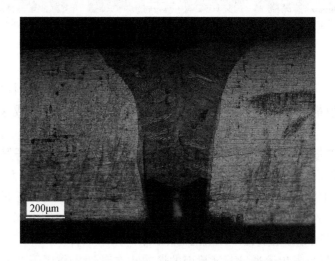

图 3.66　脉冲形式 I 与 9J 预热能量加工的孔的放大图

如果关于材料熔化后透明度增大的假设正确,那么图 3.59 中描述的调制激光打孔过程将会变为如图 3.67 所示。

从以上通孔初步实验中可以得出结论:为了避免出现堵塞现象并尽量减小孔壁重铸层厚度,首先需要控制好每个预热阶段造成的熔化深度不能超过材料的厚度;其次孔底的穿透应该发生在熔融体已经被完全排出后。

2)通孔加工优化实验

在初步实验中,几个质量较好的孔是由峰值功率为 12.5% 和 15%、脉冲形式 II 的参数加工出来的,因此在这两个参数附近有可能找到最优加工参数。这里对本次实验参数进行细化,分别对预热脉冲峰值功率进行从 12% 到 16%(1% 递增)

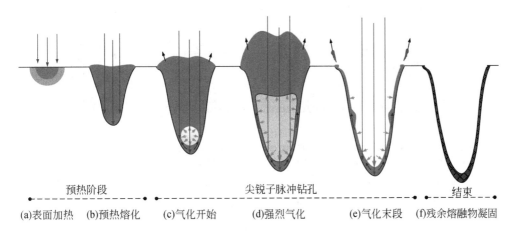

预热阶段		尖锐子脉冲钻孔		结束	
(a)表面加热	(b)预热熔化	(c)气化开始	(d)强烈气化	(e)气化末段	(f)残余熔融物凝固

图 3.67　调制激光打孔过程图解

（图中忽略了激光束的折射与散射）

的加工效果实验。另外,考虑到如果脉冲形式 I 的预热脉冲峰值功率也是 $12\%\sim16\%$,那么首个调制脉冲在材料中造成的预熔化深度不会超过材料厚度,也有可能加工出质量较好的通孔,于是又一次对两个脉冲形式进行了加工实验。需要强调的是,本次实验中两个脉冲形式的区别仅在于预热脉冲的宽度不同(脉冲形式 II 是脉冲形式 I 的 2 倍),但峰值功率即高度相同。为了保证所有孔均完全穿透,实验中的脉冲数统一设为 100 个,可以推断出其中相当一部分脉冲将会从孔出口射出而不会对孔形与质量造成影响。

　　图 3.68 是本次实验结果的电镜图,可以看到,第一个特点是大部分孔的内壁都很光滑,这说明在加工过程中熔融体向上的运动过程进行得顺利且快速。同时可以看到,孔内部接近出口的位置存在不同程度的熔融物滞留现象,如图 3.68 中虚线所示,图 3.69 是其放大图,这是由于在孔发生穿透的一瞬间,孔底的高压蒸发区压力消失,导致尾端尖锐子脉冲产生的新熔融材料滞留在孔出口附近。对气膜孔的质量要求来说,这些滞留熔融物所形成的很厚的重铸层是不被允许的。从图中还可以看到,孔底部滞留熔融物会随着预热峰值功率的增加而逐渐减少,这是因为随着预热能量的增加,材料在第 1 个预热子脉冲作用下发生预熔化的深度越来越接近材料底面的情况,在孔穿透时,孔内的滞留熔融物越来越少。另外还可以看到,脉冲形式 I 加工的孔在相同能量下与脉冲形式 II 相比,孔内滞留熔融物明显增多,因为本次实验中脉冲形式 II 的预热时间和预热能量都比脉冲形式 I 要高一倍,所以可以推测脉冲形式 II 在第 1 个预热子脉冲的预熔阶段,其熔化深度大于脉冲形式 I,但是都没有超过材料厚度,这样孔击穿时滞留熔融物就会更少。

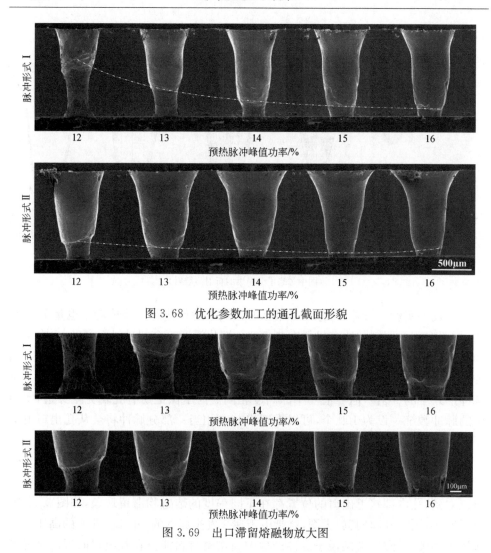

图 3.68　优化参数加工的通孔截面形貌

图 3.69　出口滞留熔融物放大图

表 3.7 给出了本次实验结果的测量数据,分别测量了孔的出入口孔径、纵截面面积、三处重铸层厚度和出口滞留熔融物的高度。图 3.70 是孔的纵截面面积随加工参数的变化情况。可以看到,随着预热脉冲峰值功率的增加,脉冲形式 I 加工的孔的体积也是不断增大的,这是由两个因素造成的,一个是孔内滞留熔融物随着预热能量的增加而减少,释放了部分体积;另一个是逐渐增加的预热能量会增大预熔体的体积。脉冲形式 II 加工的孔的体积明显大于脉冲形式 I,随着预热脉冲峰值功率的增加,起始阶段孔的纵截面面积是逐渐增加的,但是在 14% 时突然降低。脉冲形式 II 孔的体积大是因为其预热能量高于脉冲形式 I,而在 14% 时突然降低的原因则是从 15% 开始孔壁上的重铸层厚度突然大幅度增大占据了部分空间。

表 3.7　通孔实验结果测量数据

参数	脉冲形式	预热脉冲峰值功率				
		12%	13%	14%	15%	16%
入口孔径/μm	I	566	595	656	669	673
出口孔径/μm		376	324	272	285	275
孔纵截面面积/像素个数		48151	51343	54136	55089	57149
孔壁光滑		否	是	是	是	是
入口重铸层/μm		9	7	4	4	4
1/2 处重铸层/μm		77	6	6	2	3
出口重铸层/μm		16	19	23	22	19
出口堆积物高度/μm		660	333	144	111	100
入口孔径/μm	II	649	693	690	734	746
出口孔径/μm		329	272	262	278	270
孔纵截面面积/像素个数		59937	64573	64565	57068	61474
孔壁光滑		是	是	是	是	是
入口重铸层/μm		5	3.6	4	24	18
1/2 处重铸层/μm		5	2.5	3	20	17
出口重铸层/μm		22	35	29	24	21
出口堆积物高度/μm		216	125	100	50	95

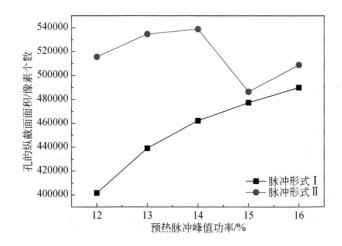

图 3.70　孔的纵截面面积随加工参数的变化情况

　　图 3.71(a)～(c)分别是对各孔入口、1/2 深度和出口三处位置重铸层厚度随加工参数变化的统计,图 3.71(d)是本次实验中得到的最小重铸层厚度的金相显微镜图,图 3.71(e)是图 3.71(d)孔壁放大 1000 倍扫描电子显微镜形貌。从图 3.71 可以看出以下特点:

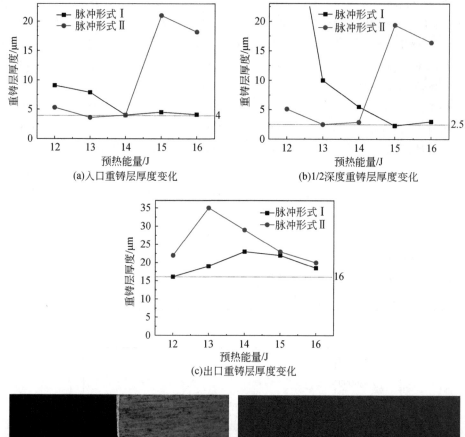

(a)入口重铸层厚度变化

(b)1/2深度重铸层厚度变化

(c)出口重铸层厚度变化

(d)最小重铸层(13%,脉冲形式Ⅱ)

(e)放大1000倍的孔壁

图 3.71　不同孔位置重铸层厚度的变化情况

（1）入口处最小的重铸层厚度为 $4\mu m$，略厚于孔中部位置 $2.5\mu m$ 的重铸层，如图 3.71(d) 所示。从孔壁的放大电镜图 3.71(e) 中可以看到，即使在放大 1000 倍的情况下，整个孔壁依然很光滑，但是发现了微裂纹，裂纹宽度约为 500nm；在孔出口，由于滞留熔融物的存在，重铸层厚度变大很多，为 $16\sim35\mu m$。

（2）在孔入口和中部位置，重铸层厚度具有相似的变化趋势，即脉冲形式 I 加工的孔重铸层厚度随着预热能量的增加逐渐减小，这应该是由逐渐升高的熔融体温度在气化阶段产生了更大的气化压力更有利于孔内熔融物的排出造成的；脉冲形式 II 加工的孔，重铸层厚度起始时略有下降，但在预热峰值功率为 15% 时突然大幅度增加并在之后保持在较高的水平，这应该是因为较高的预热能量产生了大量的预熔化材料，在预热峰值功率为 15% 时，预熔体体积的增加量已经抵消并超过了较高预热能量带来的有利于材料排出的好处，此时尾端尖锐子脉冲能量已显然不足以排出所有熔融物，因此孔内滞留了大量熔融物，形成了很厚的重铸层。关于孔出口重铸层，其一直保持在较厚的水平，在实验中的变化情况也显然有些复杂，但出口较厚的重铸层在调制脉冲激光加工中似乎不可避免，因为孔在击穿的一瞬间必然会失去高压气化区所产生的反冲压力，只能尽量减少熔融物在出口的堆积。

在本次实验中，孔壁重铸层一直未能完全去除，主要有以下两个原因：

（1）加工受到长脉冲毫秒激光一些固有属性的限制，如峰值功率较低、脉冲宽度较大，因此热效应明显。

（2）熔融材料内部及固-液界面存在的相对黏滞力会随着重铸层的变薄越来越大，在与固-液界面紧密相接的一定厚度的熔融材料层几乎不会流动，因此长脉冲激光几乎不可能直接加工出无重铸层的微小孔。

3.3 毫秒激光复合加工技术

电解加工是将电流通过电解质溶液使阳极金属表面原子失电子而发生溶解，并借助于成型的阴极，使阳极样品按一定形状和尺寸成型。电解加工具有无工具电极损耗、无热影响、无残余应力、加工面质量高等优点。电解加工最大的一个缺点就是加工效率低，纯电解法制孔速度为 $1.5\sim4min/$孔。若将电解与激光结合去除已成型孔的孔壁重铸层，则既可以保留激光加工的高效性，又能拥有电解加工的高质量，而且这种组合加工的方式在原理上也是完全可行的。

3.3.1　外冲液激光电解复合制孔

1.外冲液激光电解复合制孔方案

如图 3.72 所示,复合加工分为两步,即先采用优化的激光参数快速完成预制孔加工,然后将阴极电极丝引入孔内利用电解方法去除孔壁重铸层。在激光加工中,可根据需要采用叩击打孔与旋切打孔方式在样品上加工出不同尺寸的微孔,将重铸层厚度控制在 $20\mu m$ 以下。电解时也需要根据预制孔的大小选择粗细合适的电极丝,保证电极丝与孔壁间隙在 $0.1\sim1mm$ 范围内。

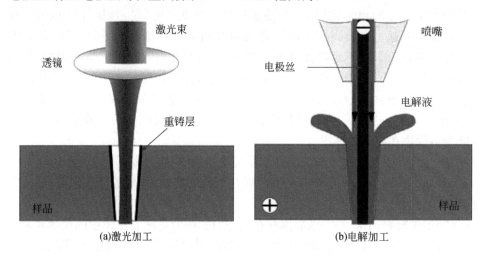

(a)激光加工　　　　　　　　　　　　(b)电解加工

图 3.72　利用电解后处理去除孔壁重铸层方案

2.实验装备

为了实现激光电解复合加工微孔,本书对原激光加工平台进行改造,如图 3.73 所示,在 Z 轴上同时安装了激光头和电解头,两者均可通过旋切悬臂进行工位调制。在加工工位时,电解头被设计成与激光束同轴,以保障在工序转换时,电极丝可以准确地进入预制孔内。工装夹具位于电解槽内,电解槽整体固定在 XY 运动平台上,在计算机控制下可实现平面内的直线运动和圆插补运动。图 3.74 为复合加工平台实物图。

电解头是电解加工的关键部件,经过多次优化调整后确定采用如图 3.75 所示的电解头结构。这种结构具有良好的密封性,可承受所用冲液泵的最大压力,电极丝夹持牢固且更换方便。芯棒下端夹持电极丝,尾端细轴用于阴极引电。由于在电解加工中喷嘴与样品之间的间距很小,为避免杂散电场对加工间隙电场分布的

(a)原激光加工平台

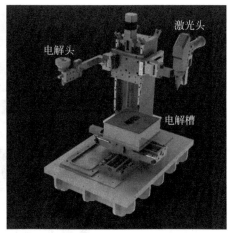
(b)改造后的复合加工平台

图 3.73 加工平台改造

图 3.74 复合加工平台实物图

干扰,喷嘴采用绝缘的有机玻璃制作,且喷嘴下端黏接硅胶垫。电极丝为钨钢材料,该材料的弹性模量为 344.7GPa,明显高于其他常用合金钢和不锈钢,故有较好的抗热震性能。

此外,电解系统还包括电解液循环过滤系统和直流供电系统等,此处不再赘述。

3.激光-电解复合加工关键参数的选择

1)激光加工参数的选择

本次实验加工预制孔时所用的激光参数设定为:脉冲宽度 0.2ms,峰值功率

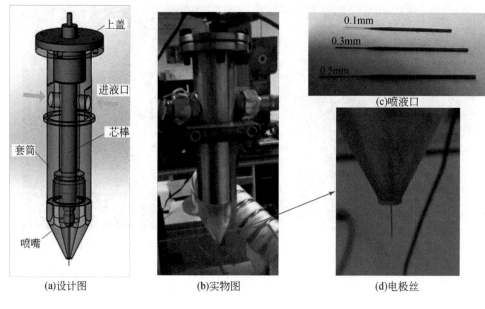

(a)设计图　　　　　　　　(b)实物图　　　　　　　　(c)喷液口 / (d)电极丝

图 3.75　电解头

16kW,脉冲重复频率 60Hz,离焦量-0.1mm。为了避免激光加工中重铸层受到氧化,选择氮气为辅助气体,压力为 0.6MPa。加工 $\Phi 0.4$mm 以下的孔采用多脉冲叩击打孔方式,加工 $\Phi 0.4$mm 以上的孔采用旋切打孔方式,旋切速度为 0.1mm/s,旋切圈数为 4 圈。

2)电解液的配比与浓度

电解液是电解加工中的重要媒介,起到传递电子、带走电解产物与热量、保证电解正常进行的作用。电解液的选择会直接影响电解加工的精度、效率和工作表面质量。常用的电解液多为中性盐,如 $NaCl$、$NaNO_3$、$NaClO_3$。其中,$NaCl$ 电解液的优点是高效、稳定、成本低、通用性好,但是加工精度不够高,对设备腐蚀性较大。$NaNO_3$ 电解液具有加工精度较高、对设备腐蚀性较小等优点,缺点是加工效率较低。$NaClO_3$ 电解液加工精度高,但成本较高,使用过程中维护较复杂,干燥状态下易燃。在激光电解复合制孔中,只需要通过电解去除孔壁重铸层,加工余量不大但对加工质量有较高的要求,所以综合考虑各条件并经过多次实验对比后,选择 1.5% 的 $NaNO_3$(质量分数)电解液用于激光电解复合加工实验。

3)电解液的压力与流速

在电解加工中,阴极与阳极之间的电解液必须保持一定的流速,以便带走两极表面的电解产物,减小电极附近的浓差极化。为了保证加工质量,电极间的流场要求保持均匀的层流状态,这与喷嘴结构和流体压力有直接关系。电解液流速与压

力成正比,流速越大,所需压力越高,另外考虑到流道中存在压力损失,泵出口压力
一般比加工区压力高出 0.05~0.1MPa,结合电解头喷出液束的流体形态,将实验
中泵出口压力设定为 0.5MPa。

4.深度 1mm 的激光预制孔重铸层电解去除实验

1)重铸层去除效果

首先在厚度 1mm 的 GH4169 镍基合金样品上利用激光加工出若干预制孔,入
口孔径约为 0.44mm。然后开始电解后处理工序,电解过程保持电流恒为 0.3A,
加工时间均为 10s。加工完成后,利用扫描电子显微镜对样品进行观测,典型的结果
如图 3.76 所示,从电解前后孔形貌的对比中可以看到,电解后不仅出入口孔径有
所扩大,而且孔口轮廓也变得更加规整,其中出口孔径的变化尤为明显,这是由于
预制孔本身存在一定的锥度,电解加工时电极丝与出口附近材料距离更近,电解加
工效率与电极间距成反比,所以出口附近材料熔解得更快,带来的好处是:在去除
重铸层的同时,不仅减小了孔锥度,而且清理了出口残余毛刺。另外,还观察到电
解后的小孔出入口边缘均出现了倒圆角效果,这对气膜孔加工来说是非常有益的。
图 3.76 右侧为表面抛光后孔的侧视图和剖面图。由图可以清楚地看出,电解后孔
形更加圆整,孔壁上凝结的熔融物被完全去除,露出光滑的壁面。

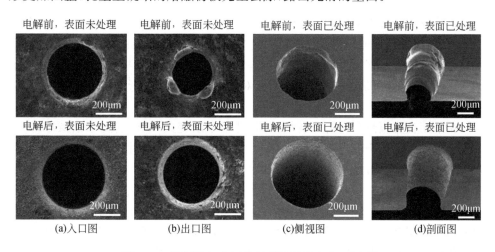

图 3.76　预制孔与电解处理后孔形貌 SEM 对比图

为了确认电解后重铸层是否彻底去除,这里对样品进行了金相处理,在金相
光学显微镜下观察到的结果如图 3.77 所示。由图可以看出,电解前孔壁上有
20μm 左右的重铸层且分布不均匀,电解后,孔入口图、出口图和纵剖图上均未发
现重铸层痕迹,说明电解对激光加工的微孔孔壁重铸层有非常好的去除效果。

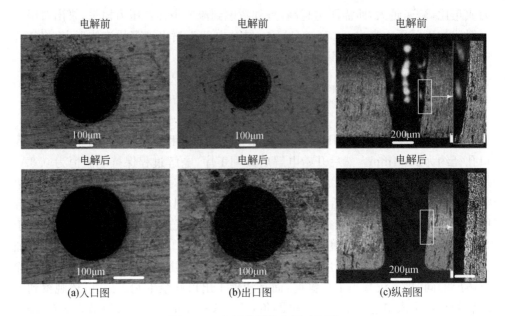

图 3.77　电解前后孔金相对比图

2)电解加工效率

上述电解实验中采用的电解时间为 10s,得到了孔壁光滑重铸层被完全去除的小孔,而采用多脉冲叩击打孔得到的重铸层厚度在 $20\mu m$ 左右,电解 10s 后的扩孔量在 $40\mu m$ 左右,即在去除重铸层后对基体进行了电解。对基体的电解不仅增加了孔径,而且降低了加工效率,因此需要对孔的加工效率进行研究,确定重铸层去除所需要的时间。

在采用直流恒流源进行电解加工时,孔径不断变大,电流密度不断减小,同时电解加工速率不断降低。为了明确孔壁重铸层随电解加工时间的变化,对预制孔开展了不同时间电解处理的实验,电解时间为 $2\sim20s$,间隔 2s,共进行了 10 组实验。图 3.78 为预制孔和电解 2s、4s、6s 后的孔 SEM 图与金相图。从孔 SEM 图和金相图可以看出,当电解 2s 时,重铸层依然存在,而当电解 4s 时,孔口圆整且残留的重铸层被完全去除,但经侧剖后发现孔壁上依然有部分重铸层残留。电解 6s 后孔的孔口和剖面孔壁重铸层均已被完全去除。图 3.79 是预制孔与电解 6s 后孔的侧剖图与孔口形貌 SEM 图,电解后的孔壁质量明显提高。

在实验中,随着电解时间的延长,孔径不断增大,但孔壁保持圆整,这说明在进行电解去除重铸层的过程中电极间隙流场均匀,孔壁各处电解反应稳定进行。对每组孔径进行测量,绘制出如图 3.80 所示的变化图,可以看到,孔径与电解时间呈很好的线性关系。本次实验中的孔壁材料平均电解速率为 $4.43\mu m/s$。

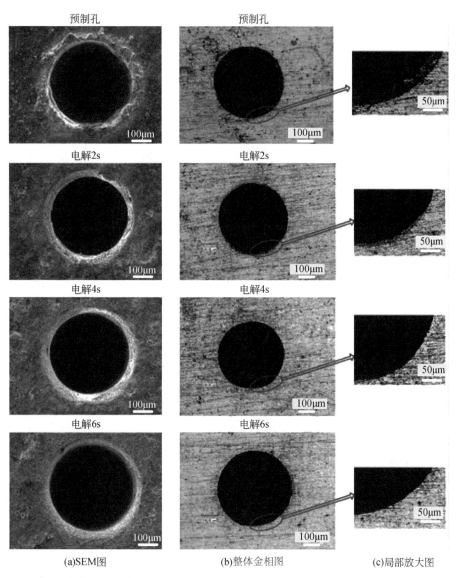

(a)SEM图　　　　　　　(b)整体金相图　　　　　　(c)局部放大图

图 3.78　电解不同时间后的孔 SEM 图与金相图

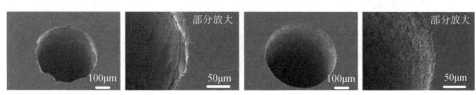

(a)未电解孔口形貌与侧壁　　　　　　　(b)电解6s后孔口形貌与侧壁

图 3.79　预制孔与电解 6s 后孔的侧剖图与孔口形貌 SEM 图

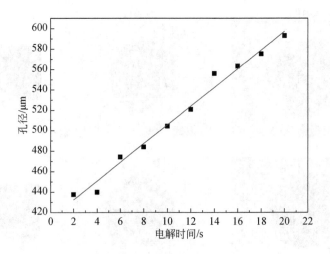

图 3.80　孔径随电解时间的变化情况

5.深度 1mm 以上激光预制孔重铸层电解去除实验

这里在 2mm 厚度材料上进行了类似的激光电解复合制孔实验,相比 1mm 的孔深重铸层的去除难度增大,孔入口处的重铸层在 10s 左右即被去除,但孔出口的重铸层去除非常困难。实验发现,经过 25s 的电解加工后重铸层才被完全去除。如图 3.81 所示,经过 25s 的电解加工后,重铸层被完全去除,孔壁光滑,但孔出口

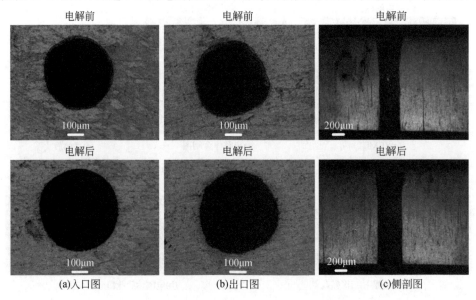

(a)入口图　　　　　　(b)出口图　　　　　　(c)侧剖图

图 3.81　深度 2mm 孔电解前与电解 25s 后金相对比图

不是非常圆整。重铸层去除难度增大是因为随着孔深的增加电解液在加工间隙流通时的阻力增大,流速降低,阳极电解产物和焦耳热不能被迅速带走,进而产生了一定程度的极化现象。

在 3mm 厚度材料上进行激光电解复合制孔实验,电解 25s 后的结果如图 3.82 所示。可以看到,孔入口和孔出口的重铸层都没有被去除,而且出口处孔形很不规整,电解后处理未达到理想效果。这是由于激光加工预制孔有锥度,在 3mm 深的孔内最窄处孔径仅为 $287\mu m$,导致电极丝与孔壁之间的间隙过小,电解液流通阻力急剧增大,在实验中采用非强烈冲液的电解方式,因此间隙内电解液流通非常缓慢,电解产物不能快速离开加工间隙,极化现象严重,进而导致整个孔壁范围内的重铸层都非常难以去除。

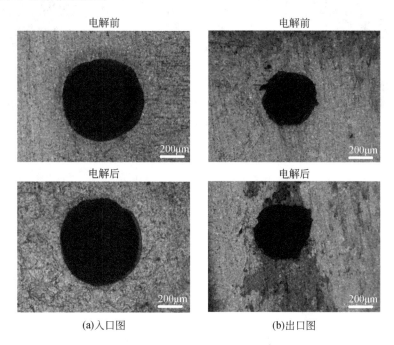

(a)入口图　　　　　　　　　　(b)出口图

图 3.82　深度 3mm 孔电解前与电解 25s 后金相对比图

6. 斜孔的激光电解复合加工

本节还进行了小角度斜孔的激光电解复合加工实验,总的实验结果是:当材料厚度较薄(1mm)且孔径较大(大于 0.6mm)时,电解去除重铸层的效果很好,如图 3.83 所示。图中预制孔入口孔径为 $838\mu m$,出口孔径为 $300\mu m$,锥度明显,孔壁上存在 $30\mu m$ 左右的重铸层,电解 10s 后重铸层部分被去除且出口电解效率明显高于入口,使孔锥度逐渐减小。电解 15s 后重铸层被完全去除,锥度进一步减小,出口和入口均出现倒圆角效果。当孔深增加或孔径减小时,孔壁重铸层的去除效果变得很不理想,而且电解过程中出现短路现象。其原因主要包括如下方面:

(1)激光虽然便于加工斜孔,但预制孔存在锥度,过大的锥度不利于电极丝的对中,易造成偏心和短路现象。

(2)孔的倾斜导致孔深增加。

(3)当对斜孔进行电解加工时,样品表面与喷射的电解液有一定的角度,使孔内压力不均匀、流场紊乱、电极丝振动幅度增大,导致短路现象频发,影响电解加工的持续进行。

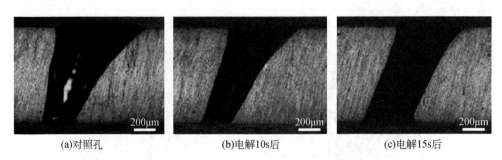

　　(a)对照孔　　　　　　　　　　(b)电解10s后　　　　　　　　　　(c)电解15s后

图 3.83　激光电解复合加工斜孔实验结果(1mm)

3.3.2　内冲液电解实验

1. 实验方案

鉴于外冲液电解时存在电解液进入不畅的问题,同时为了解决激光打孔时对叶片后壁造成损伤的问题,作者提出一种内冲液电解方式来去除孔壁重铸层。该电解过程分为以下步骤:

(1)向叶片内灌注填充物使其凝固,填充物要求致密,且易被清除。

(2)采用激光叩击打孔方式完成叶身所有预制气膜孔的加工。

(3)对激光预制孔进行内冲液电解加工,去除孔壁重铸层。

(4)去除叶片内残余填充物。

电解液是从孔底部进去,并从孔入口排出的,内冲液电解方法可以保证电解液充分通过孔壁加工区域,加之电极丝的旋切运动,可以使沿孔壁径向的电解均匀进行,有利于重铸层的充分去除,如图 3.84 所示。

不同的填充物类型和激光加工参数对孔的质量和电解效果都会产生很大的影响,因此本书对不同的填充物和激光加工参数进行了深入研究。

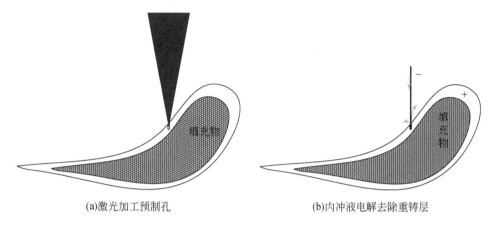

(a)激光加工预制孔　　　　　　　　　　　(b)内冲液电解去除重铸层

图 3.84　内冲液电解实验方案

2. 硅基陶瓷填充时的激光电解复合加工实验

将一种硅基陶瓷作为填充物,这种材料具有一定的散光效果且致密性好,在填充材料与样品材料(GH4169)紧密黏合并凝固后即可开始孔加工实验。由于金属材料后壁有填充物,激光加工出来的孔其实为一个个盲孔,而实验室的 JK300D 激光器加工盲孔时采用定点冲击的方式比旋切打孔方式效果更好,且打孔效率高,对于 2mm 厚材料,打孔时间短于 1s,但如前所述,一般冲击孔产生的重铸层也相对厚一些,需要增加电解时间以达到完全去除重铸层的目的。

(1)预制孔激光加工参数设定如下:脉冲宽度为 0.2ms,重复频率为 50Hz,峰值功率为 16kW;辅助气压为 0.6MPa;激光束与材料表面成 30°倾角。

(2)电解参数设定如下:采用 15g/L 的 $NaNO_3$ 电解液,恒压 20V;采用分段式电解工艺,即 2mm 孔深电解时间为 t_1,4mm 孔深电解时间为 t_2。

图 3.85 是激光预制孔与电解后孔的侧剖金相图对比效果。可以看出,电解后

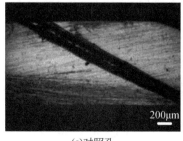

(a)对照孔　　　　　　　　　　　(b)t_1=10s, t_2=20s

图 3.85　激光预制孔与电解后孔的侧剖金相图对比效果

的孔径明显增大,且孔壁大部分的重铸层已被去除,但是在孔出口附近还有少量残余。造成重铸层未完全去除的原因是填充物被激光辐照后熔化并在孔底部重新凝固,硅基陶瓷材料的致密性较高,导致电解过程中重铸陶瓷层后的金属无法被电解。

3.硅酸盐材料 A 填充激光电解复合加工实验

为了改善硅基陶瓷填充时造成的孔出口电解不完全问题,本节选定一种硅酸盐材料 A 对叶片进行填充。这种材料的特点是,其熔化再次凝固后的致密性较低,在电解时,孔壁重铸层可以发生电解而被去除。实验材料为铸造镍基高温合金 GH4169,预制孔激光加工参数和电解参数与硅基陶瓷填充时的加工参数相同。

图 3.86 给出了本次实验的加工结果对比。从图中可以看到,电解后孔腔基本为均匀扩大,孔内圆柱度和表面光洁度明显变好,孔出口附近无重铸层残余,但是在孔的上沿中部发现少量重铸层未能被去除。本节通过对电解工艺的优化解决了这个问题,通过调整 t_1 和 t_2 的时长和分配比例,孔壁重铸层可以被完全去除,如图 3.87 所示。在实验中,所用的电解时间可以控制在 40s 以内。

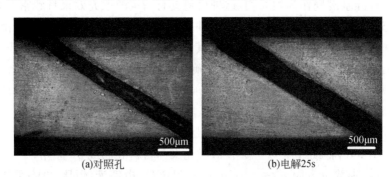

(a)对照孔　　　　　　(b)电解25s

图 3.86　背面附硅酸盐材料的 GH4169 实验一

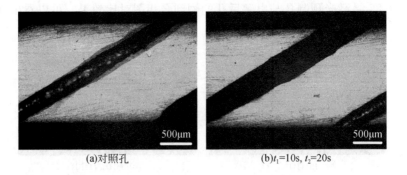

(a)对照孔　　　　　　(b)t_1=10s, t_2=20s

图 3.87　背面附硅酸盐材料的 GH4169 实验二

3.3.3　激光-电解复合加工叶片气膜孔

图 3.88 为激光-电解复合加工出来的叶片。可以看到,整体气膜孔形貌一致性较高,孔出入口均无毛刺。经过检测,孔径误差小于 0.08mm,电解加工后的气膜孔壁重铸层已经被完全去除,如图 3.89 所示。

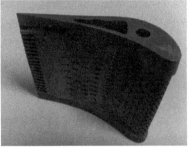

图 3.88　激光-电解复合加工完成后的叶片形貌

(a)激光预制孔　　　　　　　　　　(b)激光-电解复合加工孔

图 3.89　孔侧剖金相图

参 考 文 献

[1] Ghasemi R, Shoja-Razavi R, Mozafarinia R, et al. Laser glazing of plasma-sprayed nanostructured yttria stabilized zirconia thermal barrier coatings[J]. Ceramics International, 2013,39:9483-9490.

[2] Tsai P C, Hsu C S. High temperature corrosion resistance and microstructural evaluation of laser-glazed plasma-sprayed zirconia/MCrAlY thermal barrier coatings [J]. Surface & Coating Technology,2004,183:29-34.

[3] Ghasemi R, Shoja-Razavi R, Mozafarinia R, et al. The influence of laser treatment on hot corrosion behavior of plasma-sprayed nanostructured yttria stabilized zirconia thermal barrier

coatings[J]. Journal of the European Ceramic Society, 2014, 34: 2013-2021.

[4] Wang D, Tian Z, Shen L, et al. Effects of laser remelting on microstructure and solid particle erosion characteristics of ZrO_2-7wt% Y_2O_3 thermal barrier coating prepared by plasma spraying[J]. Ceramics International, 2014, 40(6): 8791-8799.

[5] Fan Z, Wang K, Dong X, et al. Influence of columnar grain microstructure on thermal shock resistance of laser remelted ZrO_2-7wt.% Y_2O_3 coatings and their failure mechanism[J]. Surface & Coating Technology, 2015, 277: 188-196.

[6] Zhang P, Li F, Zhang X, et al. Thermal shock resistance of thermal barrier coatings with different surface shapes modified by laser remelting[J]. Journal of Thermal Spray Technology, 2019, 28: 417-432.

[7] 凡正杰. 热障涂层激光重熔分段裂纹调控修复及其高温性能研究[D]. 西安: 西安交通大学, 2017.

[8] Bhaduri S B. Science of zirconia-related engineering ceramics[J]. Sadhana, 1988, 13(1): 97-117.

[9] Oxford lasers Laser trepanning[EB/OL]. http://www. designforlasermanufacture. com/218/. [2022-12-16].

[10] Poprawe R. Tailored Light 2[M]. Berlin: Springer, 2011.

[11] 丁明江. 激光微小孔精密加工技术[D]. 西安: 西安交通大学, 2010.

[12] Voisey K T, Cheng C F, Clyne T W. Quantification of melt ejection phenomena during laser drilling[J]. Materials Research Society Symposium Proceedings, 2000, 617: J5. 6. 1-J5. 6. 7.

[13] Leigh S, Sezer K, Li L, et al. Statistical analysis of recast formation in laser drilled acute blind holes in CMSX-4 nickel superalloy[J]. International Journal of Advanced Manufacturing Technology, 2009, 43: 1094-1105.

[14] Nowakowski K A. Laser beam interaction with materials for microscale applications[D]. Massachusetts: Worcester Polytechnic Institute, 2005.

[15] Anisimov S I, Khokhlov V A. Instabilities in Laser-Matter Interaction[M]. Boca Raton: CRC Press, 1995.

[16] Sowdari D, Majumdar P. Finite element analysis of laser irradiated metal heating and melting processes[J]. Optics & Laser Technology, 2010, 42: 855-865.

[17] Rai R, Elmer J W, Palmer T A, et al. Heat transfer and fluid flow during keyhole mode laser welding of tantalum, Ti-6Al-4V, 304L stainless steel and vanadium[J]. Journal of Physics D-applied Physics, 2007, 40: 5753-5766.

[18] Ng G K L, Crouse P L, Li L. An analytical model for laser drilling incorporating effects of exothermic reaction, pulse width and hole geometry[J]. International Journal of Heat and Mass Transfer, 2006, 49: 1358-1374.

第4章 纳秒激光加工技术

纳秒激光加工是目前最成熟、应用最广泛的脉冲激光加工技术之一。纳秒激光器具有良好的稳定性、低成本、较高的加工效率和一定的加工质量,对于采用硬脆和高温材料制造的零件,纳秒激光精密加工技术得到了广泛应用。本章主要对纳秒激光加工技术的特点与应用范畴进行分析,如激光冲击强化、精密微孔加工、高质微槽铣削、高效贯通切割等,并对航空航天领域的高温合金材料、电子制造领域的氧化铝陶瓷与金刚石等难加工材料的纳秒激光加工技术进行分析,涉及纳秒激光加工技术的几类常用工艺,为纳秒激光加工技术的应用提供指导。首先,针对我国先进航空发动机和燃气轮机中广泛使用的 GH4169 镍基多晶高温合金和 DD6 镍基单晶高温合金,介绍其表面纳秒激光冲击强化技术,重点探讨其抗热腐蚀机制。其次,面向电子陶瓷基板材料,介绍纳秒激光直冲打孔和旋切打孔参数对其表面孔尺寸及孔形貌的影响规律,在工业标准厚度氧化铝陶瓷上实现大面积高质量群孔加工。最后,针对航空雷达热沉微流道和高端超硬刀具加工,介绍纳秒激光金刚石表面大深宽比矩形微槽加工技术和金刚石刀具高质量贯通切割技术。

4.1 纳秒激光镍基高温合金表面冲击强化技术

4.1.1 镍基高温合金表面冲击强化技术

作为燃气轮机和航空发动机涡轮叶片、导向叶片等热端部件不可替代的关键材料,镍基高温合金长期工作在高温、高压、高转速的恶劣环境下,不仅承受着交变载荷与动载荷作用,而且经常受到燃料燃烧时产生的硫酸盐或卤化物作用,易导致高温合金部件的腐蚀疲劳失效。为了延长高温合金部件的服役寿命,人们使用各种表面强化技术如喷丸、滚压、锻打、挤压等,并取得了良好的经济效益。航空、航天等高端设备的发展,对材料表面性能的要求不断提高,传统表面强化技术很难满足高性能设备的制造需求。激光冲击强化(laser shock peening,LSP)技术作为一种先进的表面改性技术,可显著提高金属合金部件的抗疲劳性能和抗腐蚀性能,已成为解决航空发动机部件疲劳失效问题的有效手段,并在航空航天、海洋船舶、轨道交通、石油化工等众多领域显现了广阔的应用前景[1]。

GH4169 镍基多晶高温合金和 DD6 镍基单晶高温合金是目前我国先进航空

发动机和燃气轮机中广泛使用的两类镍基高温合金。在海洋环境下,镍基高温合金部件面临日益突出的热腐蚀问题,热腐蚀严重降低了高温合金材料的力学性能,导致镍基高温合金部件的损失。激光冲击强化技术为改善金属合金材料抗热腐蚀性能提供了一种行之有效的手段。为此,本节针对上述两类典型的镍基高温合金,通过激光冲击强化技术处理分析两类镍基高温合金的微观组织演变规律、表面力学性能变化规律及其抗热腐蚀行为,深入探讨两类镍基高温合金的抗热腐蚀机制,为进一步促进激光冲击强化技术在两类镍基高温合金上的应用提供理论基础。

4.1.2　纳秒激光镍基多晶高温合金冲击强化技术

镍基多晶高温合金广泛应用于航空发动机涡轮叶片制造,服役环境十分恶劣,为改善其疲劳寿命,往往采用激光冲击强化技术实现表面性能的提升。

1. 微观组织特征

图 4.1 是对 GH4149 镍基多晶高温合金进行 3 次激光冲击强化后的近表面 TEM 图。由图 4.1 可知,激光冲击强化在材料表层中引入了大量的位错缺陷。这是因为激光冲击强化诱导的超高压冲击波致使材料表面发生了高应变速率($10^6 \sim 10^7 s^{-1}$)塑性变形,进而导致晶体内部产生大量的位错缺陷,位错通过增殖、滑移、集聚、纠缠、塞积,形成高密度位错、位错列、位错缠结、位错墙、位错胞、层错等结构,并进一步发展为位错胞和亚晶粒。同时,激光冲击强化也引入了孪晶变形缺陷,见图 4.1(c)。孪晶变形具有较小的临界切应力,当位错塞积的内应力达到其临界切应力时,产生沿某个方向剪切的孪晶变形[2]。通常,孪晶变形产生的原子位移小于一个原子间距,因此孪晶并不能容纳实质性的变形,在孪晶变形出现后,就会接着发生位错变形。此外,孪晶边界也可以作为位错源,用来协调塑性变形[3]。

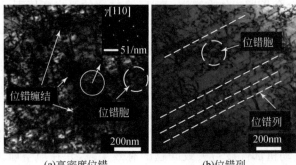

(a)高密度位错　　　　　　　　　(b)位错列

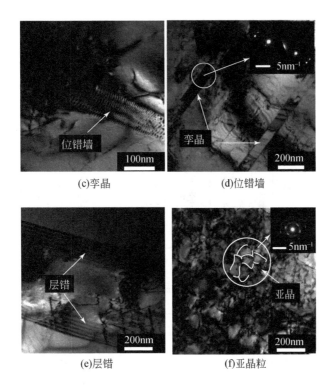

图 4.1　激光冲击强化 GH4169 镍基多晶高温合金近表面 TEM 图

2. 表面力学性能

表面硬度和残余压应力是表征激光冲击强化效果最重要的技术指标。图 4.2 是经过 3 次激光冲击强化 GH4169 镍基多晶高温合金样品(简称为 LSP)与原始样品(简称为 Non-LSP)沿深度方向的表面硬度和残余压应力分布。如图 4.2(a)所示,激光冲击强化导致样品表面硬度显著增加,硬度值由初始的 $330HV_{0.2}$ 增加到 $485HV_{0.2}$,增加了约 45%。随后,沿深度方向逐渐递减,并在一定深度上(约 1mm)趋于稳定。如图 4.2(b)所示,激光冲击强化诱导的残余压应力在深度方向上与表面硬度具有相似的分布规律。激光冲击强化后,样品表面残余压应力幅值高达 $-650MPa$,与原始样品相比升高了约 5.5 倍。因此,激光冲击强化可在材料表面形成一层硬化层,同时引入高幅值残余压应力。上述结果的产生归因于激光诱导的高压冲击波使材料发生了严重的塑性变形,进而导致材料表层晶粒的细化及其位错密度的增加。表面硬化层的形成可以提高材料的抗磨损性能,高幅值残余压应力可以改善材料的抗疲劳性能。它们的共同效应是:可以有效抑制裂纹形核和扩展,而且残余压应力还可对裂纹产生闭合效应,从而显著提高材料表面的力学性能[4]。

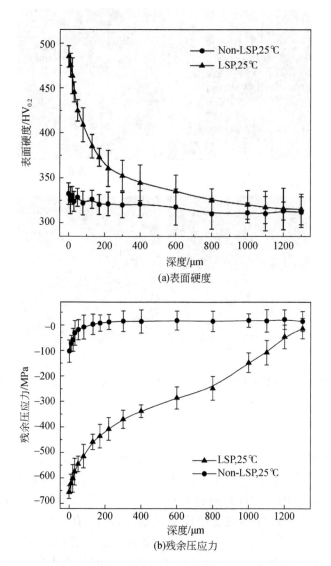

(a)表面硬度

(b)残余压应力

图 4.2　经过 3 次激光冲击强化 GH4169 镍基多晶高温合金样品与
原始样品沿深度方向的表面硬度和残余压应力分布

3. 抗热腐蚀性能

1)高温下微观组织演变与相析出

图 4.3 是经过 3 次激光冲击强化 GH4169 镍基多晶高温合金样品近表面微观
组织。如图 4.3(a)所示,在 700℃初始热腐蚀阶段,大量共存的 γ'/γ'' 相析出,非均

匀分布在不同的区域,如 γ 基体、晶界、孪晶界、位错线等处。如图 4.3(b)所示,在
800℃初始热腐蚀阶段,γ′/γ″相析出增加并粗化,同时析出 δ 相,δ 相析出消耗了一
定数量的镍和铌元素,导致 δ 相附近无 γ′/γ″相析出。一旦 δ 相形成,它会在以后
热腐蚀过程中继续生长。如图 4.3(c)所示,在 900℃初始热腐蚀阶段,大量的 δ 相
析出取代了 γ′/γ″相析出,表明 γ′/γ″相析出向 δ 相转变。此外,在初始热腐蚀阶
段,激光冲击强化在表面层形成的微观组织缺陷依然存在,并随热腐蚀温度的升
高,位错密度显著降低。

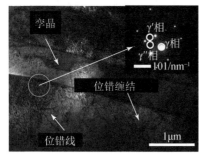
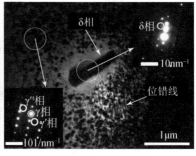

(a)700℃-1h,LSP　　　　　　　　　　　(b)800℃-1h,LSP

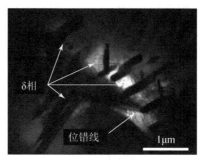

(c)900℃-1h,LSP

图 4.3　经过 3 次激光冲击强化 GH4169 镍基多晶高温合金样品近表面微观组织

2)热腐蚀动力学曲线

不同热腐蚀温度下 3 次激光冲击强化 GH4169 镍基多晶高温合金样品与原始样
品热腐蚀动力学曲线见图 4.4。在热腐蚀过程中,与原始样品相比,激光冲击强化样
品具有较小的质量损失。在 700℃热腐蚀温度下,激光冲击强化样品与原始样品的质
量损失很小,因此具有较强的抗热腐蚀性能,且随着时间的延长质量损失趋于稳定。
在 800℃热腐蚀温度下,前 50h 腐蚀阶段,激光冲击强化样品与原始样品的质量损失
较为显著,最高可达 50mg/cm² 和 60mg/cm²,随后趋于稳定。在 900℃热腐蚀温度
下,激光冲击强化样品与原始样品发生了严重热腐蚀,质量损失显著增大。

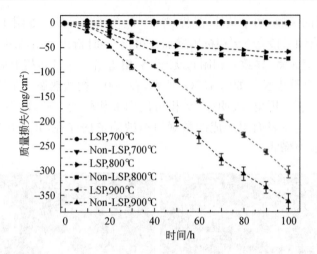

图 4.4　不同热腐蚀温度下 3 次激光冲击强化 GH4169 镍基多晶
高温合金样品与原始样品热腐蚀动力学曲线

3)热腐蚀产物 XRD 分析

不同温度热腐蚀 100h 后 3 次激光冲击强化 GH4169 镍基多晶高温合金样品
与原始样品热腐蚀产物 X 射线衍射(X-ray diffraction,XRD)图谱见图 4.5。在不

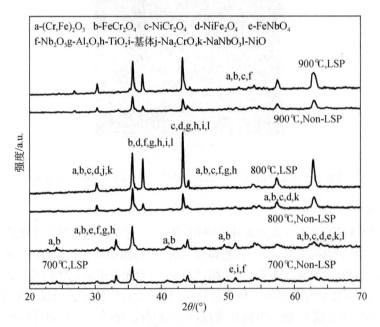

图 4.5　不同温度热腐蚀 100h 后 3 次激光冲击强化 GH4169 镍基多晶
高温合金样品与原始样品热腐蚀产物 XRD 图谱

同的热腐蚀温度下,激光冲击强化样品与原始样品表面热腐蚀产物近似相同。热腐蚀产物为复杂的混合氧化物,主要由 $(Cr,Fe)_2O_3$、$FeCr_2O_4$、$NiCr_2O_4$、$NiFe_2O_4$、$FeNbO_4$、NiO、Nb_2O_5、Na_2CrO_4、$NaNbO_3$、Al_2O_3 和 TiO_2 氧化物组成。

4)表面热腐蚀形貌分析

不同温度热腐蚀 100h 后 3 次激光冲击强化 GH4169 镍基多晶高温合金样品与原始样品表面腐蚀形貌见图 4.6。由图可知,不同热腐蚀温度下激光冲击强化样品与原始样品表面均发生了严重热腐蚀。通过能量色散光谱仪(energy dispersive sepectrometer,EDS)分析(图 4.7)可知,表面氧化物主要为混合氧化物。

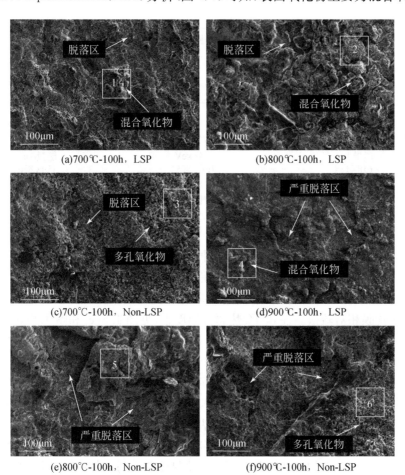

图 4.6 不同温度热腐蚀 100h 后 3 次激光冲击强化 GH4169 镍基多晶
高温合金样品与原始样品表面腐蚀形貌

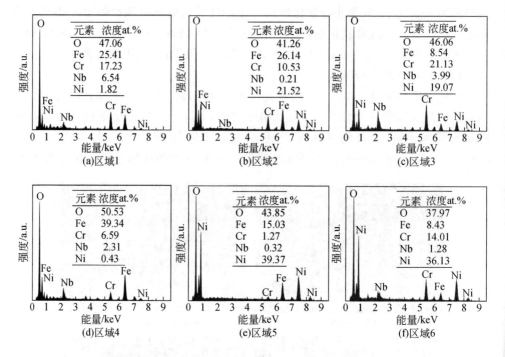

图 4.7 图 4.6 中对应区域 1～6 的 EDS 图谱

5)横截面热腐蚀形貌分析

不同温度热腐蚀 100h 后 3 次激光冲击强化 GH4169 镍基多晶高温合金样品与原始样品横截面腐蚀形貌见图 4.8。在 700℃热腐蚀温度下,见图 4.8(a),激光冲击强化样品表面形成了一层连续且黏附的氧化膜。相反,见图 4.8(b),原始样品表面氧化膜相对疏松。在 800℃热腐蚀温度下,见图 4.8(c)和图 4.8(d),在激光冲击强化样品和原始样品表面均形成了疏松的氧化膜。随着热腐蚀温度增加到 900℃,见图 4.8(e)和图 4.8(f),激光冲击强化样品表面氧化膜与基体之间存在明显的开裂,导致表面氧化膜的脱落;对于原始样品,在疏松表面氧化膜下的基体中存在大量的孔洞,表明热腐蚀过程中基体受到了严重腐蚀。通过 EDS 分析,见图 4.8(g)和图 4.8(h),激光冲击强化样品表面形成的氧化膜含有较高的铬元素,表明在热腐蚀过程中激光冲击强化促进了铬元素的向外扩散。与此同时,铬元素面分布也证实了铬元素的向外扩散并形成富铬氧化膜。另外,镍和铌近似成比例(约 3∶1)的存在,表明 δ 相析出参与了腐蚀产物的形成。

6)高温热腐蚀机制

对表面产物的分析表明,含铌氧化物以及富铌区的形成,表明 δ 相析出参与了腐蚀产物的形成。在存在硫酸钠和氯化钠的环境中,热腐蚀通常可认为是一个加

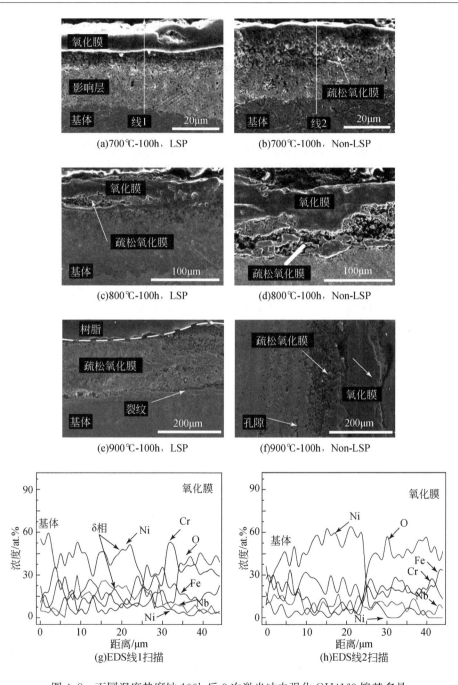

图 4.8　不同温度热腐蚀 100h 后 3 次激光冲击强化 GH4169 镍基多晶
高温合金样品与原始样品横截面腐蚀形貌

速氧化过程。在热腐蚀环境下,合金元素 M(M 代表铁、铬、铌、镍、铝等元素)以及析出相 L(L=γ′、γ″、δ 等)的氧化过程是热腐蚀反应的主要特征,同时伴随着氧化膜的溶解,并表现为典型的酸/碱熔融过程,该过程涉及的主要反应[5]为

$$Na_2SO_4(l) = Na_2O(s) + SO_2(g) + 1/2O_2(g) \qquad (4.1)$$

$$2M + x/2O_2(g) = M_2O_x(s) \qquad (4.2)$$

$$M_2O_x(s) + Na_2O(s) = Na_2M_2O_{(x+1)}(s) \qquad (4.3)$$

在相同反应条件下,化学反应的标准 Gibbs 自由能决定了化学反应的可能性。标准 Gibbs 自由能越偏向负值,化学反应越易自发进行。利用 HSC chemistry 6.0 软件计算不同热腐蚀温度下化学反应的标准 Gibbs 自由能,见表 4.1,可知在高温热腐蚀过程中 δ 相析出聚集了大量的铌元素,很容易导致铌氧化物的生成。在氯气存在的情况下很容易生成气体氯化物,导致疏松多孔的氧化膜。

表 4.1　热腐蚀过程中化学反应的标准 Gibbs 自由能变化量

化学反应式	$\Delta G_{700℃}/(kJ/mol)$	$\Delta G_{800℃}/(kJ/mol)$	$\Delta G_{900℃}/(kJ/mol)$
$2Cr+3/2O_2=Cr_2O_3$	−878.084	−852.992	−827.988
$2Nb+5/2O_2=Nb_2O_5$	−1473.735	−1431.955	−1430.475
$2Ni+1/2O_2=NiO$	−301.811	−284.434	−267.152
$2Fe+3/2O_2=Fe_2O_3$	−565.943	−541.162	−516.287
$2Al+3/2O_2=Al_2O_3$	−1369.957	−1336.716	−1303.568
$Ti+O_2=TiO_2$	−767.422	−749.793	−732.128
$Cr+3/2Cl_2=CrCl_3(g)$	−322.757	−321.660	−320.544
$Nb+5/2Cl_2=NbCl_5(g)$	−532.705	−506.047	−488.480
$Fe+3/2Cl_2=FeCl_3(g)$	−234.078	−231.385	−228.474
$Al+3/2Cl_2=AlCl_3(g)$	−535.299	−528.817	−522.279
$Ti+2Cl_2=TiCl_4(g)$	−644.225	−623.158	−619.978

NaCl 可作为催化剂,通过氧化/氯化循环反应加速热腐蚀的进行,进一步导致氧化膜的开裂、脱落和溶解。气体氯化物(MCl_x)的生成,导致疏松氧化膜的形成,这些疏松氧化膜为氧气和腐蚀介质向基体扩散提供了大量通道,因此显著加速了热腐蚀过程。相应的化学反应式[5,6]为

$$2NaCl(l) + 1/2O_2(g) = Na_2O(s) + Cl_2(g) \qquad (4.4)$$

$$M + x/2Cl_2(g) = MCl_x(g) \qquad (4.5)$$

$$2MCl_x(g) + y/2O_2(g) = M_2O_y(s) + xCl_2(g) \qquad (4.6)$$

$$M_2O_x(s) + 2NaCl(l) = Na_2M_2O_x(s) + Cl_2(g) \qquad (4.7)$$

随着热腐蚀过程的进行,上述氧化物通过相互反应形成尖晶石氧化物,如

NiFe$_2$O$_4$、NiCr$_2$O$_4$、FeCr$_2$O$_4$、FeNbO$_4$ 等。这些氧化物通过阻止氧气向内扩散为基体提供了不同程度的保护作用[7]。然而,含钠氧化物,如 NaNbO$_3$ 等易形成疏松多孔的氧化膜,这些氧化膜很容易开裂或完全脱落。在 900℃热腐蚀温度下,δ 相的析出促进了铌氧化物的形成,进而导致 NaCl 与其直接反应生成 NaNbO$_3$,见式(4.8)[8]。因此,δ 相的析出加速了热腐蚀过程。

$$Nb_2O_5(s)+2NaCl(l)+1/2O_2(g)=NaNbO_3(s)+Cl_2(g) \qquad (4.8)$$

基于上述分析,本节提出一个基于“酸/碱熔融-氧化/氯化-δ 相活化”的热腐蚀机制模型,见图 4.9。

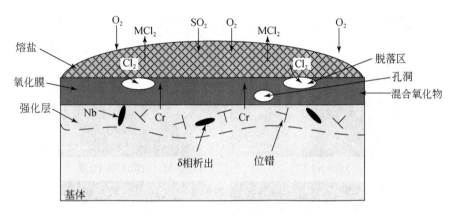

图 4.9　热腐蚀机制示意图

在热腐蚀过程中,γ′相、γ″相和 δ 相的析出不可避免,在长期热腐蚀过程中,γ′相、γ″相趋向于向 δ 相转变,δ 相的析出促进了 NaNbO$_3$ 的形成,导致疏松的氧化膜。因此,δ 相析出可作为活化剂,加速热腐蚀过程。此外,δ 相析出也可作为扩散障碍,阻碍铬的扩散,加剧热腐蚀。激光冲击强化诱导的晶粒细化、高幅值残余压应力和晶体缺陷可有效改善合金的抗热腐蚀性能,残余压应力可提高氧化膜与基体的黏附性,减少氧化膜的严重脱落。铬相比于其他元素(如铁、镍、铌等)更加活跃,晶体缺陷可促进铬的向外扩散,进而形成保护性铬氧化膜[9],改善镍基多晶高温合金的抗热腐蚀性能。

4.1.3　纳秒激光镍基单晶高温合金冲击强化技术

镍基单晶高温合金多用于先进航空发动机涡轮叶片制造,工作环境极其恶劣,为提高其抗疲劳性能,往往采用激光冲击强化技术实现表面性能的提升。

1. 微观组织特征

图 4.10 为 1 次激光冲击强化 DD6 镍基单晶高温合金样品与原始样品近表面微

观组织形貌。在原始样品中,见图 4.10(a),γ′相与 γ 相基体中均未发现位错的存在。激光冲击强化后,见图 4.10(b)~(d),位错非均匀分布在 γ 相基体、γ′相以及它们的结合面处。这些位错通过相互作用进一步形成位错堆积、位错缠结等结构。与此同时,位错沿晶面滑移并切割 γ′相。通常,对于面心立方结构的 γ 相,密排面最小晶格矢量为 $a/2\langle110\rangle$,因此 γ 相基体通道内的位错主要以 $a/2\langle110\rangle\{111\}$ 滑移系进行滑移。对于有序结构的 γ′相,密排面的最小晶格矢量为 $a\langle110\rangle$,故位错在 γ′相中主要以 $a\langle110\rangle\{111\}$ 滑移系进行滑移[10]。因此,形成了沿(111)晶面的滑移位错剪切γ′相。

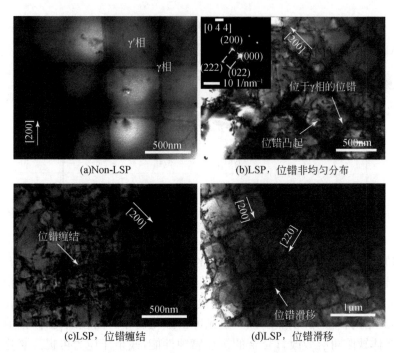

图 4.10　1 次激光冲击强化 DD6 镍基单晶高温合金样品与原始样品近表面微观组织形貌

2.表面力学性能

图 4.11 为 1 次激光冲击强化 DD6 镍基单晶高温合金样品与原始样品沿深度方向上的残余压应力与微硬度分布。镍基单晶高温合金在深度方向上的残余压应力和微硬度分布与多晶合金具有相似的规律,这是由激光诱导的高压冲击波在材料内部的传播特性决定的。由图 4.11(a)可知,1 次激光冲击强化在材料表面引入的最大残余压应力约为 -220MPa,影响层深度约为 0.5mm。由图 4.11(b)可知,1 次激光冲击强化在材料表面引入的最大表面硬度为 $630\text{HV}_{0.2}$,增加了约 20%。激

光冲击强化诱导的残余压应力和微硬度的增加本质上是晶格畸变的一种表现,而晶格畸变在很大程度上是由位错引起的。因此,位错密度的增加导致残余压应力和微硬度的增加。对于单晶合金,其各向异性导致在不同晶向上产生的塑性变形程度有所不同,从而导致其残余压应力分布状态的各向异性。此外,同一晶面上的最小残余压应力通常出现在组成滑移系的晶向上。例如,对于面心立方结构,变形层中位错易沿⟨110⟩方向滑移,在⟨110⟩方向具有较小的位移能,因此⟨110⟩方向产生较小的残余压应力[11]。

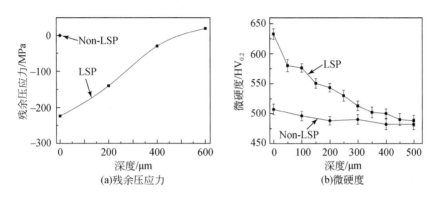

图 4.11　1 次激光冲击强化 DD6 镍基单晶高温合金样品与原始
样品沿深度方向上的残余压应力与微硬度分布

3. 抗热腐蚀性能

1)热腐蚀动力学曲线

图 4.12 为 1 次激光冲击强化 DD6 镍基单晶高温合金样品与原始样品在不同热腐蚀温度下的热腐蚀动力学曲线。如图 4.12(a)所示,在 750℃热腐蚀温度下,随着热腐蚀时间的增加激光冲击强化样品与原始样品一直处于增重状态。与原始样品相比,激光冲击强化样品增重较少,表明激光冲击强化样品具有较低的腐蚀速率,这主要是由于样品表面生成了保护性氧化膜,从而阻止了氧气和其他腐蚀性介质向基材渗透。如图 4.12(b)所示,在 850℃热腐蚀温度下,在热腐蚀初期(前 30h),激光冲击强化样品与原始样品的质量增重处于增大状态,随后(后 30h)原始样品的质量增重明显减小,相反激光冲击强化样品无明显变化,表明激光冲击强化可以减少表面氧化膜的脱落。因此,激光冲击强化可以提高单晶合金样品的抗热腐蚀性能。

2)热腐蚀产物 XRD 分析

不同温度下热腐蚀 60h 后 1 次激光冲击强化 DD6 镍基单晶高温合金样品与原始样品表面 XRD 图谱见图 4.13。从图中可以看出,在同一热腐蚀温度下激光

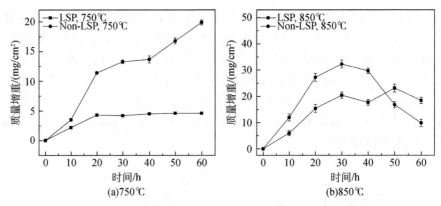

图 4.12 1 次激光冲击强化 DD6 镍基单晶高温合金样品与原始
样品在不同热腐蚀温度下的热腐蚀动力学曲线

冲击强化样品与原始样品具有相同的腐蚀产物。其中,NiO 具有明显的衍射峰,表明腐蚀产物的主要成分为 NiO。同时,还观察到少量的铝/钴氧化物（Al_2O_3、CoO）、尖晶石氧化物（$NiCr_2O_4$、$NiAl_2O_4$、$CoAl_2O_4$ 等）、钴/镍硫化物（Co_3S_4、Ni_3S_4）、未完全溶解的盐（$NaTaO_3$）等。

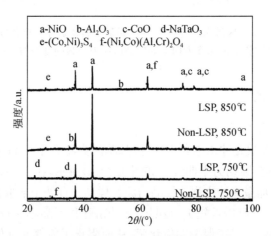

图 4.13 不同温度下热腐蚀 60h 后 1 次激光冲击强化 DD6 镍基单晶
高温合金样品与原始样品表面 XRD 图谱

3）表面热腐蚀形貌

不同温度下热腐蚀 60h 后 1 次激光冲击强化 DD6 镍基单晶高温合金样品与原始样品的表面腐蚀形貌见图 4.14,图中 1,2,…,12 表示测试元素含量的测试点。图中各点的 EDS 图谱见图 4.15。对 XRD 和 EDS 的分析可知,不同温度下热腐蚀 60h 后,两种样品腐蚀产物的主要成分均为 NiO 并含有少量 CoO。如图 4.14(a)

所示,750℃热腐蚀 60h 后,对于激光冲击强化样品,未发现明显的脱落,表面形成了较为致密的镍钴混合氧化膜。在某些区域还形成了富含铝和铬的镍钴混合氧化膜以及它们之间形成的尖晶石氧化物。然而,对于原始样品,如图 4.14(b)所示,表面氧化膜包含了大量的空心球状镍钴氧化物。这种氧化物脆性较大且黏附性较差,极易脱落形成脱落区。如图 4.14(c)和图 4.14(d)所示,850℃热腐蚀 60h 后,激光冲击强化样品和原始样品表面均发生了严重脱落,表明两种样品均发生了严重的热腐蚀。激光冲击强化样品表面镍钴氧化膜仍具有较好的致密性。在脱落区附近表面氧化膜明显不连续,存在大量空隙,同时生成了包含硫化物的复杂氧化物。原始样品氧化膜表面存在大量裂纹,氧化膜脆且疏松多孔,因此抗热腐蚀性能较差。

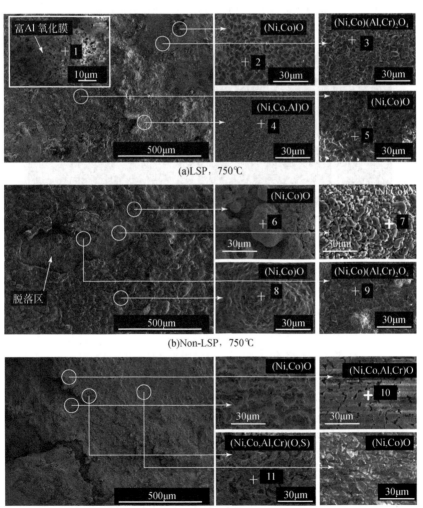

(a)LSP,750℃

(b)Non-LSP,750℃

(c)LSP,850℃

(d)Non-LSP，850℃

图 4.14　不同温度下热腐蚀 60h 后 1 次激光冲击强化 DD6 镍基
单晶高温合金样品与原始样品的表面腐蚀形貌

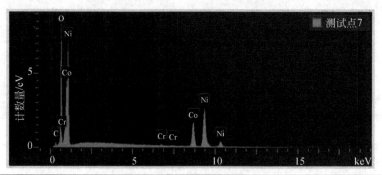

测试点	元素含量(质量分数)/%										
	O	Ni	Co	Al	Cr	Ta	W	Re	Cl	Mo	Nb
1	14.37	49.95	20.64	7.77	4.96	—	1.32	—	—	—	—
2	14.50	61.43	22.41								
3	10.07	60.96	13.50	8.88	4.37	1.36					
4	13.87	69.19	14.42	1.19							
5	11.30	65.34	22.40								
6	7.90	66.49	24.15								
7	11.76	57.62	29.20		0.56						
8	11.85	73.56	12.06								
9	12.49	52.17	11.42	4.71	6.07	8.61	—	—	—		1.18
10	15.83	67.81	8.24	5.25	1.19						8.83

图 4.15　图 4.14 中测试点的 EDS 图谱及其他各点元素含量

4）横截面热腐蚀形貌

不同温度下热腐蚀 60h 后 1 次激光冲击强化 DD6 镍基单晶高温合金样品与原始样品的横截面腐蚀形貌见图 4.16。图中对应各点及线的 EDS 图谱如图 4.17 和图 4.18 所示。由图 4.17 可知，横截面腐蚀产物具有明显的分层结构。由 EDS 分析结果来看，外层为 (Ni,Co)O 层；中间层为混合氧化物层，主要为镍、钴、铝、铬氧化物以及它们之间形成的尖晶石；内层为 Al_2O_3 氧化物；次内层为贫铝层，该层内铝元素的扩散和消耗导致 γ' 相立方化程度显著降低以至 γ' 相消失，同时该层内还弥散了大量 Al_2O_3 颗粒和硫化物 (M_xS_y)；最内层为合金基体，无氧化和硫化现象。在 750℃ 热腐蚀下，两种样品腐蚀氧化膜均未出现明显裂纹。但是，与激光冲击强化样品相比，原始样品的腐蚀层较厚，表明腐蚀相对严重。由图 4.18 可知，激光冲击强化样品的中间层中铝和铬的含量相对较高，在次内层硫元素含量较低。在 850℃ 热腐蚀下，两种样品遭受严重热腐蚀，腐蚀氧化膜均发生严重开裂和脱层，但是原始样品的氧化膜相对疏松，导致镶嵌的树脂浸入氧化膜中。

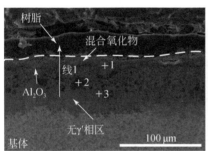
(a)Non-LSP，750℃

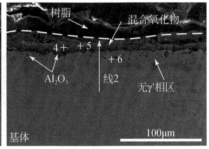
(b)LSP，750℃

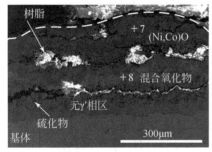
(c)Non-LSP，850℃

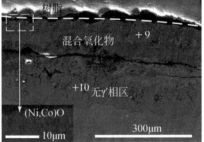
(d)LSP，850℃

图 4.16　不同温度下热腐蚀 60h 后 1 次激光冲击强化 DD6 镍基单晶高温合金样品与原始样品的横截面腐蚀形貌

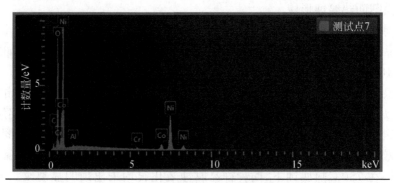

测试点	元素含量(质量分数)/%										
	O	Ni	Co	Al	Cr	Ta	W	Re	Cl	Mo	Nb
1	16.50	33.34	13.17	8.00	4.85	4.78	1.73	—	—	—	—
2	7.99	45.45	4.99	1.96	—	—	6.01	2.29	5.58	—	—
3	0.77	56.75	6.12	—	0.49	6.77	5.93	—	—	2.98	—
4	26.07	9.67	35.40								
5	15.27	27.42	10.30	6.02	17.83	3.08					
6	1.75	55.08	7.21	—	0.54	4.09	7.02	—	—	1.99	
7	19.69	67.37	8.14	0.41	0.66						
8	17.81	25.22	4.87	—	1.23	2.49	44.56	—	—	—	
9	20.55	16.71	5.41	3.50	4.07	30.56	5.54				
10	7.35	67.65	14.25	2.68	3.11	—	—	—	—	—	8.83

图 4.17　图 4.16 中测试点的 EDS 图谱及其他各点元素含量

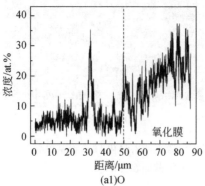

(a1)O

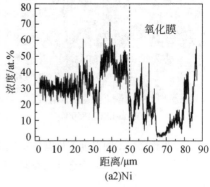

(a2)Ni

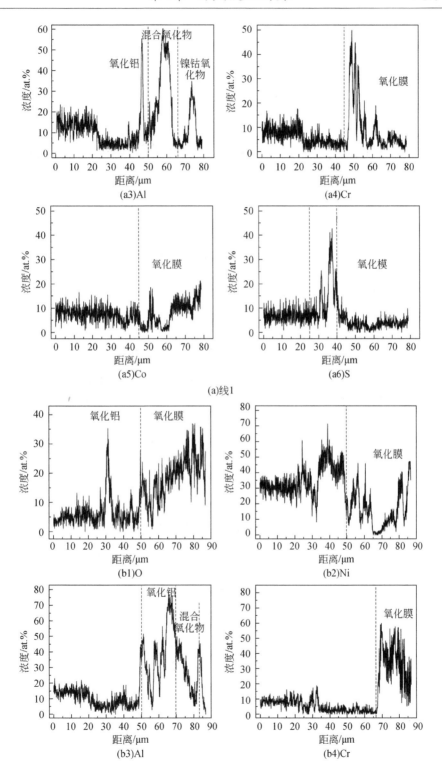

(a3)Al

(a4)Cr

(a5)Co

(a6)S

(a)线1

(b1)O

(b2)Ni

(b3)Al

(b4)Cr

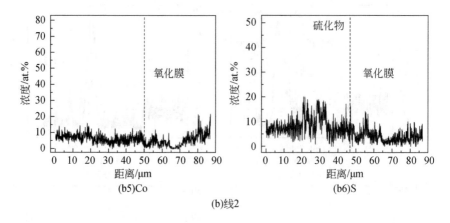

(b5)Co　　　　　　　　　　　　　　　(b6)S

(b)线2

图 4.18　线 1 和线 2 主要元素的 EDS 线图谱

5)高温环境下热腐蚀机制

激光冲击强化镍基单晶高温合金样品热腐蚀机制示意图见图 4.19。正如镍基多晶高温合金,激光冲击强化也可改善单晶高温合金的抗热腐蚀性能。然而,与镍基多晶高温合金不同的是激光冲击强化镍基单晶高温合金的热腐蚀产物具有明显的分层结构。同样地,在热腐蚀初始阶段,合金元素的氧化反应是热腐蚀过程中的主要特征。氧化反应中的氧气一部分来自空气,一部分来自 Na_2SO_4 的分解(式(4.9))。DD6 合金中镍含量最高(钴含量次之)且在高温下镍具有高的向外扩散速度,因此基体中镍的浓度梯度最高,镍首先与氧反应形成 NiO。因此,NiO 比其他氧化物具有更高的生长速率。NiO 作为非保护性氧化膜,氧气可通过 NiO 层向合金内部扩散。与此同时,在氧化物(主要为 NiO)与合金的界面处,氧气与从合金内部扩散而

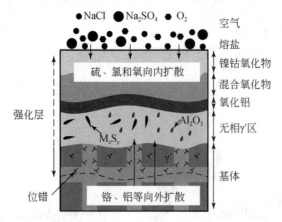

图 4.19　激光冲击强化镍基单晶高温合金样品热腐蚀机制示意图

来的铝、铬等原子发生反应生成 Al_2O_3、Cr_2O_3 等氧化物,导致合金质量的显著增加。与镍和铬相比,铝具有更高的氧亲和力(铝>铬>镍)[12],因此铝最易被氧化成 Al_2O_3。此外,铝还可有效抑制挥发性氧化物(如钨、钼等氧化物)的生成。

通常,金属缺陷型氧化物,如镍、钴、铬等氧化物,是通过金属原子向外扩散并与氧气发生反应而生成的,并从表面向外生长;氧缺陷型氧化物,如铝、钨、钼等氧化物,是通过氧气向内扩散并与金属原子发生反应而生成的,并从表面向内生长。由于铝氧化所需的氧活度小于铬氧化所需的氧活度,Al_2O_3 粒子可向内形成更深的氧化层。随着热腐蚀的进行,快速扩散的氧气促进了镍、钴、铝、铬等氧化物的大量形成,它们之间通过固态反应形成等尖晶石氧化物(式(4.10)、式(4.11))。尖晶石氧化物的形成阻碍了氧气的扩散,使得铝发生偏好性的氧化,导致连续的、致密的 Al_2O_3 保护层的形成,从而减缓了热腐蚀进程。一旦致密的 Al_2O_3 氧化层形成,NiO 和 Al_2O_3 层厚度便不再增加,这是由于保护性 Al_2O_3 层阻止了镍向外扩散,抑制了 NiO 的生长。同时,氧的扩散速度比铝的扩散速度快,因此在致密的 Al_2O_3 保护层下发现了 Al_2O_3 颗粒。

由热动力学可知,DD6 合金中主要元素的氧化物形成顺序为:Al_2O_3、Ta_2O_5、Cr_2O_3、MoO_2、WO_2、NiO、CoO。Na_2SO_4 分解的 Na_2O 可直接与形成的氧化物发生反应,生成盐化合物(式(4.11)),从而导致氧化膜的破坏。与此同时,NaCl 的存在也可以破坏氧化膜的形成,通过复杂的氧-氯化反应显著加速热腐蚀过程。此外,Na_2SO_4 分解的硫可以与金属元素在不同的热力学电位下发生反应,且硫很容易以 SO_4^{2-} 形式从裂缝处扩散进入基体。由硫化物的标准 Gibbs 自由能(ΔG^0)可知:ΔG^0 越小(负),硫化物在热力学上越稳定,越易形成[13]。在 750℃ 和 850℃ 时金属硫化物的标准 Gibbs 自由能排序为:$Al_2S_3 < TaS_2 < CrS < MoS_2 < WS_2 < Ni_3S_2 < ReS_2$。由此可知,铝具有较高的亲硫性,但是形成 Al_2S_3 需要很低的氧分压。因此,大多数铝被氧消耗,导致较少的 Al_2S_3 形成。相反,镍、钴、铼、钼、钨在高的氧分压下很容易形成硫化物,虽然其热力学稳定性较差,但是仍有部分被保留。因此,XRD 检测到了镍/钴硫化物(Ni_3S_2-S_2、Co_3S_2-S_2)的存在。

激光冲击强化可以显著提高单晶合金的抗热腐蚀性能。激光冲击强化诱导的高密度位错结构可为铝、铬等元素的扩散提供更多路径,从而加速保护性 Al_2O_3 氧化层和铬氧化物的形成[9]。此外,激光冲击强化诱导的残余压应力可抑制裂纹萌生,延缓裂纹扩展,增强氧化膜与基体的黏附性。因此,激光冲击强化改善了单晶合金的抗热腐蚀性能。

$$SO_4^{2-} = O^{2-} + SO_3 = O^{2-} + 1/2S_2 + 3/2O_2 \tag{4.9}$$

$$(Ni,Co)O + (Al,Cr)_2O_3 = (Ni,Co)(Al,Cr)_2O_4 \tag{4.10}$$

$$2M_xO_y + zNa_2O = 2Na_zM_xO_{(2y+z)} \tag{4.11}$$

4.2　纳秒激光陶瓷基板表面群孔加工

4.2.1　陶瓷基板表面群孔加工

陶瓷基板是常用的一种电子封装基板材料,具有立体布线密度高、介电常数低、散热性能优越、电磁屏蔽效果好等优良性能,基本上能满足微电子器件封装的一切性能要求,广泛应用于航空、航天和军事工程的高可靠、高频、耐高温、强气密性的产品封装上。常用的电子封装陶瓷基板材料有氧化铝陶瓷(Al_2O_3)和氮化铝陶瓷(AlN)等[14,15]。氧化铝陶瓷是一种综合性能较好的陶瓷基板材料,具有价格低、制作和加工技术成熟的优势,因此应用最为广泛,占陶瓷基板材料的90%[16-18]。与氧化铝陶瓷相比,氮化铝陶瓷的热导率更高,与硅的热膨胀系数更匹配,介电常数更低,适用于高功率、多引线和大尺寸芯片,被认为是新一代高集成度半导体基板和电子器件封装的理想材料。

为实现电子系统的高密度互联,通常需要在陶瓷基板表面加工阵列化群孔。据统计,陶瓷基板的加工成本占陶瓷材料制备成本的$1/3\sim2/3$,特别是应用最为广泛的氧化铝陶瓷,在封装基板微孔的高质高效加工中存在许多难题。纳秒激光是一种适宜的陶瓷加工工具,已有学者利用纳秒激光在氧化铝陶瓷上进行各种微结构的加工,并在加工机理方面取得了不错的研究成果[19-22],但在工业应用方面,对陶瓷基板群孔加工的认知还不十分成熟。

4.2.2　纳秒激光加工参数对孔尺寸的影响

根据激光光束与被加工样品的相对运动关系可将激光打孔方式分为光束与被加工样品无相对运动的单脉冲/多脉冲直冲打孔和有相对运动的旋切/螺旋打孔,四种打孔方式的示意图如图4.20所示。单脉冲直冲打孔常用于材料结构简单、分布有大量微孔的薄壁零件中。多脉冲直冲打孔将激光聚焦于被加工样品表面,保持激光束与样品位置相对静止,通过一系列脉冲的连续作用在样品表面加工出较大深度的微孔。旋切打孔中激光光束与被加工样品之间存在相对运动,可以是样品保持不动,聚焦光束在样品表面做圆周运动;也可以是聚焦光束保持不动,工作台带动样品做圆周运动;甚至可以是两者同时运动。聚焦光束的移动可以通过两个直线机械轴插补运动控制镜片偏转实现,聚焦光束与被加工样品之间的相对运动速度较快,可实现视场范围内任意尺寸的异型孔加工。工作台的运动可以通过三维运动平台实现,聚焦光束与被加工样品之间的相对运动速度较慢,多用于大面积加工拼接和换样。螺旋打孔相比于旋切打孔增加了激光焦点向样品内部的渐近式运动,激光焦点运动轨迹呈现螺旋状的三维空间结构。激光与样品作用位置一直处于激光焦平面内,保持较大的能量密度,因此材料以气化去除的方式为主,可加工深度较大的孔,而且孔质量较高,但加工工艺较为复杂。

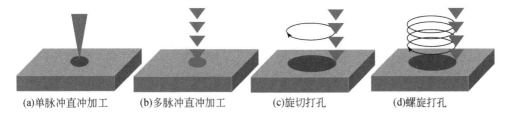

(a)单脉冲直冲加工   (b)多脉冲直冲加工   (c)旋切打孔   (d)螺旋打孔

图 4.20 激光打孔的主要方式

直冲打孔受激光聚焦光斑尺寸限制,适用于直径小于 $100\mu m$ 的孔的加工;旋切打孔可自由调控激光移动路径,控制样品加工图案的形状及大小,适用于直径大于 $100\mu m$ 的孔的加工。在本节中,氧化铝陶瓷表面孔的直径为 $30\sim500\mu m$,陶瓷厚度不超过 0.5mm,无须用到螺旋打孔,而纳秒激光的单脉冲能量较小,无法完成单脉冲直冲打孔,因此选择多脉冲直冲打孔和旋切打孔方法,可同时保证孔的加工质量与加工效率满足要求。具体而言,直径为 $30\mu m$ 的通孔/盲孔,选用直冲打孔方法;直径为 $100\mu m$、$200\mu m$、$350\mu m$ 和 $500\mu m$ 的通孔/盲孔,选用旋切打孔方法。

1. 纳秒激光直冲打孔参数对孔尺寸的影响

利用直冲打孔方法进行激光加工时,只有激光光斑辐照在氧化铝陶瓷上超过烧蚀阈值部分的材料才会被有效去除,因此通过控制激光能量来调节加工孔直径是一个较为关键的过程。此外,由于多脉冲累积效应,材料的烧蚀阈值会随烧蚀脉冲数的增多而逐渐降低,且孔深增加后,狭窄的孔通道会阻碍后续激光辐照到孔底进行材料去除,因此孔内材料随激光脉冲数的增加而去除也是一个复杂的非线性过程。

在 0.25mm 厚的氧化铝陶瓷上加工直径为 $30\mu m$ 的盲孔时,选择重复频率为 50kHz,单脉冲能量为 $80\sim160\mu J$,脉冲数为 $10\sim2000$ 个作为加工参数。实验得到的孔入口直径与脉冲数的关系图如图 4.21 所示。可以看到,随着脉冲数的增多,孔入口直径先略微减小,后保持相对稳定。在激光脉冲初始阶段,氧化铝陶瓷上会出现较浅的烧蚀坑,陶瓷表面熔融的材料在反冲压力下向烧蚀坑周围流动,并迅速冷却凝固,扩大了孔的烧蚀范围;在一定脉冲数之后,孔通道已成型,陶瓷熔融材料堆积在孔通道内和孔边缘,少量形成液滴飞溅到入口周围,孔入口直径基本稳定。从图中还可以看到,单脉冲能量越大,孔入口直径越大。这是由于单脉冲能量增大,激光的能量密度增高,作用于陶瓷表面超过烧蚀阈值部分的材料面积增大,均被激光有效去除。

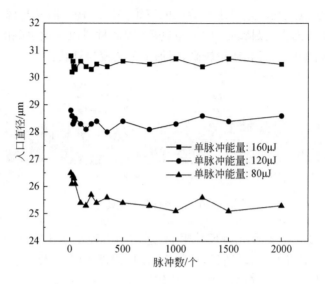

图 4.21 盲孔入口直径与脉冲数的关系图

在 0.38mm 厚的氧化铝陶瓷上加工直径 $30\mu m$ 的盲孔时,选择重复频率为 50kHz,单脉冲能量为 $80\mu J \sim 160\mu J$,脉冲数为 $10 \sim 1500$ 个作为加工参数。实验得到的孔深与脉冲数的关系图如图 4.22 所示。可以看到,在任意单脉冲能量下,孔深均随着脉冲数的增加而增大,当单脉冲能量为 $120\mu J$ 和 $160\mu J$ 时,孔深与脉冲数基本呈线性关系;当单脉冲能量为 $80\mu J$ 时,在脉冲数为 $0 \sim 500$ 个范围内孔深与脉

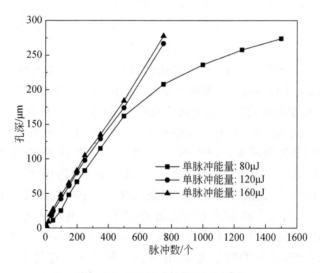

图 4.22 孔深与脉冲数的关系图

冲数呈线性关系,在脉冲数为 $500\sim1500$ 个范围内,孔深随着脉冲数的增加增长速度逐渐减慢。当使用 $80\mu J$ 的单脉冲能量加工深度为 $250\mu m$ 的盲孔时,加工时长已接近单脉冲能量为 $120\mu J$ 时的 2 倍,加工效率较低,这主要是因为较低的激光能量不足以提供充足的反冲压力迫使孔通道内的熔融碎屑排出,随着孔深增大,更多的碎屑吸收或反射更多的激光能量,阻碍了激光辐照到孔底部,材料去除效率降低。此外,在同一脉冲数下,单脉冲能量越大,孔深越大。这是因为较大的激光能量能提供更强的反冲压力,促使孔通道内的熔融碎屑排出,作用于孔底部的能量足以保持较高的材料去除率。

2. 纳秒激光旋切打孔参数对孔尺寸的影响

鉴于目标孔径为 $200\mu m$,采用旋切打孔方法进行氧化铝陶瓷打孔。聚焦光斑本身的直径及其在加工时的扩孔效应,使得使用旋切打孔进行激光扫描轨迹图案绘制时需保证圆图形小于目标孔径。设置圆图形直径为 $180\mu m$,为提高材料去除率,保证加工质量,经过一系列尝试后确定圆图形中同心圆填充间距 d 为 $0.015\mu m$。图 4.23 为激光旋切打孔扫描轨迹示意图。

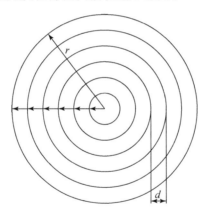

图 4.23　激光旋切打孔扫描轨迹示意图

图 4.24 中实线为纳秒激光加工氧化铝陶瓷表面孔入口直径与激光平均功率的关系图。从图中可以看到,孔入口直径随激光平均功率的增大而增大,这主要是激光能量增大使得氧化铝陶瓷加工区域吸收热量增多,烧蚀区域体积增大导致更多的材料气化或液相喷溅去除,增大了孔入口直径。孔出口直径也随着激光平均功率的增加而增大,如图 4.24 中虚线所示。然而,与孔入口直径相比,孔出口直径的增幅明显减小。以扫描速度为 $100mm/s$ 的直径变化曲线为例,当激光平均功率从 5W 增大到 8W 时,孔入口直径增大了 $20\mu m$,而孔出口直径仅增大了 $8\mu m$。这主要是因为在纳秒激光加工氧化铝陶瓷的过程中,已成型的孔通道和通道内的等

离子体会反射部分激光能量,导致实际作用于孔出口位置的能量减弱,材料的去除相对较少。当激光能量增大时,这种衰减作用更加明显,孔出口处吸收的能量增量显著小于孔入口处吸收的能量增量,因此孔出口直径增大量比孔入口直径增大量少。

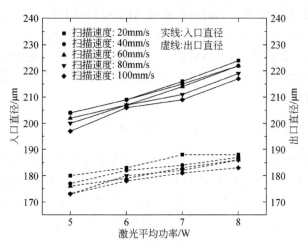

图 4.24　孔入/出口直径与激光平均功率的关系图
(陶瓷厚度:0.12mm;扫描次数:100 次)

孔的锥度随着激光平均功率的增加而增大,如图 4.25 所示,即随着激光平均功率的增加,孔入口直径增幅比孔出口直径增幅更明显。其原因之一为在激光能量的作用下,熔池在热传导下产生的径向扩张比深度方向的扩张更加明显。

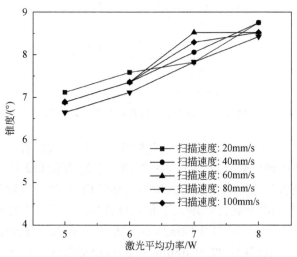

图 4.25　孔的锥度与激光平均功率的关系图
(陶瓷厚度:0.12mm;扫描次数:35 次)

扫描速度是指加工过程中激光光斑在加工样品表面的运动速度,其控制着加工路径上激光脉冲重叠个数,影响样品表面加工区域单位面积内吸收的能量大小。扫描速度越大,加工区域单位面积内接收的脉冲数越少,吸收能量越少。为了深入研究纳秒激光氧化铝陶瓷表面孔加工过程中扫描速度对孔入/出口直径的影响规律,设置激光平均功率为 8W,扫描次数为 5～100 次,扫描速度为 20～100mm/s,实验结果如图 4.26 所示。从图中可以看出,随着扫描速度的增大,孔的入口直径和出口直径均逐渐缩小。这主要是因为增大扫描速度会减少氧化铝陶瓷表面加工区域单位面积内吸收的能量,降低激光能量对材料的去除作用,导致孔入/出口直径减小。

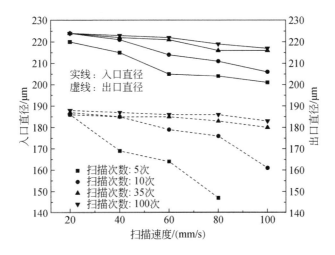

图 4.26　孔入/出口直径与扫描速度的关系图
(陶瓷厚度:0.12mm;激光平均功率:8W)

纳秒激光加工氧化铝陶瓷表面孔的锥度与扫描速度的关系图如图 4.27 所示。其中,当扫描次数为 5 次时,孔锥度随着扫描速度的增大而增大,这主要是由于扫描次数为 5 次不足以完全烧蚀出成型通孔,在加工出初始孔入口形貌、孔入口直径基本固定时,孔通道内及孔出口处的材料还没有被完全去除。此时,降低扫描速度、增大加工区域单位面积的脉冲重叠频率,将会在孔通道内累积更多激光能量用于材料的去除,孔出口直径增幅远远大于孔入口直径增幅,孔锥度减小。当扫描次数为 10 次时,这种烧蚀不完全的情况只发生在扫描速度大于 80mm/s 的范围内,因此当扫描速度从 100mm/s 降低到 80mm/s 时,孔锥度从 10.6°降低到 8.4°。当扫描次数为 10 次、扫描速度低于 80mm/s 时,孔基本成型,孔入/出口直径已接近饱和,此时孔锥度基本保持不变。当扫描次数为 35 次和 100 次时,扫描速度为 20～100mm/s 的孔已完全成型,孔锥度基本不受扫描速度的影响。

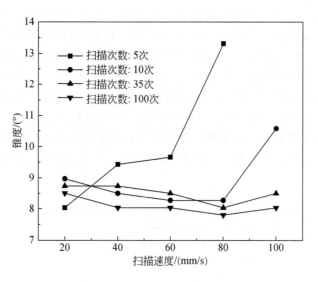

图 4.27　孔锥度与扫描速度的关系图
(陶瓷厚度:0.12mm;激光平均功率:8W)

　　扫描次数即为孔图案加工的循环次数,决定氧化铝陶瓷表面孔加工区域接收的总脉冲数和吸收热量。较多的扫描次数可以对氧化铝陶瓷加工区域起到更充分的烧蚀和材料去除,形成形貌完整的通孔,且在一定程度上降低了孔锥度。为了研究纳秒激光打孔氧化铝陶瓷过程中,扫描次数对孔尺寸的影响规律,设置激光平均功率为 8W,扫描速度为 20~100mm/s,扫描次数为 5~100 次。图 4.28 是孔入/

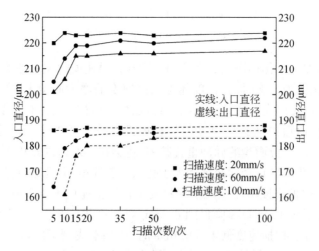

图 4.28　孔入/出口直径与扫描次数的关系图
(陶瓷厚度:0.12mm;激光平均功率:8W)

出口直径与扫描次数的关系图。可以看到,在扫描次数为 5~15 次时,孔入口直径随着扫描次数的增多而增大,当扫描次数多于 15 次时,孔入口直径基本保持不变。这主要是因为当扫描次数少于 15 次时,孔入口未完全成型,较多的扫描次数可以提高材料去除量,而在激光加工循环 15 次后,受同心圆孔加工轨迹的限制,孔入口直径达到饱和。

　　当扫描速度为 20mm/s 时,孔出口直径基本保持不变,为 188μm。这表明,当扫描次数为 5 次时,孔已完全烧蚀成型,出口直径已达到饱和,更多的扫描次数对已饱和的孔出口直径无影响。当扫描速度为 60mm/s 时,扫描次数从 5 次增多到 20 次,孔出口直径从 164μm 增大到 184μm,在扫描次数为 20~100 次范围内,出口直径为 185μm 保持不变,即孔出口直径在第 20 次扫描时已达到饱和。当扫描速度为 100mm/s 时,随着扫描次数从 5 次增加到 50 次,孔出口直径从 161μm 增加到 183μm,在第 50 次扫描时,孔出口直径达到饱和,饱和孔出口直径为 183μm。换句话说,随着扫描速度的提高,饱和孔出口直径略微减小。这是因为较快的扫描速度使得加工区域单位面积内接收的脉冲数减少,加工区域在一个加工循环中积累的热量较少,在下一个加工循环到来前,热量已部分散失,导致每个加工循环内已成型的出口边缘温度始终保持在较低水平,无法带来更多的材料气化或熔融去除,最终导致饱和孔出口直径减小。

　　图 4.29 为纳秒激光加工氧化铝陶瓷表面孔锥度与扫描次数的关系图。从图中可以看到,孔锥度随着扫描次数的增多而减小,当扫描速度为 100mm/s 时,孔锥

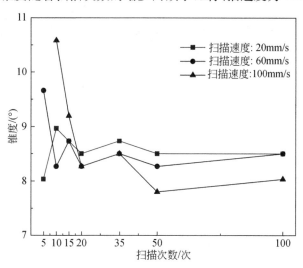

图 4.29　孔锥度与扫描次数的关系图
(陶瓷厚度:0.12mm;激光平均功率:8W)

度在扫描次数为 50 次时达到饱和,此时孔锥度为 8°。当扫描速度为 60mm/s 时,孔锥度在扫描次数为 10 次时达到饱和,此时孔锥度为 8.3°。当扫描速度为 20mm/s 时,孔锥度不随扫描次数的增多而减小,这是因为较慢的扫描速度对孔出口材料去除起促进作用,在较少的扫描次数下即能得到较大的孔出口直径,进而得到较小的孔锥度。

4.2.3 纳秒激光加工参数对孔形貌的影响

1.纳秒激光直冲打孔参数对孔形貌的影响

图 4.30 是在重复频率为 50kHz、脉冲数为 5000 个、单脉冲能量为 80~160μJ 时,纳秒激光加工氧化铝陶瓷孔的入口形貌。可以看到,当单脉冲能量为 80μJ 时,孔通道具有明显锥度,圆度较差,孔入口清洁无碎屑,仅有少量烧蚀痕迹。当单脉冲能量从 80μJ 增大到 120μJ 时,孔入口直径从 26μm 增大到 30.1μm,圆度略微提高,同时入口边缘出现部分碎屑残留,烧蚀痕迹较为明显。当单脉冲能量继续增大至 160μJ 时,孔入口直径增大至 30.8μm,圆度较好,但入口表面出现熔融材料堆积,并伴有部分喷溅物残留。可以得出,孔入口直径在单脉冲能量为 120μJ 时,基本增大至饱和,同时孔入口表面较为清洁,具有较好的表面质量。

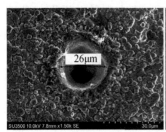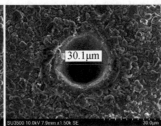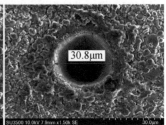

(a)单脉冲能量：80μJ　　　　(b)单脉冲能量：120μJ　　　　(c)单脉冲能量：160μJ

图 4.30　不同单脉冲能量下氧化铝陶瓷表面孔的入口形貌
（陶瓷厚度：0.25mm；重复频率：50kHz；脉冲数：5000 个）

此外,纳秒激光的脉冲数也是影响孔入口形貌的重要因素,一般来说脉冲数越多,加工时间越长,孔深越大,孔表面质量越差。在单脉冲能量为 160μJ、重复频率为 50kHz 时,不同脉冲数下纳秒激光加工氧化铝陶瓷孔的入口形貌如图 4.31 所示。可以看到,随着脉冲数的增多,孔逐渐从烧蚀坑扩展为盲孔,再随着孔深增加形成通孔,最终锥度减小达到完全饱和,整个过程孔入口直径基本保持不变。当脉冲数为 20 个时,烧蚀坑以外清洁无熔渣;当脉冲数为 350 个时,烧蚀坑边缘出现熔融物堆积;当脉冲数为 1500 个时,通孔成型,孔边缘熔融物堆积部分残留物,出现向外扩张的热烧蚀痕迹；当脉冲数为 5000 个时,通孔达到饱和,孔入口表面热烧蚀痕迹明显,且范围扩张至二倍孔径。

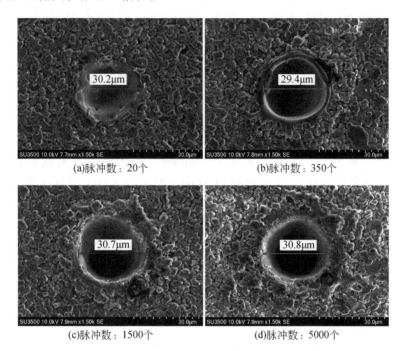

(a)脉冲数：20 个　　　　　　　　　　(b)脉冲数：350 个

(c)脉冲数：1500 个　　　　　　　　　(d)脉冲数：5000 个

图 4.31　不同激光脉冲数下氧化铝陶瓷表面孔的入口形貌
(陶瓷厚度：0.25mm;重复频率：50kHz;单脉冲能量：160μJ)

根据图 4.32 中脉冲数对盲孔深度的影响规律,分别将脉冲数设定为 125 个、410 个、700 个,在陶瓷厚度为 0.38mm 的氧化铝陶瓷基板上加工深度为 50μm、150μm、250μm,直径约为 30μm 的盲孔,加工得到的盲孔侧剖面形貌如图 4.32 所

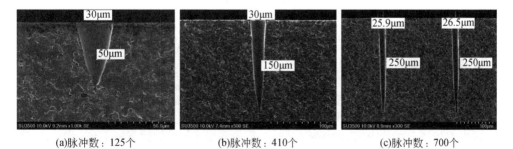

(a)脉冲数：125 个　　　　　　(b)脉冲数：410 个　　　　　　(c)脉冲数：700 个

图 4.32　直径 30μm 的盲孔侧剖面形貌
(陶瓷厚度：0.38mm;单脉冲能量：120μJ;重复频率：50kHz)

示。可以看到,在单脉冲能量保持不变的条件下,孔深随着脉冲数的增多而增加,同时孔入口直径保持不变。当脉冲数为 125 个时,孔深为 $50\mu m$,孔侧剖面呈现明显的倒三角形,孔壁光滑无裂纹,仅有少量碎屑残留;当脉冲数为 410 个时,孔深约为 $150\mu m$,孔侧剖面呈现子弹头状,孔壁清洁无碎屑残留;当脉冲数为 700 个时,孔深为 $250\mu m$,孔侧剖面呈现细长的针形,在孔入口到距入口 4/5 处,孔通道的直径基本保持不变,仅在底部 1/5 位置处孔通道开始收缩,最终在孔底部出现"针尖"形貌,整个孔壁清洁无裂纹,无碎屑残留。

2. 纳秒激光旋切打孔参数对孔形貌的影响

在重复频率为 50kHz、扫描速度为 20mm/s、扫描次数为 100 次参数下,纳秒激光加工氧化铝陶瓷孔入/出口形貌 SEM 图如图 4.33 所示。从图中可以看到,孔入口表面较清洁,入口边缘有少量熔渣堆积,随着激光平均功率的增大,熔渣堆积量增多,且孔入口周围白色热烧蚀痕迹更明显。对比图 4.33(a1)和(b1),相比孔入口边缘明显的喷溅物,孔出口边缘清洁无熔渣,轮廓清晰圆度高,且无热烧蚀痕迹残留,整体具有较高质量。孔出口形貌随激光平均功率的变化如图 4.33(b1)～(b4)所示。随着激光平均功率从 5W 增大到 8W,氧化铝陶瓷加工区域热量积累增多,孔周围材料热影响痕迹加重,白色烧蚀相变区域由无烧蚀增大到沿孔出口周围径向扩展 $100\mu m$ 的区域。

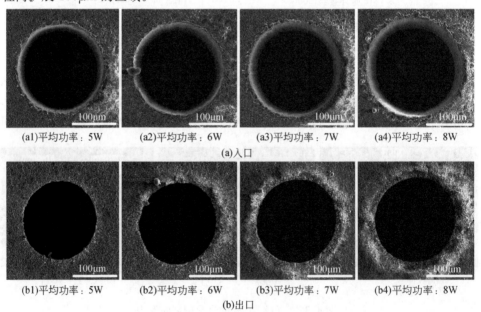

(a1)平均功率:5W	(a2)平均功率:6W	(a3)平均功率:7W	(a4)平均功率:8W
(a)入口

(b1)平均功率:5W	(b2)平均功率:6W	(b3)平均功率:7W	(b4)平均功率:8W
(b)出口

图 4.33　不同激光平均功率下氧化铝陶瓷孔入/出口形貌 SEM 图
(陶瓷厚度:0.12mm;重复频率:50kHz;扫描速度:20mm/s;扫描次数:100 次)

　　为了研究激光平均功率的变化对氧化铝陶瓷烧蚀形貌的影响,设置了重复频率为 50kHz、扫描速度为 10mm/s、扫描次数为 5 次的实验,并将陶瓷基板沿孔直径方向剖开,其侧剖面形貌如图 4.34 所示。可以看到,当激光平均功率为 1W 时,氧化铝陶瓷上孔未完全打穿,形成了深度约为 $50\mu m$ 的盲孔,其孔壁呈现大尺寸鱼鳞状凸起,孔底同样凹凸不平,整体粗糙度较高,质量较差。当激光平均功率增大到 4W 时,在 0.12mm 厚度的氧化铝陶瓷上已完全形成通孔,孔壁出现平行于孔轴线的沟壑状结构,且沟壑状结构极为粗糙,同时黏附有球形气泡状颗粒。当激光平均功率增大到 8W 时,孔侧壁沟壑状结构变得平滑细致,表面无其他颗粒残留,整体获得较小粗糙度。然而,此时能发现孔壁出现裂纹,贯穿孔上下表面,且在孔中部出现垂直于轴线方向的分叉,同时孔壁上存在部分气孔,影响了孔壁的质量。

(a)激光平均功率:1W　　　(b)激光平均功率:4W　　　(c)激光平均功率:8W

图 4.34　不同激光平均功率下氧化铝陶瓷孔侧剖面形貌
(陶瓷厚度:0.12mm;重复频率:50kHz;扫描速度:10mm/s;扫描次数:5 次)

　　图 4.35 是激光平均功率为 5W、重复频率为 50kHz、扫描次数为 35 次、扫描速度在 $20\sim100$mm/s 范围内,纳秒激光加工氧化铝陶瓷孔入/出口形貌。可以看到,当

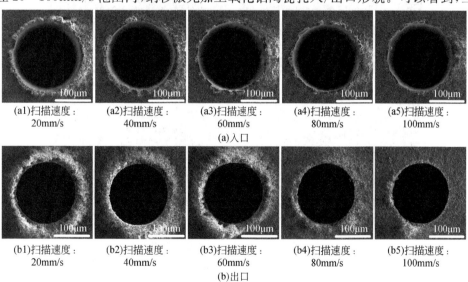

(a1)扫描速度:　　(a2)扫描速度:　　(a3)扫描速度:　　(a4)扫描速度:　　(a5)扫描速度:
20mm/s　　　　40mm/s　　　　60mm/s　　　　80mm/s　　　　100mm/s
(a)入口

(b1)扫描速度:　　(b2)扫描速度:　　(b3)扫描速度:　　(b4)扫描速度:　　(b5)扫描速度:
20mm/s　　　　40mm/s　　　　60mm/s　　　　80mm/s　　　　100mm/s
(b)出口

图 4.35　不同扫描速度下氧化铝陶瓷孔入/出口形貌
(陶瓷厚度:0.381mm;激光平均功率:5W;重复频率:50kHz;扫描次数:35 次)

扫描速度为 20mm/s 时,孔入口边缘存在较多的熔渣堆积,入口和出口周围具有明显的白色热烧蚀痕迹。随着扫描速度的增大,孔入口和出口处的热影响痕迹逐渐减少,当扫描速度增大到 100mm/s 时,孔上下表面变得清洁干净,无毛刺和熔渣堆积,具有较好的加工质量。这主要是因为激光扫描速度控制着氧化铝陶瓷加工区域单位面积上吸收的脉冲数,较慢的扫描速度带来更多的脉冲和能量积累,对孔起到过度烧蚀的作用,造成孔周围严重的热影响区和熔渣堆积。

为了进一步分析激光扫描速度对氧化铝陶瓷烧蚀形貌的影响,设置激光平均功率为 4W、重复频率为 50kHz、扫描次数为 5 次、扫描速度为 4~20mm/s 的一组实验,并对加工孔进行侧剖处理,其侧剖面形貌如图 4.36 所示。可以看到,随着扫描速度的降低,首先孔侧壁由接近基体氧化铝晶粒的大颗粒状结构和烧蚀不完全的鱼鳞状结构(图 4.36(d))逐渐转变为黏附球状颗粒的粗糙沟壑状结构(图 4.36(c)),接着黏附颗粒消失,呈现细密的平行于孔轴线的沟壑状条纹(图 4.36(b)),最终达到平滑疏散的沟壑状结构(图 4.36(a))。从图中可以发现,孔壁粗糙度随着扫描速度的降低而升高,由接近氧化铝陶瓷基体颗粒尺寸的大尺度凸起演变为细密平滑的曲面。这主要是因为较慢的扫描速度带来的更多激光脉冲对孔壁氧化铝晶粒起到了再烧蚀作用,可以有效气化侧壁凸起结构,细化晶体颗粒,使侧壁粗糙度得到进一步提高。

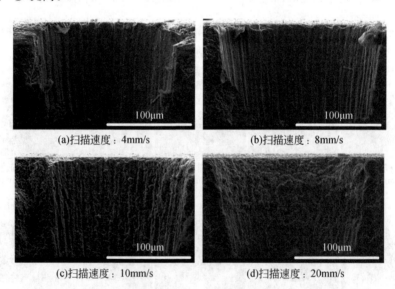

图 4.36　不同扫描速度下氧化铝陶瓷孔侧剖面形貌
(陶瓷厚度:0.381mm;激光平均功率:4W;重复频率:50kHz;扫描次数:5 次)

对比不同扫描速度对氧化铝陶瓷孔形貌的影响发现,较快的扫描速度可以加工出高质量的孔入/出口形貌,而较慢的扫描速度可以加工出高质量的孔壁,两者在氧化铝陶瓷上打孔时各有其优势。对于工业化生产,应根据实际加工需求选择更符合期望孔质量标准的激光扫描速度,针对不同应用领域采用不同的参数方案,以达到最高效益。

图 4.37 是激光平均功率为 5W、重复频率为 50kHz、扫描速度为 40mm/s、扫描次数在 5~50 次范围内,纳秒激光加工氧化铝陶瓷的孔入/出口形貌。从图中可以看到,当扫描次数为 5 次时,孔入口呈现出较严重的热影响痕迹,孔出口轮廓为不规则圆形,且边缘存在锯齿状结构。这是因为 5 次扫描次数不足以在厚度为 0.12mm 的氧化铝陶瓷上烧蚀出完整的孔结构,入口处大部分热影响痕迹所在位置的材料都可以在更多次数的加工循环中去除。当扫描次数增多到 10 次时,孔已完全烧蚀成型,入口表面存在少量热影响痕迹和毛刺,出口轮廓平滑圆度高,出口表面清洁无碎屑,具有较好的加工质量。随着扫描次数继续增多,孔入口表面出现更大面积的热影响区和较多的碎屑,孔出口形貌无明显变化。这是因为在扫描次数达到 10 次时,通孔基本达到饱和,更多的扫描次数仅在孔入口处积累更多的能量,导致孔入口处热影响区面积增大,碎屑增多。这些能量会在每个加工周期中消散,无法积累传递到孔出口,因此扫描次数的增多对孔出口形貌无明显影响。

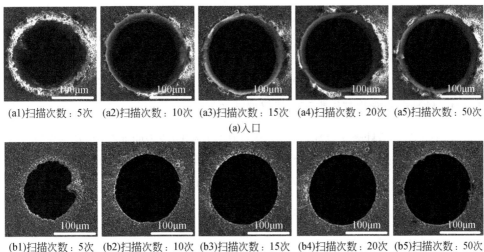

(a1)扫描次数:5次　(a2)扫描次数:10次　(a3)扫描次数:15次　(a4)扫描次数:20次　(a5)扫描次数:50次

(a)入口

(b1)扫描次数:5次　(b2)扫描次数:10次　(b3)扫描次数:15次　(b4)扫描次数:20次　(b5)扫描次数:50次

(b)出口

图 4.37　不同扫描次数下氧化铝陶瓷孔入/出口形貌

(陶瓷厚度:0.12mm;激光平均功率:5W;重复频率:50kHz;扫描速度:40mm/s)

为了分析激光扫描次数对氧化铝陶瓷上成型通孔侧壁烧蚀形貌的影响,设置激光平均功率为 4W、重复频率为 50kHz、扫描速度为 40mm/s、扫描次数为 5~20 次的一组实验,并对加工孔进行侧剖处理,加工出通孔侧壁形貌,如图 4.38 所示。

从图中可以看到,当扫描次数为 5 次时,孔侧壁出现大颗粒状近似于基体氧化铝晶粒的未完全烧蚀结构,其具有极大的表面粗糙度,且孔锥度较大。当扫描次数为 10 次时,孔壁大颗粒状的氧化铝晶粒细化为气泡球状黏附于侧壁上,侧壁出现平行于孔轴线的细密沟壑状条纹,孔壁粗糙度较大,此时孔出口已基本达到饱和,孔锥度较小。当扫描次数为 20 次时,孔壁沟壑状结构已较为平滑,但孔壁出现少量微裂纹,连接部分气孔呈现分叉扩展。这是因为较多的扫描次数在对孔壁进一步烧蚀细化的过程中,也增加了孔壁的热量积累,在热应力的作用下更容易引发微裂纹。

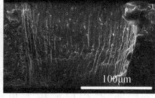

(a)扫描次数：5次　　　　　　(b)扫描次数：10次　　　　　　(c)扫描次数：20次

图 4.38　不同扫描次数下氧化铝陶瓷通孔侧壁形貌

(陶瓷厚度：0.12mm；激光平均功率：4W；重复频率：50kHz；扫描速度：40mm/s)

较多的扫描次数能促进激光烧蚀修型作用,带来更低的孔壁粗糙度,但积累的热量也会诱发侧壁上微裂纹的产生。要想得到较高质量的通孔,需要在调控扫描次数的同时搭配合适的激光平均功率、重复频率及扫描速度,在多参数耦合的作用下找到最佳加工参数。

4.2.4　纳秒激光陶瓷基板表面高质量群孔加工

基于前面对纳秒激光直冲打孔/旋切打孔氧化铝陶瓷表面通孔/盲孔的单孔工艺实验,获得单孔加工最佳参数组合,将此工艺方案拓展到多种厚度的氧化铝陶瓷基板上加工出多种孔径的盲孔/通孔,并在大面积陶瓷样品上实现群孔阵列的制备。

1. 盲孔深度为 $50\mu m$

1)盲孔入口直径为 $30\mu m$

盲孔深度为 $50\mu m$、盲孔入口直径为 $30\mu m$ 的孔的加工参数如表 4.2 所示,加工结果如图 4.39 所示。

表 4.2　加工方式和参数一览表(盲孔深度为 $50\mu m$、盲孔入口直径为 $30\mu m$)

加工方式	激光平均功率/W	重复频率/kHz	单脉冲能量/μJ	脉冲数/个	加工效率/(s/孔)
直冲打孔	6	50	120	125	0.017

(a)带有大面积孔阵列的陶瓷基板

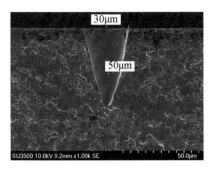

(b)孔侧剖电镜图

图 4.39　氧化铝陶瓷表面群孔阵列及单孔 SEM 图

（陶瓷基板尺寸：115mm×115mm×0.12mm；孔中心点间距：2.5mm；孔数量：1600 个）

2)盲孔入口直径为 $500\mu m$

盲孔深度为 $50\mu m$、盲孔入口直径为 $500\mu m$ 的孔的加工参数如表 4.3 所示，加工结果如图 4.40 所示。

表 4.3　加工方式和参数一览表(盲孔深度为 $50\mu m$、盲孔入口直径为 $500\mu m$)

加工方式	圆图案直径 /μm	填充间距 /μm	插补误差	激光平均功率/W	重复频率 /kHz	单脉冲能量 /μJ	扫描速度 /(mm/s)	扫描次数 /次	加工效率 /(s/孔)
旋切打孔	492	10	0.0005	6	50	120	300	10	0.145

(a)带有大面积孔阵列的陶瓷基板

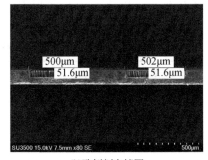

(b)孔侧剖电镜图

图 4.40　氧化铝陶瓷表面群孔阵列及单孔 SEM 图

（陶瓷基板尺寸：115mm×115mm×0.12mm；孔中心点间距：5mm；孔数量：400 个）

2. 盲孔深度为 150μm

1)盲孔入口直径为 30μm

盲孔深度为 150μm、盲孔入口直径为 30μm 的孔的加工参数如表 4.4 所示,加工结果如图 4.41 所示。

表 4.4　加工方式和参数一览表(盲孔深度为 150μm、盲孔入口直径为 30μm)

加工方式	激光平均功率/W	重复频率/kHz	单脉冲能量/μJ	脉冲数/个	加工效率/(s/孔)
直冲打孔	6	50	120	410	0.028

(a)带有大面积孔阵列的陶瓷基板　　　　　(b)孔侧剖电镜图

图 4.41　氧化铝陶瓷表面群孔阵列及单孔 SEM 图

(陶瓷基板尺寸:100mm×100mm×0.25mm;孔中心点间距:2.5mm;孔数量:900 个)

2)盲孔入口直径为 500μm

盲孔深度为 150μm、盲孔入口直径为 500μm 的孔的加工参数如表 4.5 所示,加工结果如图 4.42 所示。

表 4.5　加工方式和参数一览表(盲孔深度为 150μm、盲孔入口直径为 500μm)

加工方式	圆图案直径/μm	填充间距/μm	插补误差	激光平均功率/W	重复频率/kHz	单脉冲能量/μJ	扫描速度/(mm/s)	扫描次数/次	加工效率/(s/孔)
旋切打孔	492	10	0.0005	6	50	120	300	28	0.195

3. 盲孔深度为 250μm

1)盲孔入口直径为 30μm

盲孔深度为 250μm、盲孔入口直径为 30μm 的孔的加工参数如表 4.6 所示,加工结果如图 4.43 所示。

(a)带有大面积孔阵列的陶瓷基板

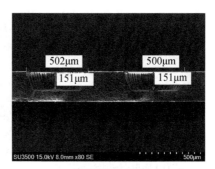

(b)孔侧剖电镜图

图 4.42　氧化铝陶瓷表面群孔阵列及单孔 SEM 图

（陶瓷基板尺寸：100mm×100mm×0.25mm；孔中心点间距：7.07mm；孔数量：200 个）

表 4.6　加工方式和参数一览表（盲孔深度为 250μm、盲孔入口直径为 30μm）

加工方式	激光平均功率/W	重复频率/kHz	单脉冲能量/μJ	脉冲数/个	加工效率/(s/孔)
直冲打孔	6	50	120	700	0.039

(a)带有大面积孔阵列的陶瓷基板

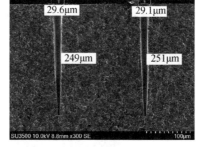

(b)孔侧剖电镜图

图 4.43　氧化铝陶瓷表面群孔阵列及单孔 SEM 图

（陶瓷基板尺寸：114mm×114mm×0.38mm；孔中心点间距：2.5mm；孔数量：1600 个）

2)盲孔入口直径为 500μm

盲孔深度为 250μm、盲孔入口直径为 500μm 的孔的加工参数如表 4.7 所示，加工结果如图 4.44 所示。

表 4.7　加工方式和参数一览表（盲孔深度为 250μm、盲孔入口直径为 500μm）

加工方式	圆图案直径 /μm	填充间距 /μm	插补误差	激光平均功率 /W	重复频率 /kHz	单脉冲能量 /μJ	扫描速度 /(mm/s)	扫描次数 /次	加工效率 /(s/孔)
旋切打孔	492	10	0.0005	6	50	120	300	47	0.245

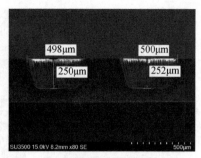

(a)带有大面积孔阵列的陶瓷基板　　　(b)孔侧剖电镜图

图 4.44　氧化铝陶瓷表面群孔阵列及单孔 SEM 图

（陶瓷基板尺寸：114mm×114mm×0.38mm；孔中心点间距：10mm；孔数量：100 个）

4. 通孔入口直径为 500μm

1）陶瓷基片厚度为 0.12mm

通孔入口直径为 500μm、陶瓷基片厚度为 0.12mm 的孔的加工参数如表 4.8 所示，加工结果如图 4.45 所示。

表 4.8　加工方式和参数一览表（通孔入口直径为 500μm、陶瓷基片厚度为 0.12mm）

加工方式	圆图案直径/μm	填充间距/μm	插补误差	激光平均功率/W	重复频率/kHz	单脉冲能量/μJ	扫描速度/(mm/s)	扫描次数/次	加工效率/(s/孔)
旋切打孔	480	15	0.0005	6	50	120	300	80	0.155

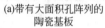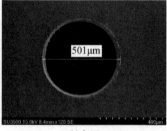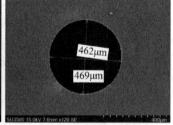

(a)带有大面积孔阵列的　　　(b)入口　　　(c)出口
陶瓷基板

图 4.45　氧化铝陶瓷表面群孔阵列及单孔 SEM 图

（陶瓷基板尺寸：115mm×115mm×0.12mm；孔中心点间距：5mm；孔数量：400 个）

2）陶瓷基片厚度为 0.25mm

通孔入口直径为 500μm、陶瓷基片厚度为 0.25mm 的孔的加工参数如表 4.9 所示，加工结果如图 4.46 所示。

表 4.9　加工方式和参数一览表(通孔入口直径为 500μm、陶瓷基片厚度为 0.25mm)

加工方式	圆图案直径/μm	填充间距/μm	插补误差	激光平均功率/W	重复频率/kHz	单脉冲能量/μJ	扫描速度/(mm/s)	扫描次数/次	加工效率/(s/孔)
旋切打孔	480	15	0.0005	6	50	120	300	150	0.18

 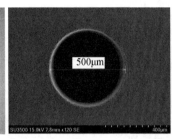 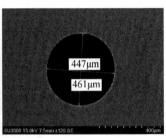

(a)带有大面积孔阵列的　　　　　(b)入口　　　　　　　　(c)出口
　陶瓷基板

图 4.46　氧化铝陶瓷表面群孔阵列及单孔 SEM 图

(陶瓷基板尺寸:100mm×100mm×0.25mm;孔中心点间距:7.07mm;孔数量:200 个)

3)陶瓷基片厚度为 0.38mm

通孔入口直径为 500μm、陶瓷基片厚度为 0.38mm 的孔的加工参数如表 4.10 所示,加工结果如图 4.47 所示。

表 4.10　加工方式和参数一览表(通孔入口直径为 500μm、陶瓷基片厚度为 0.38mm)

加工方式	圆图案直径/μm	填充间距/μm	插补误差	激光平均功率/W	重复频率/kHz	单脉冲能量/μJ	扫描速度/(mm/s)	扫描次数/次	加工效率/(s/孔)
旋切打孔	480	15	0.0005	6	50	120	300	300	0.258

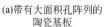 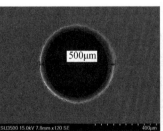 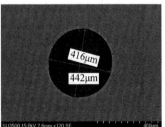

(a)带有大面积孔阵列的　　　　　(b)入口　　　　　　　　(c)出口
　陶瓷基板

图 4.47　氧化铝陶瓷表面群孔阵列及单孔 SEM 图

(陶瓷基板尺寸:114mm×114mm×0.38mm;孔中心点间距:10mm;孔数量:100 个)

4)陶瓷基片厚度为 0.5mm

通孔入口直径为 $500\mu m$、陶瓷基片厚度为 0.5mm 的孔的加工参数如表 4.11 所示,加工结果如图 4.48 所示。

表 4.11 加工方式和参数一览表(通孔入口直径为 $500\mu m$、陶瓷基片厚度为 0.5mm)

加工方式	圆图案直径 /μm	填充间距 /μm	插补误差	激光平均功率/W	重复频率 /kHz	单脉冲能量 /μJ	扫描速度 /(mm/s)	扫描次数 /次	加工效率 /(s/孔)
旋切打孔	480	15	0.0005	6	50	120	300	350	0.283

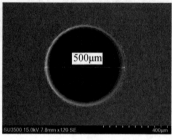
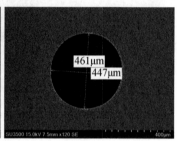

| (a)带有大面积孔阵列的陶瓷基板 | (b)入口 | (c)出口 |

图 4.48 氧化铝陶瓷表面群孔阵列及单孔 SEM 图
(陶瓷基板尺寸:114mm×114mm×0.5mm;孔中心点间距:10mm;孔数量:100 个)

4.3 纳秒激光调控加工金刚石微槽技术

4.3.1 金刚石热沉微流道加工

近年来,芯片技术的高速发展促进了高科技电子设备的更新换代[23]。电子设备的众多功能需求使得芯片在短时间内处理的数据急剧增加,导致芯片表面热流密度呈现急剧增大的趋势,将严重影响功率芯片的工作稳定性和使用寿命[24-26]。芯片散热问题限制了芯片技术的进一步发展和电子设备的功能升级,因此芯片技术的发展对高性能冷却方法有迫切需求。目前,主流的芯片散热结构为:两侧为集流槽,中间为微槽通道,如图 4.49 所示。采用的材料多为无氧铜,无氧铜的热导率只有 $400W/(m \cdot K)$,无法满足未来千瓦级以上超高热流密度芯片的散热需求[27-29]。金刚石具有超高热导率,纯度最高的金刚石热导率可达 $2600W/(m \cdot$

K),凭借着超高热导率这一物理特性,金刚石成为理想的热沉材料[30],因此芯片散热领域对金刚石微槽群热沉结构有着迫切需求。

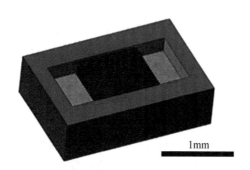

图 4.49　用于芯片散热的微槽群热沉结构

作为金刚石材料,其莫氏硬度高达 10,新莫氏硬度达 15,显微硬度达 10000 kg/mm², 显微硬度比石英高 1000 倍,比刚玉高 150 倍。由于金刚石硬度极高,金刚石的切削和加工必须利用钻石粉或激光进行。另外,金刚石微槽热沉的微通道尺寸处于微米量级,加工精度要求高,而激光凭借极高的峰值功率、精确的损伤阈值、极小的热影响区、高的加工精度,以及适合于各种难加工超硬脆材料的特点,成为国内外部分学者关注的重点[31-34]。开展激光可控加工金刚石微槽群热沉结构研究,不仅能提高我国在金刚石超精密激光加工领域的竞争力,更重要的是将金刚石微槽群热沉结构应用于芯片散热系统,能充分发挥金刚石超高热导率的优势,解决芯片散热难的问题,从而提高芯片的可靠性和使用寿命,促进高性能芯片与高精尖电子设备的更新换代,对芯片应用领域的工业发展和技术持续革新具有十分重要的意义。

4.3.2　纳秒激光调控加工金刚石热沉集流槽

作为微槽群热沉结构左右两侧的集流槽,起着实时储存和释放压力冷水流的作用。采用波长为 355nm 的紫外纳秒激光作为输入光源,深入分析激光物理参量对加工形貌的影响,以实现其高质量加工并保证高一致性。

1. 不同激光扫描路径对集流槽形貌的影响

不同的激光扫描路径对加工平整底部的大尺寸集流槽具有明显的影响,利用微米尺度的微圆阵列填充、线填充、螺旋填充、井字形填充扫描路径进行对比分析,各轨迹示意图如图 4.50 所示,通过对比优化激光扫描路径。

实验中,将扫描间距设置为 $20\mu m$,采用 50kHz 的重复频率,入射激光平均功

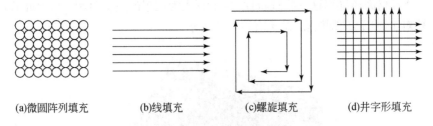

(a)微圆阵列填充　　　(b)线填充　　　(c)螺旋填充　　　(d)井字形填充

图 4.50　不同的激光扫描路径示意图

率为 10W,扫描速度设置为 100mm/s。采用微圆阵列填充、线填充、螺旋填充、井字形填充的方式,探索不同扫描方式对集流槽底部的影响。采用微圆阵列填充的方式扫描间距达到 $20\mu m$ 后,扫描间距不能再缩小,集流槽底部出现很多微孔,且无序排列,大小不同,难以控制底面的粗糙度,如图 4.51(a)所示。采用线填充的激光铣削方式,当扫描间距为 $20\mu m$ 时,出现周期性的沟壑,如图 4.51(b)所示。采用井字形填充的激光铣削方式,对角线上有明显的划痕,随着扫描间距的减小,集流槽的深度逐渐加深,左右两侧的深度远大于上下两侧,如图 4.51(d)所示。采用井字形填充激光铣削扫描方式,相比微圆阵列填充,有更小的扫描间距,可改善集流槽底部粗糙度,若扫描间距设定为 $5\mu m$,则加工的底部比较光滑平整,出现了与微圆阵列填充方式类似的结果,底部出现的小圆坑排列较规整,出现在网格线的交点上,如图 4.51(d)所示。

　　结果表明:微圆阵列填充路径的计算量大而形貌起伏非常明显,微圆阵列填充加工的区域,沿圆周向下发展,有很深的刻痕;线填充由于扫描方向单一,垂直扫描方向上底部形貌起伏明显;螺旋填充改善了线填充扫描方向单一的缺点,但转角部分的结构明显;井字形填充的计算量适中,加工效率高,底部形貌平坦程度最优,是四种方式中最优的扫描路径。

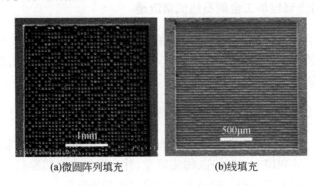

(a)微圆阵列填充　　　　　　　(b)线填充

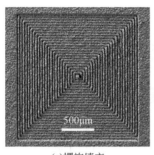 

(c)螺旋填充　　　　　　　　　(d)井字形填充

图 4.51　激光沿多路径扫描加工集流槽的底部形貌

2. 不同激光光斑重叠率对集流槽形貌的影响

前面已经对比分析了微米尺度的微圆阵列填充、线填充、螺旋填充、井字形填充扫描方式对集流槽底部形貌的影响,其中以井字形填充扫描方式较优。鉴于井字形填充扫描方式加工集流槽底部形貌的特点,需进一步改变优化光斑重叠率,在加工效率不至于过低的情况下,尽可能降低集流槽底部的粗糙度。

实验中,将扫描间距调整为 $20\mu m$、$10\mu m$ 和 $5\mu m$,采用 50kHz 的重复频率,入射激光平均功率为 10W,扫描速度为 100mm/s。采用井字形填充扫描方式(图 4.52),加工结果如图 4.53 所示。

激光束

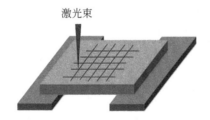

图 4.52　金刚石集流槽的井字形填充扫描方式方案示意图

为了进一步改善加工形貌,将网格式扫描路径的间距缩小至 $1\mu m$,设置重复频率为 50kHz,入射激光功率为 10W,扫描速度为 500mm/s,聚焦加工完成后将焦点依次下移 $500\mu m$,下移 3 次,在最后一次下移时,当焦点位置在金刚石表面下方 $1500\mu m$ 时,进行小功率高速度抛光,加工结果如图 4.54 所示。结果表明,集流槽底部的粗糙度大幅度降低。

图 4.53　不同光斑重叠率下井字形填充激光铣削加工结果

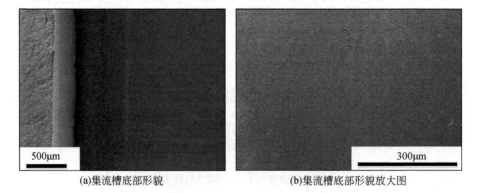

图 4.54　金刚石集流槽底部形貌

4.3.3　纳秒激光调控加工大深宽比金刚石盲槽

　　传统机械加工方式受刀具材料的限制,难以对金刚石进行加工。激光加工虽然可实现对金刚石材料的去除,但由于聚焦激光的光束特性,加工的微结构通常具有一定的侧壁锥度。因此,小锥度且深宽比大的微槽加工有一定难度,亟须突破以提升微结构的应用性能。

1.扫描区域空间占比调控对微槽阵列加工效果的影响

实验中,设计由外向内填充的螺旋加工方式,并将一根微槽划分为不同区域。图 4.55 为激光分区加工示意图。两个侧壁区域的加工面积相较于中间部分小,调整侧壁区域的扫描间距大于中间区域的扫描间距,通过控制器控制激光的扫描路径和扫描顺序。采用由外而内的加工顺序,首先加工微槽的侧壁区域,然后加工中间区域,其中每一部分加工区域采取由内而外的螺旋填充加工方式,从而对微槽锥度进行工艺分析。

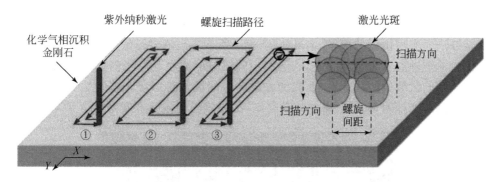

图 4.55　激光分区加工示意图

为了探究两侧区域与中间区域的分布比例对微槽结构和尺寸参数的影响,将微槽总宽度设置为 200μm,将两侧区域的宽度分别调整为 60μm、50μm、40μm、30μm、20μm、10μm,加工结果如图 4.56 所示。当两侧区域的宽度过大、微槽锥度变大、底部变尖。两侧宽度为 20μm、30μm 时,底部质量较好,有轻微的分叉。两侧区域太窄、太宽都会导致微槽形貌发生变化,截面向三角形发展。

2.扫描区域能量占比调控对微槽阵列加工效果的影响

在实验中,作为长 1.8mm、宽 200μm 的矩形总加工区域,设置两个侧壁区域都为长 1.8mm、宽 40μm 的矩形,分别记为①、③,激光平均功率为 10W,扫描速度为 100mm/s,重复扫描次数为 60 次,进行聚焦加工。此外,中间长 1.8mm、宽 120μm 的矩形区域记为②,入射激光平均功率为 10W,扫描速度为 80mm/s,重复扫描次数为 50 次,进行聚焦加工。

螺旋路径的分区域加工可将不同区域的能量控制在一个范围内,由于扫描间距是逐级调节的,不能量变,因此可在扫描区域内调整能量占比,即通过调整侧壁

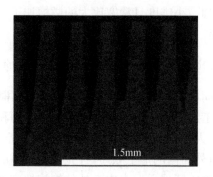

图 4.56 不同扫描区域尺寸情形下的微槽截面形貌

区域与中间区域的激光平均功率、扫描速度、重复扫描次数等参数,实现不同区域的烧蚀进而实现微槽的加工,结果如图 4.57 所示。当侧壁区域的烧蚀速度大于中间区域的烧蚀速度时,会在微槽底部的中间区域形成凸起。当侧壁区域的烧蚀速度小于中间区域的烧蚀速度时,微槽底部的中间区域将形成凹陷装填。只有当不同区域同步烧蚀时,微槽底部才能获得平底,同时微槽侧壁锥度得到改善。

图 4.57 扫描区域不同能量占比情形下的微槽截面形貌

3. 扫描区域扫描次序调控对微槽阵列加工效果的影响

为了提升微槽的加工效果,进一步分析不同扫描顺序对微槽尺寸的影响。扫描区域组合顺序分别为①②③、①③②、②①③、②③①、③①②、③②①,并按照上述参数进行脉冲激光铣削加工。由图 4.58 可见,分区域加工带来的直观效果是微槽,不会提前出现三角形及底部变尖的形貌,有出现平底的趋势。单个微槽的铣削顺序如果是①②③或③②①这种从一端按顺序加工到另一端,那么微槽的锥度并无改善,且在微槽底部出现与铣削顺序相反的弯曲情况。采用②①③、②③①这两种铣削顺序,会出现与以前实验类似的情况。这是因为先加工中间区域,已经形成的微槽有一定的锥度,再加工两侧区域时,激光会通过反射等方式将能量传播到中间区域,加速中间区域的烧蚀,两侧区域本身没有获取太多能量去除侧壁材料,因此会出现截面为三角形的微槽。采用①③②、③①②这两种铣削顺序先加工两侧的小区域,避免在加工中间区域时受到两侧区域反射散射的激光能量影响,使得微槽底部在微槽深度小于 $1000\mu m$ 之前不会出现三角形,微槽底部有平底出现。采用③①②这种激光扫描顺序,甚至可将微槽的侧壁锥度降至 $0.7°$,如图 4.58(b)所示。

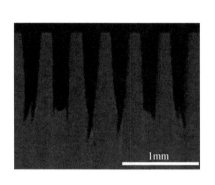

(a)微槽截面形貌

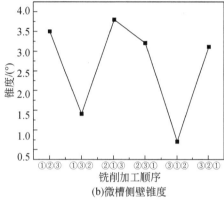

(b)微槽侧壁锥度

图 4.58　螺旋路径下不同铣削顺序的微槽截面形貌

采用这种③①②扫描顺序、外密内疏的加工方案,再结合五种不同的铣削路径,在金刚石内部进行加工,其微槽截面形貌图与尺寸变化如图 4.59 和图 4.60 所示。图 4.59 中微槽从右往左依次为横向线填充、竖向线填充、螺旋填充、微圆阵列填充和井字形填充所获得的结果。结果表明,螺旋路径扫描加工可降低已成型侧壁对激光反射等的影响,从而大幅度改善微槽的侧壁锥度。

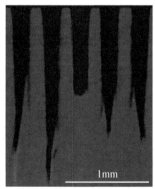

(a)棱上加工的微槽侧面形貌

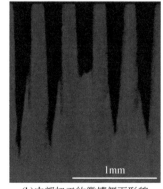

(b)内部加工的微槽侧面形貌

图 4.59　不同扫描路径下微槽截面形貌

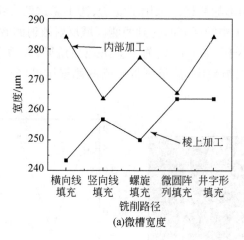

(a)微槽宽度

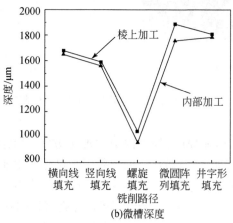

(b)微槽深度

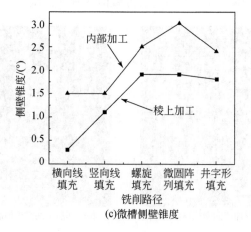

(c)微槽侧壁锥度

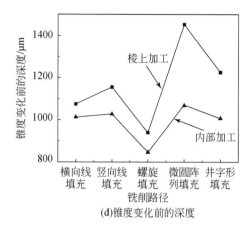

(d)锥度变化前的深度

图 4.60　不同扫描路径下微槽尺寸变化趋势图

　　设计螺旋路径由外向内进行扫描加工,采用分区域加工和③①②的铣削顺序,且控制两侧区域与中间区域的面积分布比例,配合合理的激光参数和工作台参数,两侧区域宽度的调节是不连续的,只能进行逐级调节,而激光扫描速度的调节是连续的,可连续调节。为了使三片区域的烧蚀速率相同,需要对两侧区域和中间区域的速度进行适当调整,按照上述加工工艺方案和工艺参数,可加工出深度为 $1000\mu m$ 且截面形状近似为矩形的金刚石微槽,如图 4.61 所示。

图 4.61　金刚石微槽截面形貌

4.进给量与进给次数调控对微槽阵列加工效果的影响

　　在实现矩形微槽截面的前提下,为了实现更大的深宽比,需要调整进给量与进给次数,分步进给加工。实验中,在 $200\mu m$ 宽的矩形区域进行分区域填充,选择③①②的铣削顺序,首先采用螺旋填充的方式聚焦加工,在第一次加工结束后,再分

别将焦点位置下调 $200\mu m$、$400\mu m$、$600\mu m$，所加工的结果如图 4.62 和图 4.63 所示。图 4.62 中微结构从左往右依次为聚焦加工、聚焦和 $200\mu m$ 离焦二次加工、聚焦和 $400\mu m$ 离焦二次加工、聚焦和 $600\mu m$ 离焦二次加工。第一次聚焦加工结束后，离焦二次加工可使得微槽深度达到 $1600\mu m$，甚至超过 $1600\mu m$，但微槽底部变尖，平底消失。这是因为二次加工时，微槽已成型侧壁反射激光能量，使得能量集中在中间区域并进行烧蚀，两侧的单位烧蚀率不及中间区域。离焦 $200\mu m$ 二次加工情形下的微槽，在深度方向锥度一直保持很小，直到 $1523.4\mu m$ 时才出现锥度增大的情况。由此可见，二次离焦加工的离焦量不宜太大，且二次加工时，应通过适当调控激光参数，减少中间区域的能量，尽可能使侧壁与中间区域在相同时间内达到相同深度并出现平底。

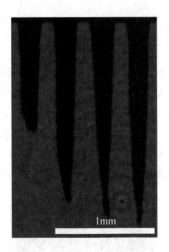

图 4.62　离焦-进给螺旋路径扫描加工的微槽侧面形貌

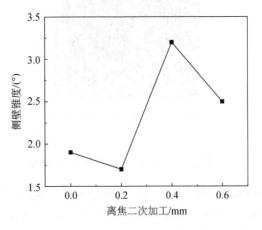

图 4.63　离焦-进给螺旋路径扫描加工的微槽侧壁锥度

图 4.64 所示的 9 个微槽,从左至右每 3 个为一组,记为①②③,加工方案与上述介绍的一致,只是聚焦加工一次之后的进给加工次数和每次的进给量不同,以便分析对侧壁锥度与截面形貌的影响。

(1)第①组加工中,两侧区域的扫描速度为 100mm/s,重复扫描次数为 12 次,中间区域的扫描速度为 80mm/s,重复扫描次数为 10 次。

①每次进给 $400\mu m$,进给 4 次,直至焦点至材料表面下方 $1600\mu m$ 加工完毕;

②每次进给 $450\mu m$,进给 2 次,直至焦点至材料表面下方 $1350\mu m$ 加工完毕;

③每次进给 $500\mu m$,进给 4 次,直至焦点至材料表面下方 $2000\mu m$ 加工完毕。

(2)第②组加工中,两侧区域的扫描速度为 75mm/s,重复扫描次数为 12 次,中间区域的扫描速度为 60mm/s,重复扫描次数为 10 次。

①每次进给 $400\mu m$,进给 3 次,直至焦点至材料表面下方 $1200\mu m$ 加工完毕;

②每次进给 $450\mu m$,进给 3 次,直至焦点至材料表面下方 $1350\mu m$ 加工完毕;

③每次进给 $500\mu m$,进给 3 次,直至焦点至材料表面下方 $1500\mu m$ 加工完毕。

(3)第③组加工中,两侧区域的扫描速度为 75mm/s,重复扫描次数为 12 次,中间区域的扫描速度为 60mm/s,重复扫描次数为 10 次。

①每次进给 $500\mu m$,进给 2 次,直至焦点至材料表面下方 $1000\mu m$ 加工完毕;

②每次进给 $550\mu m$,进给 2 次,直至焦点至材料表面下方 $1100\mu m$ 加工完毕;

③每次进给 $600\mu m$,进给 2 次,直至焦点至材料表面下方 $1200\mu m$ 加工完毕。

图 4.64　紫外纳秒离焦-进给螺旋分区扫描加工的金刚石微槽截面形貌

结果表明,两次进给加工的微槽深度约为 $1350\mu m$,四次进给加工的微槽深度约为 $1800\mu m$。对扫描速度进行调整后,三次进给加工可达到第①组实验中四次进给加工所实现的深度,微槽侧壁锥度也得到了很好的改善。

5.最后一次进给量调控对微槽阵列加工效果的影响

为了进一步实现近似矩形截面的大深宽比微槽加工,通过调控最后一次进给量进行优化。在微槽深度超过 $1600\mu m$ 的情况下,在最后一次依次进给时,减小进给量;在微槽深度没有超过 $1600\mu m$ 的情况下,按照之前的参数加工完成后,再额外继续进给加工一次。实验共分为三组,在聚焦加工完成后,进给加工 2 次,每组每次的进给量分别为 $400\mu m$、$450\mu m$、$500\mu m$,最后每组的进给量不同,每组的最后一次进给量分别为:第①组,进给量分别为 $200\mu m$、$300\mu m$、$400\mu m$、$500\mu m$,扫描速度为 75mm/s,重复扫描次数为 12 次;第②组,进给量分别为 $150\mu m$、$250\mu m$、$350\mu m$、$450\mu m$,扫描速度为 100mm/s,重复扫描次数为 12 次;第③组,进给量分别为 $100\mu m$、$200\mu m$、$300\mu m$,扫描速度为 100mm/s,重复扫描次数为 12 次。紫外纳秒分区螺旋扫描进给加工金刚石的截面形貌如图 4.65 所示,各组的深度基本一致,有着较大的深宽比,微槽侧壁锥度也得到了很好的控制。

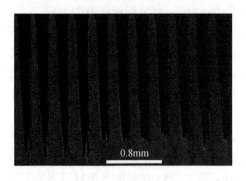

图 4.65　紫外纳秒分区螺旋扫描进给加工金刚石的截面形貌

综上所述,若以加工深宽比为 8∶1 的金刚石微槽为目标,可采用分区由外向内螺旋扫描加工以及③①②的铣削顺序。当①、③分区加工时,入射激光平均功率为 10W,扫描速度为 100mm/s,重复扫描次数为 12 次,聚焦加工;②分区入射激光平均功率为 10W,扫描速度为 80mm/s,重复扫描次数为 10 次,聚焦加工。在聚焦加工完毕后,进给加工三次,每次进给量 $450\mu m$,之后调整进给量为 $250\mu m$ 再进给加工一次,可实现近矩形截面且有接近 8∶1 的大深宽比微槽结构。

6.激光铣削整体调控对微槽阵列加工效果的影响

基于上述激光铣削调控介绍,本书设计了一个微槽群系统。该系统共有 19 个微槽,加工整个微槽群结构。大深宽比矩形微槽群热沉结构截面形貌如图 4.66 所示。由该图可以看出,尺寸形貌基本可以得到保证,但微槽底部逐渐出现凸起分叉等现象。

初步分析认为,凸起分叉现象是由紫外纳秒激光系统扫描振镜的光路系统偏差所致。具体为:振镜长时间工作会出现热漂移现象,在加工大尺寸不同位置的微槽时,会超出一定的区域,产生加工误差。为此,以四个相邻的微槽为一组进行加

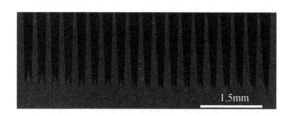

图 4.66　大深宽比矩形微槽群热沉结构截面形貌

工,经过短暂的振镜热消散复位操作控制三维移动平台,将样品移动至下一组微槽,既可解决振镜系统温度升高造成的加工一致性问题,又能保证微槽始终在小范围内进行加工,避免了大范围内振镜系统输出功率的细微差别。直通式微通道加工结果图如图 4.67 所示。可以看出,该方式大大提高了加工的一致性。

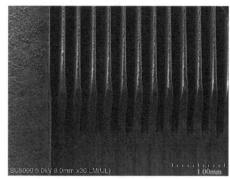

(a)侧形貌图　　　　　　　　　　　　　(b)正形貌图

图 4.67　直通式微通道加工结果图

4.4　纳秒激光金刚石高质高效切割技术

4.4.1　金刚石切割

众所周知,刀具是工业的基础,是制造业的"牙齿",超硬刀具更是现代工业中先进制造业的战略级武器,小到电子芯片,大到航天飞机,现代工业中各行各业的产品及零部件的精密制造均离不开超硬刀具[35-38]。超硬刀具在常见的铣削加工、车削加工、镗削加工等机械加工工艺中逐步代替了传统刀具得到了广泛应用,并且能够高精度地加工高温结构陶瓷、不锈钢、钛合金、硬质合金等难加工材料[39-41]。

然而,超硬刀具的设计与加工关系到制造业的发展,同时体现了一个国家的先进制造水平。

金刚石硬度极高、耐磨性好、强度高、导热性好,已成为超精密切削中理想的、不可替代的刀具材料,其作为一种超硬刀具材料应用于切削加工也已有数百年历史。在金刚石刀具的制造工艺中,最为关键的就是如何实现对金刚石的高质量切割。由于金刚石独特的物理化学性能,对金刚石进行切割尤为困难,传统的加工方式如电火花加工、精密磨削、超声波加工等均无法实现对金刚石的高质量加工[42,43]。相比之下,激光作为一种非接触式的加工方法,经聚焦后具有极高的能量密度,几乎可以实现对任何材料的有效加工,且可通过激光光源与后续控制系统的集成对激光进行高自由度控制,实现工艺的多样化调控,满足对任何复杂形状的加工。

金刚石刀具的加工可通过激光切割方式实现,目前采用的光源有光纤激光、毫秒激光、纳秒激光。相比于工业中经常应用的光纤激光切割、毫秒激光切割,纳秒激光切割可以实现更为精细的切割结果,适用于对微小精密器件、结构的高效高质量切割。通过对纳秒激光高质量切割金刚石的技术进行开发,利用激光加工的优势形成一系列激光切割金刚石的加工工艺及调控方法,最终解决复杂轨迹金刚石刀具精密制造的激光切割技术。此技术可有效改善金刚石材料切割困难的现状,提高金刚石刀具制造的可行性及可靠性,促进金刚石刀具应用于 3C、模具、汽车制造、航空航天等众多行业领域,对我国先进制造技术的发展具有极为重大的意义。

纳秒激光高质高效切割金刚石技术的主要目标在于:一是如何实现大厚度金刚石的完全贯通切割;二是如何保证对切削刃结构的可控加工及轮廓精度调控。

1)激光贯通切割大厚度金刚石的方法工艺

如何实现材料的完全切割是实现刀具制造的第一个难点。面对毫米量级的金刚石材料,当激光切割到一定深度时,切割入口材料会对激光造成一定程度的遮挡,且随着深度的增加激光在切割方向的功率不断衰减,切割过程中产生的碎屑喷溅、等离子体屏蔽等都会对激光造成一定程度的影响。此外,激光切割形貌会存在一定的锥度,倾斜的侧壁造成激光的反射、折射等,当锥度形成时,难以再次修复锥度,影响激光在深度方向的进一步切割,最终导致激光切割到一定深度时发生饱和现象,因此有必要研究大厚度金刚石高质量、小锥度激光切割工艺。

2)切削刃结构的可控加工以及轮廓精度调控

金刚石刀具的切削刃轮廓精度对刀具的使用有着至关重要的影响,对于具有复杂轮廓的金刚石刀具,如金刚石车齿刀,其切削刃为渐开线齿廓,对其进行高精度加工比较困难。激光加工的路径规划、走刀方式对切削刃轮廓精度的影响至关重要,而且激光的工艺参数如激光平均功率、扫描速度、扫描次数、离焦量、扫描间距等对切削刃轮廓精度同样具有重要的影响,除此之外,振镜控制系统的控制精度、轮廓线插补精度等也对切削刃轮廓精度有着不同程度的影响。基于此,需要对激光切割工艺方案、工艺参数组合等多个关键点进行深入开发,不断优化工艺方案、工艺参数,实现刀具的高精度加工。

4.4.2　纳秒激光贯通切割金刚石的工艺

1.单线切割工艺

当采用激光加工技术对金刚石刀具进行切割时,第一个待解决的难点即为实现对毫米级别金刚石的完全贯通切割。采用单线切割工艺对聚晶金刚石(polycrystalline diamond,PCD)材料进行切割实验,单线切割即控制激光沿单根线轨迹进行重复扫描走刀,如图 4.68 所示,切割宽度即为激光光束光斑大小。运用单一变量法调控不同工艺参数(包括激光平均功率、扫描速度、扫描次数、离焦量)对切割形貌的影响,切割结果采用扫描电子显微镜进行观察表征。

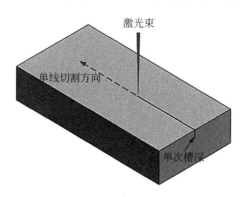

图 4.68　单线切割轨迹示意图

1)激光平均功率对单线切割形貌的影响

激光平均功率对切割形貌以及切割效率的影响至关重要,当激光平均功率低于烧蚀阈值时,无法对材料进行有效去除;当激光平均功率过大时,会破坏切割形貌,造成严重的热影响区,切割精度低。因此,为获得高精度的切割形貌,需要寻找合适的激光平均功率进行加工。本次实验所用激光器理论最大平均功率可达12.7W,但实际上存在偏差,且激光通过扩束镜、小孔光阑、反射镜、扫描振镜、场镜到达样品表面的能量会有不同程度的衰减,实验中功率计测量的激光最大能量可达 10W,因此本次实验设置不同的激光平均功率分别为 4W、6W、8W、10W,同时固定激光扫描速度为 100mm/s,重复扫描次数为 30 次,将激光聚焦于样品表面,在不同的激光平均功率下进行切割实验,表面形貌及侧面形貌如图 4.69 所示。同时,对不同能量下的切割宽度、切割深度进行测量,得到激光平均功率对切割宽度与切割深度的影响规律,如图 4.70 所示。

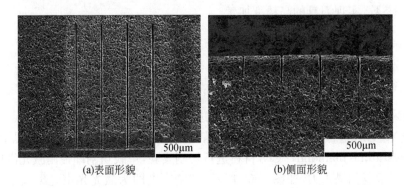

(a)表面形貌　　　　　　　　　　　　　　　(b)侧面形貌

图 4.69　不同激光平均功率下(从左至右:4W、6W、8W、10W)切割形貌

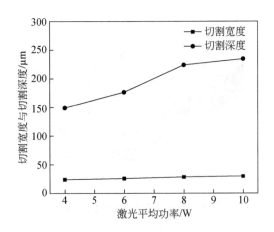

图 4.70　激光平均功率对切割宽度与切割深度的影响规律

　　从电镜图以及趋势图可以看出,激光平均功率对切割深度有着显著影响,当激光平均功率为 4W 时,切割深度较浅,切割效率较低,随着激光平均功率的增加,切割深度不断增加。虽然切割宽度同样随着激光平均功率的增加逐渐增加,但增加趋势非常小,几乎可以忽略不计。原因在于,随着激光平均功率的增加,在深度方向会有更多的材料达到烧蚀阈值而被去除,因此切槽深度不断增加;在宽度方向,激光呈高斯分布,自光斑中心向外激光平均功率逐渐减小,只有光斑内的区域可以达到烧蚀阈值,且紫外纳秒激光通过光化学作用去除材料,热影响较小,因此切割

宽度主要由光斑尺寸以及激光扫描路径宽度决定。此外,观察切缝质量可以发现,激光平均功率从 4W 到最大 10W,不同激光平均功率下激光切割形貌均较为优异,切口光滑平整,即使在最大激光平均功率下也没有出现明显的缺口与热损伤,进一步说明了紫外纳秒激光刻蚀金刚石材料机理中光热作用占比较小,可以实现精细切割。

2)激光扫描速度对单线切割形貌的影响

为展示不同激光扫描速度对切割形貌的影响,通过扫描振镜控制软件 ScanMaster 控制激光的扫描速度,最大可以实现 8000mm/s 的扫描速度。实验中设置激光扫描速度分别为 50mm/s、100mm/s、200mm/s、300mm/s、400mm/s、500mm/s、600mm/s、700mm/s、800mm/s,固定激光平均功率为 10W,扫描次数为 30 次,将激光聚焦于材料表面,不同扫描速度下的激光切割形貌如图 4.71 所示,获得的激光扫描速度对切割宽度与切割深度的影响规律如图 4.72 所示。

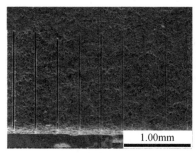
(a)切割表面形貌

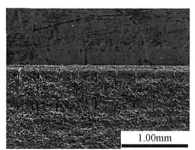
(b)切割侧面形貌

图 4.71　不同扫描速度下(从左至右:50mm/s、100mm/s、200mm/s、
300mm/s、400mm/s、500mm/s、600mm/s、700mm/s、800mm/s)的激光切割形貌

由图 4.72 可见,不同扫描速度下,激光切割缝口光滑平整,无明显缺陷。当激光扫描速度为 50mm/s 时,切割较为明显,切割深度较深。随着激光扫描速度的增大,切割深度逐渐减小,切割宽度也逐渐减小。这是因为不同的扫描速度会导致不同的光斑重叠率,当扫描速度较小时,光斑重叠率较大,单位时间内作用于材料表面的激光能量大,切割宽度与切割深度较大;当扫描速度逐渐增大时,光斑重叠率逐渐减小,单位时间内作用于材料的激光能量也逐渐减少,导致切割深度与切割宽度逐渐减小。由此可见,若要提高切割深度,则可以适当降低扫描速度,但扫描速度过低会导致切割效率降低,因此为了实现高效率切割,需要确定合适的扫描速度,在保证切割效率的前提下,实现较深的切割。

3)离焦量对单线切割形貌的影响

离焦量表示激光焦点与待加工样品表面的距离,焦点在待加工样品表面上方

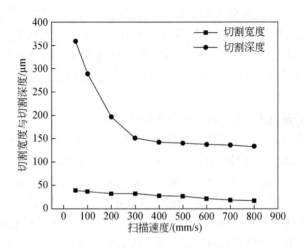

图 4.72　激光扫描速度对切割宽度与切割深度的影响规律

时为正离焦,焦点在待加工样品表面下方时为负离焦,不同的离焦状态对切割有着
很大的影响。为了分析离焦量对切割形貌的影响,实验中通过三轴数控平台移动
扫描振镜实现不同的离焦距离。设置离焦量分别为 -1.5mm、-1mm、-0.5mm、
0mm、0.5mm、1mm、1.5mm,固定激光平均功率为 10W,扫描速度为 100mm/s,扫
描次数为 30 次,不同离焦量下的切割表面形貌及切割侧面形貌如图 4.73 所示,获
得的不同离焦量对切割宽度与切割深度的影响规律如图 4.74 所示。

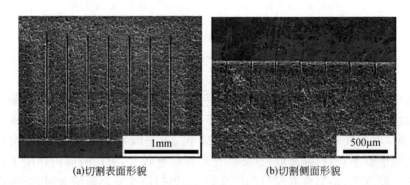

(a)切割表面形貌　　　　　　　　　　　　(b)切割侧面形貌

图 4.73　不同离焦量下(从左至右:-1.5mm、-1mm、-0.5mm、0mm、0.5mm、
1mm、1.5mm)的切割形貌

　　由图可见,在不同离焦量下,切口光滑平整,但当离焦量过大,如离焦量为
1.5mm 时,可以明显看到,切口扩大,切削边缘变钝。从负离焦 1.5mm 到正离焦

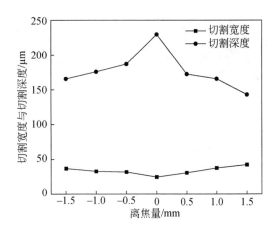

图 4.74　不同离焦量对切割宽度与切割深度的影响规律

1.5mm,切割深度先不断增加,在 0mm 时达到最大值,随后又逐渐减小。这是因为在焦点处光斑最小,激光能量密度最大,当离焦加工时,无论是正离焦还是负离焦,随着离焦量的增大,作用于材料表面的能量密度均减小,因此切割深度在聚焦加工时最大,离焦加工时减小。此外,切割宽度在聚焦加工时最小,随着离焦量的增大,切割宽度增加,这是因为光束在焦点处直径最小,而在远离焦点的地方光束发散,光束直径扩大,相应的激光能量密度减小,因此聚焦加工时切割宽度最小,离焦加工时切割宽度增大。总之,不同离焦量状态对切割宽度都有较大的影响,聚焦加工在大切割深度精细切割方面具有较大优势。

4)重复扫描次数对单线切割形貌的影响

激光重复扫描次数对切割形貌的影响至关重要,扫描次数过少,无法达到所需的切割深度,扫描次数过多,切割深度达到饱和,不仅降低了切割效率,而且容易破坏已经生成的切割形貌,因此需要探讨重复扫描次数对切割形貌的影响。实验中,设置激光重复扫描次数分别为 10 次、20 次、30 次、40 次、50 次、60 次、70 次、80 次、90 次、100 次和 150 次,固定激光平均功率为 10W,扫描速度为 300mm/s,将激光聚焦于材料表面,不同扫描次数下的切割表面形貌及切割侧面形貌如图 4.75 所示,扫描次数对切割宽度与切割深度的影响规律如图 4.76 所示。

由图 4.75(a)可见,不同扫描次数下激光切割表面形貌较好,切口光滑平整,无明显缺陷。对不同扫描次数下的切割宽度与切割深度进行测量发现,随着扫描次数的增多,切割宽度与切割深度均不断增加,但当扫描次数过多时,切割宽度与切割深度的增加趋势减缓,并逐渐趋于饱和。这是因为当扫描次数过多时,累积效应使得作用在材料上的能量密度增加,并不断横向、纵向传递,从而导致切割宽度与

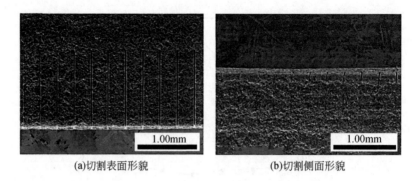

(a)切割表面形貌　　　　　　　　(b)切割侧面形貌

图 4.75　不同扫描次数下(从左至右:10 次、20 次、30 次、40 次、50 次、60 次、
70 次、80 次、90 次、100 次、150 次)的切割形貌

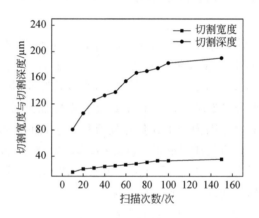

图 4.76　扫描次数对切割宽度与切割深度的影响规律

切割深度不断增大。当扫描次数过大时,切割已经达到一定深度,激光在切缝中传递,不断被反射、折射、遮挡,且传递过程中能量也存在一定程度的衰减,从而导致最终作用在切缝底部的能量密度较低,不足以继续去除材料,因此切割尺寸逐渐趋于饱和。

　　为了进一步实现更大厚度的切割,设置最大激光平均功率为 10W,聚焦加工。由上述可知,减小激光扫描速度可以增加切割深度,但是相应的切割时间也会大幅度上升,效率不高,由此采用 100mm/s 的激光扫描速度进行实验。实验中,分别设置扫描次数为 1000 次、3000 次、5000 次、8000 次,切割形貌如图 4.77 所示。由图可见,当扫描次数为 1000 次时,切割深度达到了三四百微米,切割深度有所提升,当扫描次数达到 8000 次时,尽管切割时长延长了 8 倍,但切割深度并无明显增长,且当扫描次数过多时,切缝易发生弯曲,切割底部呈尖状,无法满足切割形貌要求。

500μm

图 4.77　高重复扫描次数下(从左至右:1000 次、3000 次、5000 次和 8000 次)的切割形貌

由上述单线切割实验结果可知,当激光平均功率增加时,切割宽度与切割深度同时增加,但激光平均功率对切割宽度的影响较小;随着激光扫描速度的增大,切割宽度与切割深度逐渐减小;随着扫描次数的增加,切割宽度与切割深度不断增加,并逐渐趋于饱和;聚焦加工时,切割宽度最小,切割深度最深;随着离焦量的增大,切割宽度逐渐增大,切割深度逐渐减小。因此,为了实现更大的切割深度,可以适当增大激光平均功率、扫描次数,减小扫描速度,并采用聚焦加工方式进行金刚石切割。但是,单线切割工艺切缝较窄,近似于激光光斑大小,切割至一定深度时激光无法继续深入,容易被遮挡,因此在切割厚度方面有一定的限制。

2. 微槽切割工艺

在单线切割实验中,根据激光参数对切割宽度、切割深度及其形貌的影响规律,设计微槽切割扫描路径,通过控制激光进行扫描加工。首先进行原位微槽切割实验,即在加工过程中始终保持焦点位于切割材料上表面不动,同时为了实现大深度的切割,进行重复扫描切割直至将 PCD 材料切透。为了更直观地了解原位微槽切割工艺的加工过程,对加工过程进行等效分解,将不同阶段的加工形貌等效为不同扫描次数下的加工形貌,通过对比不同扫描次数下的微槽变化过程,间接分析原位微槽切割工艺的加工过程,不同扫描次数下原位微槽切割形貌如图 4.78 所示。结果表明,当采用微槽切割工艺时,较单线切割工艺切割深度有了显著提升,扫描次数为 20 次时切割深度就已达到 534.4 μm。一方面是因为切割宽度增加使更多的后续激光易于入射,切割底部可以得到更多的激光能量;另一方面是因为 1 μm的线间距极大地提升了激光扫描路径的重叠率,使作用于材料的激光能量密度大幅度增加,切割深度有了显著提升。另外,当扫描次数为 20 次时,微槽形貌较好,切割锥度较小,微槽形貌近似呈矩形;随着扫描次数的增加,微槽深度逐渐增加,当扫描次数为 40 次时,微槽深度达到 $1121\mu m$,超过材料 $1/2$ 的厚度,但侧壁锥度也急剧增大,当扫描次数为 40 次时,微槽已完全呈 V 形,此时切割深度已达到饱和,当扫描次数为 60 次时,切割深度几乎没有增加。

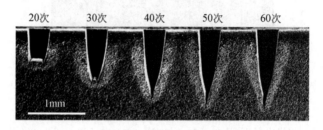

图 4.78　不同扫描次数下原位微槽切割形貌

　　侧壁锥度形成的原因主要在于,当切割深度逐渐增大时,焦点仍旧保持在材料上表面不动,导致激光能量在微槽内部传递过程中不断衰减,且大量材料去除时所产生的等离子体、碎屑等对激光造成屏蔽效应,也在很大程度上导致作用于材料底部的能量逐渐衰减。此外,由于激光为高斯光束,中间能量最大,随着能量的衰减,激光中心外部区域能够刻蚀材料的光束越来越少,能量分布变得不均匀,导致中心区域去除材料多,周围激光去除材料少,逐渐导致侧壁锥度的形成,而倾斜的侧壁会对入射激光进行反射改变其传播方向,进一步扩大了锥度,并最终导致微槽完全呈 V 形,示意图如图 4.79 所示。当 V 形微槽完全形成时,后续的激光与作用面的角度过小,导致作用于材料表面的激光能量无法继续去除材料,从而难以继续减小切割锥度,而且微槽形貌也难以通过后续的调控进行修复。

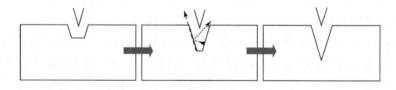

图 4.79　侧壁锥度形成示意图

　　为此,可以在侧壁锥度完全成型前对其加以调控,首先得到一个形貌、锥度较好的微槽,然后停止继续切割,并向下进给激光焦点,使焦点作用于微槽底部,抵消上述激光能量衰减的影响,再进行微槽切割,循环加工,最终可以形成高质量、小锥度的完全贯通切割。

3.激光逐层进给切割工艺

由上述工艺可知,在对较厚的 PCD 材料进行切割时,如果固定激光焦点位置于样品上表面,那么将切割形成 V 形的微槽结构,而当 V 形微槽完全形成时,无法继续对材料进行更深一步的切割,为此需要将激光焦点下移,逐层进给进行多次切割实验。

单层切割工艺为:采用 S 形连接轨迹填充的微槽切割工艺,线间距设置为 $1\mu m$,重复频率设置为 50kHz,激光扫描速度为 500mm/s,单层切割次数为 15 次。采用加工系统中的在线观测装置实时观察并测量激光单次切割达到的深度,并通过控制数控移动平台的 Z 轴,将激光焦点下移至微槽底部,重复上述单层切割工艺进行二次切割,随后循环加工直至深度达到目标要求。实验中,为了得到不同的切割深度,分别设置了不同的进给次数:

(1)单次进给 $400\mu m$,进给 2 次,直至切割深度达到 $1000\mu m$。

(2)单次进给 $400\mu m$,进给 4 次,直至切割深度达到 $2000\mu m$。

(3)单次进给 $400\mu m$,进给 8 次,直至将 $3500\mu m$ 厚的 PCD 材料完全切透。

不同进给次数下的微槽形貌如图 4.80 所示,可以看到,三个微槽截面形貌都近似呈矩形,锥度非常小,左侧壁实现了近完全垂直。结果表明,通过逐层进给的加工方式可实现 $3500\mu m$ 厚度 PCD 材料的切割,并保证了切割质量良好且切割锥度近似为 0,解决了金刚石加工的一大难题。

图 4.80　不同进给次数下的微槽形貌

4.4.3　纳秒激光切割轮廓精度的调控

前面实现了金刚石的贯穿切割,但是还需进一步提升激光切割的轮廓精度。切削边缘的轮廓精度是金刚石激光切割中极为关键的加工指标,直接影响金刚石刀具的可靠性。下面以 PCD 车齿刀为切割对象,通过激光切割过程中对切削刃轮廓精度的调控,实现 PCD 车齿刀厚度为 2mm、直径为 20mm、具有 19 个齿的加工目标。

PCD 车齿刀切割工艺原理如图 4.81 所示,加工路径是宽度为 $400\mu m$ 的渐开线齿廓,内部进行横线填充作为激光走刀路径。利用振镜控制激光沿加工路径进行扫描切割,单次切割 $500\mu m$ 深度后停止激光扫描,随后控制激光焦点向下进给 $500\mu m$,使焦点重新作用于切割底面,再次重复上述操作,依次进给加工 4 次,可实现 2mm 厚度 PCD 车齿刀的切割。

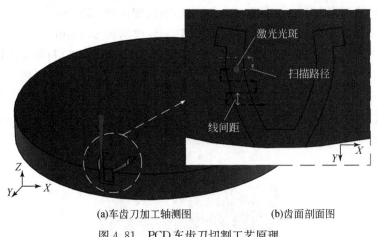

(a)车齿刀加工轴测图　　　　　　　(b)齿面剖面图

图 4.81　PCD 车齿刀切割工艺原理

1.扫描线间距对切割轮廓误差的影响

实验加工中,固定激光平均功率为 10W,扫描速度为 500mm/s,聚焦加工,设置不同的扫描线间距分别为 $1\mu m$、$2\mu m$、$3\mu m$、$4\mu m$、$5\mu m$,加工后对不同扫描线间距下的切削刃轮廓误差进行测量,扫描线间距对切削刃轮廓误差的影响规律如图 4.82 所示。

由图 4.82 可见,随着扫描线间距的增大,轮廓误差先减小后增大,并在扫描线间距为 $3\mu m$ 时达到最小,无崩口缺陷,轮廓精度较高,如图 4.83(b)所示。当激光扫描线间距减小时,激光光束存在一定直径,导致两条相邻的扫描线路径重叠率增加,相应区域被重复切割,能量密度增大,从而导致激光在切削刃处被过量刻蚀,导

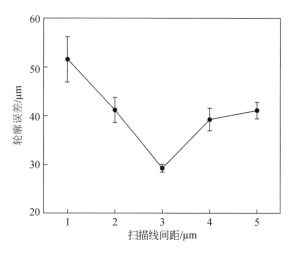

图 4.82　扫描线间距对切削刃轮廓误差的影响规律

致轮廓精度降低,存在较多的崩口缺陷,如图 4.83(a)所示。当扫描线间距较大时,扫描路径的重叠率减小,相应区域能量密度减小,从而导致切削刃处材料被不完全去除,进而导致轮廓误差进一步增大,当扫描线间距为 5μm 时,切削刃轮廓精度降低,如图 4.83(c)所示。

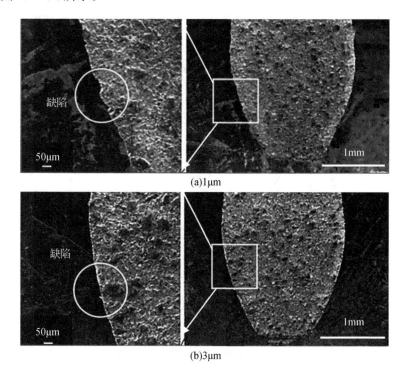

(a)1μm

(b)3μm

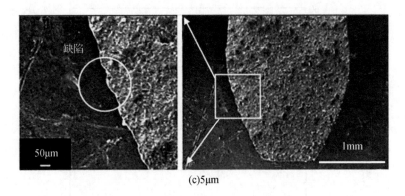

(c)5μm

图 4.83　不同扫描线间距下的切削刃轮廓形貌

2. 离焦量对切割轮廓误差的影响

为进一步分析离焦量对轮廓误差的影响,实验设置激光平均功率为 10W,扫描线间距为 $1\mu m$,扫描速度为 500mm/s,设置不同的离焦量分别为 $-300\mu m$、$-200\mu m$、$-100\mu m$、$0\mu m$、$100\mu m$、$200\mu m$、$300\mu m$,加工后对不同离焦量下切削刃轮廓误差进行测量,加工结果如图 4.84 所示。结果表明,正离焦情况与负离焦情况呈现出相同的趋势,随着离焦量的增大,即随着焦点与被加工平面距离的增加,轮廓误差先减小后增大。这是因为在聚焦加工时,齿胚被完全切透后,激光能量最高点直接作用于切削刃,能量密度增大,造成金刚石材料被过量去除,而离焦量的适量增大,可降低切削刃处的能量密度,从而使轮廓误差有所提升,但随着离焦量

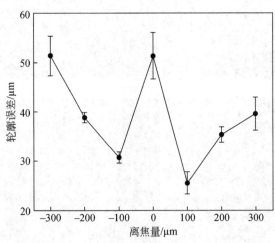

图 4.84　离焦量对轮廓误差的影响

的进一步增大,切削刃处的能量密度进一步降低,导致材料的不均匀去除、不完全脱落,从而降低了轮廓误差。由图 4.84 可知,当正离焦量为 $100\mu m$ 时,轮廓误差最小,轮廓精度最高。当离焦量为 $-300\mu m$ 时,切削刃边缘存在较大的崩口,如图 4.85(a)所示;当离焦量减小至 $-100\mu m$ 时,切削刃边缘处缺陷减小,如图 4.85(b)所示;当离焦量减小至 $0\mu m$ 时,聚焦加工,切削刃边缘处再次出现大量崩口缺陷,轮廓精度降低,如图 4.85(c)所示。

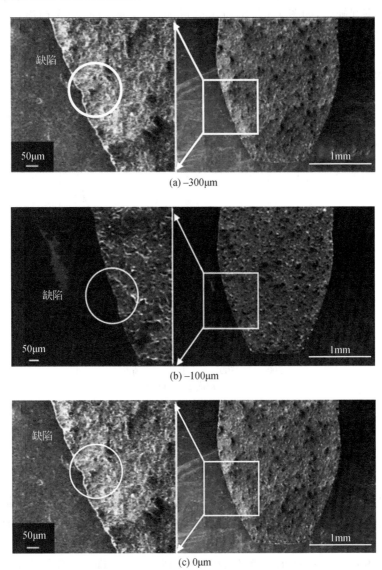

(a) $-300\mu m$

(b) $-100\mu m$

(c) $0\mu m$

图 4.85　不同离焦量下的切削刃轮廓形貌

3.扫描速度对切割轮廓误差的影响

为了分析激光扫描速度对切割轮廓误差的影响,设置激光平均功率为10W,扫描线间距为 1μm,设置不同的扫描速度分别为 200mm/s、300mm/s、400mm/s、500mm/s、600mm/s,进行聚焦加工,其结果如图 4.86 所示。随着扫描速度的增大,轮廓误差先减小后增大,并在 400mm/s 时,轮廓精度最好,切削刃边缘只存在非常小的突起缺陷,如图 4.87(b)所示;当扫描速度减小时,激光扫描路径的光斑重叠率增大,从而导致切削刃处能量密度增大,造成切削刃边缘过量刻蚀,当扫描速度为 200mm/s 时,切削刃处存在较大的缺陷,轮廓误差增大,如图 4.87(a)所示;当扫描速度过大时,相应的激光扫描路径的光斑重叠率减小,对应区域的激光能量密度减小,切削刃处能量不足,导致材料去除不均匀,轮廓误差又进一步增大,当扫描速度为 600mm/s 时,切削刃边缘再次出现较多的崩口、锯齿状缺陷,轮廓精度较差,如图 4.87(c)所示。

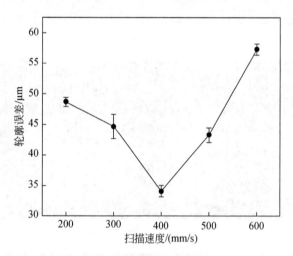

图 4.86　扫描速度对轮廓误差的影响规律

4.二次刃磨精加工

通过上述实验展现了不同工艺参数对切割精度的影响,为了进一步提高 PCD 车齿刀的轮廓精度,需要对切割完成的刀具进行二次刃磨精加工,即利用激光对已形成的切削刃进行修形与激光刃磨处理,以达到所需的精度要求,二次刃磨精加工工艺示意图如图 4.88 所示。激光采用切向辐照的方式,即激光作用方向与被加工材料表面平行,直接聚焦于切削刃附近,因为切削刃处缺陷存在一定的宽度,为了

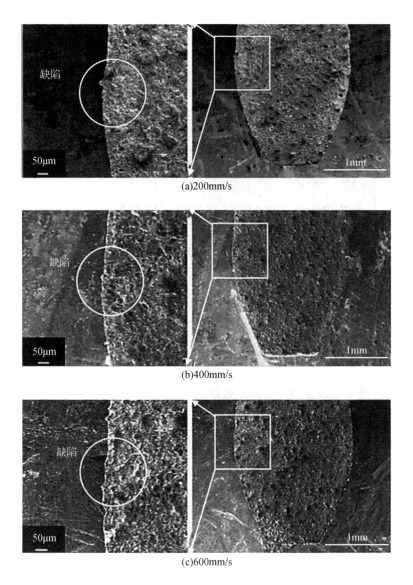

(a)200mm/s

(b)400mm/s

(c)600mm/s

图 4.87 不同扫描速度下的切削刃轮廓形貌

能够将激光完全作用于缺陷,需设计具有一定切削宽度的走刀路径,故将走刀路径
设计为 100 根线间距为 $1\mu m$ 的渐开线齿形路径。激光沿渐开线齿形路径进行快
速往返扫描,从距下表面 $1200\mu m$ 处开始加工,并向下进给 3 次,每次进给 $400\mu m$。
在二次刃磨加工中,激光走刀路径与理论渐开线完全一致,能够较好地拟合刀具轮
廓,同时激光采用切向辐照的方式进行加工,既可以削去边缘缺陷,又能够避免垂

直加工时的较大能量密度对刀具造成的损伤。此外,激光光束切向能量调控加工还可以对刀具主后刀面起到抛光的作用,去除主后刀面表面的石墨层等杂质损伤。

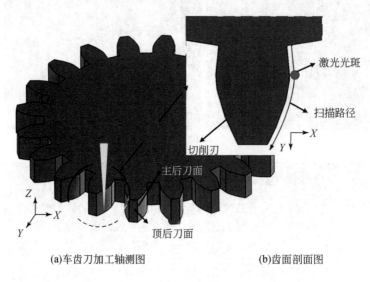

(a)车齿刀加工轴测图　　　　　　　　　　　(b)齿面剖面图

图 4.88　二次刃磨精加工工艺示意图

4.4.4　纳秒激光金刚石刀具高质高效切割

通过上述切割工艺实验确定了纳秒激光切割金刚石刀具的工艺方案及工艺参数,可解决 PCD 车齿刀的高质量切割加工问题,加工流程如下:

(1)粗加工。控制激光包络齿形去除材料,激光切割路径内部为 S 形连接横线填充,填充线间距为 $3\mu m$;切割时,设置激光平均功率为 10W,扫描速度为 400mm/s,正离焦量为 $100\mu m$,单层切割扫描 15 次,进给加工次数为 4 次,每次进给 $500\mu m$。

(2)精加工。设置渐开线齿廓切割路径(100 根线间距为 $1\mu m$ 的渐开线齿形线组成),激光采用切向辐照的方式,并横向偏移切削刃 $50\mu m$,从距底面 $1200\mu m$ 处开始加工,纵向进给 3 次,每次进给 $400\mu m$;激光功率设置为 10W,扫描速度为 600mm/s,单层扫描 15 次。

(3)对样品进行分度加工,完成完整 PCD 车齿刀的制造。

采用上述"粗加工+精加工"的两步式工艺方案,对 PCD 材料进行切割,高质量加工出符合要求的 PCD 单齿,如图 4.89 所示。加工结果显示,切削刃轮廓光滑平整,无任何崩口、锯齿状等缺陷,经测量轮廓误差达到 $5.6\mu m$。其中,顶后刀面形貌如图 4.90 所示。可以看到,顶后刀面垂直度较好,顶后刀面与底面基本保持完全垂直,锥度接近于 0。此外,除切削刃的轮廓精度外,刀具的锋利程度也对刀具使用性能造成一定的影响,将所加工的单齿倾斜放置,使用共聚焦显微镜对单齿的刃口进行三维检测,结果如图 4.91 所示。切削刃平整光滑、刃口锋利,经测量刃口半径小于 $5\mu m$,表示所加工单齿具有较为锋利的切削刃。经观测,单齿形貌、顶后刀面锥度、刃口锋利程度均达到了较好的效果。最终通过纳秒激光金刚石切割工艺高质高效地切割车齿刀。PCD 车齿刀实物图如图 4.92 所示。各齿轮廓精度满足要求,切削刃光滑平整,一致性好,可满足金刚石车齿刀的应用需求。

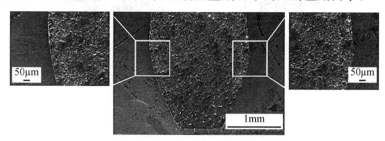

图 4.89　单齿切割形貌

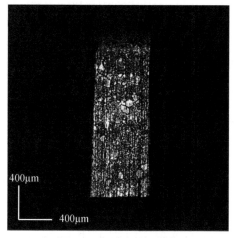

图 4.90　顶后刀面形貌

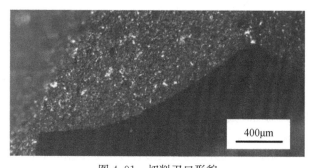

图 4.91　切削刃口形貌

图 4.92　PCD 车齿刀实物图

参 考 文 献

[1] 吴嘉俊,赵吉宾,乔红超,等. 激光冲击强化技术的应用现状与发展[J]. 光电工程,2018,
45(2):1-7.

[2] 王锐坤. 表面喷丸细晶化对 Super304H 不锈钢晶间腐蚀敏感性和脱敏特性的影响[D]. 广
州:华南理工大学,2017.

[3] Lin L, Jwb C, Jz A. Characterization and analysis on micro- hardness and microstructure
evolution of brass subjected to laser shock peening[J]. Optics & Laser Technology,2019,
115:325-330.

[4] Tong Z P,Ren X D,Zhou W F,et al. Effect of laser shock peening on wear behaviors of TC11
alloy at elevated temperature[J]. Optics & Laser Technology,2018,109:139-148.

[5] Pradhan D, Mahobia G S, Chattopadhyay K, et al. Salt induced corrosion behaviour of
superalloy IN718[J]. Materials Today:Proceedings,2018,5(2):7047-7054.

[6] Qiao Y,Guo X,Xuan L. Hot corrosion behavior of silicide coating on an Nb- Ti- Si based
ultrahigh temperature alloy[J]. Corrosion Science,2015,91:75-85.

[7] Mnf A,Sr B,Ham A,et al. Evaluation of the hot corrosion behavior of Inconel 625 coatings
on the Inconel 738 substrate by laser and TIG cladding techniques[J]. Optics & Laser Tech-
nology,2019,111:744-753.

[8] Ge Y,Wang Y,Chen J,et al. Hot corrosion behavior of $NbSi_2/SiO_2$- Nb_2O_5 multilayer
coating on Nb alloy[J]. Journal of Alloys and Compounds,2018,767:7-15.

[9] Cao J,Zhang J,Hua Y,et al. Microstructure and hot corrosion behavior of the Ni- based
superalloy GH202 treated by laser shock processing[J]. Materials Characterization,2017,
125:67-75.

[10] 吕仙姿. 镍基单晶高温合金蠕变过程中位错组态及芯部结构研究[D]. 济南:山东大
学,2017.

[11] 陈艳华. 镍基单晶高温合金喷丸层塑性变形行为及其表征研究[D]. 上海:上海交通大
学,2014.

[12] Si-Jun P, Seong-Moon S, Young-Soo Y, et al. Statistical study of the effects of the composition on the oxidation resistance of Ni-based superalloys[J]. Journal of Nanomaterials, 2015, 2015:1-11.

[13] Chang J X, Wang D, Liu T, et al. Role of tantalum in the hot corrosion of a Ni-base single crystal superalloy[J]. Corrosion Science, 2015, 98:585-591.

[14] 杨会娟, 王志法, 王海山, 等. 电子封装材料的研究现状及进展[J]. 材料导报, 2004, (6): 86-87.

[15] 张兆生, 卢振亚, 陈志武. 电子封装用陶瓷基片材料的研究进展[J]. 材料导报, 2008, (11): 16-20.

[16] 刘兵, 彭超群, 王日初, 等. Al_2O_3 陶瓷基片电子封装材料研究进展[J]. 中国有色金属学报, 2011, 21(8):1893-1903.

[17] 郝洪顺, 付鹏, 巩丽, 等. 电子封装陶瓷基片材料研究现状[J]. 陶瓷, 2007, (5):24-27.

[18] 李婷婷, 彭超群, 王日初, 等. 电子封装陶瓷基片材料的研究进展[J]. 中国有色金属学报, 2010, 20(7):1365-1374.

[19] 孔令瑞, 张菲, 段军, 等. 水辅助激光刻蚀氧化铝陶瓷的研究[J]. 激光技术, 2014, 38(3): 330-334.

[20] Ho C Y, Lu J K. A closed form solution for laser drilling of silicon nitride and alumina ceramics[J]. Journal of Materials Processing Technology, 2003, 140(1-3):260-263.

[21] Klimentov S M, Garnov S V, Kononenko T V, et al. High rate deep channel ablative formation by picosecond-nanosecond combined laser pulses[J]. Applied Physics A, 1999, 69(1):S633-S636.

[22] 张罡, 梁勇. Al_2O_3 陶瓷激光打孔重铸层的研究[J]. 沈阳工业学院学报, 2001, 20(2):1-4.

[23] 胡济珠, 董岚, 卢婷玉, 等. 高热导率的聚偏氟乙烯/石墨烯复合材料[J]. 集成技术, 2019, 8(1):16-21.

[24] 刘芳, 杨志鹏, 袁卫星, 等. 电子芯片散热技术的研究现状及发展前景[J]. 科学技术与工程, 2018, 18(23):163-167.

[25] Hao X, Peng B, Xie G, et al. Efficient on-chip hotspot removal combined solution of thermoelectric cooler and mini-channel heat sink[J]. Applied Thermal Engineering, 2016, 100(5):170-178.

[26] 郭磊强. 芯片自散热结构传热特性分析及结构优化[D]. 哈尔滨:哈尔滨理工大学, 2019.

[27] 汪元, 王振国. 空气预冷发动机及微小通道流动传热研究综述[J]. 宇航学报, 2016, 37(1): 11-20.

[28] 邓大祥, 陈小龙, 谢炎林, 等. 航空航天冷却微通道制造技术及应用[J]. 航空制造技术, 2017, 23(16):16-18.

[29] 蒲诗睿. 高热流密度热沉结构的数值模拟与集成方法研究[D]. 成都:电子科技大学, 2017.

[30] 张洪迪. 表面金属化金刚石/铜复合材料导热模型、界面结构与热变形行为研究[D]. 上海: 上海交通大学, 2018.

[31] Arif M, Rahman M, San W Y. An experimental investigation into micro ball end-milling of

silicon[J]. Journal of Manufacturing Processes, 2012, 14(1):52-61.

[32] Kosyanchuk V V, Yakunchikov A N. Simulation of gas separation effect in microchannel with moving walls[J]. Microfluidics & Nanofluidics, 2018, 22(6):601-608.

[33] Son S J, Cho Y S, Choi C J. Advanced micromanufacturing for high-precision micro bearing by nanopowder metallurgy and LIGA processing[J]. Reviews on Advanced Materialsence, 2011, 28(2):190-195.

[34] Fu G, Ma L L, Su F F, et al. U-shaped micro-groove fiber based on femtosecond laser processing for humidity sensing[J]. Optoelectronics Letters, 2018, 14(3):212-215.

[35] 袁巨龙, 张飞虎, 戴一帆, 等. 超精密加工领域科学技术发展研究[J]. 机械工程学报, 2010, 46(15):161-177.

[36] Brinksmeier E, Mutlugünes Y, Klocke F, et al. Ultra-precision grinding[J]. CIRP Annals-Manufacturing Technology, 2010, 59(2):652-671.

[37] 王先逵. 精密和超精密加工技术[J]. 机械工人. 冷加工, 2000, (8):3-4.

[38] 骆红云, 焦红, 范猛, 等. 金刚石刀具与精密超精密加工技术[J]. 长春光学精密机械学院学报, 2000, 23(1):49-53.

[39] 刘新罗, 贺献宝, 郭妍. 超硬材料刀具在机械加工中的应用[C]. 庆祝中国人造金刚石诞生45周年大会暨郑州国际超硬材料及制品研讨会, 郑州, 2008:213-216.

[40] 邓朝晖, 万林林, 张荣辉. 难加工材料高效精密磨削技术研究进展[J]. 中国机械工程, 2008, (24):3018-3023.

[41] 郭卫华. 超硬材料刀具在机械加工中的应用[J]. 内燃机与配件, 2019, 286(10):82-83.

[42] 刘涛, 许立福, 周丽, 等. 聚晶金刚石加工技术的研究现状[J]. 工具技术, 2011, (1):3-9.

[43] 白清顺, 姚英学, Zhang G, 等. 聚晶金刚石(PCD)刀具发展综述[J]. 工具技术, 2002, (3):7-10.

第5章 超快激光加工技术

超快激光加工作为最先进的精密加工方法之一,不仅在某些金属加工领域逐步替代了传统的加工方法,而且在新材料成型领域成为最活跃的研究热点,其伴随着先进产品的制造和新兴产业的发展而得以不断拓展,是一种颠覆性的制造技术。本章主要介绍利用超快激光加工技术进行难加工材料表面微加工以及微纳结构加工过程中所涉及的相关技术和工艺,包括航空发动机高温部件气膜孔加工技术、陶瓷型芯精密修型技术、半导体材料碳化硅晶体深孔加工技术、碳化硅陶瓷表面精密抛光技术、高温合金表面标印技术等,为超快激光加工的应用提供指导。首先,介绍飞秒超快激光航空发动机高温部件气膜孔加工技术,具体介绍基于光丝调控和光学偏振特性的大深径比孔加工技术。其次,针对航空发动机空心涡轮叶片铸造过程中的陶瓷型芯表面修理,介绍飞秒和皮秒超快激光陶瓷型芯高精密修型技术。再次,介绍碳化硅晶体表面激光深孔加工以及碳化硅陶瓷基复合材料的精密抛光技术。最后,针对航空航天领域特殊服役环境工作零件的全程追溯,介绍具有高质量、高识别率的飞秒超快激光标印制备技术。

5.1 超快激光高温部件气膜孔加工技术

5.1.1 高温部件气膜冷却孔加工技术

近年来,随着航空航天和能源技术的进步,航空发动机、燃气轮机正在向着高流量比、高推重比、高涡轮燃气温度方向发展。涡轮是承受航空发动机热负荷和机械负荷最大的部件,承受着高温高压燃气的冲击,其制造技术也被列为航空发动机的关键技术。航空发动机推力的提高在很大程度上依赖涡轮前总温 T_3^* 的提高,T_3^* 每提高 55℃,在航空发动机尺寸不变的条件下,航空发动机推力可提高约 10%。据统计,涡轮前温度平均每年升高 25℃,其中约 15℃ 是依靠冷却技术的进步来获得的。目前,先进的涡轮发动机涡轮燃气进口温度在 1630~1780℃,即使最先进的第四代单晶镍基高温合金(研发阶段)的最高承温能力也只有 1180℃,这 450~600℃ 的过高温度需要依靠冷却技术和材料的改善来降低。据统计,在过去的几十年,涡轮温度提高了约 450℃,其中 70% 依靠冷却技术的改善来降低,30% 依靠材料和加工工艺的改善来降低[1]。

目前,用于航空发动机涡轮叶片的冷却技术主要包括:气膜冷却、冲击冷却、肋壁强化换热、扰流柱强化换热等。自 19 世纪 70 年代气膜冷却技术应用于涡轮叶片以来,气膜冷却技术的研究迅速展开,现已成为涡轮叶片最具代表性的冷却技术。气膜冷却孔的孔径大小、深径比、倾斜角、孔间距、出口形状等参数对冷却效果都有很大的影响[2]。冷却孔主要分布于叶片前缘、叶身型面,孔径一般在 0.2~1mm,空间角度复杂,大多为斜孔,而且数量很多,因此气膜冷却孔的加工技术成为航空发动机涡轮叶片制造的关键技术之一。目前,制孔工艺主要有电火花加工、电解加工、激光加工、传统的钻削加工以及它们之间的复合加工等。其中,电火花加工和电解加工只局限于对导电介质的加工,陶瓷涂层不导电,故这些方法不能用于带陶瓷涂层零件的加工。对于钻削加工方法,一方面钻削过程中刀具与零件之间会产生巨大的作用力,极易使涂层脱落;另一方面在高硬度的高温合金材料上加工直径小于 2mm 的小孔时,钻头过细,钻头容易折断,导致无法完成加工。据统计,当前航空发动机包含约 100000 个气膜冷却孔,如此多气膜冷却孔的加工要求加工时间尽可能短、加工成本尽可能低。激光加工不需要工作电极和复杂的工装系统,且易于加工高硬度、非导电材料等,因此与电解加工、电火花加工相比,激光加工有较高的加工效率,具有很好的应用前景[3,4]。

气膜冷却、冲击冷却、肋壁强化换热、扰流柱强化换热等气动冷却系统的应用,可获得 350℃左右的冷却效果,但依然有 100~250℃的过高温度。此过高温度问题可以通过在叶片表面喷涂热障涂层的方法解决。热障涂层是由金属黏结层和陶瓷层组成的涂层系统,对基底材料起到隔热作用,保障涡轮热端部件在高温环境下安全运行。当前普遍采用的热障涂层是一种双层结构涂层,以 MCrAlY(M 代表 Fe、Co、Ni 或两者结合)作为中间黏结层,顶部为含6%~8%Y_2O_3 的 ZrO_2 陶瓷层,总厚度为 100~500μm[5]。目前,较为成熟的热障涂层的制备方法有:大气等离子喷涂(air plasma spraying,APS)、电子束物理气相沉积(electron beams-physical vapor deposition,EB-PVD)。

上述气膜冷却和热障涂层两种保护措施的共同作用,可以保障涡轮叶片在高于其材料熔点环境下安全地服役。然而,涡轮叶片的热障涂层制备和气膜冷却孔的加工存在工序先后的问题。

第一种加工顺序为:先加工气膜冷却孔,再涂覆热障涂层。

第二种加工顺序为:先涂覆热障涂层,再加工气膜冷却孔。

对于第一种加工顺序,涂层容易堵塞气膜冷却孔,造成气膜冷却孔冷却效率下降[6]。此外,还需要随后的去涂层、修整等处理步骤。为了避免第一种加工顺序产生封孔现象,Lugscheider 等[7]通过使样品旋转和在孔内施加高压氮气流的方式试图阻止材料在小孔处沉积。然而实验结果表明,高压气流的施加并不能避免封孔现象,反而加速了孔周围陶瓷材料的冷却,使得孔封堵得更快。

目前,第二种加工顺序已经成为国外先进的气膜冷却孔制造技术。其主要加工方法有:

(1)先利用激光去除陶瓷涂层,再用电火花去除金属[8]。

(2)先利用短脉冲烧蚀去除陶瓷层,再利用光纤激光加工基体[9,10]。

对于带有热障涂层的涡轮叶片气膜冷却孔的制备,目前国内还只是采取第一种加工顺序:先加工气膜冷却孔,再喷涂热障涂层,最后用涂覆有金刚石耐磨涂层的打磨针打磨掉孔口的多余热障涂层[11]。这种加工工艺不仅严重影响了孔的形状、精度等,使得加工质量难以保证,而且加工效率很低,容易出现崩瓷致使叶片报废。高温涡轮叶片被誉为制造业皇冠上的明珠,代表着制造业的技术水平,制造难度很大,而且由于国外严格的技术封锁,在带有热障涂层的涡轮叶片上制孔已成为我国先进航空发动机制造的瓶颈之一。

激光加工属于非接触加工技术,利用高能激光束聚焦在被加工物质表面以熔化、气化等形式去除材料,当加工带热障涂层的涡轮叶片等复合层零件时,陶瓷涂层和金属材料可以一次性去除。对带热障涂层的涡轮叶片采取激光打孔方法,能够一次加工成型小孔,省去了传统工艺所需的后续修整再加工过程,能够大大缩短气膜冷却孔的制备周期,降低气膜冷却孔的制备成本,保证加工质量,提高加工效率。

由于长脉冲激光去除材料的主要机制是熔化去除,通过熔体喷射将烧蚀产物排出孔外,所以长脉冲激光打孔时存在热致缺陷[12,13],如重铸层、热影响区、喷溅等。随着激光技术的发展,加工质量更高的超快激光在气膜冷却孔加工方面的优势逐渐凸显[14,15]。根据应用场合的要求,所加工的气膜冷却孔应该保证一定的尺寸精度和位置精度,没有明显的分层裂纹、重铸层、热影响区等缺陷。在此基础上,应向着更高深径比和异型孔的方向发展[16,17]。

本节主要介绍飞秒超快激光高温部件气膜冷却孔加工技术。首先介绍飞秒超快激光非线性效应导致的光丝现象,并对透镜聚焦下的光丝形态进行观测。然后对离焦位置与微孔加工质量、光丝调控对大脉冲能量飞秒超快激光打孔工艺等问题进行分析。此外,通过对光束偏振态进行调控研究其对孔型尺寸以及形貌的影响。最后将飞秒超快激光加工应用到高深径比微孔加工方面,并分析飞秒超快激光打孔对材料金相结构的影响规律。

5.1.2　飞秒超快激光加工气膜冷却孔基础工艺

当脉冲宽度在超短脉冲时间尺度范围时,在极短的时间尺度下,材料内部温度的分布呈现出高度的非平衡特性,而热烧蚀和冷烧蚀的界限主要由物质的电子与声子弛豫时间和激光脉冲宽度的相对大小决定。在飞秒脉冲宽度的作用下,电子和声子的耦合过程可以忽略。此时,激光烧蚀主要以电子热化-晶格结合键断裂-等离子喷发的形式进行,材料内部的热传导效应可以忽略,因而可以最大限度地抑制加工过程中产生的热效应。

对于低功率飞秒超快激光微孔加工,一方面由于激光加工系统的瑞利长度有限(与光斑半径、聚焦条件和激光波长有关),且受到光束自身发射的限制,孔深较浅,微孔锥度一般较大;另一方面在微孔加工过程中,狭窄的孔腔内部充斥着母体材料烧蚀产生的纳米颗粒以及激光电离诱导的等离子体,严重影响光束的传播以及光束能量的沉积和吸收,大大降低了激光能量的利用率,出现脉冲饱和而引起加工停滞现象,加工效率一般较低。鉴于这些原因,低功率飞秒激光脉冲在微深孔的实际加工应用上仍然备受限制,提高加工效率需要寻求更高的激光平均功率和单脉冲能量。然而,随着激光平均功率和单脉冲能量的不断提高,聚焦后的飞秒超快激光脉冲的峰值功率密度将超过 $10^{13}\,\mathrm{W/cm^2}$,激光与物质的相互作用将表现为高度的非线性效应,伴随着多光子电离、隧穿电离、高次谐波辐照以及光丝等现象的发生。光丝现象的存在对脉冲激光的空间强度分布具有重要影响,下面对大脉冲能量飞秒光丝的加工特性进行介绍。

1. 透镜聚焦下的光丝观测

首先选择焦距为 200mm 的平凸透镜对光束进行聚焦,其中通过 1/2 波片和格兰-泰勒棱镜对入射激光单脉冲能量进行调节。图 5.1 为不同单脉冲能量下聚焦后的光丝形态。随着单脉冲能量的增加,光丝的长度增加,光丝的亮度也相应增强。不同单脉冲能量下的光丝形态存在一个共同特点,即光丝几乎在相同的位置结束。利用运动焦点模型[18,19]可以很好地解释这一现象,光束因自聚焦而发生坍缩的位置与光束传播起始位置之间的距离高度依赖时间切片上的入射激光平均功率,入射激光平均功率越大,这个距离越小;入射激光平均功率越小,这个距离越大。当单脉冲能量增加时,时间切片上的最大入射激光平均功率也随之增大,这意味着光丝将会在最短距离上发生坍缩,聚焦于传播轴上。对于不同的单脉冲能量,当时间切片上的入射激光平均功率等于自聚焦临界功率时,均会在相同的位置发生坍缩聚焦。因此,不同单脉冲能量下光丝的结束位置是相同的,另外,单脉冲能量的增加可以有效延长光丝的空间长度。

2. 离焦位置对微孔特征尺寸及形貌的影响

微孔特征尺寸(孔径与孔深)和形貌与激光加工参数有着密切的联系。毫焦耳飞秒脉冲在空气中可以形成长达毫米量级长度的光丝。同时,自聚焦效应使得光束传播轴上的激光强度最大位置发生前移,并且单脉冲能量的大小对焦点的前移

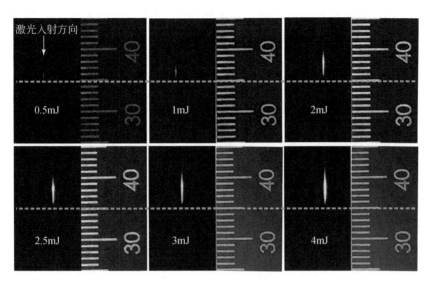

图 5.1　不同单脉冲能量下聚焦后的光丝形态(焦距为 200mm)

量也会产生一定的影响。由于飞秒光丝的长度较长,理解和掌握不同位置处的烧蚀特性十分必要。如图 5.2 所示,为了方便后述描述,定义透镜系统自身的焦点位置为几何焦点位置,在飞秒非线性效应下,焦点前移后的激光强度最大位置为实际焦点位置。在厚度为 0.1mm 的 Ti 片进行点烧蚀,每个点位置施加三个脉冲。在利用离焦方法时,由于实际焦点位置是未知的,所以以几何焦点为参考位置

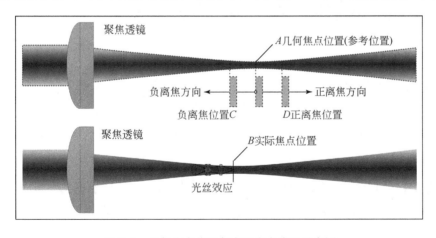

图 5.2　几何焦点位置与实际焦点位置示意图

（0点），样品放置在几何焦点之前为负离焦，样品放置在几何焦点之后为正离焦，选取的参数见表 5.1，聚焦透镜焦距为 200mm。

表 5.1　离焦烧蚀参数

参数	数值			
单脉冲能量/mJ	1	2	3	4
离焦量/mm	−3.7～2	−8～3	−8～4	−8～6
点间隔/mm	0.1	0.2	0.2	0.2

图 5.3 和图 5.4 分别为单脉冲能量为 1mJ 和 2mJ 时不同离焦位置下的点烧蚀形貌。当单脉冲能量为 3mJ 和 4mJ 时，不同离焦位置下的形貌有着相似的变化规律，这里不再一一列举。当单脉冲能量为 1mJ 时，在离焦位置为 0.9～2mm 范围内，在中心烧蚀点的周围区域出现严重的烧蚀污染。在离焦位置为 −2.7～ −1.2mm 处，烧蚀形貌较为干净。类似地，当单脉冲能量为 2mJ 时，在离焦位置为 −1.8～3mm 范围内，在中心烧蚀点的周围区域出现严重的烧蚀污染。在离焦位置为 −5.8～−2mm 处，烧蚀形貌较为干净。从烧蚀形貌的结果来看，在几何焦点位置处，并不能获得较为干净的烧蚀形貌，存在一个圆形范围的烧蚀污染，并且这种烧蚀污染会对材料表面造成一个较大范围的烧蚀或改性作用。造成这种烧蚀污

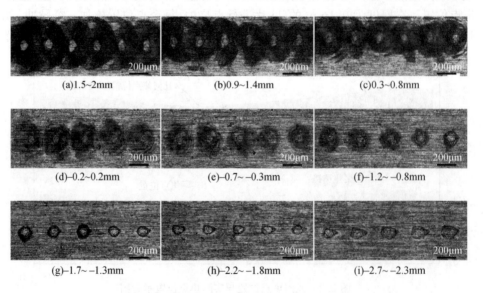

(a)1.5~2mm　(b)0.9~1.4mm　(c)0.3~0.8mm
(d)−0.2~0.2mm　(e)−0.7~−0.3mm　(f)−1.2~−0.8mm
(g)−1.7~−1.3mm　(h)−2.2~−1.8mm　(i)−2.7~−2.3mm

图 5.3　不同离焦位置下的点烧蚀形貌（单脉冲能量：1mJ）

染的可能原因是锥形辐照[20]。对于高脉冲能量的飞秒超快激光,在几何焦点位置之前的功率密度足以与空气产生强烈的非线性效应,导致光谱频带展宽和光束的变形。在光丝形成的等离子体通道中,其中一部分能量从通道中以一定的角度辐照出来,形成类似于切连科夫辐照的彩色光环,并且辐照角会大于原始光束自身的发散角,也就是说,传输距离越远,这种辐照圆环的半径越大。

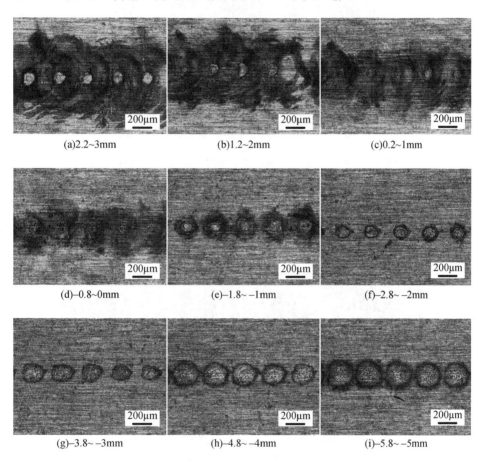

(a)2.2~3mm　　　　　　(b)1.2~2mm　　　　　　(c)0.2~1mm

(d)−0.8~0mm　　　　　　(e)−1.8~−1mm　　　　　　(f)−2.8~−2mm

(g)−3.8~−3mm　　　　　　(h)−4.8~−4mm　　　　　　(i)−5.8~−5mm

图 5.4　不同离焦位置下的点烧蚀形貌(单脉冲能量:2mJ)

　　图 5.5 为单脉冲能量为 4mJ 时在离焦量为 5.2mm 时的点烧蚀形貌。可以看到,烧蚀区域存在明显的衍射圆环,在单脉冲能量为 1mJ 和 2mJ 时也能观察到类似的现象,这种烧蚀形貌结果很好地证明了锥形辐照的存在,这种锥形辐照会引起脉冲能量的散射和光束轮廓变形,进而造成加工精度下降。因此,在利用飞秒超快激光加工时,离焦位置的选取是至关重要的。显然,在几何焦点附近以及正离焦位

置处会存在这种烧蚀污染,这对加工质量的影响是极为不利的。

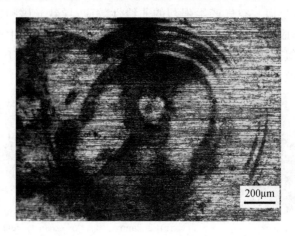

图 5.5　离焦量为 5.2mm 时的点烧蚀形貌(单脉冲能量:4mJ)

　　图 5.6 为单脉冲能量为 2mJ 时不同离焦量下的微孔入口形貌。在几何焦点位置处,微孔入口形貌呈现一定的不规则性,这从侧面验证了几何焦点位置处光束畸变的存在。当采用负离焦量时,孔口的不规则特性消失,孔口圆度增加。

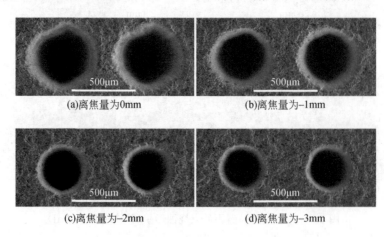

图 5.6　不同离焦量下的微孔入口形貌(单脉冲能量:2mJ)

3. 光丝调控下飞秒超快激光微孔的加工特性

　　利用不同焦距的透镜对飞秒光束聚焦时,飞秒光丝在空间内的长度会随着焦距的增加而变长,光丝的长度将远远大于激光聚焦系统的瑞利长度。不同焦距下的光丝形态将会调控光束空间上的强度分布。不同的光丝长度以及光丝自身的自聚焦效应对微深孔加工的作用影响规律以及加工优势值得关注。

图 5.7 为螺旋旋切和圆环旋切示意图。图 5.8 为螺旋旋切和圆环旋切打孔形貌对比。由加工结果对比可知，圆环旋切在加工过程中会保留中心区域的材料，而螺旋旋切可以将微孔中心处的材料完全去除，形成一个空腔。螺旋旋切的优势是形成飞秒光丝所需的能量背景池可以不被材料阻隔，这为飞秒光丝在空间上的延展提供了便利条件。然而在圆环旋切打孔下，中心材料的存在会造成对能量背景池的截断，这对光丝的形成极为不利。因此，为了更为深入地理解光丝自聚焦效应在微孔加工中的作用，本节选取了螺旋旋切进行微孔加工。

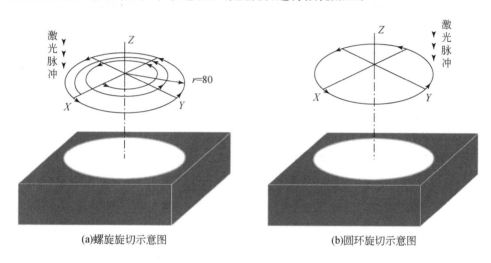

(a)螺旋旋切示意图　　　　　　　　　　　　(b)圆环旋切示意图

图 5.7　螺旋旋切和圆环旋切示意图

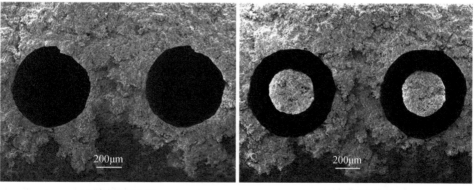

(a)螺旋旋切入口　　　　　　　　　　　　(b)圆环旋切入口

(c)螺旋旋切剖面　　　　　　　　　　(d)圆环旋切剖面

图 5.8　螺旋旋切与圆环旋切打孔形貌对比

在较长焦距下,超强的飞秒超快激光脉冲在空气中可以形成很长的飞秒光丝,飞秒光丝长度可达毫米量级,远大于实验中的样品厚度,因此离焦量的控制对微孔加工至关重要。为了确定光丝空间范围内的加工特性,本节进行广域离焦加工,根据每个焦距下的光丝长度,选取不同的离焦范围,具体参数见表 5.2。

表 5.2　不同焦距下的广域离焦范围

参数	数值
单脉冲能量/mJ	2
焦距为 75mm 时的离焦量/mm	$0, -1, -2, -3, -4, -5$
焦距为 200mm 时的离焦量/mm	$0, -1, -2, -3, -4, -5, -7, -8, -9, -10, -11, -12$
焦距为 300mm 时的离焦量/mm	$0, -1, -2, -3, -4, -5, -7, -8, -9, -10, -11, -12,$ $-13, -15, -16, -18, -19, -20$
扫描速度/(μm/s)	200
重复频率/Hz	1000

图 5.9 为不同焦距下,不同离焦量实现通孔所需的旋切圈数。对于所有的离焦位置,总旋切圈数为 20 圈。焦距为 75mm 时,离焦量为 $-4\sim0$mm 的情况下能够加工出通孔;焦距为 200mm 时,离焦量为 $-11\sim0$mm 的情况下能够加工出通孔。焦距为 300mm 时,离焦量为 $-19\sim0$mm 的情况下能够加工出通孔。需要说明的是,当激光束刚穿透样品时,即认定通孔形成。每一旋切圈数的加工消耗时间约为 6s,实现通孔所需的时间为 $40\sim60$s。由变化曲线可以看出,对于长焦距,即使采用较大的离焦量,依然可以保持较高的加工效率,并且在较大离焦量下获得通

孔所需的加工时间波动变化不大。在焦距为 200mm 的聚焦透镜下，离焦量为
−8mm时加工消耗时间开始有所增加；在焦距为 300mm 的聚焦透镜下，离焦量为
−11mm时加工消耗时间开始有所增加；不同于这两个焦距的情形，在焦距为
75mm 的聚焦透镜下，离焦量为−3mm 时加工消耗时间开始有所增加。从加工消
耗时间的角度来看，短焦距对离焦位置比较敏感，而在长焦距下，微孔加工消耗时
间在不同离焦位置上变化不大。

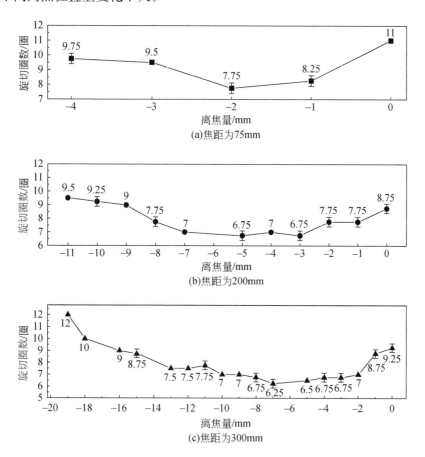

图 5.9　不同焦距下，不同离焦量实现通孔所需的旋切圈数

图 5.10 为不同透镜焦距下，不同离焦量的微孔加工入口直径、孔深和锥度变
化曲线。对于焦距为 75mm 的聚焦透镜，离焦量为−1mm 时的锥度最小；对于焦
距为 200mm 的聚焦透镜，离焦量为−2mm 时的锥度最小；对于焦距为 300mm 的
聚焦透镜，离焦量为−5mm 时的锥度最小。利用飞秒光丝进行加工的微孔锥度在
1°左右，获得微孔锥度最小的离焦位置与获得入口直径最小的离焦位置是一致的。

同时,使用的透镜焦距越大,最优离焦量也越大。虽然飞秒超快激光脉冲可以形成很长的光丝,但是光丝内部在传播轴上的强度分布呈现出一种不均匀的分布形式,原因是微孔的入口直径、出口直径和锥度对离焦位置具有强烈的依赖性。然而前面的广域离焦加工结果表明,在一定的离焦范围内,获得通孔所需的时间变化不大,也就是说,在这些离焦范围内,通孔时间对离焦位置没有过高的依赖性,因此推测存在一种作用主导着整个加工过程。

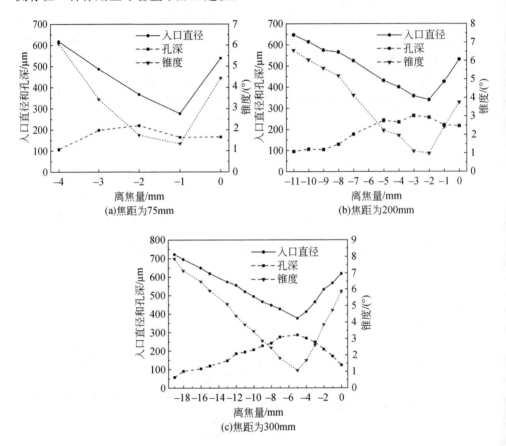

图 5.10　不同透镜焦距下,不同离焦量的微孔加工入口直径、孔深和锥度变化曲线

图 5.11 给出了旋切过程中微孔特征尺寸的变化。对于微孔锥度的形成,锥度是伴随整个微孔加工过程存在的,并不是在最后阶段形成的。在钻孔的早期阶段,由于激光光束自身空间的分布,随着孔深的增加,微孔结构表面积增大,激光能量密度随之降低,有效烧蚀体积减小,形成初始的锥状结构。这种锥状结构会将激光脉冲能量在孔腔内部进行重新分布,进一步将光束聚焦至一个更小的范围。因此,

对于长焦距在广域离焦量下获得通孔所需的加工时间变化波动不大的问题,可能的解释是,在这些离焦位置上,光丝的自聚焦效应以及孔壁的反射作用起到增强微孔深处激光强度的作用,可以有效防止光束强度随着孔深的增加而发生衰减。然而离焦范围也是有限的,当离焦量增加到一定程度时,较大的光斑尺寸会大大降低激光能量密度,导致烧蚀深度变浅,甚至出现微孔加工深度饱和的现象。在这种情况下,飞秒光丝的形成以及自聚焦效应将受到相应的抑制。

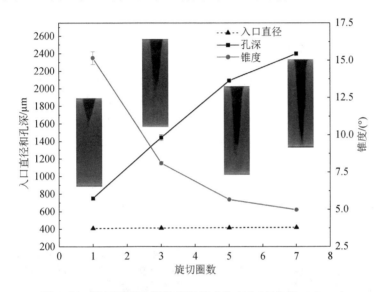

图 5.11　旋切过程中微孔特征尺寸的变化(离焦量:−2mm)

综上所述,可以将飞秒光丝的微孔加工过程主要分为以下三个阶段:

第一阶段,即在钻孔的初始阶段,在极高的激光强度和电场强度作用下,空气以及烧蚀粒子发生电离击穿并在孔口附近产生等离子体。初始阶段孔口一般比较开阔,孔深较浅,由激光烧蚀产生的纳米颗粒具有很高的动能,因此可以迅速从材料表面逸出。在此阶段,激光脉冲烧蚀占主导地位。随着微孔深度的增加,一定深度的空腔提供了飞秒光丝触发的空间条件,飞秒光丝效应诱导的激光钻孔逐渐在材料去除中发挥作用,进入第二阶段。

第二阶段,在钻孔过程中将发生强烈的自聚焦效应,此时材料将发生剧烈的烧蚀并实现材料的去除。由于长焦距下光丝可以在较长空间内扩展,同时自聚焦效应的存在使得微孔深处激光强度再次获得增强,光丝的这种自聚焦效应在加工效率的保持上发挥着重要作用,这也是使用较长焦距时不同离焦位置下加工时间波动较小的原因。因此,这个阶段对缩短钻孔时间至关重要。

　　第三阶段,即刚形成通孔时,微孔轮廓和光丝在钻孔过程中发生强烈的相互作用。微孔侧壁可以充当引导作用,将光束能量传递到微孔深处。由于孔壁锥度的存在,当微孔的出口直径达到一定值时,大部分的能量将从出口处射出,脉冲能量不能有效沉积在孔底部的侧壁上,此时微孔的出口直径将达到饱和,并不能得到进一步增加。

　　从这一方面来讲,微孔锥度在很大程度上取决于入口直径的大小。因此,选取合适的离焦位置显得尤为重要。

　　4. 光束偏振态对微孔特征尺寸及形貌的影响

　　在微孔加工中,光束的偏振态对微孔的特征尺寸尤其是出口形貌有非常重要的影响。受偏振态的影响,微孔的出口形状并非理想的圆形,微孔出口表现出一定的定向去除规律。偏振态对微孔加工的影响在于孔壁材料对不同偏振光的吸收差异性,为了更全面地理解这一过程,可分别利用线偏振和圆偏振光束对微孔进行加工。

　　激光器本身出射为线偏振光,利用 1/4 波片可将线偏振光调节为圆偏振光,具体方法如图 5.12 所示。首先旋转 1/4 波片到一固定位置后保持不动,将检偏器置于 1/4 波片下方,360°旋转检偏器。若功率计示数随检偏器的旋转发生变化,则继

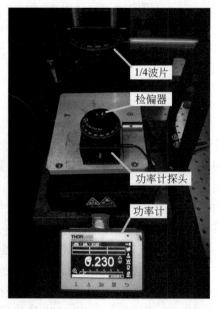

图 5.12　加工系统和圆偏振调节装置

续旋转调节 1/4 波片,重新 360°旋转检偏器,直至功率计的示数保持不变,否则重复这一流程。当功率计示数保持不变时,即可说明此时的光束状态为圆偏振光。调节过程中为消除多个反射镜对光束相位的影响,将 1/4 波片加装在加工系统的末端,检偏器置于功率计探头上。

本节选取 200mm 焦距进行偏振态的对比加工,选取 0.2mJ、0.5mJ、1mJ 和 2mJ 四种不同单脉冲能量进行加工。图 5.13 和图 5.14 分别给出了焦距为 200mm 的线偏振加工和圆偏振加工不同单脉冲能量下微孔入口和出口形貌。从加工结果来看,微孔出口形貌与光束的偏振态有一定的相关性,而入口形貌对光束的偏振态无特别的依赖性。当使用圆偏振加工时,微孔的出口形貌变为圆形。需要说明的是,由于圆偏振态手动调节的误差,孔口的圆度会受到一定的影响,并不呈现为标准的圆形,但是相比于线偏振光下的加工结果,已得到大幅度改善。在线偏振下,孔出口的长轴方向与光束的偏振态呈一定角度关系,两者的方向表现为互相垂直,即在垂直于电场偏振方向发生偏振去除。

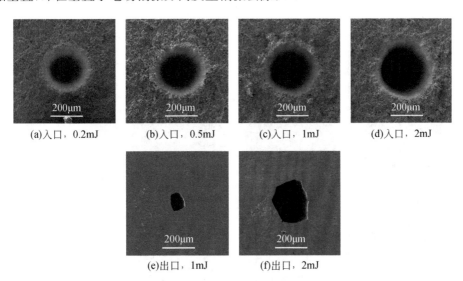

(a)入口,0.2mJ   (b)入口,0.5mJ   (c)入口,1mJ   (d)入口,2mJ

(e)出口,1mJ   (f)出口,2mJ

图 5.13   线偏振加工(焦距为 200mm)不同单脉冲能量下微孔入口和出口形貌

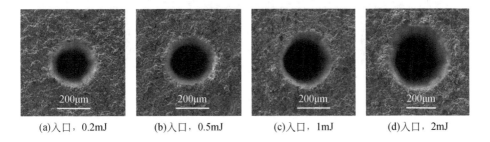

(a)入口,0.2mJ   (b)入口,0.5mJ   (c)入口,1mJ   (d)入口,2mJ

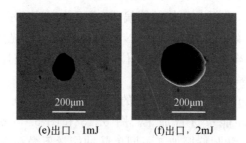

(e)出口，1mJ　　　　　　(f)出口，2mJ

图 5.14　圆偏振加工(焦距为 200mm)不同单脉冲能量下微孔入口和出口形貌

　　为了进一步探究光束偏振态对微孔加工形貌的影响，对微孔的剖面进行观察。图 5.15 和图 5.16 分别给出了焦距为 200mm 时线偏振加工和圆偏振加工不同单脉冲能量下的微孔剖面形貌。偏振态对微孔形貌的影响并不局限于微孔的出口。在微孔的侧壁上同样发生着极化去除现象。在线偏振光的情况下，与偏振方向垂直的方向将会出现极化去除现象，并且极化去除在一定的钻孔深度下才会出现。

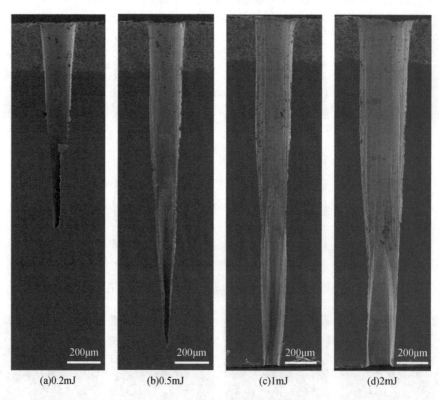

(a)0.2mJ　　　　　　(b)0.5mJ　　　　　　(c)1mJ　　　　　　(d)2mJ

图 5.15　线偏振加工不同单脉冲能量下的微孔剖面形貌(焦距为 200mm)

Nolte 等[21]基于菲涅耳公式的分析表明,孔侧壁对 P 偏振光和 S 偏振光的反射率存在差异。这里会详细地讨论在高深径比微孔加工中极化去除的机制。除了上述提到的 P 偏振光和 S 偏振光的吸收差异性因素外,其他因素包括微孔的锥度、方位角和孔壁的反射作用,将共同决定微孔侧壁对激光能量的吸收。

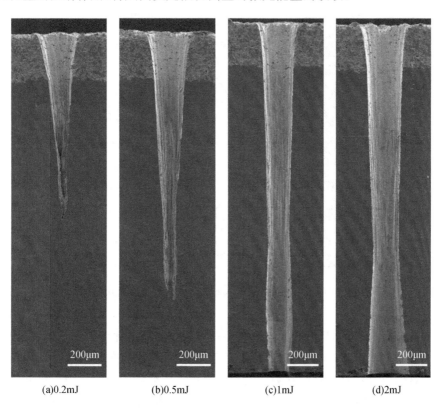

(a)0.2mJ   (b)0.5mJ   (c)1mJ   (d)2mJ

图 5.16　圆偏振加工不同单脉冲能量下的微孔剖面形貌(焦距为 200mm)

如图 5.17 所示,入射角 θ 与微孔的锥度互成余角,微孔锥角越小,入射角 θ 越大。方位角 α,即激光偏振平面和入射平面之间的夹角。此处,激光偏振平面是指由电场矢量和入射光束形成的平面。入射平面是指由界面法线和入射光束形成的平面。当激光束从 A 点移动到 C 点位置时,方位角 α 发生 $0°\sim90°$ 的连续变化。如果同时考虑 S 偏振光和 P 偏振光的反射情形,则任意位置处的综合反射率 R_α 可以表示为[22]

$$R_\alpha = R_s \sin^2\alpha + R_p \cos^2\alpha \tag{5.1}$$

$$R_s = \left| \frac{\cos\theta - \sqrt{n^2 - \sin^2\theta}}{\cos\theta + \sqrt{n^2 - \sin^2\theta}} \right|^2 \tag{5.2}$$

$$R_\mathrm{p} = \left| \frac{\sqrt{n^2 - \sin^2\theta} - n^2\cos\theta}{\sqrt{n^2 - \sin^2\theta} + n^2\cos\theta} \right|^2 \qquad (5.3)$$

式中，R_s 为 S 偏振光的反射率；R_p 为 P 偏振光的反射率。

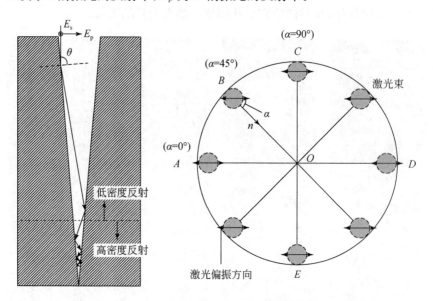

图 5.17　微孔内部的反射示意图（入射角为 85°）和不同旋切位置的方位角

　　在此，可以通过测量微孔的锥度获得对入射角的简单评估。图 5.18 给出了焦距为 200mm 时不同单脉冲能量下微孔锥度与旋切圈数的变化曲线。从第 1 圈到第 3 圈，微孔锥度急剧下降，在随后的旋切过程中逐渐趋于稳定。当单脉冲能量为 0.2mJ 时，从第 1 圈到第 7 圈，微孔锥度从约 25°减小到 7.5°。当单脉冲能量进一步增加时，微孔锥度从约 15°减小到 5°。由于极化去除一般发生在镍基合金部位，所以利用式(5.1)来计算不同方位角下镍基合金对光束的反射率。

　　简便起见，将镍的复数折射率（折射率为 2.2180，消光系数为 4.8925）用于计算，其结果如图 5.19 所示。在初始加工时刻，激光束垂直于材料表面辐照（$\theta = 0°$），此时反射率与方位角无关，因此偏振态对微孔的入口形貌没有影响。实际钻孔过程中，在微孔的上半部分，能量吸收的差异并不会直接决定孔上半部分烧蚀材料的差异性，因为光束可以直接辐照材料表面，并且激光能量密度远高于材料的烧蚀阈值。因此，在孔的上半部分，材料去除量没有表现出很大的不同。随着孔深的增加，微孔锥度随之减小。与之相反，入射角将会随之增加。在 65°～85°的范围内，无论入射角取值为多少（θ 为 0°时除外），图 5.19 表明激光能量的反射率均随方位角 α 的增加而增加(图 5.19)。

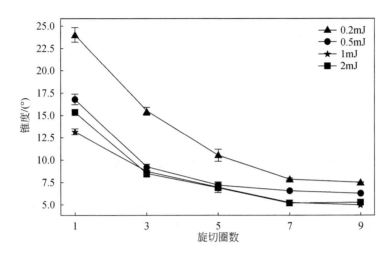

图 5.18　不同单脉冲能量下微孔锥度与旋切圈数的变化曲线

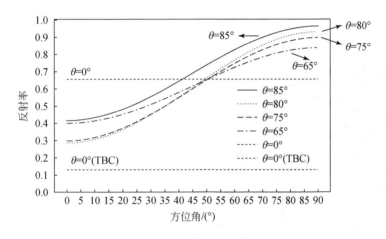

图 5.19　不同入射角 θ 镍的反射率随方位角的变化曲线

　　在旋切钻孔阶段,由于侧壁锥度的存在和光束自身的发散,光束能量很难进入微孔的深处。微孔侧壁反射的能量成为微孔深处发生烧蚀所需能量的主要来源。此外,反射的激光能量并不会从孔腔逃逸出去,而是会自陷于孔腔之中。图 5.17 描述了深孔内部在入射角为 85°时的反射情况,在微孔下半部分将会出现高密度的反射。对于位置 C 和 E,大部分能量将反射到微孔深处,并且大概率沿 C—E 方向沉积。孔下半部分侧壁的多次反射,加上在狭窄空间中的能量捕获效应,提高了孔底附近的激光强度。激光强度的增强导致位置 C 和 E 附近的材料去除量比位置

A 和 D 附近的材料去除量多,从而导致极化去除现象。在旋切打孔 3 圈之后,当单脉冲能量为 0.5mJ 时,孔深约达到 1mm;当单脉冲能量为 2mJ 时,孔深约达到 1.4mm。此时,入射角将急剧增加,意味着孔腔内部高密度反射和能量自陷已然发生,这也解释了在微孔侧壁发生极化去除现象的原因。

5. 飞秒超快激光在高深径比微孔加工中的应用

气膜冷却孔作为航空发动机涡轮叶片上的典型结构,主要分布于叶片前缘、叶身型面,孔径一般为 0.3~1mm,空间角度复杂,一般在 15°～90°,气膜冷却孔的存在可以在叶片表面形成一层冷却保护气膜,实现叶片的有效降温。因此,需要对不同倾斜角的微孔进行加工。由于圆偏振可以避免加工中出现极化去除现象,本节主要介绍圆偏振激光束进行不同倾斜角微孔加工的结果。为了满足不同倾斜角的微孔加工,采用如图 5.20 所示的装置,通过旋转该装置实现不同倾斜角的设置。另外,由于斜孔加工时光束是倾斜入射到材料表面的,所以能量沉积表现为非对称性。在相同的样品厚度下,随着斜孔角度的减小,实际加工深度也会随之增加。为了补偿非对称性以及加工深度增加造成能量密度的下降,本书研究了进给加工对微孔加工形貌的影响,进给路径如图 5.20 所示。在加工中

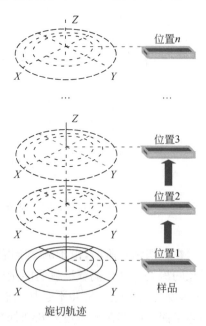

图 5.20　斜孔加工装置和进给加工示意图

激光光束保持不动,样品随运动平台在 XOY 平面内进行相应的轨迹运动和 Z 方向的移动。这里所说的进给是指样品向靠近聚焦透镜的方向移动,即向 Z 轴正向移动。

采用 200mm 焦距的聚焦透镜,将离焦位置设定在－1mm 和－2mm,对比进给加工和无进给加工的效果。图 5.21 和图 5.22 分别为离焦量为－2mm 和－1mm时不同加工参数下的微孔剖面形貌。可以发现,在旋切圈数较少的情况下(11 圈和 16 圈),微孔出口直径较小,呈现较大的锥度,增加旋切圈数可以有效去除微孔下端的材料,增大出口直径,进而减小锥度。同时在进给加工中,微孔孔壁上会偶然出现损伤现象(图 5.22),可能是由进给过程中光束在孔腔内部的局部反射引起的。另外,从加工形貌的对比来看,进给加工和无进给加工对微孔加工形貌的影响并未表现出特别明显的差异性。

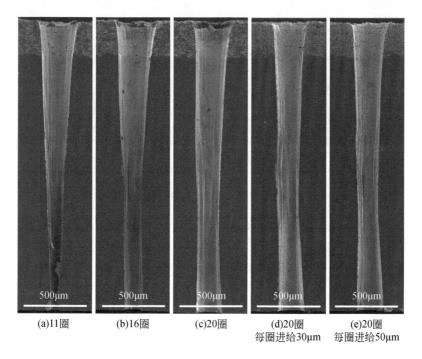

(a)11圈　(b)16圈　(c)20圈　(d)20圈 每圈进给30μm　(e)20圈 每圈进给50μm

图 5.21　不同加工参数下的微孔剖面形貌(离焦量为－2mm)

图 5.23 为无进给加工和进给加工对微孔出入口直径的影响。离焦量为－1mm时,与无进给加工相比,进给加工会造成入口直径的减小和出口直径的略微增大,这是因为此时进给会造成焦平面靠近最优离焦位置(离焦量为－2mm)。在离焦量为－2mm 时,进给加工会造成入口直径的增大和出口直径的减小,这是

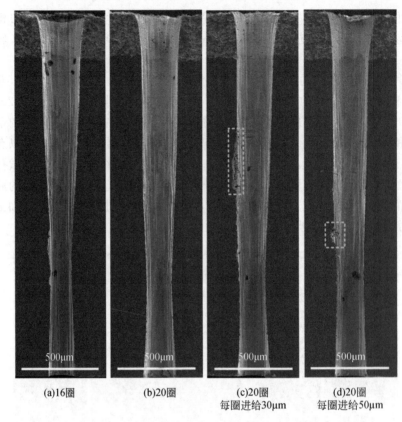

(a)16圈　　　(b)20圈　　　(c)20圈　　　(d)20圈
　　　　　　　　　　　　　　每圈进给30μm　每圈进给50μm

图 5.22　不同加工参数下的微孔剖面形貌(离焦量为－1mm)

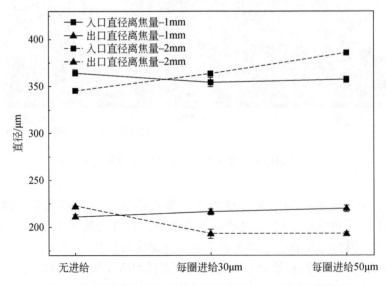

图 5.23　无进给加工和进给加工对微孔出入口直径的影响

因为此时进给会造成焦平面远离最优离焦位置。进给加工实质上改变了加工过程中焦平面的位置,其对直径的影响变化实际上与离焦位置对微孔孔径的影响规律是类似的。

　　在 30°斜孔加工中,采用的焦距为 200mm,单脉冲能量为 2mJ,离焦量选取为 -1mm 和 -2mm。分别选用进给加工和无进给加工两种方式进行加工,样品厚度为 1.2mm,实际加工深度约为 2.4mm。对于进给加工,首先将离焦位置设定在 -1mm 和 -2mm,进给加工设置为每圈向 Z 轴正向进给 50μm。图 5.24 和图 5.25 分别为离焦量为 -1mm 和 -2mm 时进给加工下的微孔出入口形貌。加工过程中在第 7 圈后激光穿透样品获得通孔,穿透消耗时间为 $40\sim50$s,与直孔加工获得通孔的时间较接近。微孔入口孔径和出口孔径随着旋切圈数的增多而增大,因此可以通过控制旋切圈数来控制微孔的孔径大小。

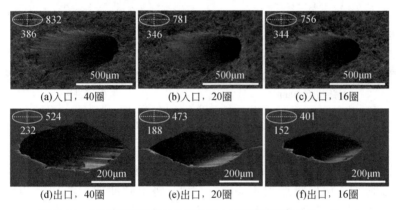

(a) 入口, 40 圈　　　　(b) 入口, 20 圈　　　　(c) 入口, 16 圈

(d) 出口, 40 圈　　　　(e) 出口, 20 圈　　　　(f) 出口, 16 圈

图 5.24　不同旋切圈数下的微孔出入口形貌(离焦量为 -1mm)

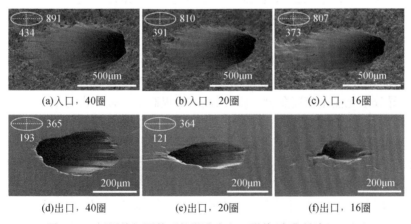

(a) 入口, 40 圈　　　　(b) 入口, 20 圈　　　　(c) 入口, 16 圈

(d) 出口, 40 圈　　　　(e) 出口, 20 圈　　　　(f) 出口, 16 圈

图 5.25　不同旋切圈数下的微孔出入口形貌(离焦量为 -2mm)

图 5.26 是焦距为 200mm、倾斜角为 30°的斜孔剖面形貌,进给加工和无进给加工对微孔形貌的影响没有明显差异。对于斜孔加工,微孔的特征尺寸以及形貌在很大程度上与离焦位置的选取有关,选取合适的离焦量对微孔的加工质量至关重要。直孔加工参数可以为斜孔加工参数的选择带来一定的参考,当考虑进给加工时,需要对离焦量进行相应变动。因为进给加工会给微孔的孔径尺寸带来影响,其本质与离焦位置对孔径的影响规律是类似的。

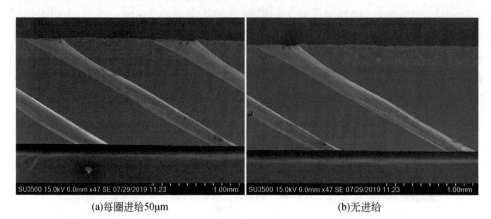

(a)每圈进给50μm　　　　　　　　　　　　　　(b)无进给

图 5.26　焦距为 200mm、倾斜角为 30°的斜孔剖面形貌

在进行倾斜角为 15°的斜孔加工时,微孔深度急剧增加,样品本身厚度为 1.2mm,实际加工深度将达到 4.6mm。为此,将单脉冲能量增加至 3mJ 进行加工,在加工中,选取了 200mm 和 75mm 焦距,两种焦距下的离焦量分别设置为 −2mm 和 0mm。由于加工深度的增加,选取进给加工的方式进行加工,总加工圈数为 60 圈,样品每圈向 Z 轴正向进给 40μm。当焦距为 200mm、加工圈数为 60 圈时,未获得通孔;当焦距为 75mm 时,在第 36 圈后激光穿透样品获得通孔,穿透消耗时间在 3.6min 左右,约为直孔穿透时间的 5 倍。可见,随着微孔深度的增加,穿透消耗时间也将大幅度增加。这主要是由于倾斜角为 15°入射时,激光聚焦光斑面积增大,导致激光能量密度急剧下降,因此需要提高聚焦强度进行更大深度的微孔加工。图 5.27 是倾斜角为 15°的斜孔入口形貌,可见微孔孔壁将大部分暴露在空气环境下。

图 5.28 是倾斜角为 15°的斜孔剖面形貌,斜孔边缘上的两个极点位置 P_1 和 P_2 沿光束入射方向上的距离为 1.2～1.4mm,这也将导致不同加工位置处激光能量密度分布极不均匀,进而增大了加工难度。另外,倾斜角为 15°的斜孔氧化锆涂层-黏结层界面处出现了界面裂纹,如图 5.28(b)所示。造成这种微裂纹的原因可能是在高的激光能量密度下,孔腔内部的等离子体和烧蚀粒子向外膨胀扩张,会

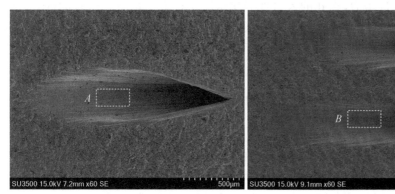

(a)焦距为75mm　　　　　　　　　　　　(b)焦距为200mm

图 5.27　倾斜角为 15°的斜孔入口形貌

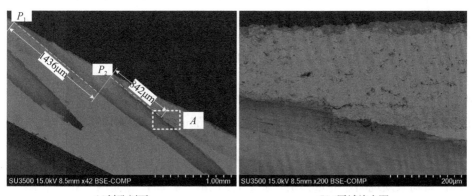

(a)斜孔剖面　　　　　　　　　　　　　　(b)A区域放大图

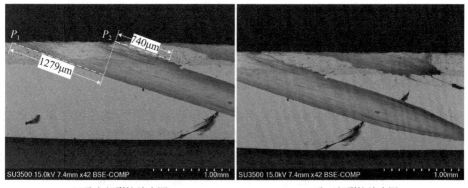

(c)孔上部裂纹放大图　　　　　　　　　　(d)孔下部裂纹放大图

图 5.28　倾斜角为 15°的斜孔剖面形貌

对涂层施加一个冲击力,在孔的入口处氧化锆涂层很大一部分是悬置的(图 5.28(a)和(c)),在入口处的悬置氧化锆涂层长为 $800\mu m$,类似一个悬臂梁结构,这样冲击力的存在也会产生一个很大的力矩作用,最终引发氧化锆涂层和黏结层处产生分层裂纹,这在斜孔加工中是需要十分注意的。

6.飞秒超快激光加工对金相结构的影响

由于加工采用的单脉冲能量比较高,激光束具有极高的激光能量密度,孔壁不可避免地会存在沉积物。Li 等[23]指出,在使用高能量密度飞秒超快激光进行加工时,等离子体对孔的表面形态的演变有重要影响。等离子体伴随着微孔加工的整个过程,等离子体热效应很可能会影响基材的金相组织和服役性能。从飞秒超快激光的作用机理也可以看出,超短的脉冲时间可以将热效应降低到最小,但并不是说,在飞秒超快激光加工中就完全不存在热效应,在实验过程中,在孔壁上可以发现一些碎屑,初步认为这是熔融后重凝形成的。实际上,由于激光能量密度很高,所以不论脉冲宽度长短,晶格温度均有可能超过熔点,这个过程由自由电子与晶格之间的热交换决定,若热量传递导致晶格发生相应的相变,则固相材料发生熔化。但是,这种由飞秒超快激光引起的超快相变过程与毫秒长脉冲宽度作用下的热传导相变过程有一定区别,属于一种微小尺寸的熔化。为了检验毫焦耳脉冲能量飞秒超快激光微孔加工对镍基合金金相结构的影响,对微孔剖面进行了金相腐蚀,采用金相液(腐蚀剂成分配比:盐酸 500mL,硫酸 35mL,硫酸铜 150g)进行金相腐蚀处理。

图 5.29 和图 5.30 分别为直孔和斜孔的金相腐蚀图。在孔的入口、侧壁以及孔的出口均未发现明显的重铸层。此处,使用的飞秒超快激光两个相邻脉冲之间的间隔为 1ms(重复频率为 1000Hz),脉冲持续时间为 120fs,比脉冲间隔小几个数量级。由于在一个脉冲结束时下一个脉冲还没有到来并提供足够的脉冲能量来维持等离子体的温度,结果是等离子体的温度在钻孔过程中衰减较快,所以等离子加热对金相组织的影响可以忽略。

5.1.3　飞秒超快激光加工高温部件气膜冷却孔

由前面分析可知,在利用高脉冲能量飞秒超快激光进行微孔加工时,离焦位置、聚焦透镜、单脉冲能量以及光束偏振态对微孔加工质量具有重要影响。其中,离焦位置对微孔的入口形貌具有重要作用,在几何焦点附近以及正离焦位置处,锥形辐照的存在会引起单脉冲能量的散射和光束轮廓的变形,进而造成加工精度的下降。因此,在利用飞秒超快激光进行加工时,需要选取负离焦位置来规避这种负面影响。透镜焦距和单脉冲能量可以调控飞秒光丝的长度,在进行具体加工时,需

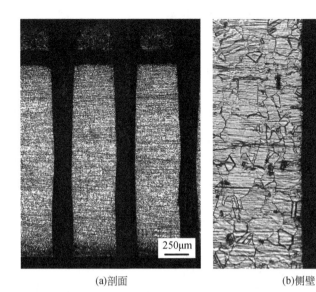

(a)剖面　　　　　　　　　　　　　　　(b)侧壁

图 5.29　直孔金相腐蚀图

要确定较佳的离焦位置来获得较高质量的微孔加工,微孔的入口直径、出口直径和锥度对离焦位置具有强烈的依赖性。偏振态对微孔的出口、侧壁形貌及微观结构具有重要影响。在线偏振下,微孔锥度、方位角和孔壁多重反射的综合作用导致微孔孔壁不同方位对光束能量的吸收存在差异性,引起微孔下半部分以及出口出现明显的极化去除现象,而在圆偏振下则可以获得较好的圆形出口结构。

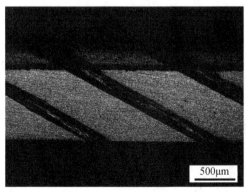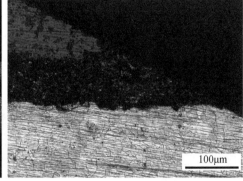

(a)剖面　　　　　　　　　　　　　　　(b)入口

(c)侧壁　　　　　　　　　　　　　　　(d)出口

图 5.30　斜孔金相腐蚀图

通过优化离焦位置、单脉冲能量、光束偏振态等参数,采用飞秒旋切打孔的方式可以获得较高的微孔加工质量。图 5.31 是在厚度约为 2.4mm 的样品上获得的直孔形貌。采用的加工参数如下:单脉冲能量为 2mJ,透镜焦距为 200mm,离焦量为 −2mm,旋切打孔圈数为 20 圈。在厚度为 2.4mm 样品上旋切打孔直径为 300～400μm,通孔时间在 40s 左右,加工 2min 可获得较好的加工质量,微孔锥度在 1°左右。微孔入口周围存在浅状烧蚀,这是烧蚀粒子在孔入口处冲刷侵蚀,从而在孔入口处形成类似的倒圆角结构。

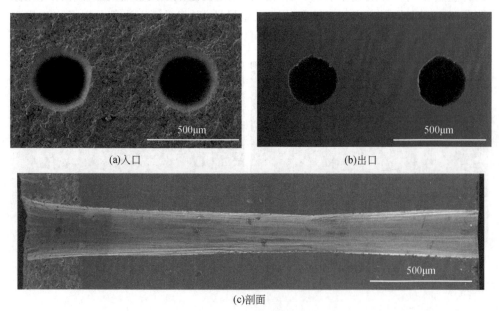

(a)入口　　　　　　　　　　　　　　　(b)出口

(c)剖面

图 5.31　旋切打孔的直孔形貌

　　图 5.32 为倾斜角为 30°的斜孔加工的剖面形貌。图 5.32(a)的加工参数如下：透镜焦距为 200mm，离焦量为 −1mm，单脉冲能量为 2mJ，旋切打孔圈数为 20 圈，每圈进给 50μm。图 5.32(b)的加工参数如下：透镜焦距为 200mm，离焦量为 −1mm，单脉冲能量为 2mJ，旋切打孔圈数为 20 圈，加工无进给。可以看出，有无进给加工对微孔形貌的影响没有明显差异，但进给加工在加工中改变了离焦位置，会对微孔的尺寸造成一定影响。图 5.33 给出了倾斜角为 30°的斜孔剖面形貌放大图，可以看出界面无分层裂纹，孔壁相对干净。

(a)每圈进给50μm　　　　　　　　　　　　　　(b)无进给

图 5.32　倾斜角为 30°的斜孔加工的剖面形貌

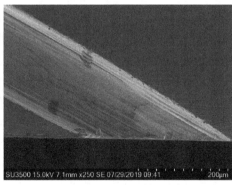

(a)界面形貌放大图　　　　　　　　　　　　　　(b)出口形貌放大图

图 5.33　倾斜角为 30°的斜孔剖面形貌放大图

5.2　超快激光陶瓷型芯精密修型技术

5.2.1　陶瓷型芯精密修型

　　航空发动机作为飞机的"心脏"，是推动飞机和整个航空工业蓬勃发展的源动力,主要由进气道、压气机、燃烧室、涡轮以及尾喷管等部件组成。在航空发动机中,涡轮叶片处于温度最高、热震最猛烈、应力最复杂、工作环境最恶劣的部位而被列为第一关键部件,并被誉为"王冠上的明珠"[24,25]。随着飞机性能需求的不断提升,要求航空发动机具有更高的推重比,而提高航空发动机的推重比最关键的是提高热效率,即提高涡轮前进口燃气温度[26]。这需要不断提高涡轮前进口温度,如推重比为 10 的发动机,涡轮前进口温度已达到 1580～1680℃,推重比为 15～20 的发动机,涡轮前进口温度高达 2227～2470℃[27,28],如此高的温度要求已远超涡轮叶片材料(如镍基、钴基等高温合金)本身的极限使用温度,目前在合金材料上提高叶片的承温能力已经接近极限,仅依靠提高发动机热端部件材料的热强性已无法满足使用需求。为此,国际上从 20 世纪 60 年代开始发展叶片的冷却技术,即将涡轮叶片由实心结构制成空心结构,通过引入压气机的高压冷空气,使之流经高温片的复杂内腔,从而对涡轮叶片进行强制冷却,进而提高涡轮的耐热性能,有效解决涡轮叶片承受更高进口燃气温度的难题。

在航空发动机空心涡轮叶片的铸造过程中,铝基陶瓷型芯是形成叶片空心内腔的重要中间转接件,其尺寸精度直接决定涡轮叶片内腔结构的成型精度及使用性能。陶瓷型芯作为空心涡轮叶片铸造过程中的关键部件,要求具有良好的尺寸精度。但是,铝基陶瓷型芯经热压注、烧结制成,在分型面处存在飞边以及特征结构内部材料堵塞等缺陷,经压制、焙烧后的陶瓷型芯往往存在着飞边与特征结构处的材料堵塞等缺陷,导致其尺寸精度无法保证。因此,经热压注、烧结,对通过初检的陶瓷型芯进行型芯修理成为其制备工艺中的必备流程,陶瓷型芯修理的精度对航空发动机性能的提升有着至关重要的作用。由于陶瓷型芯结构的复杂性以及组成材料的非均质性,普通加工方式已无法满足修理精度要求。铝基陶瓷型芯因没有导电性而无法采用电火花加工或电解加工工艺,同时由于烧结后的陶瓷型芯原坯上存在多处精细结构,且在坯料组成中存在大量为降低陶瓷型芯收缩而添加的粗颗粒,以及为后续陶瓷型芯溶出而分布的多孔隙,超声波加工或水射流加工工艺亦不适于陶瓷型芯的精细修理[29]。此外,铝基陶瓷型芯为硬脆难加工材料,且陶瓷型芯尾缘出口等特征结构处的尺寸多为 1mm 以下的薄壁特征,导致利用传统的机械加工进行修理存在很大困难,因此目前国内陶瓷型芯的修理仍主要依靠操作人员手持金刚石磨具或电动小型手钻进行人工修理。存在的主要问题有:①修理精度低;②型面有毛刺;③产品一致性差。此外,人工修理时间长,加工效率低,同时由于是接触加工,所以存在接触应力,特别是对于细小部位的飞边,使用磨具时易使脆性的陶瓷型芯产生微裂纹而断裂并损坏,导致成品率极低,严重影响陶瓷型芯的应用,这是当前制约我国航空发动机性能及航空工业发展的重要因素之一。我国要发展新一代的航空发动机,迫切需要开创新的陶瓷型芯修理方法。

近年来,随着激光技术的飞速发展并日趋成熟,激光作为新的材料加工手段已被广泛应用于各大领域,取得了良好的社会效益与经济效益。相比于传统的机械加工,激光加工具有无接触应力、无刀具磨损、影响区小、加工灵活、生产率高、加工质量好等优点,同时其几乎可以对任何材料进行加工,尤其是高硬度、高脆性、高熔点的陶瓷材料。此外,考虑到陶瓷型芯复杂的结构及尺寸精度要求,传统的机械加工很难实现规定的微尺寸,同时易产生裂纹而导致型芯断裂并损坏。随着激光加工技术的快速发展,激光加工陶瓷型芯的理论和实验为激光加工解决以上难题提供了一定的指导。文献[30]~[33]对飞秒超快激光与陶瓷材料的相互作用机理进行了深入研究,指出在飞秒超快激光与氧化铝等陶瓷材料的相互作用过程中,材料在吸收光子能量后主要是通过多光子电离、雪崩电离、库仑爆炸等机制成为等离子体,并从基体中逸出。文献[34]~[38]分别利用飞秒超快激光开展了氧化铝陶瓷打孔与切割加工的研究,通过激光加工参数的优化分别获得整洁、清晰、无裂纹的氧化铝陶瓷通孔与 $250\mu m$ 厚样片的完全切割,在超快激光的作用下,材料基本无热影响存在,可以获得良好的加工精度与形貌质量。因此,将激光作为陶瓷型芯精细修理的工具具有显著优势。

铝基陶瓷型芯以电熔刚玉为基体材料,将不同粒度的电熔刚玉粉混合,按比例分别加入矿化剂、增塑剂等形成混合料,搅拌均匀后加热至熔融状态,并经热压注、烧结而成,其中刚玉为坯料中的主要成分,占坯料组成的 $92\%\sim99\%$[39,40]。刚玉的化学成分主要是 Al_2O_3,结晶形态为 $\alpha\text{-}Al_2O_3$,$\alpha\text{-}Al_2O_3$ 属于三方晶系,其晶体结构见图 5.34[41]。其中,菱形单元晶胞 O^{2-} 按六方密集堆积,Al^{3+} 位于八面体空隙中,见图 5.34(a);由于 Al 与 O 数目不等,只有 2/3 的八面体空隙被 Al^{3+} 填充,见图 5.34(b);[AlO_6]八面体之间由三个 O^{2-} 组成的晶面以共价键相连接,见图 5.34(c)。$\alpha\text{-}Al_2O_3$ 由离子键与共价键两者混合的化学键结合而成,晶体间化学键方向性强,原子堆积密度低,原子间距离大,导致常温下对剪应力的变形阻力很大,

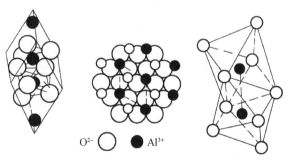

(a)菱形单元晶胞　　(b)Al^{3+}与O^{2-}排布　　(c)[AlO_6]八面体[41]

O^{2-} ○　　Al^{3+} ●

图 5.34　$\alpha\text{-}Al_2O_3$ 晶体结构

因而具有高硬度和高脆性的本征特性。刚玉的物理性能如表 5.3 所示。

表 5.3　刚玉的物理性能

熔点/℃	硬度	密度/(g/cm³)	线膨胀系数/℃⁻¹	热导率/(W/(m·K))
2050	9	3.99	$8.6×10^{-6}$	5.8

　　陶瓷型芯在使用过程中,由于浇注时型壳界面反应产生的气体需要不断排出,溶解在金属液中的气体因溶解度下降而需要不断释出,所以要求陶瓷型芯必须具备足够高的透气性。同时,在金属液凝固过程中,为避免造成热撕裂或产生晶界裂纹,要求陶瓷型芯在金属液凝固时的高温强度与刚凝固时的铸件强度大致相当,以保证有足够高的退让性。此外,铸件内腔结构的复杂性使得氧化铝陶瓷型芯在浇注完成后不能利用机械方法脱除,只能采用脱芯液将其溶解,因此要求陶瓷型芯必须具备良好的溶出性。因此,陶瓷型芯必须具备足够的气孔率,以提高其透气性、退让性与溶出性。对于铝基陶瓷型芯,由于电熔刚玉的溶解性差,所以气孔率要求高于 30%,特殊的结构要求使铝基陶瓷型芯材料与传统氧化铝陶瓷基板存在明显差异,本研究中的铝基陶瓷型芯材料典型微观形貌见图 5.35,其性能见表 5.4。由于陶瓷型芯为超复杂三维曲面结构,现有加工条件无法满足对待加工区域加工路径的准确识别追迹以及焦点在复杂曲面上的准确定位,所以本节的研究对象是与铝基陶瓷型芯在材料组分及组织结构等均完全相同的平面样片,侧重于激光加工对材料的基础工艺研究。

图 5.35　某型铝基陶瓷型芯材料典型微观形貌

表 5.4　某型铝基陶瓷型芯材料性能

粒度级配/nm	气孔率/%	高温抗折强度/MPa	高温挠度/mm
5~80	>30	6.0~8.0	0.3~0.7

　　铝基陶瓷型芯的超快激光修理过程本质上是利用激光作为工具,对陶瓷型芯的飞边与特征结构处的堵塞等缺陷进行材料切割加工,进而实现多余材料的去除,完成陶瓷型芯修理。因此,飞边及堵塞处的材料厚度是影响激光修理的关键因素。某型铝基陶瓷型芯待修理区域及其微观形貌见图 5.36。超快激光加工的目标为图 5.36所示的 6 个区域均获得无毛刺去除和飞边的高质量切割边缘。对各区域飞边与堵塞处材料厚度进行测量统计,其电镜图见图 5.36(b),对应区域的材料厚度见表 5.5。

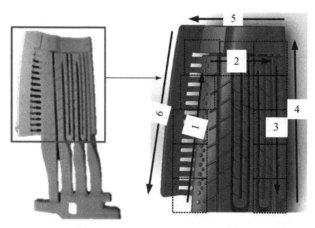

(a)待修理区域

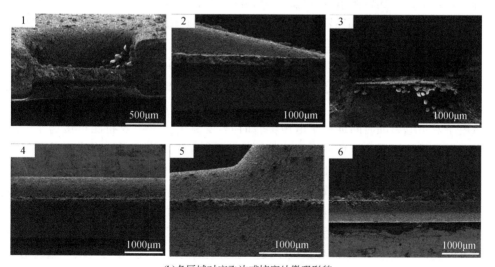

(b)各区域对应飞边或堵塞处微观形貌

图 5.36　某型铝基陶瓷型芯待修理区域及其微观形貌

表 5.5　某型铝基陶瓷型芯待修理区域材料厚度

待修理区域		飞边或堵塞处材料厚度/μm
1	尾缘出口	168.75～354.30
2	叶盆通道	154.11～393.32
3	前缘气膜孔	85.37～296.40
4	前缘	170.25～308.24
5	叶盆	118.60～265.50
6	尾缘	83.21～97.743

该型铝基陶瓷型芯各待修理区域飞边或堵塞处的材料厚度分布范围为85.37～93.32μm,见表 5.5。虽然部分区域的材料厚度较小,但是由于不同样品、不同批次产品之间具有随机性,同时为保证激光修理的可靠性,本书将激光加工去除材料厚度的指标设定为 400μm,即激光切割槽深为 400μm,这样设定既可以获得良好的加工形貌质量,又可以提高激光加工效率。

5.2.2　飞秒超快激光陶瓷型芯加工技术

飞秒超快激光具有极短的脉冲宽度,因此具有极高的峰值功率与峰值强度,导致飞秒超快激光与材料的相互作用过程涉及非线性效应、等离子体吸收、库仑爆炸等一系列综合非热熔作用,最终实现材料的永久性去除。根据飞秒超快激光与氧化铝陶瓷作用机理,测定铝基陶瓷型芯材料的烧蚀阈值,进而开展各加工参数对铝基陶瓷型芯材料的基础影响规律研究。

由于非热熔作用,飞秒超快激光作用在材料上,束缚电子在非线性电离机制的作用下,由价带激发至导带变成自由电子,并强烈吸收脉冲后续激光脉冲能量,在此过程中,电子的温度迅速升高至 5000K 左右。飞秒超快激光脉冲宽度极短,导致电子发生电离的时间远小于电声耦合时间,受激电子来不及将能量传递给晶格即在激光场的高温高压环境下迅速从团簇中脱离,从而使沉积到物质中的激光能量明显减少,基本无热影响区存在,宏观表现即为材料的非热熔"冷"加工去除。此外,由于飞秒超快激光能量密度很高,隧道电离与多光子电离在初始导带电子(种子电子)的形成中具有重要作用,即激光脉冲前面部分由隧道电离与多光子电离产生的自由电子为激光脉冲后续部分的雪崩电离提供充足的种子电子。这种以自供给方式提供种子电子,从而导致电子发生雪崩电离的现象,使得飞秒超快激光对氧化铝陶瓷的损伤较少依赖物质中的缺陷或易电离杂质浓度等因素,因此飞秒超快激光对氧化铝陶瓷的烧蚀阈值具有确定性。

1. 铝基陶瓷型芯材料烧蚀阈值测定

由前述分析可知,在飞秒超快激光加工过程中,为实现材料的永久性去除,材料中电离产生的自由电子数密度必须达到其临界密度,对应的激光强度即为材料的烧蚀阈值。当激光能量密度低于材料的烧蚀阈值时,材料仅发生内部的化学与结构特性改变,没有出现烧蚀。因此,确定材料的烧蚀阈值对研究飞秒超快激光加工具有重要意义。

材料烧蚀阈值与激光光源及其自身组成密切相关,目前测定材料的烧蚀阈值有以下三种方法:

(1)等离子体辐照法,即利用四极质谱仪在真空腔内检测是否出现等离子体。

(2)损伤检测法,即通过检测散射光是否发生变化或周围介质是否出现折射率梯度来判断材料是否出现永久性损伤。

(3)外推法,即通过检测去除体积或烧蚀坑面积,并外推至去除体积或烧蚀坑面积零点位置。

前两种方法由于装置复杂或精度低等,在实际操作中已很少采用;此外,激光加工中所得烧蚀坑不规则,导致很难获得准确的去除体积,体积外推法也被放弃;然而,烧蚀坑的面积更容易测量,且误差小,因而在实际烧蚀阈值的测定中得到了广泛应用,采用面积外推法来测定铝基陶瓷型芯材料在飞秒超快激光作用下的烧蚀阈值。

1)面积外推法原理

飞秒超快激光脉冲能量呈高斯分布,见图 5.37,其能量密度与光束截面半径之间的关系为

$$\varphi(r) = \varphi_0 \cdot e^{-2r^2/\omega_0^2} \tag{5.4}$$

式中,r 为截面到光束中心的距离;φ_0 为焦点中心处峰值能量密度;ω_0 为焦点光斑束腰半径。

激光的单脉冲能量(单位:J/cm^2)为

$$E_p = \int_0^\infty 2\pi r \varphi(r) dr = \int_0^\infty \varphi_0 e^{-2r^2/\omega_0^2} \cdot 2\pi r dr = \frac{\pi \omega_0^2}{2} \varphi_0 \tag{5.5}$$

脉冲中心峰值能量密度与单脉冲能量的关系为

$$\varphi_0 = \frac{2E_p}{\pi \omega_0^2} \tag{5.6}$$

飞秒超快激光的峰值能量密度与被烧蚀区域直径 D 之间的关系为

$$D^2 = 2\omega_0^2 \cdot \ln\left(\frac{\varphi_0}{\varphi_{th}}\right) \tag{5.7}$$

式中,φ_{th} 为材料烧蚀阈值,J/cm^2。

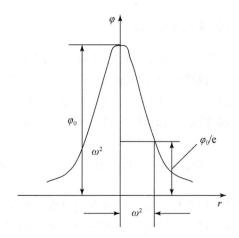

图 5.37 飞秒超快激光能量高斯分布示意图

将式(5.6)代入式(5.7),可得飞秒超快激光单脉冲能量与材料烧蚀孔径之间的直接关系为

$$D^2 = 2\omega_0^2 \cdot \ln\left(\frac{2E_{\mathrm{p}}/\pi\omega_0^2}{\varphi_{\mathrm{th}}}\right) = 2\omega_0^2 \cdot \ln E_{\mathrm{p}} + 2\omega_0^2 \cdot \ln\left(\frac{2}{\pi\omega_0^2\varphi_{\mathrm{th}}}\right) \quad (5.8)$$

由式(5.8)可知,在同一加工条件下,由于飞秒超快激光聚焦后的束腰半径相同,且在相同脉冲数下材料的烧蚀阈值相同,所以式(5.8)的末项为一常数,即烧蚀孔径的平方值与激光单脉冲能量的对数值满足线性关系。以此为基础,通过获得不同单脉冲能量下飞秒超快激光加工所得微孔的直径,结合线性回归法即可计算出铝基陶瓷型芯材料的理论烧蚀阈值。

2)烧蚀阈值实验

改变入射飞秒超快激光单脉冲能量,测量所得烧蚀微孔表面直径,并对烧蚀孔径与单脉冲能量对数进行线性拟合,根据式(5.8)进行求解,从而获得飞秒超快激光作用下铝基陶瓷型芯材料的烧蚀阈值。

激光单脉冲能量选取 50μJ、75μJ、100μJ、200μJ、300μJ,聚焦透镜焦距为100mm,750 个脉冲数作用下所得加工结果如图 5.38 所示,图中各点线性拟合所得直线方程的斜率为 $2\omega_0^2$,拟合直线方程在 x 轴上的截距即为该脉冲数下材料烧蚀阈值的对数值 $\ln E_{\mathrm{p}}$,经反对数运算,即可获得该脉冲数作用下铝基陶瓷型芯材料的烧蚀阈值为 $1.482\mathrm{J/cm^2}$。

通过上述方法获得不同脉冲数作用下材料的烧蚀阈值。图 5.39 给出了飞秒超快激光在 10~10000 个脉冲数作用下的烧蚀阈值。从图中可知,铝基陶瓷型芯材料的烧蚀阈值随脉冲数的增加整体呈逐渐减小的趋势,并最终趋于饱和。同时

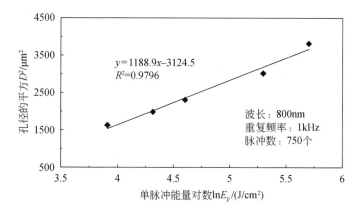

图 5.38　孔径的平方与单脉冲能量对数关系图

对各拟合直线方程的斜率进行逆运算,可得焦距为 100mm 透镜下的聚焦光斑半径 ω_0 为 24.868μm。

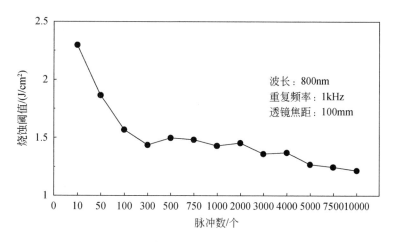

图 5.39　烧蚀阈值随脉冲数变化关系图

　　材料的烧蚀阈值随作用脉冲数不同而发生变化主要是由多脉冲累积效应引起的。多脉冲累积效应指当使用相同能量密度的脉冲激光对材料进行加工时,少脉冲数作用时测得的材料烧蚀阈值要高于多脉冲数作用时测得的材料烧蚀阈值,也即激光在多脉冲作用情况下更容易去除材料。N 个脉冲数作用下的烧蚀阈值与 1 个脉冲数作用下的烧蚀阈值之间具有如下关系:

$$\varphi_{th}(N) = \varphi_{th}(1) \cdot N^{S-1} \tag{5.9}$$

式中,$\varphi_{th}(N)$ 为 N 个脉冲数作用下材料烧蚀阈值;$\varphi_{th}(1)$ 为 1 个脉冲数作用下材料烧蚀阈值;S 为多脉冲累积效应的累积系数。

将式(5.9)两边取对数并整理,获得多脉冲累积烧蚀阈值[$N \cdot \varphi_{th}(N)$]的对数值与累积脉冲数 N 的对数值之间的关系为

$$\ln[N \cdot \varphi_{th}(N)] = S \cdot \ln N + \ln[\varphi_{th}(1)] \tag{5.10}$$

由式(5.10)可知,多脉冲累积烧蚀阈值的对数值与累积脉冲数的对数值满足线性关系,对 $\ln[N \cdot \varphi_{th}(N)]$ 与 $\ln N$ 进行线性拟合,所得拟合直线方程的斜率即为累积系数 S,方程在 y 轴上的截距即为单脉冲烧蚀阈值的对数值 $\ln[\varphi_{th}(1)]$,再经反对数运算,即可获得单脉冲烧蚀阈值 $\varphi_{th}(1)$。

多脉冲累积效应拟合关系见图5.40,获得飞秒超快激光作用下铝基陶瓷型芯材料的单脉冲烧蚀阈值 $\varphi_{th}(1) = 2.486\ \text{J/cm}^2$,相应累积系数 $S = 0.9222$。烧蚀阈值的确定对材料的激光永久性去除具有重要意义,加工中必须使用高于材料烧蚀阈值的激光能量密度,并结合多个脉冲数的共同作用才能获得较大深度的微槽结构。

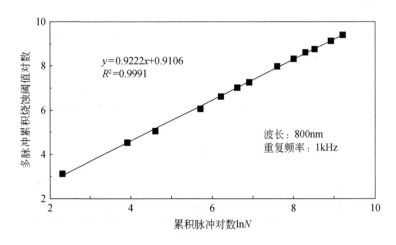

图 5.40　多脉冲累积效应拟合关系

2. 激光平均功率对加工特征尺寸的影响

飞秒超快激光加工实现了铝基陶瓷型芯飞边及堵塞等缺陷处的顺利切割加工去除,需要对微槽宽度、深度及加工质量进行研究。微槽深度必须满足缺陷处的材料厚度要求,同时为避免对型芯基体结构造成损伤,实际加工过程中需要考虑聚焦光束的偏置,因此微槽宽度也是影响结果的重要因素。为实现材料的永久性去除加工,激光能量密度必须大于材料的烧蚀阈值。当聚焦透镜与重复频率一定时,激

光能量密度与激光平均功率成正比,因此需要探究不同激光平均功率对微结构尺寸的影响规律。

1)激光平均功率对微槽宽度的影响

当聚焦光斑区域内的激光能量密度均超过材料的烧蚀阈值时,理论上所得微槽宽度应与聚焦光斑直径相同。图5.41给出了在激光波长为800nm、重复频率为1kHz、透镜焦距为100mm、加工速度为3.0mm/s时、不同激光平均功率(200~800mW)下所得微槽形貌的电镜图,对应激光能量密度为10.294~41.177J/cm²。从图中可知,在飞秒超快激光的作用下,微槽内部及边缘未出现熔融现象与热影响区,同时无热应力引起的微裂纹,即飞秒超快激光对铝基陶瓷型芯材料的加工机制为非热熔"冷"加工。

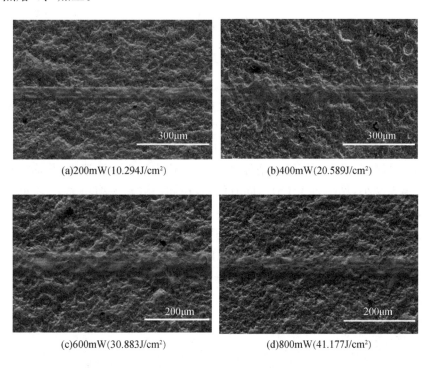

(a)200mW(10.294J/cm²)

(b)400mW(20.589J/cm²)

(c)600mW(30.883J/cm²)

(d)800mW(41.177J/cm²)

图5.41 不同激光平均功率下所得微槽形貌的电镜图

不同加工速度下微槽宽度随激光平均功率的变化关系见图5.42。从图中可知,随着激光平均功率的增加,所得微槽宽度并未保持一致,而是整体呈逐渐增大的趋势。

当激光平均功率较低(200mW)时,由于聚焦光斑呈高斯分布,边缘激光能量密度低(2.786J/cm²),虽然激光能量密度已超过材料的烧蚀阈值,但是材料表面粗

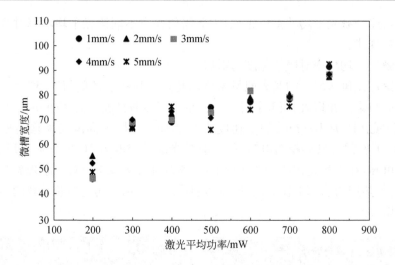

图 5.42　不同加工速度下微槽宽度随激光平均功率的变化关系

糙且存在孔隙,激光在粗糙表面易发生无序漫反射,导致聚焦光斑边缘能量被进一步分散降低,微槽边缘材料烧蚀微弱,烧蚀边界较为模糊,见图 5.43(a),导致微槽宽度界定偏差较大;当逐渐提高激光平均功率时,聚焦光斑边缘能量逐渐增大,边缘材料烧蚀增强,微槽宽度逐渐增加,同时微槽烧蚀边界逐渐清晰,与周围材料边界界定偏差减小,见图 5.43(b)。同时可知,在同一激光平均功率下,不同加工速度所得微槽宽度基本保持一致,波动较小。这是因为此时激光能量密度一致,聚焦光斑边缘能量相同,1 个脉冲数作用下,边缘具有同样的烧蚀效果,而不同的加工速度只是改变材料单位面积内所受激光脉冲数,并不影响单脉冲能量分布。因此,在相同激光平均功率下,微槽宽度基本保持一致,即在其他条件相同时,加工速度对所得微槽宽度的影响较弱。

(a)模糊边界　　　　　　　　　　　　　　　(b)清晰边界

图 5.43　不同激光能量密度下微槽边界形貌

2) 激光平均功率对微槽深度的影响

图 5.44 为不同加工速度下微槽深度随激光平均功率的变化关系。从图中可知,在同一加工速度下,随着飞秒超快激光平均功率的增加,微槽深度整体呈逐渐增大趋势,激光平均功率主要通过影响激光能量密度来影响烧蚀过程中的趋肤深度,激光平均功率越大,对应的激光能量密度越高,表层材料受激电离成等离子体并逸出基体的时间越短,单脉冲能量在表面以下传播的深度越大,内部材料受激电离程度越高。微槽深度在局部范围内发生波动,是由材料结构的非均质特性引起的,铝基陶瓷型芯材料组成颗粒尺寸不均匀,同时材料内部的孔隙也是随机分布的,当作用区域内颗粒较小或孔隙较大时,相同激光能量更易引起材料的去除,导致该区域内微槽深度增加。

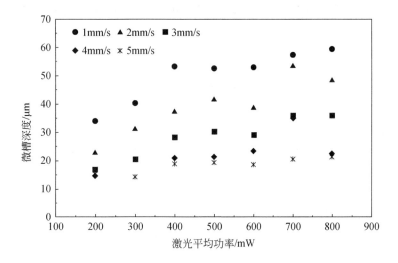

图 5.44　不同加工速度下微槽深度随激光平均功率的变化关系

此外,虽然当激光平均功率为 800mW 时,对应的激光能量密度高达 41.177J/cm^2,但是微槽深度最大仅为 59.31μm,远未达到考核指标要求 (400μm),这主要与铝基陶瓷型芯材料的特殊结构组成有关。氧化铝陶瓷型芯材料是由 5~80μm 粒径不等的骨料与填料组成的,且孔隙率高达 30%,导致飞秒超快激光在材料内部的传播过程中发生强烈的漫反射而导致激光能量分散严重,加工过程中从样片背面可以观察到几个毫米量级的漫反射光晕,激光有效利用率很低,使得材料去除率小,微槽深度浅。由图 5.44 可知,加工速度也是微槽深度的重要影响因素,随着加工速度的逐渐增加,微槽深度逐渐减小,最终趋于稳定。这是因为聚焦光斑半径相同时,激光辐照区域内材料单位面积所受脉冲数与加工速度成反比,加工速度越大,累积脉冲数越少,当加工速度由 1mm/s 增加至 5mm/s 时,累积脉冲数由 24.87 个减少至 4.97 个,单位面积内所受激光总能量随之降低,导致材料去除率减小。当加工速度增大到一定程度(4mm/s)时,材料单位面积内所受脉冲数过少(6.21 个),无法有效实现材料的充分去除,此时再提高加工速度已无实际意义。

上述探究的最大微槽加工深度仅约为 59.3μm,因此为满足指定 400μm 深度要求,应提高飞秒超快激光能量密度,并增加材料单位面积内所受脉冲数,以提高材料去除率。

3. 加工速度对加工特征尺寸的影响

为实现较大深度的微槽加工,除采用较高激光平均功率外,增加激光辐照区域内材料单位面积所受脉冲数也是切实可行的方法。材料单位面积所受脉冲数 N 为

$$N = \frac{f'd_0}{v} \tag{5.11}$$

式中,f' 为激光脉冲重复频率;d_0 为聚焦光斑直径;v 为激光加工速度。

当脉冲重复频率与采用的聚焦元件的焦距一定时,N 仅与 v 成反比,因此改变加工速度以实现对材料单位面积所受脉冲数的调节,同时加工速度亦可更直观地反映出加工效率。研究以加工速度为直接变量,探究其对微结构尺寸的影响规律。

1)加工速度对微槽宽度的影响

如图 5.45 所示,在激光波长为 800nm、激光平均功率为 1000mW、重复频率为 1kHz、透镜焦距为 150mm 时,不同加工速度下(0.2~4mm/s)所得微槽形貌的电镜图如图 5.45 所示。见图 5.45(a)和(b),当加工速度为 0.2~0.4mm/s 时,由于单位面积内所受脉冲数较多(373.02~186.51 个),材料得到充分烧蚀去除,但微槽内部存在大量残渣堆积,形貌质量差;见图 5.45(e)~(h),当加工速度为 1~4mm/s 时,对应单位面积内所受脉冲数为 74.6~18.65 个,累积脉冲数逐渐减少,导致材料去除率降低。

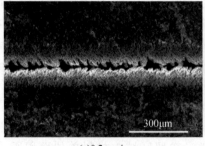

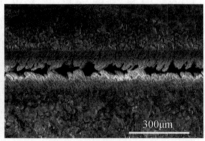

(a)0.2mm/s　　　　　　　　　　　(b)0.4mm/s

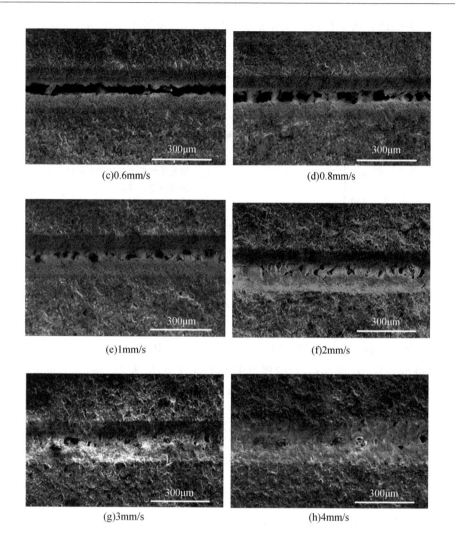

图 5.45　不同加工速度下所得微槽形貌的电镜图

　　微槽宽度随加工速度的变化关系见图 5.46。从图中可知,不同加工速度下微槽宽度基本保持一致,在 $200\mu m$ 附近发生轻微波动,这可能是由材料厚度不均、表面与焦平面之间存在偏差引起的。

　　在焦距为 150mm 的透镜聚焦下,所得微槽宽度与该焦距下的理论聚焦光斑直径偏差较大,理论聚焦光斑直径 d_0 为

$$d_0 = 2\omega_0 \tag{5.12}$$

$$\omega_0 = M^2 \cdot \frac{f\lambda}{\pi r} \tag{5.13}$$

式中，ω_0 为聚焦光斑半径；M^2 为光束质量因子；f 为聚焦透镜焦距；λ 为激光波长；r 为入射光束半径。

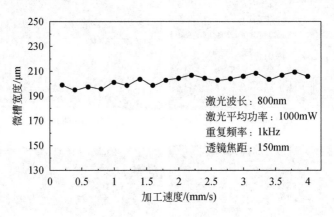

图 5.46　微槽宽度随加工速度的变化关系

由于激光光源及所用光束传输系统不变，所以 ω_0 仅与聚焦透镜焦距 f 成正比，当 f 为 100mm 时，聚焦光斑半径为 24.868μm。因此，当 f 为 150mm 时，理论聚焦光斑半径为 37.302μm，对应理论聚焦光斑直径 d_0 为 74.604μm，而实际所得微槽宽度约为 200μm，两者之间的偏差主要是由飞秒超快激光特有的光丝效应引起的。

当飞秒超快激光在空气中传输时，空气为非线性介质，在飞秒超快激光的光强达到某一强度后，激光场中的空气折射率 n 就变为[42]

$$n = n_0 + n_2 I \tag{5.14}$$

式中，n_0 为空气的线性折射率；n_2 为非线性折射率系数；I 为激光强度。

空气折射率与激光强度有关，称为光克尔效应，其是构成自聚焦现象的基础。由于在空气中 n_2 太小，所以要形成自聚焦过程，激光平均功率必须超过几个吉瓦，只有强聚焦或超短脉冲激光具有如此强大的激光强度，而飞秒级脉冲宽度的聚焦激光脉冲结合较高的激光平均功率能够提供这种条件。飞秒超快激光场为高斯分布，空气中在焦点附近区域形成中心折射率高、边缘折射率低的通道，该通道具有类似凸透镜的作用，使聚焦光束进一步发生会聚，即光克尔自聚焦过程。光克尔自聚焦效应引起焦点附近的激光场强进一步增大，并引起空气发生击穿电离，从而在光路中形成等离子体通道。此时，空气折射率变为

$$n = n_0 + n_2 I - \frac{\rho_e}{2\rho_c} \tag{5.15}$$

式中，ρ_e 为电离产生的电子密度；ρ_c 为等离子体的临界密度。

　　由式(5.15)可知,等离子体具有散焦作用。当激光平均功率大于等离子体的临界功率时,光束将发生会聚作用,聚焦光束半径缩小。当聚焦光束半径缩小时,激光功率密度增大,空气击穿电离产生的电子密度增大,聚焦光斑为高斯分布,光斑中心区域产生的等离子体密度高于边缘区域产生的等离子体密度,导致等离子体的散焦作用变得更加明显,具有类似凹透镜的作用,即通常所说的等离子体散焦。由于光克尔自聚焦效应和等离子体散焦效应同时存在,两者最终达到动态平衡,此时飞秒超快激光即在空气中形成稳定的等离子体通道,直观表现为焦平面附近清晰可见的激光光丝如图 5.47 和图 5.48 所示。

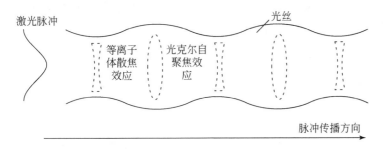

图 5.47　飞秒超快激光在空气中传播时的光丝效应示意图

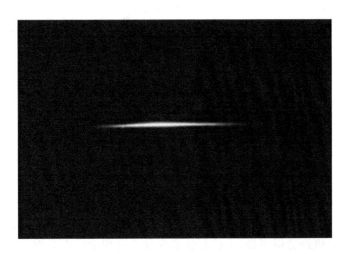

图 5.48　焦平面邻近区域内飞秒超快激光光丝效应的直观表现形式

　　飞秒超快激光成丝实质上是通过光学聚焦系统,使飞秒超快激光在空气中传播时在焦平面附近区域产生能使空气击穿(电离)的光强分布,飞秒超快激光光丝效应的作用导致飞秒超快激光经聚焦后的聚焦光斑半径明显增大,从而导致微槽宽度显著增大。

2)加工速度对微槽深度的影响

微槽深度随加工速度的变化关系见图 5.49。从图中可知,低加工速度(0.2～0.8mm/s)下所得微槽深度较大,随着加工速度的增加,微槽深度迅速降低,并最终趋于稳定,这主要是由材料单位面积内所受脉冲数的差异引起的。从前述分析可知,脉冲数与加工速度成反比,当加工速度为 0.2～0.8mm/s 时,对应单位面积内所受脉冲数为 373.02～93.26 个,材料得到充分烧蚀去除,微槽深度最大可达324.8μm;提高加工速度,脉冲数迅速减少,材料去除率随之降低,当加工速度为2～4mm/s 时,对应脉冲数为 37.3～18.65 个,由于在该范围内脉冲数减少缓慢,对应微槽深度降低速率小,并最终趋于稳定。

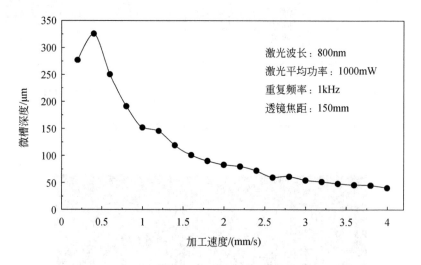

图 5.49　微槽深度随加工速度的变化关系

当加工速度为 0.2mm/s 时,微槽深度与加工速度并不遵从脉冲数规律,这种规律差异主要是由过多脉冲数作用下的过烧蚀引起的。脉冲数过多(373.02 个),导致材料单位面积内所受激光累积能量过多,前半部分脉冲在短时间内产生的大量等离子体对后续脉冲激光能量强烈吸收而使后续脉冲激光无法有效注入材料内部;同时由前述机理分析可知,飞秒超快激光加工过程中的库仑爆炸效应会产生大量团簇粒子,这些呈碎片化的粒子在由激光辐照产生的高温高压区域内又与基体凝结而残留在微槽内部,微槽内部因残留大量碎屑而使加工深度降低,并且碎屑的堆积导致微槽锥度过大,形貌质量变差,见图 5.50。因此,应选用合理的方法改善团簇颗粒残留现象,可以进一步增大微槽深度并提高激光利用率。

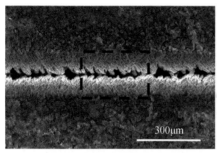
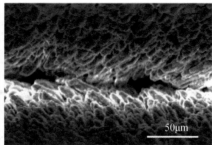

(a)整体形貌　　　　　　　　　　　　　(b)局部放大形貌

图 5.50　过多脉冲数引起材料的过烧蚀现象

4. 透镜焦距对加工特征尺寸的影响

由于激光器发出的光束功率及单脉冲能量低,初始光束的激光能量密度远低于材料的烧蚀阈值,无法对材料进行有效去除,所以需要在导光系统中引入聚焦元件,将光束会聚成极小的聚焦光斑,以提高激光能量密度。不同的聚焦元件会引起聚焦光斑半径及焦深(又称为共轭焦距)的改变,进而影响加工微结构的特征尺寸,因此聚焦元件特征参数也是影响加工微结构的重要因素。

飞秒超快激光可以利用的最普遍的聚焦元件有显微物镜与聚焦透镜两种。显微物镜下的聚焦光斑尺寸较小,通常为几个微米甚至纳米量级,故相应聚焦光斑范围内的激光能量密度高,但是其焦深也普遍在微米量级,会聚后光束的发散角偏大,使得其加工深度非常有限;聚焦透镜下的聚焦光斑直径可达几十微米,焦深更是可达毫米量级,使得加工深度可达几十微米乃至毫米量级。因此,为实现深度可达 $400\mu m$ 的微槽切割加工,本节采用聚焦透镜对光束进行会聚。

1) 透镜焦距对微槽宽度的影响

激光能量密度相同(46.04J/cm^2)时,不同透镜焦距下微槽宽度随加工速度的变化情况见图 5.51。焦距为 100mm 与 150mm 两种聚焦透镜下所得微槽宽度基本保持稳定,分别在 $180\mu m$ 与 $200\mu m$ 附近发生轻微波动。

表征聚焦透镜特征参数的指标为透镜焦距 f,聚焦光斑半径 ω_0 与透镜焦距 f 成正比,100mm 与 150mm 焦距对应理论聚焦光斑直径分别为 $49.736\mu m$ 与 $74.604\mu m$,与微槽宽度存在明显偏差,由前面分析可知,这是由飞秒超快激光的光丝效应引起的。焦距为 150mm 的透镜聚焦光斑大,为达到相同的激光能量密度,激光平均功率相应提高,导致光丝效应更明显,因此微槽宽度更大。

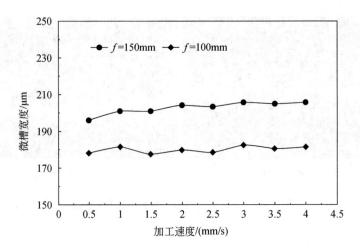

图 5.51　不同透镜焦距下微槽宽度随加工速度的变化情况

2)透镜焦距对微槽深度的影响

不同透镜焦距下微槽深度随加工速度的变化情况见图 5.52。从图中可知,焦距为 100mm 与 150mm 两种透镜下所得微槽深度均随加工速度的增加而逐渐减小,这是由单位面积内所受脉冲数减少造成的。另外发现,焦距为 150mm 时的微槽深度均大于对应加工速度下焦距为 100mm 的透镜加工结果,这是由焦深不同引起的。

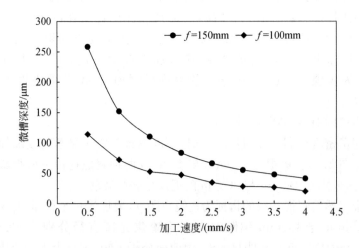

图 5.52　不同透镜焦距下微槽深度随加工速度的变化情况

当高斯光束经透镜会聚传播时,沿光轴 z 方向的高斯光束截面半径 $\omega(z)$ 随光束传播距离 z 的变化情况见图 5.53,$\omega(z)$ 的表达式为

$$\omega(z)=\omega_0\left[1+\left(\frac{\lambda z}{\pi\omega_0^2}\right)^2\right]^{1/2} \tag{5.16}$$

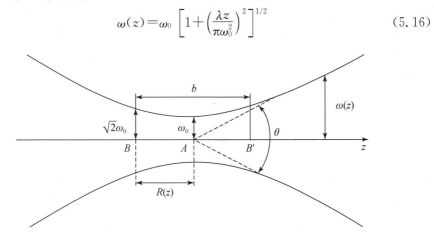

图 5.53 激光光束经会聚的空间高斯传播

由图 5.53 可知,$\omega(z)$ 的轨迹为双曲线,$R(z)$ 称为高斯光束的波面曲率半径,表达式为

$$R(z)=z\left[1+\left(\frac{\pi\omega_0^2}{\lambda z}\right)^2\right] \tag{5.17}$$

当 $z=0$ 时,由式(5.17)可得 $R(0)=\infty$,表明高斯光束在束腰处,其波面为平面波。对 $R(z)$ 求导可得其极值为

$$Z_R=\pm\frac{\pi\omega_0^2}{\lambda} \tag{5.18}$$

将式(5.18)代入式(5.17),可得

$$b=R(z)=2\frac{\pi\omega_0^2}{\lambda} \tag{5.19}$$

因此,当 $z=\pm(\pi\omega_0^2/\lambda)$ 时,高斯光束的波面曲率半径最小,当 $z=\infty$ 时,$R(z)\rightarrow\infty$,此时高斯光束波面又变成平面波,即在高斯光束经聚焦的传播过程中,光束波面的曲率半径由无穷大逐渐变小,达到最小后又开始变大,直至达到无限远时变成无穷大。将 Z_R 称为瑞利长度,在瑞利长度处聚焦光斑半径增大为束腰半径的 $\sqrt{2}$ 倍。瑞利长度对呈高斯态传播的脉冲激光非常重要,聚焦后的激光束在共轭焦距 b 即 2 倍的瑞利长度范围内具有烧蚀材料的能量强度。由式(5.18)可知,瑞利长度 Z_R 与聚焦光斑半径的平方 ω_0^2 成正比;由式(5.13)可知,聚焦光斑半径 ω_0 与透镜焦距 f 成正比,因此瑞利长度与透镜焦距 f 的平方成正比。透镜焦距越大,瑞利长度越长,相应焦深越大。对于焦距为 100mm 与 150mm 的透镜,后者焦深是前者

的 2.25 倍,因此加工的微槽深度更大。故在激光能量密度一定时,采用大焦距透镜有利于获得更深的微槽加工。

但是,飞秒超快激光加工的微槽深度尚未达到指定目标要求,尤其是微槽内部的团簇颗粒残留,严重阻碍了大深度微槽的加工,因此需要进一步研究去除颗粒残留的有效加工方法,以增加微槽深度,进一步提高加工效率,并改善加工形貌质量。

5.2.3　皮秒超快激光陶瓷型芯加工技术

为进一步探索提高表面加工质量的有效方法,从激光与陶瓷材料的作用本质出发,采用皮秒超快激光对铝基陶瓷型芯材料进行研究。皮秒超快激光脉冲宽度介于飞秒与纳秒之间,与电声耦合时间量级相当,因此在与陶瓷材料作用的过程中,将有部分能量被晶格吸收并转化为内能,尤其是在较高重复频率的作用下,其加工过程将兼具"冷"加工与"热"加工特点,有望获得光滑的切面质量。将重复频率可调皮秒超快激光作为加工光源,研究各工艺参数对铝基陶瓷型芯材料的影响规律,以探究提高材料切面质量与加工效率的有效方法。

1. 光热-光化学复合作用机制验证

不同脉冲宽度(1ns、10ps 以及 120fs)下铝基陶瓷型芯材料激光加工所得结果见图 5.54。见图 5.54(a),在 1ns 脉冲宽度的激光作用下,材料发生明显的热熔现象,同时微槽边缘存在重铸层,表明脉冲宽度为 1ns 时,激光与材料的作用机制主要表现为光热作用。见图 5.54(c),当采用 120fs 脉冲宽度的激光加工时,材料未发生熔化,表明此时激光与材料的作用机制为光化学作用。见图 5.54(b),当采用 10ps 脉冲宽度的激光加工时,材料宏观仍表现为近似"冷"加工,但从局部微观形貌可知,此时材料发生微熔现象,表明当采用 10ps 脉冲宽度的激光加工时,其与材料的作用机制为光热-光化学复合作用。

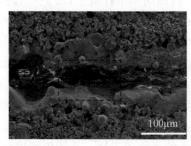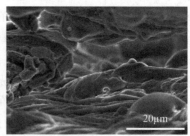

(a)纳秒短脉冲激光加工(1ns)

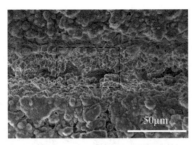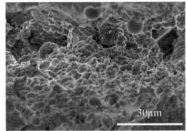

(b)皮秒超快激光加工(10ps)

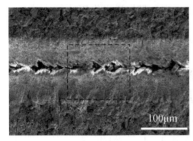

(c)飞秒超快激光加工(120fs)

图 5.54　不同激光脉冲宽度下结果对比

由于飞秒超快激光加工是真正意义上的无热作用"冷"加工,所以切割壁面为加工产生的细颗粒紧密排列堆积。生成的细颗粒与基体之间接触面积小,结合力相对较弱,有可能导致在涡轮叶片浇铸过程中因受高温金属液冲蚀而发生脱落,影响浇铸成型时叶片内腔尺寸的精度。皮秒激光加工时的微熔现象可以将细颗粒与基体熔结在一起,提高其结合力,且壁面因发生微熔而较飞秒超快激光加工时更光滑,因此可以进一步提高叶片内腔尺寸的精度。与此同时,在皮秒超快激光加工过程中,随着材料表面温度的不断上升,其对激光的吸收率逐渐增大,当提高激光重复频率时,激光脉冲间隔缩短,更有利于材料内部的能量累积,光热作用将逐渐增强,材料发生的微熔现象将更加显著,见图 5.55。

因此,利用高重复频率皮秒超快激光的光热-光化学复合作用,合理调整激光工艺参数可获得光滑的切割壁面,形成类似激光抛光效果。此外,采用较高的激光重复频率可以明显提高加工效率,这对工业应用至关重要。

2.激光波长对切割形貌的影响

激光加工过程除与脉冲宽度、激光平均功率等因素有关外,也与激光波长密切相关。聚焦光斑的大小与激光波长成正比,聚焦深度与激光波长成反比,此外材料对不同波长激光的吸光度也不相同,因此需要对比分析 1064nm 波长与经倍频的

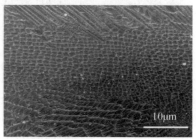

图 5.55　高重复频率(900kHz)皮秒超快激光作用结果

532nm 波长对微结构的影响规律。

　　为精确研究激光波长这一单因素对微结构的影响,参数设计为保证两种波长激光加工时具有相同的重复频率、激光能量密度,同时可以调节加工速度以确保具有相同的脉冲重叠个数,其中,重复频率设置为 300kHz,脉冲重叠个数约为 1500 个,激光能量密度为 5.34~11.05J/cm²。图 5.56 为两种波长激光加工所得典型形貌。

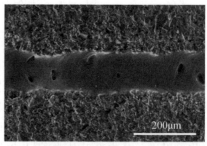

(a)5.34J/cm², 1064nm　　　　　　　　　　(b)5.34J/cm², 532nm

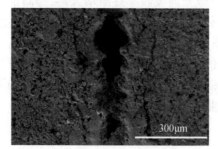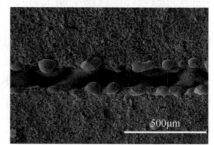

(c)11.05J/cm², 1064nm　　　　　　　　　　(d)11.05J/cm², 532nm

图 5.56　两种波长激光加工所得典型形貌

　　当激光能量密度较低时,在两种波长激光作用下,材料发生微熔现象,由于能量有限,此时微槽基本无加工深度,此外发现 1064nm 波长激光加工产生少量微裂纹。当激光能量密度增大时,在 1064nm 波长激光作用下微槽内壁开始产生重铸层,且在微槽边缘产生明显的纵向热应致裂纹,同时微槽内部堆积大量熔凝残渣;在 532nm 波长激光作用下,加工产生的熔融物喷溅并堵塞微槽表面,同时边缘出现熔凝残渣堆积,但是未发现有裂纹的存在。对比后发现,当利用 1064nm 波长激光加工时,热作用要强于 532nm 波长,这主要是由铝基陶瓷型芯材料对两种波长的吸光度差异造成的。图 5.57 为铝基陶瓷型芯材料对不同激光波长的吸光度。

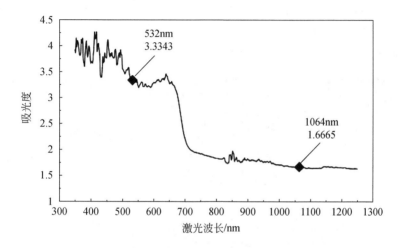

图 5.57　铝基陶瓷型芯材料对不同激光波长的吸光度

　　吸光度越高,表明材料对激光的有效利用率越高。如图 5.57 所示,铝基陶瓷型芯材料对 532nm 波长激光的吸光度为 3.3343,对 1064nm 波长激光的吸光度为 1.6665,前者约是后者的 2 倍。此外,激光与材料的相互作用过程中,只有价带电子吸收的光子能量超过材料的能带间隙才会转变为自由电子,而单光子能量与激光波长成反比,故激光波长越短,对应单光子能量越高,材料发生光化学作用的概率越大,光热作用越弱。因此,当利用 532nm 波长激光加工时,热作用弱于 1064nm 波长激光加工,为避免热应致裂纹产生,当皮秒超快激光加工时,激光波长优选 532nm。

3. 重复频率对切割形貌的影响

　　由于皮秒超快激光的光热-光化学复合作用机制复杂,材料发生光热作用的程度不仅与激光波长、激光平均功率及材料特性等有关,还与激光的重复频率密切相关。因此,这里研究重复频率对皮秒超快激光加工铝基陶瓷型芯材料过程中的热作用影响。

1)低重复频率下的热作用

图 5.58 为 1kHz 低重复频率作用下采用不同激光平均功率加工时所得微槽形貌。具体参数如下:激光波长为 532nm,激光平均功率为 25~175mW,对应单脉冲能量为 25~175μJ,加工速度为 0.2mm/s,采用扫描振镜配合 f-θ 聚焦场镜方式加工,场镜的有效焦距为 259.4mm。如图 5.58(a)~(c)所示,在 1kHz 低重复频率作用下皮秒超快激光加工主要的宏观表现为类似飞秒超快激光的"冷"加工,无明显重铸层等热作用现象。

如图 5.58(d)和(e)所示,在微观尺度范围内,皮秒超快激光加工存在一定的热作用,材料颗粒发生微熔凝结现象。表明,在低重复频率加工时,皮秒超快激光热作用不明显,仍以光化学"冷"加工为主。

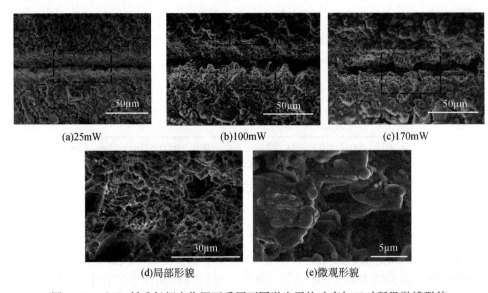

(a)25mW　　　　　　　　(b)100mW　　　　　　　　(c)170mW

(d)局部形貌　　　　　　　　(e)微观形貌

图 5.58　1kHz 低重复频率作用下采用不同激光平均功率加工时所得微槽形貌

2)高重复频率下的热作用

为对比分析高重复频率作用下皮秒超快激光加工中的热作用影响,研究参数激光能量密度、单位面积内所受脉冲数、激光波长等均与 1kHz 低重复频率下相同,即激光波长为 532nm,激光单脉冲能量为 175μJ,设定相应的加工速度与重复频率,以确保具有相同的脉冲重叠个数。结合皮秒激光器特性,设定重复频率为 50~300kHz,相应的加工速度为 10~60mm/s,高重复频率所得微槽形貌见图 5.59。

见图 5.59(a),当重复频率提高至 50kHz 时,已出现明显的热熔现象。由于聚焦光斑呈高斯分布,中心区域能量最高,当激光作用在材料上时,即产生温度差异,

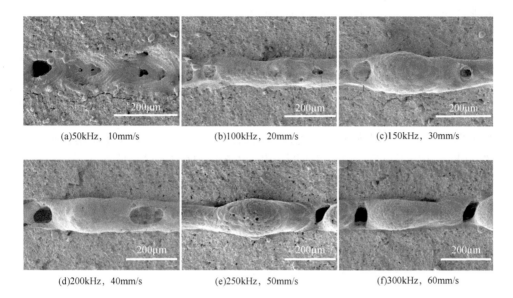

(a)50kHz，10mm/s　　　　(b)100kHz，20mm/s　　　　(c)150kHz，30mm/s

(d)200kHz，40mm/s　　　　(e)250kHz，50mm/s　　　　(f)300kHz，60mm/s

图 5.59　高重复频率所得微槽形貌

并由中心至边缘形成温度梯度。当材料被熔化成液态时，表面张力将随着温度的升高而降低，光斑中心处的熔融物质在表面张力差的驱动下由中心向边缘运动，在运动过程中，由于热传导的不断进行，熔融物质的温度逐渐降低，并最终凝结在切缝表面。由于熔融物质的温度与热传导方面的周期性变化，最终在切缝表面形成由中心至边缘的周期性波动条纹，见图 5.60(a)。

(a)波动条纹　　　　　　　　　(b)重结晶

图 5.60　高重复频率皮秒超快激光加工典型微观形貌

在图 5.59(b)~(f)中，当重复频率提高至 100kHz 以上时，材料发生的热熔更加显著，熔融物质热致膨胀并堵塞微槽表面，形成隆起结构。此外，如图 5.60(b)所示，熔融物质在后期凝结过程中发生重结晶现象，作用区域内材料晶粒细化并紧密排列,这是形成较光滑表面的最主要原因。

与1kHz低重复频率结果对比可知,在其他参数均相同的情况下,当采用高重复频率加工时,材料发生光热作用程度提高。这主要是由脉冲作用间隔不同引起的。当重复频率为1kHz时,脉冲间隔时间为1ms,材料有足够的时间对前一个脉冲作用产生的高温进行热传导冷却,当下一个脉冲作用时,材料已接近初始温度,基本无热累积存在。当重复频率提高时,脉冲间隔时间随之缩短,对应50kHz时的脉冲间隔为20μs,在材料尚未冷却至初始温度时,后一个脉冲即作用在重叠区域,材料由于出现热累积而温度不断上升,激光作用区域内材料始终处于高温熔融状态,最终沿加工方向形成周期性波动条纹。进一步提高重复频率,脉冲间隔时间缩短至10μs以下,此时加工区域内的热累积显著,液态熔融物质发生热致膨胀,并在脉冲作用结束后凝结形成突出材料表面的隆起结构。因此,皮秒超快激光加工中脉冲宽度也是影响光热作用程度的重要因素。

4. 加工速度对切割形貌及尺寸的影响

由前面分析可知,在高重复频率作用下,基于皮秒超快激光加工的热累积作用可以诱导出致密光滑的重结晶切面,但是脉冲重叠个数较少,熔融残渣未待去除即凝结并堵塞切缝,导致无法获得指定加工深度的微结构。为此,通过改变加工速度调节脉冲重叠个数,以期实现指定深度的微槽切割加工要求。

图5.61给出了在激光波长为532nm、重复频率为300kHz、激光单脉冲能量为175μJ、f-θ聚焦场镜有效焦距为259.4mm、加工速度为5～20mm/s下所得到的微槽形貌。

由图5.61(a)和(b)可知,当加工速度较高时,微槽表面仍为熔凝残渣堆积覆盖,该速度下仍无法实现熔融物质的有效去除。随着加工速度的不断降低,表面熔融物质堆积情况逐渐得到改善,且在部分区域可获得击穿样品的通孔,但是微槽边缘存在熔凝颗粒残留,导致直线度偏差较大,见图5.61(c)～(e)。当加工速度降低至5mm/s时,可实现约400μm厚样品的贯通切割加工,见图5.61(f),但是微槽边缘存在熔融物残留,导致直线度偏差较大。

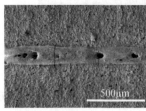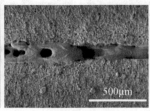

(a)20mm/s　　　　　　　　(b)17mm/s　　　　　　　　(c)14mm/s

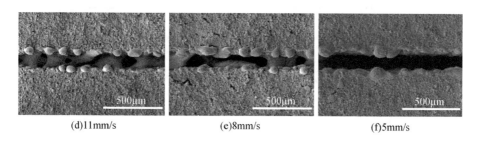

(d)11mm/s　　　　　　　　(e)8mm/s　　　　　　　　(f)5mm/s

图 5.61　不同加工速度下所得到的微槽形貌

微槽平均深度随加工速度的变化情况见图 5.62,在 5～15mm/s 加工速度范围内,微槽平均深度随加工速度的增加逐渐减小。当加工速度较低时,材料单位面积承受较多的激光能量,热量在材料内部传播深度增大,底部温度达到材料熔点,熔融物质从微槽底部直接排出,并在部分区域形成贯通样品的通孔。

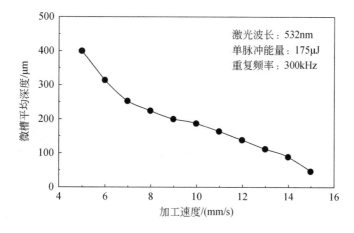

图 5.62　微槽平均深度随加工速度的变化情况

当加工速度逐渐增大时,材料单位面积所受脉冲数减少,熔融物质从微槽底部排出难度增大,凝结在微槽内部导致微槽深度逐渐降低。当加工速度继续增大(20mm/s)时,材料底部温度无法达到熔点,导致熔融物质无法从底部排出而向表面发生热致膨胀,随着聚焦光束的不断移动,已加工区域的温度逐渐下降并减小至材料熔点以下,熔融物质随之凝结在材料表面,从而形成突出表面的隆起状结构,并在微槽内部形成空腔。微槽边缘直线度偏差随加工速度的变化情况见图 5.63。

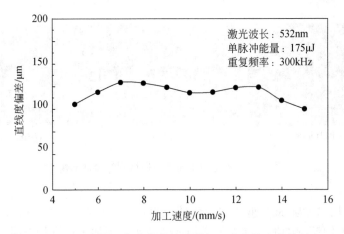

图 5.63　微槽边缘直线度偏差随加工速度的变化情况

5. 基于激光二次辅助切割的形貌及尺寸优化

图 5.64 给出了在激光波长为 532nm、重复频率为 300kHz、单脉冲能量为
175μJ、重复 2 次、f-θ 聚焦场镜焦距为 259.4mm 下不同加工速度（5～15mm/s）时
所得到的微槽形貌。

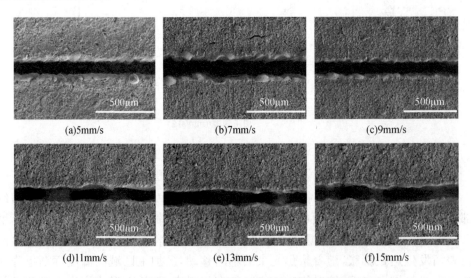

图 5.64　不同加工速度下重复 2 次加工所得到的微槽形貌

如图 5.64(a)和(b)所示,当加工速度较低时,重复 2 次加工可以获得内部无熔
融物残留、完全贯通的微槽,同时可以改善微槽边缘的熔融物残留现象,但是并不

能完全消除。当加工速度为 9mm/s 时,微槽内部无熔融物残留,同时表面边缘熔凝残渣得到改善,形貌较好。在较高的加工速度下,重复 2 次加工可以改善微槽内部的熔融物堆积现象,使得微槽深度增加,但受重叠脉冲数的限制,尚未达到微槽各区域完全切割,不过此时微槽表面边缘已无熔融物残留,边缘清晰整洁,如图 5.64(d)~(f)所示。重复 2 次加工时微槽平均深度随加工速度的变化情况见图 5.65。由于样片厚度近似为 400μm,在图 5.65 中,当加工速度为 5~10mm/s 时,完全切割贯通微槽的深度为 400μm。当加工速度为 11~15mm/s 时,微槽深度逐渐减小,这是由材料单位面积内所受脉冲数减少引起的。

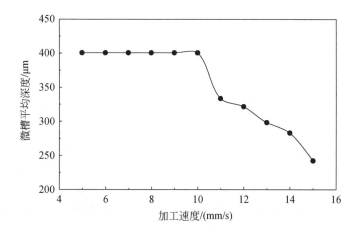

图 5.65　重复 2 次加工时微槽平均深度随加工速度的变化情况

重复 2 次加工时边缘直线度偏差随加工速度的变化情况如图 5.66 所示。在 5~8mm/s 加工速度范围内,微槽边缘直线度偏差随加工速度的增加逐渐增大,这是由单次加工时微槽边缘熔融物较多,二次加工未将其完全去除导致的。在 9~14mm/s 加工速度范围内,微槽边缘已无熔融物残留,表面整洁清晰,因此直线度偏差得到明显改善。当加工速度为 15mm/s 时,直线度偏差又有增大的趋势,这是由于在该速度下,材料单位面积内所受脉冲数有限,微槽内部接近表面区域熔融物去除不完全。

综合微槽加工深度及边缘直线度偏差发现,当加工速度为 10mm/s 时,重复 2 次加工可以获得指定深度的激光完全切割,同时直线度偏差为 55.12μm,优于手工修理时的 94.51μm 直线度偏差结果,见图 5.67。由图可知,加工速度为 10mm/s、重复 2 次加工所得微槽加工一致性良好,表面及内部整洁清晰,无熔融物堆积及热应致裂纹产生,同时侧壁与表面近似呈垂直状态,斜度良好,此外切割侧壁形貌呈微熔重结晶状态,较飞秒超快激光加工结果更为光滑致密,可以有效保证铝基陶瓷型芯的尺寸精度要求。

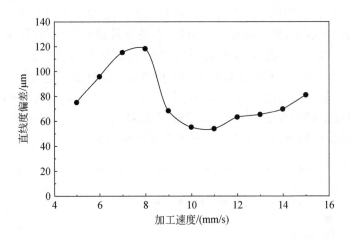

图 5.66　重复 2 次加工时边缘直线度偏差随加工速度的变化情况

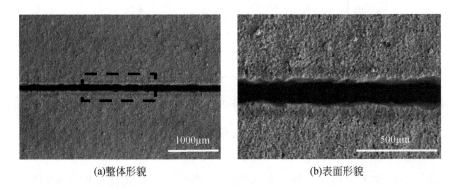

　　(a)整体形貌　　　　　　　　　　　　　(b)表面形貌

图 5.67　10mm/s 加工速度下重复 2 次加工所得到的结果

5.2.4　陶瓷型芯高质高效精密修型技术

　　一方面,由于实验室的飞秒激光器总功率只有 4.5W,功率限制了陶瓷型芯的修复速度;另一方面,陶瓷型芯是由直径不等的颗粒物黏结烧制而成,飞秒超快激光需要高质量地切除直径为 $5\sim80\mu m$ 不等的颗粒,且不使颗粒物脱落,仍存在较大的困难。然而,高重复频率皮秒超快激光可获得更为光滑致密的切割壁面,同时可显著提高加工效率,因此在直线度偏差满足使用需求的情况下,更适于作为铝基陶瓷型芯激光修理的加工光源。这里利用获得的皮秒超快激光优化参数对铝基陶瓷型芯实体尾缘出口区域进行加工,获得了良好的加工结果,证明皮秒超快激光加工氧化铝陶瓷型芯是可行的、有效的。本研究可为铝基陶瓷型芯的精细修理提供一种新颖高效、切实可行的加工方法。

铝基陶瓷型芯实体为超复杂三维曲面结构,现有的实验条件无法满足各待修理区域的聚焦光束准确定位与加工路径追踪,考虑到型芯实体尾缘出口处材料厚度基本涵盖各待修理区域材料厚度尺寸范围,且该区域结构曲率较小,因此选取铝基陶瓷型芯实体尾缘出口部位作为验证评判区域开展研究,进行氧化铝陶瓷型芯实体皮秒超快激光修理加工,结果如图 5.68 所示。其具体参数如下:激光波长为 532nm,重复频率为 300kHz,单脉冲能量为 $175\mu J$,加工速度为 10mm/s,重复 2 次,$f\text{-}\theta$ 聚焦场镜有效焦距为 $259.4\mu m$。

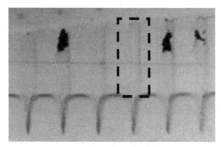
(a)尾缘出口处修理前表面形貌

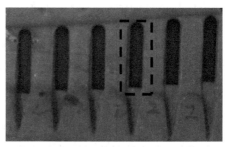
(b)尾缘出口处皮秒超快激光修理后表面形貌

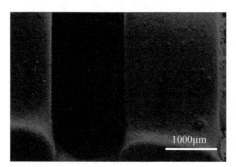
(c)尾缘出口表面SEM图

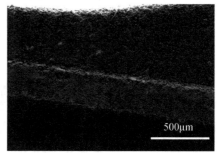
(d)尾缘出口侧壁SEM图

图 5.68　尾缘出口区域皮秒超快激光加工所得到的结果

这里利用皮秒超快激光优化工艺参数对铝基陶瓷型芯实体尾缘出口部位进行加工修理,顺利实现指定区域内材料的完全切割去除,同时未产生热应致裂纹及熔融物残留,且加工一致性良好。此外,图 5.68(d)显示切割壁面光滑致密,这进一步提高了铝基陶瓷型芯的尺寸精度,进而为提高涡轮叶片空心内腔的成型精度提供可靠保障。

在实际工业应用过程中,除要保证良好的加工质量要求外,加工效率也是需要关注的重要指标。皮秒超快激光的高重复频率特性可有效提高铝基陶瓷型芯激光修理的加工效率,在加工速度为 10mm/s、重复 2 次的情况下,单一铝基陶瓷型芯的激光修理加工时间仅需约 3min,能够满足实际工业应用的需求。

5.3　超快激光碳化硅晶体深孔加工技术

5.3.1　碳化硅晶体深孔加工

碳化硅(SiC)即碳和硅的化合物,是继硅(Si)和砷化镓(GaAs)之后的第三代半导体核心材料,俗称金刚砂或耐火砂,将石英砂、焦油以及木屑等通过高温电炉炼制而成,是硅材料之后最具应用前景的半导体材料之一。碳化硅有晶体和非晶体之分,其中晶体又分单晶和多晶。单晶碳化硅中,密排六方晶型和菱形晶型称为 α-SiC,立方晶型称为 β-SiC。对于 α-SiC,由于其晶体结构中碳原子和硅原子的堆垛序列不同而构成许多不同变体,有 2H-SiC、4H-SiC、6H-SiC 等,称为同素异晶体。β-SiC 在 2100℃以上时转变为 α-SiC,3C-SiC 是 β-SiC 的一种。C、H 分别代表立方、六方晶格结构,字母前的数字代表堆积周期中 SiC 原子的密排层数。按导电特性的不同,碳化硅晶体又分为导电型(N-Type)和半绝缘型(SI-Type)。以导电型碳化硅晶体为衬底制成的碳化硅功率器件可广泛应用于新能源汽车、光伏发电、轨道交通、智能电网、航空航天等现代工业领域。以半绝缘型碳化硅晶体为衬底制成的射频器件可应用于 5G 通信、雷达、卫星等领域。图 5.69 为碳化硅晶体器件的应用场景[43]。

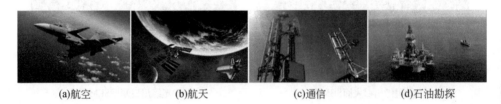

　　(a)航空　　　　　　　(b)航天　　　　　　(c)通信　　　　　(d)石油勘探

图 5.69　碳化硅晶体器件的应用场景[43]

碳化硅晶体深孔加工的主要目的是满足微机电系统(micro electro mechanical system,MEMS)器件的三维集成封装,而 MEMS 器件的三维集成封装主要通过高密度互联(high density interconnection,HDI)技术来实现不同板层功能单元的电气互联,其核心工序就是微导通孔的加工和填充[44]。目前,HDI 技术的阶数(板层)已发展到 10 阶[45],板材厚度已超过 $400\mu m$,孔径线宽已经由 $100\mu m$ 发展到 $50\mu m$ 甚至更小[46,47],深径比(孔深与入口孔径的比值)超过了 10。

现阶段微机电系统的三维集成封装主要通过硅导通孔(through-silicon vias, TSV)和玻璃导通孔(through-glass vias, TGV)实现各功能部件的电气互联。然而,硅导通孔和玻璃导通孔互联微系统难以在高温、高压、高频、高辐照、高功率等恶劣条件下工作,极大地限制了 MEMS 器件在航空航天等各个领域的应用,制约着我国航空航天事业的发展和国防实力的提升。与硅相比,碳化硅晶体具有优良的半导体功能特性,如禁带宽度宽(Si 的 2～3 倍)、临界场强高(约为 Si 的 8 倍)、饱和电子漂移速率高(约为 Si 的 2 倍)等。同时,碳化硅晶体具有非常高的化学稳定性和热稳定性[48],其莫氏硬度为 9.5,仅次于金刚石,且熔点高、热导率高(约为 Si 的 4.4 倍)[49]。这些特性使得碳化硅晶体基器件能够在高温、高压、高频、高功率等极端恶劣环境下稳定、可靠工作[50]。利用碳化硅晶体材料制成的 MEMS 器件,应用在军用武器系统、航空航天、石油勘探等领域时,仍然具有稳定的力学、热学和电学性能;碳化硅晶体是 1～10GHz 范围内大功率微波放大器的理想材料,在军用雷达、广播通信中具有明显优势,使得碳化硅晶体在各个领域的应用不可取代。然而由于其硬脆特性,传统的机械加工方式很难实现其微通孔的高质量加工。一些特种加工技术虽然可以实现,但存在重铸层、裂纹、热影响区等各种各样的问题。相比之下,激光钻孔具有不受材料的硬度、刚性、强度和脆性等力学性能的限制,可以加工任何硬、脆、软、导电以及非导电材料等特点;同时激光加工速度快、效率高、精度好,不受加工环境限制,非常适合数量多、密度高的孔群阵列的加工。尤其是超快激光加工,具有热影响区小、重铸层厚度小、精度高、效率高等优点,是目前碳化硅晶体这类硬脆材料高深径比微通孔最合适的加工技术。

针对单晶碳化硅上微通孔的加工,许多学者采用短脉冲纳秒激光从理论和工艺方面分别进行了研究。

(1)理论方面。

Hirano 等[51]利用高速摄像机观测了碳化硅微孔加工过程中的纳秒激光诱导等离子体现象,发现激光诱导等离子体的行为随激光波长和周围气体压力的不同而变化。Duc 等[52]研究了近红外纳秒激光对碳化硅烧蚀的影响。发现近红外(波长 1064nm)纳秒激光烧蚀碳化硅时的单脉冲烧蚀阈值 $F_{th} = 7.9 J/cm^2$,烧蚀机制为自由载流子吸收。Savriama 等[53]研究了紫外纳秒激光加工碳化硅微孔时的烧蚀机制,发现对于紫外纳秒激光,碳化硅的烧蚀机制主要是光热效应。

(2)工艺方面。

Kim 等[54]利用 CO_2 纳秒激光在 $400\mu m$ 厚的 4H-SiC 衬底上加工出了微通孔,证明了激光钻孔的速率远高于传统干刻蚀的加工速率,但加工质量还有待提高。Anderson 等[55]研究了纳秒激光钻孔时,波长对单晶碳化硅微孔形貌的影响,发现在叩击打孔时,入射激光波长越短,微孔圆度越高,微孔侧壁重铸层越薄,粗糙度越小。然而,波长为 355nm 的纳秒激光加工时,微孔入口、出口周围均出现了崩裂,甚至表层材料脱落的现象,且加工的微孔孔径大于 $100\mu m$,深径比小于 1。Liu等[56]研究了紫外纳秒激光加工碳化硅微孔过程中激光钻孔速率与微孔入口直径和激光能量密度的关系,发现随着微孔直径的减小和激光能量密度的增加,钻孔速率提高,但并未加工出通孔,且获得的微孔锥度较大,深径比也较低。Hong等[57,58]研究了不同激光光斑形状对碳化硅晶体微孔加工的影响,通过光束整形器将高斯光束整形成环形光斑和平顶光,发现高斯光束加工的微孔孔径最小,深径比最大,但同时伴随着最大的热影响区,而平顶光和环形光斑加工的微孔孔深很小且圆度低,烧蚀堆积严重,孔底不均匀。为了在碳化硅晶体上加工出高深径比微通孔,文献[59]和[60]在上述研究的基础上,进一步将高斯光束整形成贝塞尔光束,发现无论是高斯光束还是贝塞尔光束,利用波长为 1064nm 的纳秒激光在空气中加工的碳化硅微孔形貌均较差,且贝塞尔光束并不能加工出高深径比的微通孔。

为了在碳化硅晶体上获得高质量、高深径比的微通孔,国内外学者进一步利用超快激光(皮秒或飞秒激光)对碳化硅进行了烧蚀研究。美国爱荷华州立大学Molian 等[61]利用近红外皮秒超快激光对单晶碳化硅进行了微孔加工研究,发现与纳秒激光加工相比,皮秒超快激光加工的微孔更干净,重铸层更薄。同时发现,在利用近红外皮秒超快激光加工时,只有在重复频率高于 250kHz 时,才产生重铸层和碳化。Farsari 等[62]利用波长为 1030nm、脉冲宽度为 200fs、重复频率为 50MHz的飞秒超快激光成功在厚度为 $400\mu m$ 的 3C-SiC 上加工获得了微通孔,入口孔径约为 $20\mu m$,出口孔径约为 $5\mu m$,深径比达到了 20,锥度约为 $2.15°$。西安交通大学的 Li 等[63]利用波长为 800nm、脉冲宽度为 120fs 的飞秒超快激光在空气中加工6H-SiC 时,通过加工前在加工位置滴酒精的方式有效减小了热影响和烧蚀碎屑堆积,同时提高了微孔圆度,微孔孔径约为 $40\mu m$,但只加工出盲孔结构。Khuat等[64,65]在厚度为 $350\mu m$ 的 6H-SiC 上加工出了入口孔径约为 $40\mu m$、深径比约为 9的微通孔,但微通孔内部烧蚀碎屑堆积严重,且微通孔孔壁有重铸层。可见,即使利用飞秒超快激光加工,也并不一定能达到理想的冷加工状态。西安交通大学的Wang 等[66]利用波长为 515nm、脉冲宽度为 240fs 的飞秒超快激光在厚度为$500\mu m$ 的 4H-SiC 上加工出了入口孔径 $25\mu m$ 以下、深径比超过 20 的微通孔,但是微通孔入口、出口处存在崩裂现象,通过为待加工样品增加保护层以及采用水辅助飞秒超快激光加工的方法,获得了入口、出口周围无崩裂、圆度较高、孔壁光滑、锥度小的高质量微通孔,深径比为 12。本节所涉及的实验结果均是采用飞秒超快激光加工所得。

5.3.2　飞秒超快激光叩击打孔碳化硅晶体深孔

超快激光与碳化硅晶体等宽带隙半导体材料的相互作用是一个极其复杂的过

程,在加工过程中,不仅受激光各种参数的影响,加工方法、加工环境等也会对微孔的孔形(孔径、深度、锥度、圆度等)和质量(重铸层、烧蚀碎屑、崩裂)产生重要影响。按照激光的作用方式,脉冲激光加工微通孔的方法有叩击(直冲)打孔、旋切打孔和螺旋打孔。叩击打孔是最基础、最快速的一种激光打孔方式,但与其他两种加工方式相比,其加工出的孔的质量直接受光束质量和聚焦光学系统的影响,热效应明显,精度和孔壁质量相对较差。旋切打孔是利用聚焦光束在样品表面做圆周运动,切除圆内多余材料后形成小孔,该加工过程更有利于熔融物排出,孔壁热影响区和重铸层相对较小,孔质量较高。螺旋打孔是在旋切打孔的基础上加入焦点位置渐近地向样品内部运动,这样加工出来的孔的精度和圆度更高,但工艺相对更复杂,在大能量激光孔加工中应用较少[67]。因此,本节重点介绍碳化硅晶体深孔的超快激光叩击打孔和旋切打孔技术,本小节先介绍叩击打孔。图 5.70 是利用飞秒超快激光加工碳化硅晶体微通孔基本光路示意图。图中,$\lambda/4$ 波片可将线偏振光转换为圆偏振光,加工时可以改善孔的圆度。扩束镜的作用是扩大光束直径,以获得更小尺寸的聚焦光斑,进而加工出更小尺寸的微通孔。将扩束后的激光束再通过小孔光阑,可以滤掉周围的杂光,降低高斯光束边缘低能量区对微通孔边缘的损伤,提高微通孔质量。

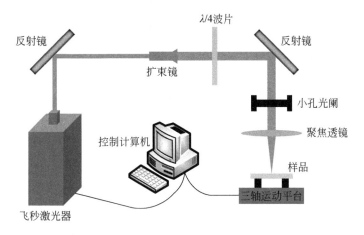

图 5.70　飞秒超快激光加工碳化硅晶体微通孔基本光路示意图

在叩击打孔过程中,激光束与样品相对静止,在多个脉冲能量冲击下完成深孔加工。一般情况下,孔径主要通过光斑尺寸来控制,孔深主要通过单脉冲能量和脉冲数来控制,同时两者也受激光偏振态、离焦量和聚焦元件焦距等参数的影响。除了对微孔特征尺寸的影响,上述参数也会对微孔的形貌产生重要影响。

1. 激光偏振态对碳化硅晶体深孔加工的影响

通常,激光器发出的光未经整形前为线偏振光,在传播过程中,线偏振光矢量方向不变,其振幅大小随相位改变,在垂直于传播方向的平面上,光矢量端点的轨迹是一条直线。利用 $\lambda/4$ 波片可将线偏振光转变成圆偏振光,当线偏振光矢量方向与 $\lambda/4$ 波片的快慢轴呈 $45°$ 角时,光束由线偏振光转变为圆偏振光。圆偏振光在传播过程中的光矢量大小不变,方向呈规则变化,在垂直于传播方向的平面上光矢量端点的轨迹是一个圆。分别采用线偏振和圆偏振飞秒超快激光加工碳化硅晶体微孔入口形貌,如图 5.71 所示。可以看出,线偏振光加工的微孔入口为椭圆形,圆度误差大,孔型很差,这是由于线偏振光会沿垂直于偏振方向对材料产生过度烧蚀。圆偏振光较线偏振光加工的微孔入口圆度有了明显提高,因此实际加工中宜采用圆偏振光。

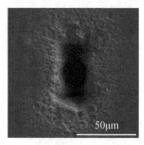 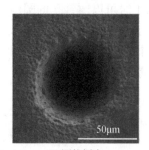

(a)线偏振光　　　　　　　　　　(b)圆偏振光

图 5.71　不同偏振态飞秒超快激光加工碳化硅晶体微孔入口形貌

2. 离焦量对碳化硅晶体深孔加工的影响

根据激光焦点与样品上表面的相对位置(离焦量)可将激光的聚焦状态分为正离焦(焦点位于样品上方)、离焦量为 0(焦点与样品上表面重合)和负离焦(焦点位于样品内部)三种。采用飞秒超快激光(圆偏振光)在不同离焦量下加工的微孔入口形貌如图 5.72(a)所示,离焦量 Z 分别为 $-200\mu m$、$-100\mu m$、$0\mu m$、$100\mu m$ 和 $200\mu m$。对图 5.72(a)中不同离焦量下加工的微孔入口孔径进行统计,结果如图 5.72(b)所示,对其深径比进行计算,结果如图 5.72(c)所示。由图 5.72(b)和(c)可得,在离焦量为 0(焦点与样品上表面重合)时,微孔孔径最小,深径比最大。正负离焦量越大(焦点离样品上表面越远),微孔入口孔径越大,深径比越小。在实际加工过程中,无论是正离焦还是负离焦,当离焦量超过一定范围时,即使增加脉冲数,也无法加工出高深径比的深孔结构,而只能加工出锥度大、深度小、孔径大的盲孔,甚至浅凹坑。由于加工过程中很难保证焦点与样品上表面完全重合,所以通过多次实验验证,在焦点附近±100μm内均可稳定地获得高深径比微孔结构(这一范围与聚焦元件和激光能量有关)。

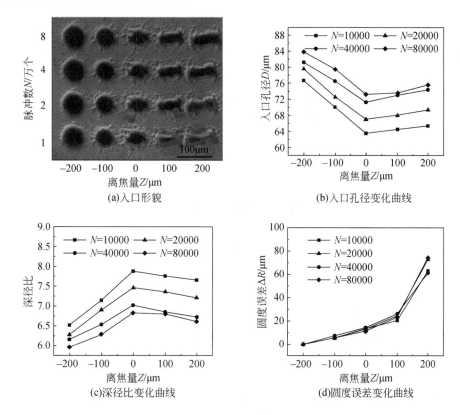

图 5.72 不同离焦量和脉冲数下加工的碳化硅晶体微孔形貌及入口孔径、
深径比和入口圆度误差变化曲线

由图 5.72(a)可以发现,负离焦时加工的微孔入口圆度很高,而正离焦或离焦量为 0($Z \geqslant 0$)时加工的微孔入口呈椭圆形,且正离焦量越大,孔型越差。对图 5.72(a)中微孔的圆度误差(最小外包圆与最大内接圆半径的差值)进行统计,结果如图 5.72(d)所示。由图 5.72(d)可得,从负离焦到正离焦变化的过程中,微孔入口圆度误差值一直增大,在负离焦时,微孔圆度误差很小,甚至接近于 0;在正离焦时,圆度误差值显著增大,孔型迅速变差。造成这种现象的原因是激光束能量达到一定值后会发生空气电离,而深孔加工时所需的能量高于发生空气电离的阈值。在正离焦时,焦点位于样品上方,焦点附近能量集中,发生空气电离,造成了光斑能量分布不均,到达样品表面的光斑形状发生变化,导致微孔圆度降低,且正离焦量越大,光束传播方向上被电离的空气区域越长,导致微孔圆度越低,孔型越差;在正离焦向负离焦变化的过程中,样品上表面空气电离的范围逐渐缩小,对光斑的影响减弱,因而微孔圆度逐渐提高,甚至当焦点位于样品内部时,微孔圆度误差值接近于0。

从离焦量对微孔特征尺寸(图5.72(b)和(c))和形貌的影响规律进行分析可得,要想获得孔径小、锥度小的高深径比微通孔,需要在离焦量为0时进行加工,而离焦量为0时加工的微孔入口圆度较低,即微孔的圆度与深径比之间存在制约关系。因此,需在离焦量为0的条件下,在保证微孔高深径比的基础上改善微孔加工质量,突破微孔圆度与深径比之间的制约关系。

3. 单脉冲能量和脉冲数对碳化硅晶体深孔加工的影响

多脉冲叩击打孔过程中,微孔的深径比主要取决于脉冲数和单脉冲能量。当单脉冲能量一定时,主要通过增加脉冲数来提高微孔深度,但通过增加脉冲数并不能无限增大微孔深度,即微孔深度存在饱和机制,且随着脉冲数的增加,单脉冲烧蚀率降低,加工效率降低。在实际加工中,为了保证加工效率,通常令脉冲数少于达到饱和深度时的脉冲数,而是通过增加单脉冲能量来提高微孔深度。但是,单脉冲能量增加会导致微孔孔径增大,热影响增强,微孔质量变差,因而不能为了提高加工效率而一味地增加单脉冲能量来提高微孔深度。为了获得高质量、高深径比的微通孔,同时确保较高的加工效率,需要综合调控脉冲数和单脉冲能量。

在低单脉冲能量下,采用飞秒超快激光(圆偏振光,离焦量为0)在碳化硅晶体上加工盲孔,其深度、单脉冲烧蚀率以及入口孔径随单脉冲能量和脉冲数的变化曲线如图5.73所示。可以看出,在同一单脉冲能量下,随着脉冲数的增加,微孔深度逐渐增大;在钻孔的初始阶段,微孔深度呈线性增长,单脉冲烧蚀率几乎相同,随着脉冲数的继续增加,单脉冲烧蚀率显著降低,最后趋于0,此时,微孔深度达到饱和,不再增加。相同脉冲数下,随着单脉冲能量的增加,单脉冲烧蚀率增加,同时达到饱和深度所需的脉冲数增加,微孔饱和深度增加。因此,要想进一步提高微孔深度,乃至获得通孔,需要增加单脉冲能量。在同一单脉冲能量下,盲孔孔径随着脉冲数的增加先增大,后趋于稳定;随着单脉冲能量的增加,微孔孔径也略有增加。

在高单脉冲能量下,采用飞秒超快激光在厚度为$500\mu m$的碳化硅晶体上加工出通孔,其入口形貌、孔径和圆度误差随单脉冲能量和脉冲数的变化曲线如图5.74所示。由图5.74(a)可以看出,提高单脉冲能量会导致孔型变差。由图5.74(b)可知,单脉冲能量增加,微孔入口孔径随之增大,此时单脉冲烧蚀率也增加;对于具有一定厚度的样品,当激光能量达到足以加工出通孔时,入口孔径随单脉冲能量的变化很小。但适当提高单脉冲能量可以显著降低加工出通孔所需的最少脉冲

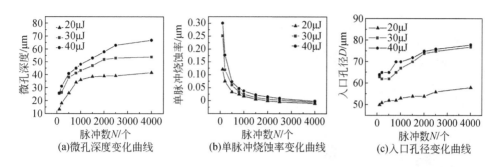

图 5.73 微孔深度、单脉冲烧蚀率、入口孔径随单脉冲能量和脉冲数的变化曲线

数,提高加工效率。由图 5.74(c)可以看出,随着单脉冲能量的增加,微孔入口圆度误差显著增大,圆度降低,这是因为飞秒超快激光聚焦后能量极高,能够击穿空气并发生电离反应,该过程伴随着复杂的非线性效应,使得聚焦后的光斑难以达到理想的高斯分布状态。单脉冲能量越高,空气电离越强,非线性效应也越强,对聚焦光斑的影响越严重,导致微孔圆度和孔型变差。因此,在实际加工中,为了同时兼顾加工效率和加工质量,需要合理调控单脉冲能量和脉冲数。

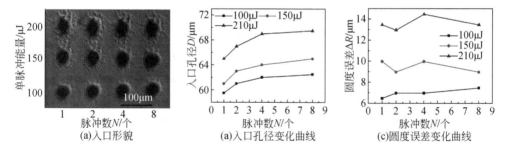

图 5.74 微孔入口形貌、入口孔径和圆度误差随单脉冲能量和脉冲数的变化曲线

4. 入射光斑尺寸对碳化硅晶体深孔加工的影响

由于深孔需要在高单脉冲能量下加工才能获得,而高单脉冲能量下微孔的圆度较差,即微孔的圆度与深径比之间存在制约关系。这种制约关系可以通过调节入射光斑尺寸(在聚焦元件前增加小孔光阑)来解除。图 5.75(a)是采用飞秒超快激光(单脉冲能量为 340μJ,离焦量为 0,圆偏振光,脉冲数为 10000 个)使用不同孔径(图中 d 值)的小孔光阑在碳化硅晶体上加工的微通孔入口形貌,晶体厚度为 500μm;深径比和圆度误差随光阑孔径的变化曲线如图 5.75(b)所示。

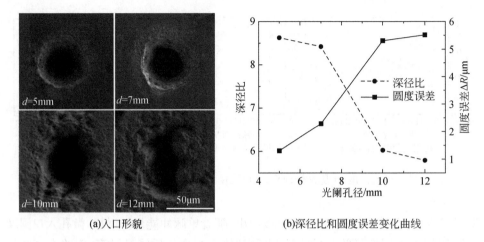

(a)入口形貌　　　　　　　　(b)深径比和圆度误差变化曲线

图 5.75　不同孔径光阑下加工的碳化硅晶体微孔入口形貌(比例尺相同)
及深径比和圆度误差变化曲线

　　由图 5.75(a)和图 5.75(b)可知,在加工出通孔的前提下,光阑孔径越小,入口孔径越小,深径比越大,同时微孔入口圆度误差也越小,圆度越高。当光阑孔径从 12mm 降到 7mm 时,微孔深径比显著提高,圆度误差显著降低。由此可见,通过改变光阑孔径可以突破深径比与圆度的制约关系。这是因为激光在空气中传播,光斑形状、光强分布等均会受到周围环境的干扰,特别是边缘低能量区,增加光阑后,滤掉了边缘低能量区,减弱了环境对光斑的扰动,因此微孔入口圆度有所提高,且光阑孔径越小,这种效应越明显,微孔圆度越高。同时,增加光阑会阻碍部分光,导致入射光单脉冲能量降低,光阑孔径越小,到达样品表面的激光能量越小,而中心峰值激光能量密度不变,因此圆度越高,孔径越小,在加工出通孔的前提下,深径比越高。然而,光阑孔径过小可能导致无法加工出通孔,因此实际加工时应进行综合考虑。

　　5.聚焦元件焦距对碳化硅晶体深孔加工的影响

　　利用飞秒超快激光(圆偏振光,单脉冲能量为 $340\mu\text{J}$,脉冲数为 10000 个,光阑孔径为 7mm)、分别采用焦距 f 为 75mm、100mm、125mm、150mm 的平凸透镜聚焦在焦点处加工厚度为 $500\mu\text{m}$ 的 4H-SiC 样品。在实际加工通孔时,并不会采用极限参数(刚好加工出通孔时的脉冲数和单脉冲能量),而是适当增加单脉冲能量以提高加工效率,同时适当增加脉冲数能对微通孔起到一定的修型作用。不同焦距透镜下的微孔出入口形貌如图 5.76(a)所示。通过统计发现,随着焦距的增加,微孔的孔径和锥度均先减小、后增大;当焦距 $f=100\text{mm}$ 时,入口孔径约为 $55\mu\text{m}$,

出口孔径约为 $27\mu m$,微孔深径比最大约为 9.1,基本达到目前国内外研究水平。利用焦距 $f=100mm$ 的平凸透镜加工的微孔截面如图 5.76(b)所示,微孔内部崩裂严重,形状不规则,微孔质量较差,严重影响了微孔的实际工程应用。关于崩裂的产生机理及消除措施将在 5.3.3 节阐述。

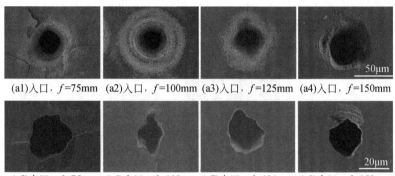

(a1)入口,$f=75mm$　(a2)入口,$f=100mm$　(a3)入口,$f=125mm$　(a4)入口,$f=150mm$

(a5)出口,$f=75mm$　(a6)出口,$f=100mm$　(a7)出口,$f=125mm$　(a8)出口,$f=150mm$

(a)不同焦距透镜下的微孔出入口形貌(出入口比例尺分别相同)

(b)焦距为100mm时加工的微孔截面

图 5.76　不同焦距透镜下加工的碳化硅晶体微孔形貌

5.3.3　飞秒超快激光叩击打孔高质量碳化硅晶体深孔

由 5.3.2 节可知,在利用超快激光直接加工碳化硅晶体微深孔时,微孔崩裂严重,这是因为碳化硅晶体是典型的硬脆材料,具有极高的硬度和脆性,受到应力时极易发生刚性破坏,即脆性断裂。超快激光加工是一个能量瞬时释放的过程,极易产生应力。虽然碳化硅晶体在常温下的导热系数很高,接近金属的导热系数,但其导热系数与温度成反比,其线膨胀系数与温度成正比。在超快激光加工中,能量在飞秒或皮秒量级内瞬间释放,沉积在样品表面激光辐照区域,导致样品表面温度升高,瞬时温度可达 3000K 以上。此时,碳化硅晶体材料的导热系数随着温度的急剧升高而显著下降,导致激光能量在样品表面的沉积速度远大于能量向材料内部的扩散速度,因此激光辐照区域温度很高,辐照区域外围材料的温度却来不及变化;线膨胀系数却随着温度的升高显著增大,因而在辐照区域边缘造成了很强的热应力集中。在热应力超过材料的屈服极限值后,发生脆性断裂,产生裂纹。

此外,超快激光加工是激光与材料相互作用的复杂过程。激光分布的不均匀、传播不均匀、碎屑喷发、等离子体屏蔽都可能引起崩裂。碳化硅晶圆在生长过程中存在微裂纹、六方孔洞、崩边等无法避免的缺陷,也会影响光束在传输过程中的均匀性和方向性,进而引起崩裂。图 5.77(a)和(b)分别是微孔崩裂示意图和空气中飞秒超快激光加工碳化硅晶体时微孔入口周围的崩裂实物图。

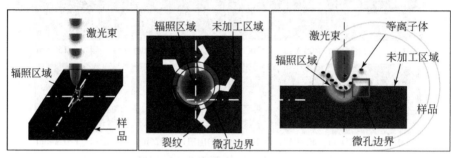

(a)微孔崩裂示意图

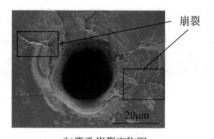

(b)微孔崩裂实物图

图 5.77　空气中飞秒超快激光加工的碳化硅晶体微孔入口周围崩裂现象

由前述分析可知,裂纹的产生主要是由激光能量在材料表面沉积时的热应力引起的。因此,若要解决微孔加工过程中的崩裂问题,则要消除热应力或转移热应力。超快激光加工碳化硅晶体微孔时的热应力可以通过以下三种方式消除。

(1)通过时间整形脉冲序列消除崩裂。

(2)增加保护层(牺牲层),将热应力转移到保护层上。

(3)利用水辅助激光加工,消除热应力。

1. 时间整形脉冲序列消除崩裂

激光参数会影响材料的电离方式,电离方式不同会导致局部瞬态电子密度不同,进而影响材料的相变机制,而相变机制的不同会带来加工结果的不同。因此,可以通过调控电子状态来控制材料的相变机制,扩大不同相变机制对微孔加工的有益影响,减弱乃至抑制不同相变机制对微孔加工的不良影响。传统的长脉冲激光的脉冲宽度大于电子-晶格的弛豫时间($10^{-12} \sim 10^{-10}$ s),在晶格发生变化时,脉冲尚未作用完,其对自由电子的状态是不可控的。超快激光的脉冲宽度远小于电子-晶格的弛豫时间,脉冲激光能量在晶格变化前就已经完全被吸收。以飞秒超快激光为例,可以通过在飞秒量级对飞秒激光进行时间整形,实现对相变过程的有效调控,进而改善微孔加工结果。

传统的飞秒超快激光一个周期($10^{-6} \sim 1$s)内只发射一个脉冲,而将飞秒超快激光进行时间整形后,一个周期内可以发射一个脉冲序列,每个脉冲序列由间隔从几十飞秒到几十皮秒($10^{-14} \sim 10^{-11}$ s)范围的数个子脉冲组成,各个子脉冲间的能量比例可以调节,如图 5.78 所示。研究表明,飞秒超快激光脉冲序列可以选择性地电离原子、控制分子中基态转动过程、控制自由电子密度和电子自旋状态。

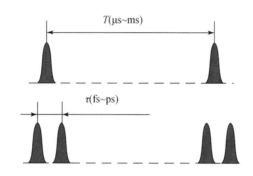

图 5.78　时间整形飞秒超快激光脉冲序列示意图

产生脉冲序列主要包括三个步骤:分光、产生光程差和合光。光程差的存在使得分光后形成的两个子脉冲在时间分布上相互分离,在合光后形成具有一定时间间隔的脉冲序列。子脉冲间隔时间为

$$\Delta t = \frac{l_1}{v_1} - \frac{l_2}{v_2} = \frac{n_1 l_1 - n_2 l_2}{c} \tag{5.20}$$

式中:l_1、l_2 为两束光从分束到合束的传播距离,m;v_1、v_2 为两束光在各自传播介质中的传播速度,m/s;n_1、n_2 为两束光经过介质的折射率(相对于真空);c 为真空中的光速,m/s。

由此可见,脉冲序列的形成主要通过以下两种方式:

(1)改变传播距离。

(2)改变传播介质的折射率。

保持两束光的传播介质相同,均为空气,通过改变两束光的传播距离来形成光

程差是最普遍的一种方式,以方便控制光程差。

目前,对于飞秒超快激光脉冲序列,其时间整形主要通过脉冲整形器来实现,也可通过自行搭建光路来实现。脉冲整形器可以方便地调节子脉冲个数、能量比例和延时,且不存在子脉冲空间重合度问题,但是脉冲整形器受自身光学器件的限制,产生的脉冲序列能量较小,一般只能对材料改性而无法烧蚀,且最大延时较小,而飞秒超快激光加工单晶碳化硅高深径比微通孔时所需能量大,远超脉冲整形器的阈值,因此可自行设计时间整形光路来实现脉冲整形,如图 5.79 所示。图中,反射镜 M_4 和 M_5 安装在一维精密位移平台上,通过移动一维精密位移平台,改变光束1 和光束 2 的传播距离差(光程差)来改变子脉冲延时。

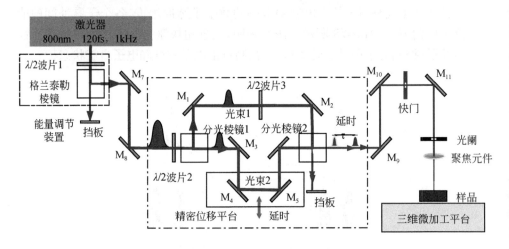

图 5.79　飞秒超快激光脉冲时间整形光路示意图(M 表示反射镜)

图 5.80(a)和(b)分别是传统单光束与时间整形脉冲序列加工的碳化硅晶体微孔截面形貌。可以看出,微孔入口孔径均为 $30\mu m$ 左右,深径比基本相同,均达到了 16。前者内部崩裂严重,形状不规则,孔型很差。后者内部崩裂基本消除,微孔质量较高,但孔锥度较大。两者产生区别的原因是传统单光束激光加工时,激光的峰值能量较高,达到了碳化硅发生多光子电离所需的激光能量密度,因此首先通过多光子电离的方式吸收能量,产生具有一定初动能的自由电子,自由电子存在以下三种方式的运动:

(1)电子与电子相互碰撞,即雪崩电离产生更多的自由电子。

(2)激发产生的电子和声子相互碰撞,使材料局部晶格温度升高,发生熔化、气化蒸发等热相变过程。

(3)带初动能的自由电子迅速从材料中逃逸,留下带正电的离子团,团簇内部带正电的离子团在库仑斥力的作用下变得不稳定,当超过瑞利不稳定极限时,会发生微爆炸,从而造成材料的去除和损伤,如微裂纹等缺陷。

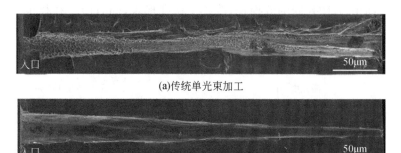

(a)传统单光束加工

(b)时间整形脉冲序列加工

图 5.80　传统单光束与时间整形脉冲序列加工的碳化硅晶体微孔截面形貌

此外,单光束加工时,两个脉冲之间的间隔时间较长,远远超出电子-晶格弛豫时间($10^{-12} \sim 10^{-10}$ s),在很高的单脉冲能量作用下,样品表面温度迅速升高,材料发生热相变后,在下一个脉冲到来之前迅速冷却,下一个脉冲作用后,晶格温度再次升高,形成热应力,在脉冲反复作用下,热应力不断累积,当热应力超过材料的屈服极限时,材料发生脆性断裂,因而微孔内部崩裂严重。

在时间整形脉冲序列加工时,虽然单脉冲能量只有单光束加工时的 1/2,但只要达到碳化硅发生多光子电离的能量密度要求,同样首先发生多光子电离,产生自由电子,而脉冲间隔时间极短,即材料还未来得及发生相变,第二个子脉冲就已经到达,此时,第一步产生的自由电子吸收光子能量,发生雪崩电离,产生更多的自由电子。当脉冲延时达到皮秒(1×10^{-12} s)量级时,第一步产生的自由电子与声子碰撞发生热相变,同时发生雪崩电离,热相变使材料局部晶格温度升高,发生软化,甚至熔化;更多的自由电子发生雪崩电离后,具有的动能降低,不足以从软化甚至熔化的材料表面逸出,因而相爆炸和库仑爆炸减弱甚至消除,从而消除了微孔崩裂现象。

2. 样品表面增加保护层消除崩裂

在样品上表面涂覆或粘贴一定厚度的其他材料作为保护层,进行碳化硅晶体微孔的激光加工,将飞秒超快激光对碳化硅表层材料的这种损伤转移到保护层材料上,也可达到消除微孔表面崩裂的目的,同时保证微孔深径比不降低。图 5.81 为未加保护层与加保护层时微孔加工示意图,加工结果受保护层材料种类和厚度的影响。图 5.82 是经参数优化,在未加保护层和加 85 μm 铜保护层情况下,利用飞秒超快激光在半绝缘型 4H-SiC 晶体上加工的微通孔出入口形貌,晶体厚度为

$500\mu m$。可以看出,加保护层不仅可以消除崩裂现象,而且有效消除了烧蚀喷溅物和边缘低能量区对微孔周围的损伤,改善了微孔形貌,同时微孔孔径也有所减小,提高了微孔深径比。

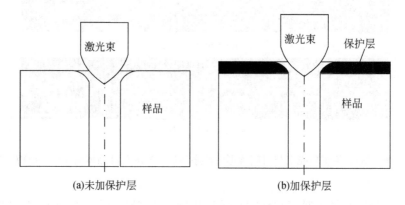

(a)未加保护层　　　　　　　　　　　(b)加保护层

图 5.81　未加保护层、加保护层时微孔加工示意图

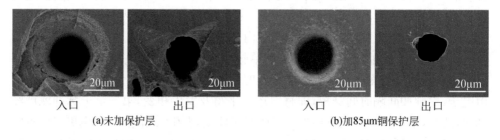

入口　　　　　　出口　　　　　　　　入口　　　　　　出口

(a)未加保护层　　　　　　　　　　(b)加85μm铜保护层

图 5.82　未加保护层和加保护层时加工的碳化硅晶体微孔入口形貌(比例尺相同)

在加保护层后,微孔周围表层材料损伤消除是因为保护层起到了以下作用:

(1)小孔光阑作用。如图 5.81 所示,保护层材料被少数几个脉冲打通后,可以起到小孔光阑作用。当后续脉冲到来时,只允许激光束中心高能量区通过小孔,作用于样品,从而将激光束边缘低能量区对样品表层材料的损伤转移到保护层上,烧蚀喷溅物也会落到保护层表面,达到保护样品表层材料不受损伤的目的。

(2)热应力转移作用。当未加保护层时,飞秒超快激光直接作用于碳化硅晶体表面,在辐照区域边缘产生热应力,导致崩裂。在加保护层后,热应力集中在保护层材料表层,且铜导热系数很高,可以将热量迅速扩散到表层,降低热应力集中;同时铜不是硬脆材料,受热后发生熔化、蒸发等,并不会发生脆性断裂。

(3)预热作用。铜具有较高的导热系数,当初始脉冲作用时,激光能量沉积到铜表面,导致铜较大面积的区域温度升高,并将热量传递给碳化硅,对碳化硅晶体表层材料起到预热作用,降低了飞秒超快激光烧蚀碳化硅晶体表面时的热应力。

3. 水辅助飞秒超快激光加工消除崩裂

采用水辅助飞秒超快激光加工是另一种消除微孔崩裂的有效方法。利用水的冷却作用,使加工过程中产生的热量及时扩散到水中,从而消除热应力;同时水会对孔壁起到冲刷作用,将产生的碎屑及热量及时排除,从而消除崩裂。此外,水下加工隔绝了空气,阻碍了材料的氧化,能够进一步提升加工质量。实际加工中,水层厚度会对加工结果产生一定的影响;若水层厚度过小,则不能起到良好的冷却冲刷作用,热量无法及时扩散,材料表面崩裂现象改善不明显;若水层厚度过大,则会使激光能量严重损耗,无法加工出通孔。图 5.83(a)和图 5.83(b)分别是经参数优化,利用飞秒超快激光在空气中和水辅助下加工的碳化硅晶体微孔入口形貌。可以看到,水辅助加工有效消除了崩裂现象,显著提高了微孔加工质量。但是水辅助加工时,水层存在一定的表面张力,使得水层厚度难以精确控制,导致加工稳定性降低。因此,可以考虑将两种辅助加工方式结合,既在样品表面加一定厚度的铜保护层,同时将样品部分浸入水中,进行微孔加工,达到彻底消除崩裂的目的。

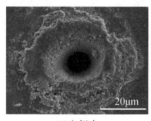 

(a)空气中　　　　　　　　　　　　(b)水辅助

图 5.83　空气中和水辅助微孔加工入口形貌(水层厚度 500μm)

4. 保护层加水辅助彻底消除崩裂

图 5.84 和图 5.85 分别是采用保护层加水辅助飞秒超快激光在厚度为 500μm 的半绝缘型 4H-SiC 晶体上叩击打孔获得的微通孔出入口和截面形貌图。加工参数如下:激光波长为 515nm,脉冲宽度为 240fs,重复频率为 50kHz,脉冲数为 80000 个,铜保护层厚度为 85μm,样品部分浸入水中。可以看出,利用保护层加水辅助飞秒超快激光加工的微孔入口、出口崩裂均消除,不用腐蚀和清洗即可获得表面、截面光滑的微通孔。图 5.84 中微孔入口、出口表面孔径均约为 50μm,但入口处呈喇叭状,出口处水泡的作用导致微孔入口、出口孔径略大于微孔内部直径。从图 5.85(a)来看,微孔入口直径只有 40μm,出口直径约为 30μm(略小于从表面测量的孔径),深径比约为 12,入口处至微孔中间位置的锥度较大,为 3.32°,从微孔

中间位置到出口处锥度接近于 0°。

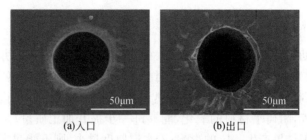

(a)入口　　　　　　　(b)出口

图 5.84　保护层加水辅助飞秒超快激光叩击打孔微孔出入口 SEM 图

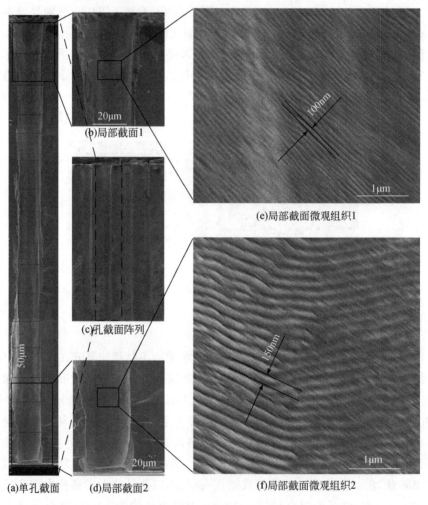

(a)单孔截面　(d)局部截面2

(b)局部截面1

(c)孔截面阵列

(e)局部截面微观组织1

(f)局部截面微观组织2

图 5.85　保护层加水辅助飞秒超快激光叩击打孔微孔截面形貌

图 5.86 是采用保护层加水辅助飞秒超快激光在厚度为 $500\mu m$ 的半绝缘型 4H-SiC 晶体上叩击打孔获得的孔群阵列出入口形貌,工艺参数同上。对入口、出口孔径进行统计,得入口平均孔径为 $41\sim45\mu m$,出口孔径为 $50\sim60\mu m$,微孔深径比约为 12。微孔入口孔径的变化范围约为 $4\mu m$,出口孔径的变化范围约为 $10\mu m$。入口圆度误差最大为 $3\mu m$,出口圆度误差最大为 $5\mu m$,微孔圆度误差为孔径的 $6\%\sim8\%$,小于 15%,满足目前 MEMS 器件互联微通孔的填镀要求。

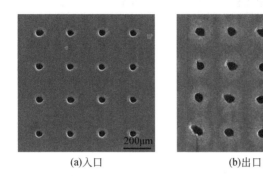

(a)入口　　　　　　　　(b)出口

图 5.86　飞秒超快激光叩击打孔孔群阵列(水辅助加保护层)(出入口形貌)

5.3.4　飞秒超快激光旋切打孔碳化硅晶体深孔

在叩击打孔时,孔的尺寸受激光参数的限制,对工业需求中较大尺寸的孔,叩击打孔较难实现,且获得的微孔精度相对较低,而旋切打孔制孔可以按照设定的轨迹加工任意尺寸(超过叩击打孔直径)的微孔;微孔质量除了可以通过激光参数优化外,还可以通过优化旋切路径来提高,因此加工质量高,群孔一致性高,且旋切打孔可以通过提升扫描速度来提高微孔加工效率。旋切打孔过程中焦点位置在轴向保持不变,激光束按照一定的运动轨迹进行扫描加工,这种扫描轨迹可以通过两个机械直线轴差补运动的形式实现,也可以借助扫描振镜来实现。前者适合于各种类型的激光器,原理上可以加工任意孔径的小孔和异形孔,但一般会受到设备精度的限制,后者在实际加工中应用较多。

在旋切加工深孔时,影响加工质量的因素主要有轨迹圆半径、单脉冲能量、扫描速度、重复频率和扫描次数等。这些参数的影响可用表 5.6 来表示,表中评价指标后的粗线箭头表示该指标期望的变化方向,单元格中的细线箭头表示该单元格对应的影响因素按表 5.6 第一列中的箭头趋势变化时,相应评价指标的实际变化方向。粗细箭头方向相同,表示该影响因素对微孔评价指标造成有利影响;粗细箭头方向相反,表示该影响因素对微孔评价指标造成不利影响;双箭头表示影响较大。由表 5.6 可得,当旋切加工深孔时,孔的某一评价指标同时受到多个因素的影响,某一因素同时影响微孔的多项评价指标,且同一因素对微孔各项指标的影响方向和影响程度不同。由5.3.3节可知,水下加工可以消除飞秒超快激光加工碳化硅晶体微孔时的崩裂现象,因此本小节所述旋切打孔均在水下进行加工。

表 5.6　加工参数与旋切加工微孔评价指标影响关系表

影响因素	微孔评价指标						
	孔径↓	孔深↑	锥度↓	圆度误差↓	崩裂↓	烧蚀碎屑↓	效率↑
轨迹圆半径↑	↑↑		↓		↓	↓	↓
重复频率↑	↓		↑	↑	↑	↑	↑↑
单脉冲能量↑	↑	↑↑	↓	↑		↑	↑↑
扫描速度↑				↑			↑↑
扫描次数↑	↑	↑↑	↓	↓	↑	↑	↓↓

1. 重复频率对旋切打孔的影响

当不同的重复频率加工微孔时,相邻脉冲间隔时间不同,微孔散热时间不同,会造成不同程度的热影响,进而导致微孔质量存在差异,同时重复频率还会影响加工效率。重复频率过大,脉冲间隔时间较短,无法及时将热量消除,热影响严重,微孔入口重铸层堆积较厚;重复频率过小,加工效率又会变低。图5.87为重复频率

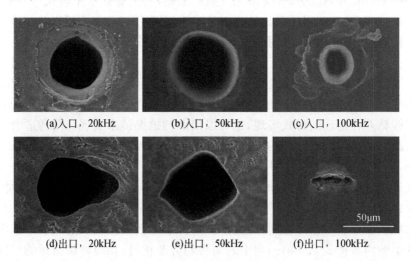

(a)入口,20kHz　　　　(b)入口,50kHz　　　　(c)入口,100kHz

(d)出口,20kHz　　　　(e)出口,50kHz　　　　(f)出口,100kHz

图5.87　不同重复频率下飞秒超快激光旋切加工碳化硅晶体微孔出入口形貌(比例尺相同)

分别为 20kHz、50kHz、100kHz 时,利用飞秒超快激光在水下旋切打孔获得的碳化硅晶体微孔出入口形貌。可以发现,当重复频率为 20kHz 时,微孔入口由水流冲刷导致的损伤面积较大;当重复频率为 100kHz 时,脉冲间隔时间较短,无法及时将热量消除,热影响严重,微孔入口重铸层堆积较厚,且出口呈长条状,孔形差;当重复频率为 50kHz 时,微孔入口表面较为光滑,但出口孔型有待进一步提高。

2. 轨迹圆半径对旋切打孔的影响

激光束聚焦后并非一个点,而是形成一定尺寸的聚焦光斑,理论上旋切打孔时的线宽与相同激光参数下叩击打孔时加工的微孔直径相同。为获得最大深径比、最小孔径的微通孔,需要尽可能减小旋切轨迹圆半径。当轨迹圆半径到达极限状态,即 $r=0$ 时,旋切微孔的孔径最小,与叩击打孔的孔径相同。在实际加工中,旋切打孔时微孔最小孔径还受到振镜插补精度的限制,并不可能达到极限状态,且当旋切轨迹圆半径较小时,微孔圆度较差。因此,需要通过研究旋切时轨迹圆半径对微孔加工的影响,在保证微孔圆度满足填充要求的前提下,获得孔径最小的微通孔。

设定轨迹圆半径 r 为 $0\mu m$、$5\mu m$、$10\mu m$、$15\mu m$、$20\mu m$、$30\mu m$,加工的微孔出入口形貌如图 5.88 所示,统计相关指标如表 5.7 所示。从图 5.88 及表 5.7 中可以看出,当 $r\geqslant 10\mu m$ 时,随着轨迹圆半径的增大,微孔孔径增大,深径比降低,而微孔质量与 $r=10\mu m$ 时基本相同,且随着轨迹圆半径的增大,加工单孔的时间延长。因此,为获得高质量、高深径比微孔的高效加工工艺,旋切轨迹圆半径应选用 $r=10\mu m$。由表 5.7 可得,当轨迹圆半径 $r=10\mu m$ 时,单孔加工时间为 1.9s(扫描速度为 5mm/s),加工效率有待进一步提高。

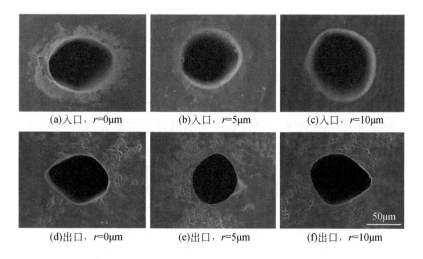

(a)入口,$r=0\mu m$ (b)入口,$r=5\mu m$ (c)入口,$r=10\mu m$

(d)出口,$r=0\mu m$ (e)出口,$r=5\mu m$ (f)出口,$r=10\mu m$

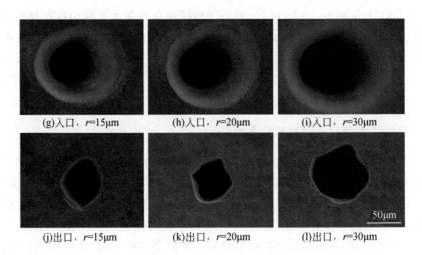

(g)入口，r=15μm (h)入口，r=20μm (i)入口，r=30μm

(j)出口，r=15μm (k)出口，r=20μm (l)出口，r=30μm

50μm

图 5.88　不同轨迹圆半径加工的微孔出入口形貌（比例尺相同）

表 5.7　不同轨迹圆半径加工的微孔特征尺寸统计

轨迹圆半径 r/μm	入口孔径 /μm	出口孔径 /μm	最小孔径 /μm	锥度 θ/(°)	深径比	单孔加工效率/(s/个)
0	58.1	38.1	32.6	5.8	8.6	1.6
5	59.8	40.9	26.6	7.5	8.3	2.5
10	57.9	39.7	35.8	2.1	8.6	1.9
15	98.9	43.3	43.3	6.4	5.1	0.9
20	102.1	60.9	54.9	4.7	4.9	1.3
30	138.0	64.5	63.0	8.4	3.6	1.8

注：表中深径比按入口孔径计算；锥度表示从入口处到最小孔径处的锥度。

3.单脉冲能量、扫描速度和扫描次数对旋切打孔的影响

当轨迹圆半径和重复频率确定时，旋切加工微通孔的质量和加工效率主要取决于单脉冲能量、扫描速度和扫描次数。当单脉冲能量提高、扫描速度增大、扫描次数减少时，微孔加工效率提高，但同时微孔圆度误差、锥度也增大，微孔质量变差。因此，应通过参数优化来平衡微孔加工效率与加工质量。单脉冲能量、扫描速度、扫描次数之间相互关联，当单脉冲能量固定时，提高扫描速度，为保证加工获得通孔，需增加扫描次数。如表 5.8 所示，增大扫描速度，微孔加工效率提高，微孔圆度误差增大；增加扫描次数，微孔加工效率降低，同时会降低圆度误差和锥度，提高微孔质量。当扫描速度固定时，提高单脉冲能量，单脉冲烧蚀率增加，获得通孔时

的扫描次数减少。单脉冲能量提高,微通孔加工效率提高,但同时孔径增大,微通孔深径比降低,热影响增大,重铸层和崩裂严重,质量降低。可见,单脉冲能量、扫描速度、扫描次数对旋切加工微通孔的影响相互制约,因此实际加工中需通过参数优化来平衡微孔加工效率与加工质量。

表 5.8　旋切打孔制孔最优参数及加工微孔特征尺寸

序号	加工参数			微孔评价指标					
	单脉冲能量 $E_p/\mu J$	扫描速度 $v/(mm/s)$	扫描次数 $N/$次	入口孔径 $/\mu m$	出口孔径 $/\mu m$	最小孔径 $/\mu m$	深径比	锥度 $\theta/(°)$	加工效率 $/(s/$个$)$
1	40	5	120	62.7	48.2	35.3	8.0	3.16	1.5
2	40	10	200	60.5	47.4	44.1	8.3	3.02	1.3
3	60	10	120	62.0	54.1	42.7	8.1	3.30	0.8
4	60	20	170	61.7	61.8	40.5	8.1	3.94	0.5

图 5.89 和图 5.90 是采用水辅助飞秒超快激光旋切打孔方式,在优化后的四组加工参数(表 5.8)下获得的碳化硅晶体微通孔的出入口和截面形貌图,晶体厚度为 $500\mu m$。由图 5.89 可以看出,微孔入口、出口周围无重铸层、无烧蚀碎屑等缺陷,孔周围较光洁,加工质量较好,且与叩击打孔相比,微孔入口、出口圆度较高。微孔入口孔径约为 $60\mu m$,出口孔径约为 $50\mu m$,深径比约为 8。由图 5.90 可以看出,参数优选后旋切打孔的微孔入口孔径约为 $60\mu m$,出口孔径约为 $50\mu m$,同时可以观察到,由于水辅助加工时水流的冲刷作用,孔壁形成稳定的纳米波纹结构。

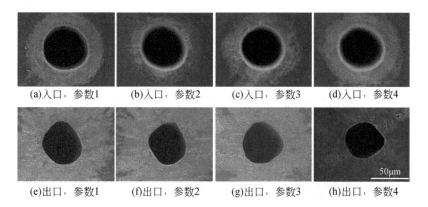

(a)入口,参数1　　(b)入口,参数2　　(c)入口,参数3　　(d)入口,参数4

(e)出口,参数1　　(f)出口,参数2　　(g)出口,参数3　　(h)出口,参数4

图 5.89　优化旋切打孔参数下获得的微通孔出入口形貌(比例尺相同)

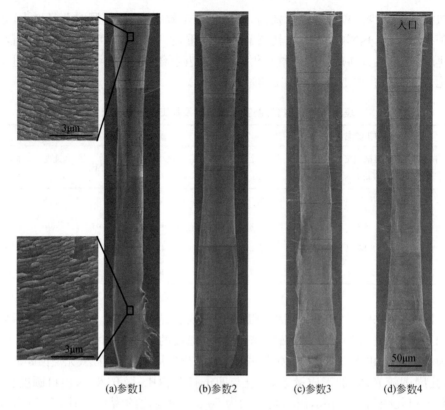

(a)参数1　　　　(b)参数2　　　　(c)参数3　　　　(d)参数4

图 5.90　优化旋切打孔参数下获得的微通孔截面形貌(比例尺相同)

图 5.91 是采用水辅助飞秒超快激光旋切打孔方式,在表 5.8 中参数 4 下获得的碳化硅晶体孔群阵列出入口形貌。SI 型 4H-SiC 样品厚度为 $500\mu m$,轨迹圆半径 $r = 10\mu m$。统计后可得,微孔入口平均孔径为 $54 \sim 61\mu m$,出口孔径为 $52 \sim 62\mu m$,微孔深径比约为 8。微孔入口孔径的变化约为 $7\mu m$,出口孔径的变化约为

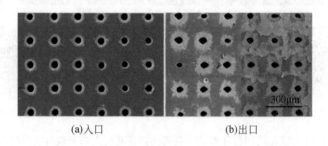

(a)入口　　　　　　　　(b)出口

图 5.91　旋切打孔微孔阵列出入口形貌(比例尺相同)

$10\mu m$。入口圆度误差最大为 $1.5\mu m$,出口圆度误差为 $6.5\mu m$。入口圆度误差约为孔径的 2%,微孔出口圆度误差约为孔径的 8%~10%,小于 15%,满足 MEMS 器件互联微通孔的填镀要求。

5.4　超快激光碳化硅陶瓷表面精密抛光技术

5.4.1　碳化硅陶瓷表面精密抛光

碳化硅陶瓷作为一种工程技术陶瓷,以其优异的热力学性能和热化学稳定性而备受关注,其单晶碳化硅更被称为第三代半导体材料[68]。碳化硅主要以强共价键为主,晶格的基本结构是由 SiC_4 四面体堆积而成,只是结合形成不同,分为平行结合和反平行结合两种方式。碳化硅的结构可分为立方晶系、六方晶系和菱形晶系,基于这些结构所形成的变体有 75 种之多,如 α-SiC、β-SiC、3C-SiC、15R-SiC等,其中 α-SiC 和 β-SiC 最为常见。α-SiC 为高温稳定型,β-SiC 为低温稳定型,当温度高于 1600℃时,立方晶系的 β-SiC 会转化为六方晶系 α-SiC 的各种多型体,使得材料在高温状态保持良好的热力学性能,从而保证部件稳定高效地工作[69]。另外,碳化硅陶瓷的低密度(约 $3.1g/cm^3$,为单晶高温合金的 1/3)使其作为航空部件时能够使整机重量显著减小,大大降低了成本,同时提高了使用寿命。碳化硅的热膨胀系数相对于其他高温材料小得多,其导热系数远大于其他耐火材料及磨料,约为刚玉导热系数的 4 倍[70],因此碳化硅材料非常适合在高温环境下使用。此外,碳化硅陶瓷还具有强度大、抗氧化性能强、耐磨损性好、硬度高(仅次于金刚石)、抗蠕变以及耐化学腐蚀等优点。碳化硅陶瓷优异的热力学性能,使其在现代工业领域应用潜力巨大。碳化硅陶瓷已应用于航天、汽车工业、石油化工、电子学以及光学等领域[71]。

要将材料构件装配应用到装备的关键部位,需要材料的装配面精度(如粗糙度)低至几微米,这也是材料能否得到实际应用的关键问题。如果装配表面粗糙度较大,其形位误差将严重影响整体部件的装配精度,无法满足精密装备在功能和性能上的要求,也无法体现热力学性能和化学稳定性优异的碳化硅陶瓷在恶劣环境下的应用价值。因此,材料的可加工性将决定该材料的实际应用价值。抛光加工作为一项基础加工工艺,在保证表面形貌较好的情况下,能对材料进行有效的体积去除,是充分实现该材料功能化、实用化、工程化过程不可或缺的环节,是针对材料工程应用化的关键步骤。这将直接决定生产出的零部件表面质量与尺寸精度能否满足机构之间的装配以及精度要求,是目前实现碳化硅陶瓷材料工程应用亟待解决的核心技术问题。

陶瓷类材料加工方法的选择主要应该考虑加工能力、加工质量、加工效率、加工成本等方面,同时应考虑到被加工材料的尺寸与形状。针对碳化硅陶瓷的加工方法主要有传统机械加工、超声振动辅助加工、电火花加工和激光加工等[72]。传统机械加工主要采用金刚石和立方氮化硼等高硬度磨料砂轮对材料进行精细修整,从而达到降低线粗糙度和提高表面质量的目的。例如,Gao 等[73]采用金刚石加工处理碳化硅陶瓷材料,加工后材料表面出现气孔、晶粒间破裂、表面断裂以及金刚石钻头在材料表面烧结等缺陷,严重影响表面质量。传统机械加工工艺较为成熟,设备投入少,加工方法简单、稳定、可靠,但是砂轮的磨损过快,导致加工精度下降,加工效率较低,同时对复杂表面的适用性差。超声振动辅助加工是一种结合传统切削与超声波技术的切削技术,通过研磨颗粒在样品表面的锤击作用机械地去除材料[74]。超声振动辅助加工改善了刀具的磨损状况,提高了切削的实际速度,通过调整振动刀具的冲击速度使材料的塑性变形变小,在一定程度上提高了加工质量,但是缺乏超声振动参数与加工参数匹配性研究,加工效果仍然不佳[75]。例如,Nath 等[76]在超声振动方向垂直于加工表面时对碳化硅陶瓷材料进行了超声振动辅助磨削加工实验,结果表明,与普通磨削相比,超声振动辅助磨削由于锤击作用而可能在碳化硅陶瓷中形成更大的区域破裂,材料表层剥落。针对传统机械加工的刀具磨损严重以及切削热引起的表面质量精度问题,电火花加工利用电能和热能加工,使其能量在材料内部以电阻加热的形式耗散,能够实现高硬度以及复杂形状材料的高精度加工[77]。Lauwers 等[78]对电火花加工碳化硅陶瓷进行了工艺研究,结果发现电火花加工提高了碳化硅陶瓷表面的加工质量,但是极强的热效应导致材料内部膨胀,从而出现裂纹、材料的不均匀剥落。另外,由于材料较低的导电率,材料的去除率较低,且电极磨损严重,加工成本高。

相比碳化硅陶瓷材料加工的不足与弊端,激光加工作为一种先进的表面加工技术,具有加工效率和精度高、指向性好等适合难加工材料精密加工的特性,是国内外专家学者的研究重点[79,80]。连续激光及长脉冲激光加工是在一段较长时间范围内以持续输出的激光进行加工,主要通过热效应使材料熔化,从而达到材料去除的目的和平整加工的效果。由于强烈的热效应的存在,激光加工过程中易产生氧化、裂纹、重铸层等缺陷,影响材料的使用性能[29,81,82]。为了降低激光对材料的热作用,鉴于脉冲宽度对材料表面加工的影响,使用超短脉冲激光加工材料成为研究热点。超短脉冲激光加工主要包括飞秒超快激光和皮秒超快激光加工技术,具有热影响区少、热缺陷少、加工精度高等优点[83,84],可以通过对深度、粗糙度和氧化等的控制有效满足碳化硅陶瓷表面的加工要求。Neuenschwander 等[85]对比分析了皮秒和飞秒超快激光加工下的表面形貌,发现皮秒超快激光存在一定的热效应,飞秒超快激光的热效应较低,但是仍然存在。李卫波[86]研究了超快激光对碳化硅陶瓷表面抛光加工,分析了激光能量密度、扫描速度、扫描跨度、激光入射角等因素对表面粗糙度的影响规律,研究发现,抛光后碳化硅样品线粗糙度随着激光入射角的变大显著降低,光斑重叠率的提升可以显著提高材料表面质量。因此,使用超短脉冲激光加工碳化硅陶瓷材料能够有效减小热影响区和氧化等热致性缺陷,而针对碳化硅陶瓷材料飞秒超快激光更能够实现高精度的表面加工,但是表面原始粗糙度对其加工效果的影响大。

碳化硅陶瓷材料的高硬度、高耐磨性、高耐腐蚀性等导致其加工非常困难。表面高精度加工碳化硅困难,极大地限制了碳化硅陶瓷及其复合材料的应用。碳化硅陶瓷的工程化应用水平仍需进一步研究。材料本身高硬度、热化学稳定性等特性及制备过程的内部缺陷导致其加工困难,故针对碳化硅陶瓷的表面抛光加工技术是目前亟待解决的问题。

与传统机械加工方法相比,具有“冷”效果的飞秒超快激光可实现材料表面更高精度的加工,通过调整超快激光的加工参数,可以有效控制包括粗糙度、氧化、形貌、相变、纳米波纹和表面频率特征在内的表面平面化质量。针对碳化硅陶瓷的超快激光加工均处于起步阶段,研究大都集中于碳化硅陶瓷材料的打孔、扫槽、微结构制备等结构方面的控制,而加工过程中氧化及裂纹热损伤的影响规律尚不明确。依据飞秒超快激光的加工优势,采用飞秒超快激光对该陶瓷材料进行抛光加工,分析飞秒超快激光抛光加工碳化硅陶瓷材料的表面形貌,以及材料本身性质对表面粗糙度、烧蚀深度的影响规律。此外,分析了激光热累积效应对碳化硅陶瓷材料氧化行为的影响规律和材料氧化形成的原因,可实现对材料表面氧化等缺陷的控制。

5.4.2　飞秒超快激光抛光工艺

与其他涉及激光材料相互作用的制造过程相似,最终抛光表面结果通过热力学、物理化学、热流体力学和其他物理机械等复杂的抛光机理重叠而成,而这些复杂的机理受制于激光参数、机械参数和材料属性的影响,在激光材料相互作用区域中起着关键作用。其中,激光参数包括激光光束质量、光斑模式、波长、脉冲宽度、重复频率和激光能量密度;机械参数包括光束入射角度、激光扫描路径、扫描速度和扫描轨迹间隔;材料属性包括初始表面形貌和加工材料光学、热学和力学性能,如图 5.92 所示[87]。尽管参数范围很广,但图中列出的参数实际上并不是穷尽的,而实际上参数之间的复合更为复杂,例如,激光能量密度取决于激光单脉冲能量和光斑直径。需要注意的是,这些参数中的绝大多数(独立或不独立)实际上都是由激光与材料相互作用的总体平衡决定的,它们的主要作用是尽可能地减小表面粗糙度。

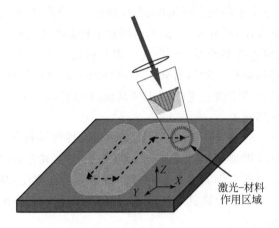

图 5.92　激光抛光示意图[87]

1. 光斑模式

激光束是具有唯一方向的电磁波,当与材料表面相互作用时,可以将其视为电磁相互作用的过程。在平面波的情况下,将光束聚焦到特定点会产生焦点。当一定功率的激光束聚焦在焦点上时,光束的横截面变为零,从而使强度达到无穷大。激光束不能具有无限远的强度,因此对实际的激光束不起作用。为了更清楚地描述,图 5.93 给出了利用激光进行实验的两种不同模式下的空间分布光束轮廓[88]。当将激光放置在一个点上并将薄膜保持在激光前面时,激光点会给出该薄膜中光束的横截面或焦点区域。当允许光束通过透镜并将胶片保持在透镜背面时,激光

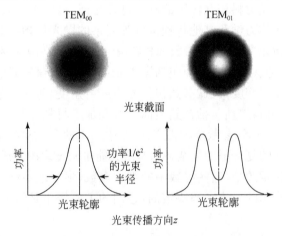

图 5.93　TEM$_{00}$ 和 TEM$_{01}$ 的空间强度分布模式[88]

束的横截面很大,并且随着胶片进一步移动,光束的横截面或面积先是减小到一个点,然后开始增大其面积。实验结果表明,聚焦区域不会变为零值,而是光束会聚并从某个点开始再次发散。当光束在 TEM_{00} 中时,它会给出高斯光束轮廓,使用高斯光束轮廓可以找到最有利的聚焦条件。

对于某些应用,光束需要均匀分布。在这种情况下,可以引入光束整形。光束整形是重新分配激光束辐照强度的过程,在大多数工业应用中,光束整形很重要,因为各种应用都需要首选光束形状。如图 5.94 所示,通过将高斯光束整形成平顶光束,加工后的表面质量能有效地减少热影响区和底部损伤的缺陷[89]。

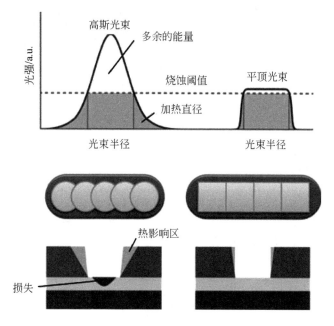

图 5.94　激光高斯光束和平顶光束对比[89]

2. 波长

激光波长对抛光表面质量影响显著,主要是因为被加工材料对不同的激光波长有不同的吸收率,而吸收率不同将会导致相同的激光能量下,材料对激光能量的吸收不同,进而影响激光加工材料的表面形貌和表面质量。图 5.95(a)表示在相同激光能量下,不同飞秒超快激光波长对铜表面结构的影响[90]。在 275nm、400nm 和 800nm 处进行加工会产生不同尺寸的纳米结构,且伴随着颗粒沉积。在 1200nm 处加工表面光滑,几乎看不到颗粒沉积。与在 275nm 和 800nm 处获得的纳米结构相比,纳米结构在 400nm 处的团聚体明显更大。这可能是由铜在不同波长下的吸收光谱不同导致的。由图 5.95(b)可知,铜在 369nm 附近显示出最大吸收率,因此铜上的结构在 400nm 附近显示出最小阈值。因此,纳米结构团聚体在 400nm 处更大。此外,在 275nm 处的吸光度高于在 800nm 处的吸光度,因此观察到在 275nm 处纳米结构的团聚体比在 800nm 处的更大。由此可见,纳米结构的大小和沉积现象的变化与材料的吸收光谱有关。

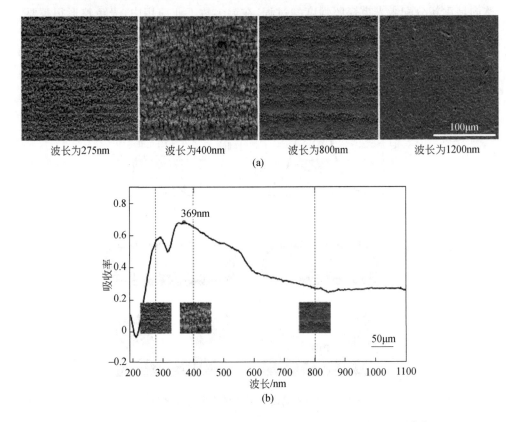

图 5.95　不同飞秒超快激光波长对铜表面形貌和吸收率的影响[90]

3.光斑重叠率

光斑重叠率取决于相邻光斑的间距,扫描光斑平面空间分布及参数说明示意图如图 5.96 所示。两相邻光斑的间距及光斑重叠率的表达式为

$$x_{spot} = \frac{v_{scan}}{f_{rep}} \tag{5.21}$$

$$S_{over} = \frac{\Delta x}{d_f} = \frac{d_f - x_{spot}}{d_f} = \left(1 - \frac{v_{scan}}{f_{rep} \cdot d_f}\right) \cdot 100\% \tag{5.22}$$

式中，Δx 为重叠区域长度，mm；v_{scan} 为扫描速度，mm/s；f_{rep} 为飞秒超快激光重复频率，kHz；d_f 为焦点处光斑直径，μm。

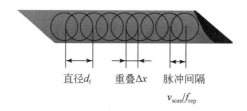

图 5.96　扫描光斑平面空间分布及参数说明示意图

　　光斑重叠率代表飞秒超快激光加工光斑的空间分布情况，光斑的分布主要受扫描速度和重复频率的直接控制，从而影响加工位置的能量分布，光斑的重叠部分越多，单位面积累积的能量越多，材料去除越剧烈，不同程度的能量累积将最终导致加工形貌出现不同程度的改变。

　　图 5.97(a)给出了当单脉冲能量为 50μJ 时，表面粗糙度 Ra 在不同重复频率下随扫描速度的变化规律[91]。可以看出，当重复频率为 50～200kHz 时，随着扫描速度的增大，重复频率减小，表面粗糙度 Ra 整体呈现非线性上升趋势，最高达到 0.25μm左右；当重复频率为 10kHz 时，随着扫描速度的增大表面粗糙度 Ra 先升高后降低；当重复频率为 20kHz 时，随着扫描速度的增大表面粗糙度 Ra 先略微降低后逐渐升高。图 5.97(b)给出了扫描速度-重复频率-烧蚀深度等高线图，从图中可以看出，随着光斑重叠率的变化，表面粗糙度 Ra 出现了两个高值区域，一个是 S_{over} 小于 0% 的部分，此时 Ra 为 0.04μm，且与 S_{over} 为 0 的等值线基本一致，这主要是由于此段参数范围内，根据计算相邻脉冲的间距逐渐增大至相邻光斑无重叠部分，这意味着表面形貌直接由单个脉冲不同的空间分布直接决定，每个激光脉冲都将直接引入新的表面结构，导致表面粗糙度增大，所以可以与光斑重叠率直接对应；另一个是 S_{over} 大于 90% 的部分，但此时光斑重叠率 S_{over} 的等值线与 Ra 的等值线并不一致。尤其是当光斑重叠率升高时，表面粗糙度急剧上升，这是由于光斑的重复覆盖会诱导表面产生新的结构，引入新的表面粗糙度。

4. 激光能量密度

　　要抛光一个样品，首先必须去除材料，即激光能量密度要大于材料损坏阈值（能量阈值）。激光能量密度太大或太小，都很难获得良好的抛光表面质量，往往是激光能量密度位于能量阈值附近（稍大于能量阈值）时，能得到较好的抛光表面。

　　激光能量密度的大小取决于脉冲能量和光斑尺寸大小。当给定激光光斑大小

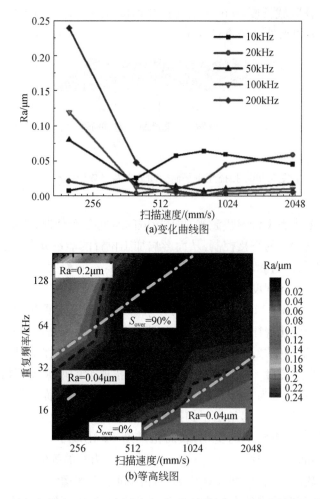

图 5.97　表面粗糙度 Ra 在不同重复频率下随扫描速度变化曲线图及其按光斑
重叠率为 0% 分为两个区域的扫描速度-重复频率-烧蚀深度等高线图[91]

时,激光能量密度主要由脉冲能量决定。因此,单脉冲能量是影响表面烧蚀质量的
重要因素之一,将直接决定后续其他加工参数的范围选取,确定整个加工状态的基
调。飞秒重复频率为 20kHz、扫描速度为 800mm/s 时不同单脉冲能量下表面粗糙
度和烧蚀深度变化如图 5.98 所示。单脉冲能量越高,传递到材料的能量越多,材
料达到热分解温度的时间越短,单个脉冲导致材料的去除量越大,对应的表面烧蚀
深度逐渐增加,最大烧蚀深度为 $2\mu m$。表面粗糙度 Ra 也随着单脉冲能量的增加
而增大,最高为 $0.02\mu m$ 左右。单脉冲能量越大意味着单脉冲能量下激光能量密
度越高,能够与材料发生耦合作用的光子密度越高,光致电离和雪崩电离越强烈,

材料的去除越剧烈。但是过高的单脉冲能量会使表面的热累积效应明显加强,导致表面出现过度烧蚀、严重氧化、热裂纹等,严重破坏表面质量,首先确定合适的单脉冲能量范围对于高质、高效的表面抛光加工是关键性的一步。

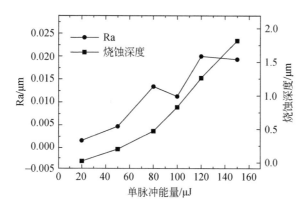

图 5.98　飞秒重复频率为 20kHz、扫描速度为 800mm/s 时不同单脉冲能量
下表面粗糙度和烧蚀深度变化

5.光束入射角度

激光加工存在选择性去除的特点,即对表面凸起部分的去除效果高于对表面凹陷部分的去除效果,而激光入射角的引入会直接改变表面能量的分布,粗糙表面凸起部分会阻挡激光能量直接辐照到凹陷部分,从而更有效地实现选择性去除。当单脉冲能量为 55μJ、扫描速度为 600mm/s、重复频率为 100kHz 时,入射角为 0°、30°、45° 和 60°时飞秒超快激光加工后的烧蚀深度及表面粗糙度的变化如图 5.99 所示。可以得到,随着入射角的增大,表面粗糙度先减小后增大。当入射角为 30°和 45°时表面粗糙度达到最低值,为 1.1μm 左右。当激光入射角为 60°时,表面粗糙度提升至 1.5μm。同时,随着入射角的增大,表面烧蚀深度逐渐减小,入射角为 0°时表面烧蚀深度达到最大,为 7.73μm,入射角为 60°时表面烧蚀深度达到最小,为 2.63μm。

随着激光入射角的增加,激光对表面的选择性去除愈加明显,表面粗糙度随之降低。然而,激光入射角的增加将导致光斑面积增大,单脉冲能量密度降低,材料的去除量降低,对于表面凸起结构的去除效果不足,表面粗糙度降低有限。同时,单脉冲能量密度的降低直接导致表面烧蚀深度降低,致使能量利用率下降。总体而言,激光入射角的增加有利于提高表面质量,但是存在一定的能量损失,需要提升输入的单脉冲能量才能达到较好的加工效果,可以根据需求选择合理的激光入射角。

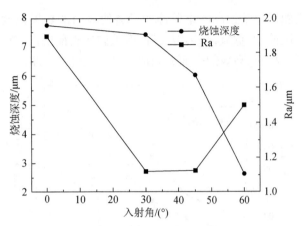

图 5.99　不同飞秒超快激光入射角加工后的烧蚀深度和表面粗糙度

　　此外,激光入射角对碳化硅陶瓷材料飞秒超快激光抛光表面形貌和氧化情况有重要影响。图 5.100 给出了原始表面及不同激光入射角下加工表面的 SEM 图像和 EDS 元素分析。如图 5.100(a)所示,原始碳化硅陶瓷的表面初始结构具有明显的晶界、颗粒间孔隙以及不均匀的表面状态。在单脉冲能量为 79μJ 和入射角为0°的加工条件下,材料表层形成了一些圆球形的微结构,从而出现了新的小孔洞和微结构边界,且材料原始孔隙并未被填充,如图 5.100(b)所示。与 0° 入射角时的激光整体过度烧蚀相比,30° 入射角时表面烧蚀不均匀,沉积的颗粒大小也不一致,局部有明显的颗粒沉积,如图 5.100(c)所示。图 5.100(d)为入射角为 60° 时的表面形貌,可以看到材料表面的颗粒沉积大大减少,出现由激光诱导的均匀的周期性的纳米波纹结构,同时原本的颗粒边界以及较小的孔隙得到了覆盖。

　　另外,本书对加工前后的表面元素含量进行了分析。入射角的变化对表面氧化也有明显的影响。从图 5.100(a)中可以得到,原始碳化硅陶瓷表面主要由硅和碳元素组成。在 0° 入射角激光加工条件下,EDS 图表明,圆球形微结构主要由碳、氧、硅组成,材料表面出现严重氧化,如图 5.100(b)所示。式(5.23)~式(5.25)展示的是碳化硅可能的氧化反应生成物,转化为积聚在材料表面基体上的 SiO_2 颗粒,

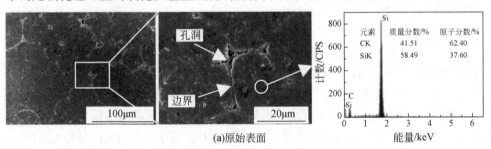

(a)原始表面

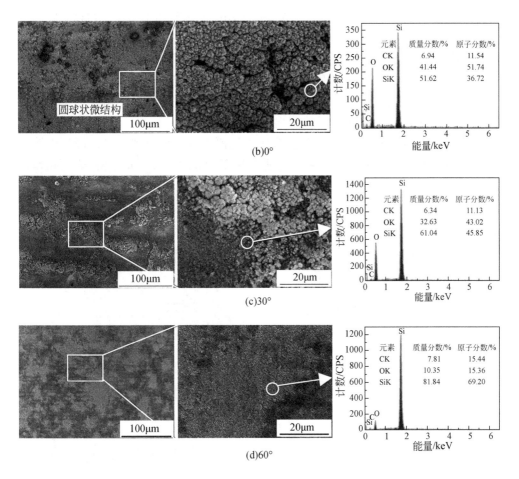

图 5.100　原始表面及不同激光入射角下加工表面的 SEM 图像和 EDS 元素分析

构成圆球形微结构,形成了表面氧化层。如图 5.100(c)所示,与 0°入射角相比,30°入射角时沉积颗粒表面氧含量降低。当激光入射角为 60°时,表面氧含量进一步降低,如图 5.100(d)所示。激光入射角的增加降低了激光能量密度[92]。过高的激光能量密度会导致严重的氧化,从而形成粗糙不平的表面。

$$SiC(s) + 3O_2(g) \longrightarrow SiO_2(s) + C(s) \tag{5.23}$$

$$SiC(s) + 2O_2(g) \longrightarrow SiO_2(s) + CO_2(g) \tag{5.24}$$

$$2SiC(s) + 3O_2(g) \longrightarrow 2SiO_2(s) + 2CO(g) \tag{5.25}$$

6.扫描间距

扫描间距直接影响激光抛光的表面质量和加工效率。图 5.101 为相同加工参数下不同扫描间距(200μm、100μm、50μm、20μm)的实际加工形貌。扫描间距的减少能够有效抑制由激光加工引入结构的幅值,当扫描间距为 20μm 时,这种周期性凸起结构已经基本消失,且表面实现了整体去除,但是伴随着一些微小的凸起结构,如图 5.101(d)所示。因此,通过控制扫描间距可以有效控制抛光加工的烧蚀深度,扫描间距越小,表面烧蚀深度越高。同时,在重叠扫描线的抛光加工表面主要存在两种缺陷:一种是扫描线在纵向上的周期性凸起结构;另一种是多次重复覆盖诱导的均匀精细表面结构。但是,多次重复覆盖可能会出现由单位面积内输入的能量过高而导致的大的凸起结构,这些缺陷都会导致表面质量下降,表面粗糙度上升。

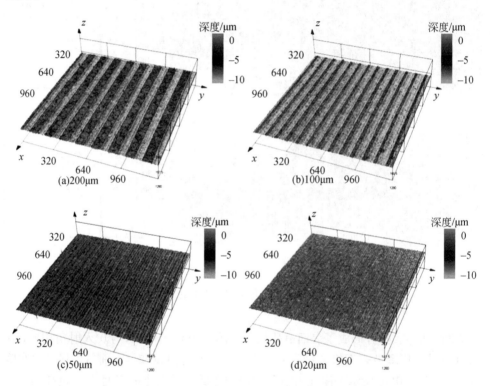

图 5.101　不同扫描间距下表面抛光加工的实际加工形貌变化

7. 表面原始粗糙度对加工形貌的影响规律

在实际加工过程中,表面形貌是随机的,有或高或低的表面原始粗糙度。采用单脉冲能量为 55μJ、扫描速度为 600mm/s、重复频率为 100kHz 的激光对不同原始粗糙度表面进行加工,建立了原始光滑表面以及 6 个随机表面的不同原始粗糙度样品,样品1~样品6的表面粗糙度 Ra 分别为 $0.4195\mu m$、$1.153\mu m$、$2.3833\mu m$、$3.6172\mu m$、$4.8363\mu m$、$6.0636\mu m$。6 个不同表面原始粗糙度加工前后的表面粗糙度和烧蚀深度的变化如图 5.102 所示。从图中可以看出,在相同的激光加工参数下,表面原始粗糙度越高,激光加工后表面粗糙度降低程度越大,即当表面原始粗糙度为 $0.4195\mu m$ 时,加工后降低至 $0.32792\mu m$,降低了 $0.09158\mu m$;当表面原始粗糙度为 $6.0636\mu m$ 时,加工后粗糙度降低至 $5.0546\mu m$,降低了 $1.009\mu m$,降低幅度明显提升。同时,随着表面原始粗糙度 Ra 的升高,表面烧蚀深度逐渐下降,对于光滑原始表面,加工的烧蚀深度高达 $9.5078\mu m$,而当表面原始粗糙度为 $6.0636\mu m$ 时,表面的有效烧蚀深度降低至 $3.88439\mu m$。

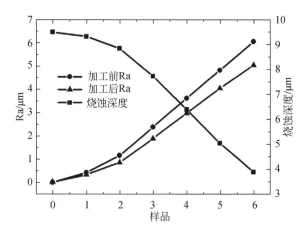

图 5.102　不同表面原始粗糙度加工前后的表面粗糙度和烧蚀深度变化

　　为了进一步对比分析加工前后的形貌变化,分析了 6 个不同表面原始粗糙度样品加工前后的形貌变化,如图 5.103 所示。可以看出,对应样品 1~样品 6,表面起伏越大,即凸起和凹陷的幅值越高,对应的表面原始粗糙度越高。这表明,在同样的激光辐照下,激光能量更易集中于表面凸起位置,表面凸起位置的激光能量密度更高,而表面凹陷位置的激光能量密度相对较低。激光对凸起部分的去除量远高于对凹陷部分的去除量,且表面波动越强烈,这种选择性去除越明显。因此,表面原始粗糙度越高,相同的激光参数加工后其表面粗糙度降低得越多。同时,由于激光能量在表面突出位置集中,主要用于表面凸起位置材料的去除,所以用于整个表面的烧蚀能量较少。作用于表面凸起位置的激光能量密度越大,用于整个表面有效成面的烧蚀能量越少,导致整体表面的平均高度变化越小。总体而言,材料表面原始粗糙度越高,激光加工后表面原始粗糙度降低得越明显,但烧蚀深度会随之下降,整体表面质量有所提升。

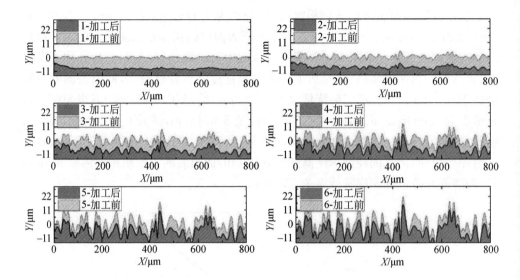

图 5.103　不同表面原始粗糙度加工前后表面形貌变化

5.4.3　飞秒超快激光碳化硅陶瓷材料抛光的氧化行为

在飞秒超快激光的作用下,表面材料发生相变,原始表面的碳化硅晶格结构被破坏,转变成有大量悬空化学键的不定型碳化硅,这些悬空的化学键将周围空气中被激光离子化的氧原子捕获到碳化硅陶瓷材料中,被捕获的氧原子以 SiO_2 的形式存在于碳化硅陶瓷材料中,最终以氧化沉积物的方式沉积在材料表面。沉积的热量导致材料发生不同程度的氧化反应,降低了表面质量,从而影响了材料的使用性能及使用寿命。

在确保脉冲时间间距足够小,即在高重复频率时,要保证空间上单位面积的脉冲数量充足,表面的脉冲累积效应明显,表面温度得以提升,从而促进表面氧化反应。当氧化程度不同时,表面的颗粒沉积情况不同,表面形貌也会随之变化。扫描速度和重复频率直接决定着脉冲激光空间分布和时间分布上的积累。因此,本节研究不同重复频率和扫描速度下表面氧化情况的规律分析,并综合分析参数光斑重叠率的影响规律。

1. 不同重复频率对表面氧化情况的影响

本节首先对比不同重复频率下表面的氧化程度,图 5.104 展示了 60°入射角、扫描速度为 200mm/s,重复频率为 5～200kHz 下激光加工碳化硅陶瓷表面氧含量。可以观察到,随着激光重复频率的增加,表面氧元素(O)含量逐渐增加,这表明空气中被捕获到碳化硅陶瓷材料表面的氧原子增多,生成的 SiO_2 增多。同时发现,当重复频率低于 40kHz 时,对应光斑重叠率 S_{over} 为 90%,表面的氧含量处于 5% 左右,氧化程度非常低;当重复频率上升至 100kHz 时,对应的光斑重叠率为 96%,表面的氧含量有明显上升。这主要是由于当重复频率较低时,表面的热量不足以累积,不能吸附空气中的氧元素到材料中发生氧化反应;当重复频率达到一定程度时,表面的多脉冲累积效应明显增强,在材料表面产生足够的热量累积,有效激发表面物质的化学反应活性,导致表面出现明显的氧化反应。

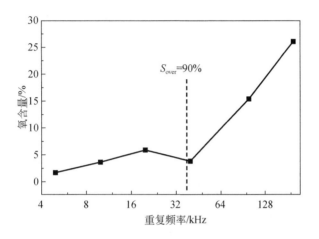

图 5.104 不同重复频率下激光加工碳化硅陶瓷表面氧含量

进一步观察不同重复频率下的表面形貌。如图 5.105 所示,可以看出,原始表面存在的颗粒边界、颗粒间的孔隙随重复频率的增加逐渐减少,伴随着表面的氧化现象上升,激光热分解产物的沉积逐渐增多。当重复频率达到 100kHz 以上时,表面有明显的不均匀氧化物沉积现象,当重复频率为 200kHz 时尤为明显,这与表面氧含量变化情况是一致的。

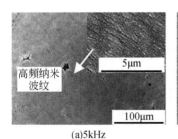
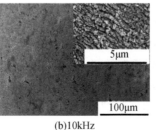
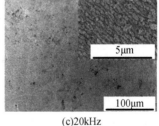

(a)5kHz (b)10kHz (c)20kHz

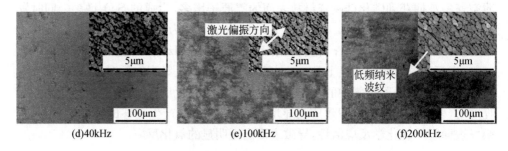

图 5.105　不同重复频率下激光加工碳化硅陶瓷的表面形貌

对图像进一步放大可以观察到,在氧化沉积物覆盖之下表面存在高度规则性的周期波纹,氧化物的沉积会影响到波纹的呈现及形成。表面纳米波纹结构影响材料表面的使用性能,可作为表面功能结构,广泛应用于光学温度传感器、微机电系统、微电子学等领域。研究指出,入射激光和散射波的干扰、二次谐波的产生、自组织、表面等离子体极化等是周期性波纹形成的原因[93-96]。目前,主要有以下两种影响波纹周期的机制:

(1)若纳米波纹周期(Λ)与激光波长(λ)相近,则纳米波纹的形成机制主要归咎于入射激光与表面散射波之间的干涉,形成低频纳米波纹。

(2)若纳米波纹周期(Λ)远小于激光波长(λ),且两者的关系为 $\Lambda=\lambda/(2n)$,其中 n 为材料折射率,则波纹的形成机理是由入射激光与表面等离子体激元之间的干涉引起的,激光与之前激光产生的等离子体的相互干涉对沉积到表面的能量进行调制,最终调制烧蚀形成了较高频率的纳米波纹。

同时,纳米波纹的方向与激光偏振方向相互垂直。在实际加工过程中,大量研究发现这些周期性波纹还与激光偏振、激光入射角、激光能量以及表面初始形貌等有关,波纹周期、方向以及结构连续性等特征也会随之改变。

研究发现,经过 2D-FFT 处理的波纹周期和角度测量说明如图 5.106 所示,不同重复频率下纳米波纹的周期和角度变化曲线如图 5.107 所示,发现在周期为 5kHz 时出现周期为 400nm 左右的高频纳米波纹,而在周期为 10~20kHz 时出现周期为 770nm 左右的低频纳米波纹,当重复频率继续上升,光斑重叠率达到 90% 以上时,纳米波纹的周期略微下降至 660nm 左右,波纹表面附着一些氧化沉积物。随着重复频率的增加,角度从 45.9°减小到 32.2°。根据文献[95]和[97],激光波长 $\lambda=800$nm 时低频纳米波纹和高频纳米波纹分别约为 500nm 和 250nm,由于该周期与波长呈比例,所以对应于激光波长 1030nm 的低频和高频纳米波纹分别约为 644nm 和 322nm,在线粗糙度以及入射角的一定影响下,实验结果与文献[95]和[97]的数据是相符合的。

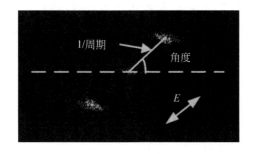

图 5.106　经过 2D-FFT 处理的波纹周期和角度测量说明

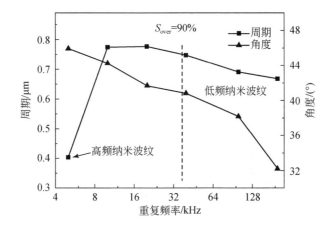

图 5.107　不同重复频率下纳米波纹的周期和角度变化曲线
（单脉冲能量：79μJ；扫描速度：200mm/s）

2. 不同扫描速度对表面氧化情况的影响

本节进一步分析不同扫描速度下的表面氧化情况及表面形貌，在 60°的加工条件下、单脉冲能量为 79μJ、纵向间距为 4μm、重复频率为 100kHz、扫描速度为 50～2000mm/s 下激光加工后的表面含氧量和表面形貌分别如图 5.108 和图 5.109 所示。可以看出，基于足够的重复频率，随着扫描速度的升高，氧化情况和表面形貌得到明显改善，沉积的热熔体和残渣由于热积累减少而明显减少。如图 5.109(a) 所示，当扫描速度为 50mm/s 时，对应于光斑重叠率大于 99%，表面热累积效应明显，导致表面被严重氧化烧蚀，大量热影响产物沉积形成新的微凸起和微蚀坑，导致表面质量较差；图 5.109(b)～(e) 为光斑重叠率为 90%～99% 时的表面形貌，表面的孔洞基本被覆盖，速度升高可有效减少表面的氧化以及产物的沉积；如

图 5.109(f)~(h)所示,当光斑重叠率小于 90% 时,表面的热影响效应明显减小,表面产物沉积及氧化程度低,随速度变化不大,原始表面的孔隙等缺陷依然存在。

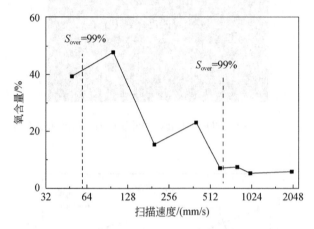

图 5.108　不同扫描速度下激光加工碳化硅陶瓷表面氧含量

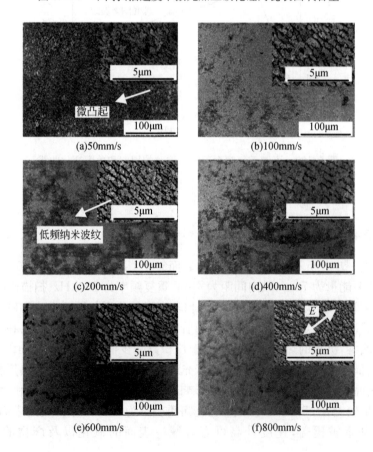

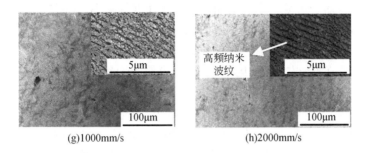

(g)1000mm/s　　　　　　　　(h)2000mm/s

图 5.109　不同扫描速度下激光加工碳化硅陶瓷的表面形貌

如图 5.110 所示,随着扫描速度的增加,角度从 34.5°逐渐增加到 47.9°。当扫描速度为 50mm/s 时,由于烧蚀严重,表面波纹被破坏;当扫描速度为 100～800mm/s 时,波纹周期在 690～770nm 范围随着扫描速度的增大而小幅度增加,属于低频纳米波纹。其中,当扫描速度为 600～800mm/s 时,是光斑重叠率为85%～89%的过渡阶段,略低于有效烧蚀的光斑重叠率,此时引起低频周期性波纹。当扫描速度为 1000～2000mm/s 时,波纹周期转化为高频纳米波纹,周期为 390nm 左右。纳米波纹的作用机理非常复杂,需要对其进一步研究。无论是重复频率的增加还是扫描速度的降低,单位面积的脉冲数量都会增加,这意味着光斑重叠率的增加导致低频纳米波纹周期的减小,这与参考文献[98]的规律保持一致。因此,表面产生了随参数变化的不同的微观结构,可用于功能表面结构的研究与制备。

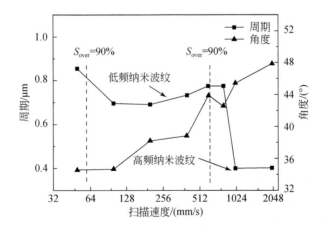

图 5.110　不同扫描速度下纳米波纹的周期和角度变化曲线
(单脉冲能量:79μJ;重复频率:100kHz)

总体而言,随着重复频率的增加以及扫描速度的减小,表面热累积现象和表面氧化现象严重。当对应重复频率和扫描速度综合影响的参数光斑重叠率高于90%时,表面氧化现象明显更严重;当光斑重叠率小于90%时,表面原始氧含量变化不明显,保持在5%左右,氧化不严重,这说明表面氧化需要脉冲达到一定的数量,有足够的热累积。氧化程度直接影响着表面形貌,决定着表面纳米波纹的呈现。随着重复频率的增加以及扫描速度的减小,即光斑重叠率的升高,表面纳米波纹由高频纳米波纹(390nm左右)转变为低频纳米波纹(690~770nm),且低频纳米波纹周期随着重复频率的增大而减小,可用于不同功能结构的制备。

5.5　超快激光高温合金表面标印技术

5.5.1　表面标印

标印已经成为产品识别和追溯必不可少的手段[99-102]。为了确保标印的易读性和耐久性,制备标印的方法非常重要。特别需要注意的是,在航空航天领域服役的工作零件上的标印不能有裂纹和重铸层。激光加工由于其非接触性、灵活性等特点而被广泛应用于各个领域[103-105]。如图5.111所示,与传统的加工方法如冲压[106]、铣削[107]、喷墨打印[108]等相比,激光标印质量高、使用寿命长[109-111]。然而,由于在连续激光、长脉冲激光和短脉冲激光作用下的材料是通过相变原理去除的,所以更容易产生裂纹和重铸层。值得注意的是,当采用超快激光加工时,可以在一定程度上避免裂纹和重铸层的产生。这是因为激光与材料之间的相互作用时间非常短,从而导致加工时的热影响区缩小。尽管如此,如果超快激光加工的重复频率太高,那么热累积效应仍会发生。然而,对于特殊零件的激光标印,除了标印图案要具有高识别率外,加工区域还要具有小的热影响区域,具体表现为加工表面熔融物和飞溅物减少,而且没有裂纹和重铸层。因此,对激光标印的参数进行优化是很有必要的,而目前对超快激光标印质量和识别率的研究很少。

(a)冲压[106]　　　　　　　　　　　　　(b)铣削[107]

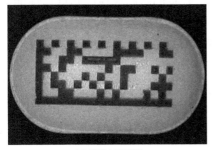

(c)喷墨打印[108]　　　　　　　　　　　　　(d)激光[109]

图 5.111　标印图案加工方法

　　为了满足标印单元的尺寸和识别率要求,目前大多数研究都致力于激光扫槽标印[109-111],如图 5.112(a)所示。为了进一步提高标印图案的可靠性,降低其表面反射率,从而提高其识别率,提出了激光烧蚀和激光诱导相结合的复合扫槽标印方法。相对于普遍采取的激光扫槽标印方式,有关激光点阵标印的研究较少[112,113],如图 5.112(b)所示。对比于激光扫槽标印,激光点阵标印的标印单元是由多脉冲激光烧蚀单孔形成的,所以粗糙度小,质量相对均匀。基于此,本节介绍一种利用飞秒超快激光离焦加工制备百微米量级标印单元的方法,为了进一步提高标印图案的质量,在飞秒超快激光直冲式离焦加工方法的基础上,又提出基于光阑的空间整形来修整标印单元的方法。

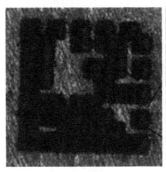
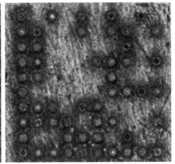

(a)激光扫槽标印　　　　　　　　　　　(b)激光点阵标印

图 5.112　激光扫槽标印和激光点阵标印[112]

　　随着航空航天、军工国防、能源化工等制造行业的迅速发展,对零件的使役条件也越来越严格,而高温合金中的钛合金[114-116]和镍基合金[117,118]具有良好的综合力学性能,如耐高温、耐腐蚀、耐磨损等优良特性,使其在制造业中得到了广泛应用。其中,钛合金由于其高硬度、低密度、优良的耐腐蚀性能和低温性能,已经广泛应用于航空航天、船舶、汽车、能源等领域,且在钛合金中应用最广泛的是 TC4 合金。此外,镍基合金也因其优异的高温力学性能、塑性好、强度高等特性在航空航天、能源化工、军工等领域发挥着重要作用。其中,GH4169 是一种镍基变形高温合金,在−253～700℃温度区间内仍然能够保持性能稳定。因此,本节选取钛合金 TC4 和镍基合金 GH4169 进行标印技术的研究。

5.5.2 飞秒超快激光烧蚀复合诱导制备结构单元

1. 飞秒超快激光烧蚀制备结构单元

标印图案由基本单位为正方形的黑白模块组成,所需制备的黑色模块即为标印图案的最小单位——标印单元[119]。首先,利用飞秒超快激光通过逐行扫槽的方式制备标印单元,并且标印单元是基于一定间距的激光烧蚀槽结构形成的。标印单元作为标印图案最小的结构单元,尺寸一般为亚毫米量级,《商品二维码》(GB/T 33993—2017)中规定最小模块尺寸不宜小于 0.254mm,在此将标印单元设置为边长为 500μm 的正方形进行标印图案的制备。然后,通过在焦点处调节激光重复频率、单脉冲能量、扫描速度和槽间距来进行结构单元的参数优化。为了减小标印表面的粗糙度,并且考虑到激光光斑直径为 30μm,初步参数优化时将槽间距设置为 30μm,这样上一个烧蚀槽的中心就是下一个烧蚀槽的边缘,可以得到较为平坦的加工表面。由于激光重复频率过高会产生热效应,而过低会影响加工效率,所以选取重复频率为 50kHz 和 100kHz。此外,为了得到高质量的标印单元,激光光斑重叠率需要高于 90%,所以扫描速度的选取范围为 20～100mm/s,并以 20mm/s 为变化梯度。最后,选取单脉冲能量分别为 100μJ、150μJ 和 200μJ。激光光斑重叠率可以根据式(5.26)算出[120],在此加工参数下激光光斑重叠率均高于 90%,如表 5.9 所示。

$$\varphi=1-\frac{v}{df} \tag{5.26}$$

式中,φ 为光斑重叠率;v 为扫描速度;d 为激光光斑直径;f 为重复频率。

在初步参数优化时,合金 TC4 和 GH4169 的形貌变化趋势是一致的,因此选取 TC4 作为代表进行形貌分析。由图 5.113 可以看出,熔融物和飞溅物随着激光重复频率的增大而增多。当激光重复频率高达 100kHz 时,大部分标印单元表面布满了熔融物和飞溅物,即使扫描速度增加至 100mm/s 加工表面的熔融物和飞溅物仍比较明显;当减小单脉冲能量至 100μJ 时,熔融物和飞溅物减少,标印单元内槽结构轮廓开始变得清晰。然而,熔融物和飞溅物即使通过超声清洗也无法将其完全去除干净。除此之外,当重复频率较高时,热累积效应会更加明显,加工表面可能会产生重铸层,甚至会有裂纹产生。因此,重复频率对加工表面的形貌质量有较大的影响,并且过高的重复频率不适合激光烧蚀。当减小重复频率至 50kHz 时,加工表面的熔融物和飞溅物明显减少,形貌质量得到提高。槽间距过大导致标印单元表面变得粗糙,因此槽间距需要结合其他参数的调节进一步减小。考虑到高的单脉冲能量需要匹配高的扫描速度,这样加工效率才能得到保证,因此单脉冲能量为 150μJ 时适合加工。为了获得具有较少熔融物和飞溅物的标印单元,扫描速度和槽间距也需要进一步优化。

表 5.9　初步参数优化的激光光斑重叠率

重复频率/kHz	扫描速度/(mm/s)	光斑重叠率/%
	20	98.7
	40	97.3
50	60	96
	80	94.7
	100	93.3
	20	99.3
	40	98.7
100	60	98
	80	97.3
	100	96.7

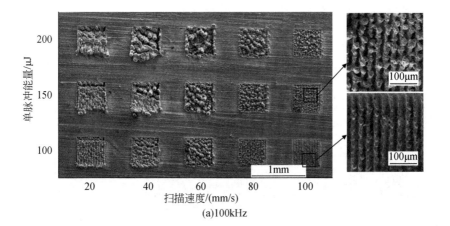

(a)100kHz

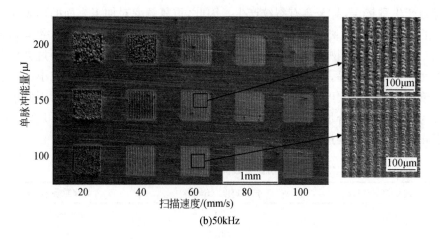

图 5.113　初步参数优化时结构单元形貌

通过初步参数优化,选取重复频率为 50kHz、单脉冲能量为 150μJ、扫描速度为 40～80mm/s 和槽间距为 10～25μm 作为进一步优化参数。由图 5.114 可以看出,加工表面的熔融物和飞溅物明显减少,形貌质量得到了明显改善,且 TC4 表面的熔融物多于 GH4169,这是因为 TC4 的烧蚀阈值低于 GH4169,所以 TC4 更容易被烧蚀。考虑到标印单元的形貌需要具有较少的熔融物和飞溅物,因此选取如下最终的参数范围:重复频率为 50kHz、单脉冲能量为 150μJ、扫描速度为60～80mm/s 和槽间距为 10～20μm。

2.飞秒超快激光烧蚀复合诱导制备结构单元

随着时间的推移,标印图案部分可能会被氧化和侵蚀,这将影响标印图案的可靠性。由于在材料表面诱导形成的微结构具有良好的抗反射性,所以可将其用于

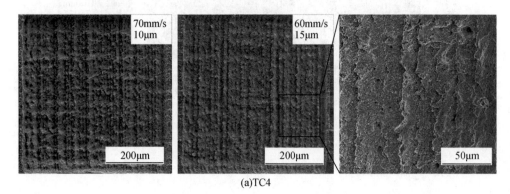

(a)TC4

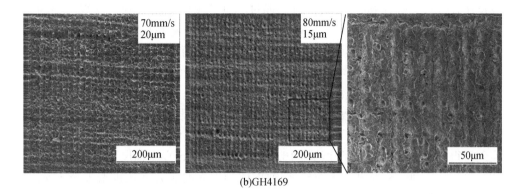

(b)GH4169

图 5.114　再次参数优化时结构单元形貌

降低激光标印图案的反射率。在此基础上,为了进一步提高标印图案的可靠性,降低其表面的反射率,提高其识别率,提出激光烧蚀和激光诱导相结合的复合扫槽标印方法。激光烧蚀的目的是使结构单元有一定的深度,从而在使用期限内不易损坏,提高标印图案的可靠性和耐久性。激光诱导是在激光烧蚀的基础上进一步制备微纳米结构,提高标印图案的识别率。进行激光诱导的二次扫描参数包括低的单脉冲能量、低的扫描速度和小的槽间距。表 5.10 给出了激光标印的典型加工参数。

表 5.10　激光标印的典型加工参数(重复频率为 50kHz,单脉冲能量为 150μJ)

材料	激光烧蚀		激光诱导		
	扫描速度 /(mm/s)	槽间距 /μm	单脉冲能量 /μJ	扫描速度 /(mm/s)	槽间距 /μm
TC4	80	10	21	50	5
			13	30	10
			13	40	5
GH4169	80	15	13	40	5
			17	30	10
			21	40	10

加工完成后首先从形貌方面对烧蚀诱导表面和烧蚀表面进行对比分析。从图 5.115(a)TC4 合金形貌图中可以看出,激光烧蚀表面主要是槽结构的轮廓,并且加工表面整体相对平坦。激光诱导表面覆盖了不规则形状的微米量级凸起,并且凸起表面又布满了纳米粒子。因为微凸起的长轴和短轴尺寸在频域内与其周期

成反比,所以微凸起的周期性特征可以通过二维傅里叶变换得到。形貌图中的左下角插图为傅里叶变换图,由此计算出激光诱导的微凸起的长轴尺寸约为 $9.09\mu m$ $(2/0.22\mu m)$,短轴尺寸约为 $7.41\mu m(2/0.27\mu m)$。为了进一步分析微纳米结构在数量上的变化,对不同加工参数表面的比表面积进行计算。从图中可以看出,激光诱导表面的比表面积高于激光烧蚀表面,而激光烧蚀表面的比表面积是最小的,为1.1,并且不同激光诱导参数对标印表面的比表面积的影响程度也不同。与激光烧蚀表面相比,激光烧蚀加诱导表面覆满了微纳米结构。同理,由左下角的傅里叶变换图可得出微凸起的长轴尺寸约为 $16.67\mu m(2/0.12\mu m)$,短轴尺寸约为 $14.29\mu m$ $(2/0.14\mu m)$。此外,经过激光诱导,烧蚀加诱导表面的比表面积也增大至1.7,表明微纳米结构的数量也有明显增多。

　　与 TC4 材料的表面形貌相比,GH4169 材料的激光烧蚀表面的加工轨迹更加明显,并且激光烧蚀表面的比表面积为1.6。因为 TC4 的烧蚀阈值低于 GH4169,TC4更易烧蚀熔融,所以 GH4169 的比表面积整体大于 TC4。从图5.115中可以看出,在激光诱导表面生成了微纳米结构,并且通过相同的计算方法可以得到激光诱导微凸起的长轴尺寸约为 $14.29\mu m(2/0.14\mu m)$,短轴尺寸约为 $13.33\mu m(2/0.15\mu m)$。在相同的激光诱导参数下,烧蚀加诱导表面的微凸起尺寸与诱导表面基本一致,微凸起的长轴尺寸约为 $15.38\mu m(2/0.13\mu m)$,短轴尺寸约为 $13.33\mu m(2/0.15\mu m)$。

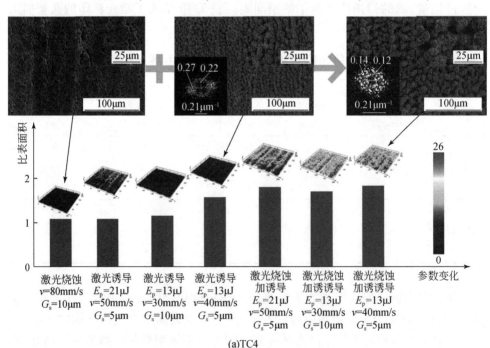

(a)TC4

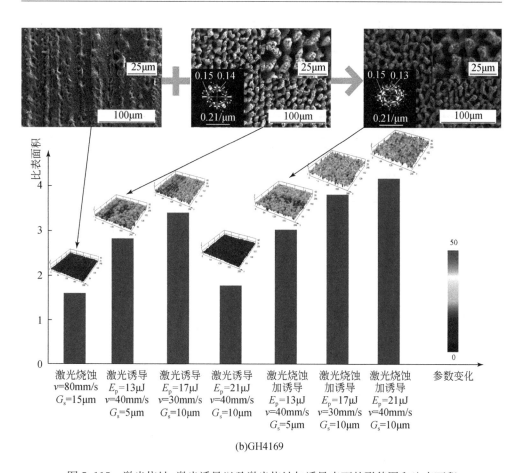

(b)GH4169

图 5.115　激光烧蚀、激光诱导以及激光烧蚀加诱导表面的形貌图和比表面积

表 5.11 中数值代表 TC4 和 GH4169 加工表面的微凸起尺寸。从表中可以看出,在激光诱导和激光烧蚀加诱导得到微凸起尺寸方面,TC4 比 GH4169 的变化更加明显。然而,激光烧蚀加诱导得到的 GH4169 的比表面积增大到了 3,比原始的激光烧蚀表面增大了 1.4,所以在比表面积方面 GH4169 的生长效应更加显著。

因此,激光诱导后两种合金比表面积得到了有效提高,说明标印表面的微纳米结构的数量明显增多。此外,微纳米结构可以增加光的反射次数,降低表面的反射率。

根据标准《航空零件标印方法》(HB 20140—2014)中规定激光标印的深度不能超过 $70\mu m$,因此需要进一步测量结构单元的深度。图 5.116 为通过三维台阶轮廓测量仪获得的一组烧蚀结构单元和激光烧蚀加诱导结构单元的深度值,从图中可以看出,两种合金的烧蚀结构单元和激光烧蚀加诱导结构单元的深度都满足激光加工的深度要求,并且激光诱导过程使得标印的深度又增加了几微米,因此进一步提高了激光标印的可靠性。

表 5.11 傅里叶变换后的微凸起长轴和短轴的尺寸(重复频率为 50kHz,单脉冲能量为 150μJ)

材料	TC4		GH4169	
	长轴尺寸/μm	短轴尺寸/μm	长轴尺寸/μm	短轴尺寸/μm
激光诱导	9.09	7.41	14.29	13.33
激光烧蚀加诱导	16.67	14.29	15.38	13.33

注:TC4 的加工参数为:①激光烧蚀,$v=80$mm/s,$G_s=10\mu$m;②激光诱导,$E_p=13\mu$J,$v=40$mm/s,$G_s=5\mu$m。GH4169 的加工参数为:①激光烧蚀,$v=80$mm/s,$G_s=10\mu$m;②激光诱导,$E_p=13\mu$J,$v=40$mm/s,$G_s=5\mu$m。

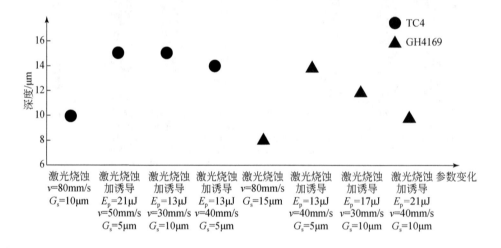

图 5.116 不同参数下初级标印和复合标印的深度值

标印的识别率与标印区域的反射率有关,并且具有低反射率标印图案的识别响应速度快于高反射率的标印图案。虽然所有的标印图案都能够被识别,但是复合标印首次识别的识别率高于初级标印。图 5.117 为在三种不同加工方法下 TC4 和 GH4169 表面的反射率。对于两种合金,复合标印在波段 380～1000nm 的反射率低于初级标印。在三种不同加工参数下 TC4 复合标印图案的反射率低于 6%。激光烧蚀表面的平均反射率为 8.2%,而复合标印表面的反射率可减小至3.7%。对比 TC4 表面的反射率变化,利用两步法获得的 GH4169 表面的反射率降低得更加明显。在三种不同加工参数下 GH4169 复合标印图案表面的反射率在可见光波段低于 3.5%。激光烧蚀表面的平均反射率为 8%,而复合标印表面最小的平均反射率减小至 2.4%。由于低反射率表面具有高的对比度,所以识别率会随着反射率的降低而提高。因此,标印表面抗反射微结构的生成有效提高了标印图案的识别率。

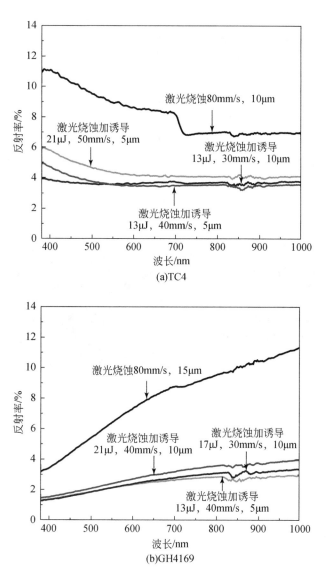

图 5.117　不同参数下激光烧蚀、激光诱导以及激光烧蚀加诱导表面的反射率

当材料在熔化过程中产生的熔融物没有完全去除干净时,残留在孔壁或孔口的熔融物重新凝固就会形成重铸层。重铸层中可能存在微裂纹,并且微裂纹可能

会进一步扩展到材料基体。由于材料中的重铸层和裂纹会导致零件的断裂失效，并影响部件的使用寿命，所以对激光标印进行金相分析是很有必要的。对钛合金和镍基合金进行金相分析时所用的腐蚀液是不同的。TC4 用的是著名的 Kroll 腐蚀液，Kroll 腐蚀液的主要成分有 HF（1～3mL）、HNO_3（2～6mL）和 H_2O（91～97mL），而 GH4169 用的腐蚀液的成分是 HCl（500mL）、H_2SO_4（35mL）和 $CuSO_4 5H_2O$(150g)的混合液。首先对样品进行侧面抛光处理，然后用去离子水清洗 20min，最后用压缩空气将其吹干。TC4 样品浸在 Kroll 腐蚀液中 20s，GH4169样品浸在腐蚀液中 12s，之后用去离子水冲洗干净。再次用压缩空气吹干后，在光镜下观察重铸层和微裂纹。从图 5.118 中可以看出，对于两种合金，即使在光镜1000 倍下也没有观察到重铸层和裂纹。此外，标印的侧剖面显示结构单元底部是随机且不规则的锯齿状。这是因为随着激光脉冲的辐照，微凸起对累积在加工表面的激光能量进行了调制，光陷作用使得微凸起间隙的烧蚀程度进一步增强[121-123]。由于这些随机分布的锯齿状结构的深度小于 $70\mu m$，所以仍然满足标印的深度要求。

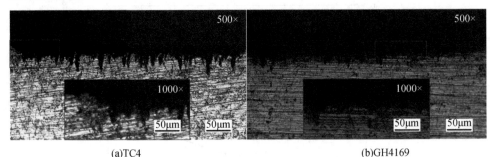

图 5.118　金相分析

5.5.3　飞秒超快激光直冲式离焦制备结构单元

1. 飞秒超快激光焦点处制备结构单元

为了实现结构单元尺寸的可控，需要获得材料能被损伤的最低能量密度，首先将累积脉冲数和多脉冲累积烧蚀阈值的对数进行拟合[28,124,125]，最终得出钛合金TC4 的单脉冲烧蚀阈值为 $1.49J/cm^2$，累积系数 $S=0.8913$。如图 5.119 所示，因为焦点处的光斑尺寸小、激光能量密度高，在焦点处加工时结构单元不仅不满足尺寸精度的要求，并且熔融物、飞溅物比较明显，所以也不满足表面形貌要求，且边缘凸起还会影响零件的装配。

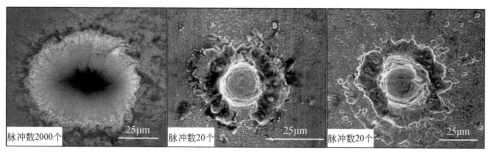

(a)激光能量密度: 7.26J/cm² 　　　(b)激光能量密度: 23.61J/cm² 　　　(c)激光能量密度: 191.03J/cm²

图 5.119　焦点处加工时的结构单元形貌图

2.飞秒超快激光离焦制备结构单元

针对焦点处微坑形貌质量差和加工尺寸精度低的问题,本节提出调节激光几何焦点与材料表面的相对位置来进行改善。激光几何焦点与材料表面之间的距离为离焦量,离焦量的选择会对微坑的形貌和尺寸产生影响。为了避免光丝效应带来的孔形貌不佳,采用了负离焦加工的方式进行实验研究。通过调节离焦量、激光平均功率和脉冲数,可以确定最优参数范围,从而获得满足尺寸要求的高质量微孔结构单元。

由于在实际应用中可以直接识别的标印单元尺寸为百微米量级,所以假设离焦后的激光光斑大小与烧蚀后的微坑尺寸相同,设置最终得到的标印单元的尺寸范围为 $300\sim500\mu m$。激光光斑大小与离焦量的关系为

$$r_0 = \omega_0\left[1+\left(\frac{z}{Z_R}\right)^2\right]^{\frac{1}{2}} \tag{5.27}$$

式中,r_0 为激光光斑半径;ω_0 为束腰半径;z 为离焦量;Z_R 为瑞利长度。

假设离焦后的光斑大小与烧蚀后的单元尺寸相同,并且实际标印单元尺寸为百微米量级。若标印单元的尺寸范围为 $300\sim500\mu m$,由式(5.27)可计算出离焦量的范围为 $4\sim9mm$。考虑到离焦后激光的能量较小,因此需要进一步选择合适的脉冲数。实验结果表明,在较低的激光能量和数千脉冲数下结构单元的熔融物和飞溅物较少,因此选取脉冲数为 $1000\sim8000$ 个。最终选择单脉冲能量为 1.5mJ 来进行加工,与此同时选取脉冲数为 $100\sim900$ 个和单脉冲能量为 1mJ 进行对比实验。

与焦点处加工的结构单元的形貌相比,离焦后结构单元的熔融物和飞溅物显著减少。由于结构单元的边界不规则,所以孔径选取熔融物内外两侧的中间区域进行测量。考虑到测量误差,孔径为水平长度和垂直长度的均值。从图 5.120 中

可以看出,通过离焦加工方式获得的结构单元尺寸范围变大,而且熔融物和飞溅物减少,整体的形貌质量得到了明显改善,同时在结构单元内部诱导出了微纳米结构,这有助于图案对比度的提高。然而,结构单元边缘仍有凸起现象,需要进行进一步的边缘质量优化,并且离焦量为 5mm 时的孔径小于离焦量为 6mm 时的孔径,而脉冲数为 1400 个的孔径大于脉冲数为 1200 个和 1600 个的孔径。从以上结果可以看出,随着离焦量的增加,孔的直径增大,而脉冲数对结构单元的尺寸大小没有完全的线性影响。

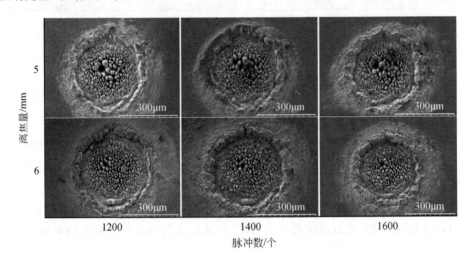

图 5.120　离焦加工时的结构单元形貌图(单脉冲能量:1.5mJ)

在此基础上,研究了脉冲数和离焦量联合作用下结构单元的尺寸演变规律,结果如图 5.121 所示。显然,随着离焦量的增加结构单元的直径增大,而随着脉冲数的增加,结构单元的直径变化经历了以下三个阶段。

第一阶段:由于脉冲数较少时只有材料的中心区域被轻微地烧蚀而材料的边缘只是改性,所以此阶段的孔径基本不变。并且,单脉冲能量越小,到达下一阶段所需要的脉冲数越多。因此,在第一阶段单脉冲能量为 1mJ 时形成孔所需要的脉冲数要多于单脉冲能量为 1.5mJ 时。

第二阶段:随着脉冲数的增多材料被完全烧蚀,并且孔径随着脉冲数的增多先增大后减小。与单脉冲能量为 1mJ 相比,当单脉冲能量为 1.5mJ 时,有两个明显的下降趋势,这是因为在高单脉冲能量时烧蚀更加剧烈。

第三阶段:孔径变得饱和,甚至由于边缘熔融物的增多而减小。因为单脉冲能量为 1.5mJ 时烧蚀更加剧烈,所以熔融物更多,孔径的下降趋势也就更明显。

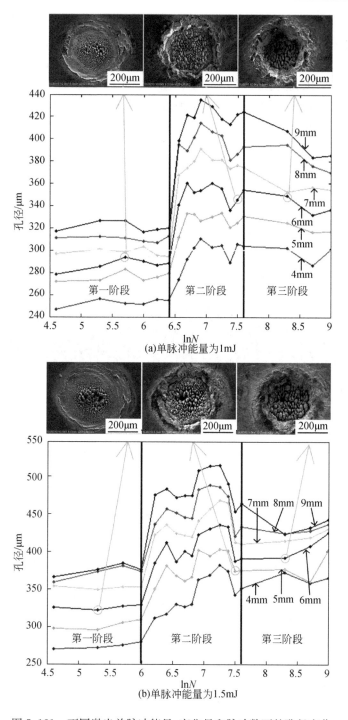

图 5.121　不同激光单脉冲能量、离焦量和脉冲数下的孔径变化

在三个阶段都得到了不同尺寸的孔径,但是第一阶段的孔深太浅以至于标印的信息容易丢失,而在第二阶段和第三阶段得到了尺寸可控且圆度较好的孔。

考虑到根据相关标准激光标印的深度不应超过 $70\mu m$,因此进一步测量孔深。当通过激光共聚焦测量孔深时,发现低倍测量的误差太大,而高倍测量下孔会超过测量视野。此外,通过研磨来观测结构侧剖面的方法对孔的中心很难把握。传统测量方法的不准确导致孔深的测量比较困难,于是提出了通过测量聚二甲基硅氧烷(polydimethylsiloxane,PDMS)翻模结构的高度来测量单元深度[126,127]。虽然 PDMS 成型工艺烦琐,但是从图 5.122 中可以看出,孔的内部形貌能够比较完整的反映出来,因此通过测量 PDMS 翻模结构的高度可以比较准确地获得孔深。

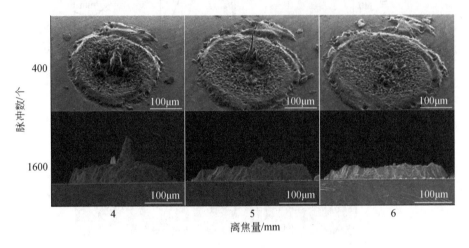

图 5.122 不同离焦量和脉冲数下 PDMS 翻模结构的高度

对于脉冲数为 400 个且不同离焦量下的 PDMS 翻模结构,由于此阶段只有材料的中心区域被轻微地烧蚀而材料的边缘只发生了改性,所以脉冲数较少时孔深基本不变。对于脉冲数为 1600 个且不同离焦量下的 PDMS 翻模结构,孔深随着离焦量的减小和脉冲数的增多而增大。由于激光能量较高时光束轮廓的扩大和畸变会引起锥形辐照[128],所以当脉冲数增加到 1000 个时,一些孔呈漏斗状。此外,PDMS 翻模结构表面存在细而长的凸起,使得孔深的测量不准确。由于识别率不受凸起的影响,所以测量深度时不包括凸起部分。

由于脉冲数为 100~500 个时孔深测量的误差较大,边界模糊,很难准确测量出孔深,所以深度拟合曲线的脉冲数为 600~8000 个。由图 5.123 可以看出,孔深随着脉冲数的增加和离焦量的减小而增大,并且孔深在单脉冲能量为 1.5mJ 时略有增大,变化趋势更加稳定。因为激光标印的深度不应超过 $70\mu m$,所以满足激光标印孔深要求的脉冲数不应超过 2000 个。

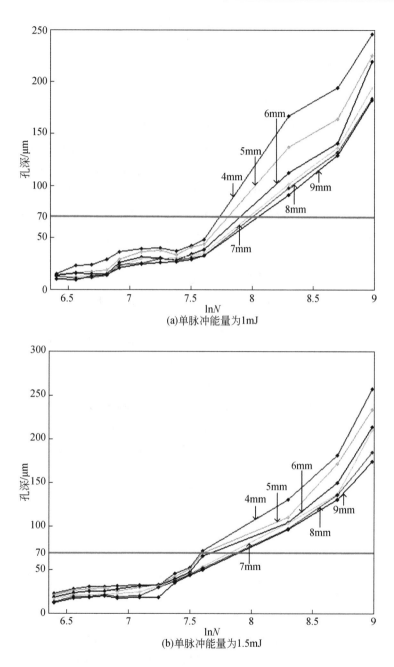

(a)单脉冲能量为1mJ

(b)单脉冲能量为1.5mJ

图 5.123　不同离焦量和脉冲数下的孔深变化

因此,通过合理地调节离焦量和脉冲数,并且在辐照的激光单脉冲能量略高于材料烧蚀阈值的条件下,可以获得具有大尺寸范围和抗反射微结构的微坑,从而用于标印图案的制备。

3. 飞秒超快激光离焦加光阑制备结构单元

当采用飞秒超快激光直冲式离焦加工的方法制备标印单元时,不仅提高了标印单元的形貌质量,而且扩大了标印单元的尺寸范围。此外,在标印单元的内部一次性诱导出了微纳结构[129-131],这有助于标印图案识别率的提高。然而,激光光束的能量分布为高斯分布,因此仍然存在形貌质量低和识别率低的问题。一方面,高斯光斑的能量分布为中间能量高、边缘能量低,因此熔融物会从单元的中间往边缘堆积,从而形成堆积物,使得单元边缘轮廓不清晰。单元边缘所辐照到的激光能量太低,并不能将堆积物刻蚀掉,单元边缘的高度就会比原始表面要高,从而形成了边缘凸起,因此在制备标印图案时要避免这个问题。另一方面,高斯光束作用下单元不同区域的微观结构差异较大,使得识别区域不可控。因此,提高单元边缘所辐照的激光能量是解决上述两个问题的有效方法。

为了提高标印单元边缘所辐照的激光能量,在飞秒超快激光直冲式离焦加工方法的基础上,本书提出了基于光阑的空间整形进而修整标印单元的方法。添加光阑后会产生边缘衍射效应,激光光斑的边缘区域会有一定的高能量激光,因此边缘的堆积物就会被刻蚀掉,从而使标印单元有一个清晰的边界,同时利用光阑衍射效应形成一定的周期能量分布,有利于形成高度均匀的微观结构。另外,在工程应用中,激光器的长时间使用会产生一定的指向误差,从而导致标印图案的位置误差。添加光阑后,光阑的约束作用可以保证定位精度。因此,光阑可以确定标印单元的尺寸,从而降低加工过程中脉冲数误差对标印单元尺寸的影响。综上所述,通过添加光阑对激光束进行空间整形的方法可以进一步提高标印图案的加工质量、识别均匀性、定位精度和尺寸精度。

图 5.124 给出了离焦量为 7mm、位置误差为 0~200μm 的光路仿真,仿真中的参数光阑尺寸为 10mm,激光单脉冲能量为 1mJ。除了通过调整探测器的位置仿真不同的离焦位置外,考虑到工程应用中长期服役激光会产生指向误差,通过改变光束的 Y 方向位置仿真不同的位置误差。从图中可以看出,不同位置误差处的相干辐照度并没有明显变化,即使位置误差增大到了 200μm,激光能量分布也没有明显变化,因此光阑的束缚性可以保证位置精度。此外,从图中还可以看出,添加光阑后激光光斑的能量分布不再是严格的高斯分布,而是由光阑的衍射效应形成的具有一定周期性的能量分布。光阑衍射导致单元边缘所辐照的激光能量增大,而激光光斑边缘能量的增大有助于将单元边缘的堆积物刻蚀掉,因此单元的边界更

加清晰,尺寸精度更高。同时,激光光束的周期性能量分布有助于单元内部形成均匀的微结构,从而提高标印图案的识别均匀性。因此,添加光阑后不仅可以提高结构单元的边缘质量,而且有助于结构单元尺寸的调控。

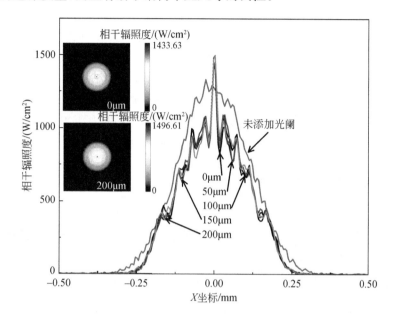

图 5.124　位置误差为 0～200μm 处的激光相干辐照度

通过飞秒超快激光直冲式离焦加工方法在钛合金 TC4 材料上制备标印单元的研究表明,不仅标印单元的形貌质量得到了提高,而且标印单元的尺寸范围也得到了扩大。另外,由于激光光束的能量分布是高斯分布,所以边缘形貌和识别均匀性需要得到进一步提高。为了证明提出的实验方法具有普遍适用性,接下来在镍基合金 GH4169 材料上进行了飞秒超快激光离焦加光阑的结构单元制备。为使加工过程更容易控制,在 GH4169 材料上进行参数和标印图案时均采用振镜扫描系统进行加工。

研究基本参数时发现,在 GH4169 上也出现了与在 TC4 上一样的形貌问题。图 5.125(a)为在激光焦点处加工得到的弹坑,从中可以看出,在弹坑边缘还有明显的熔融物和飞溅物,并且弹坑的尺寸都是几十微米量级。为了解决形貌问题和尺寸问题,同样采用离焦加工方式制备了标印单元。离焦制备弹坑如图 5.125(b)所示,离焦后弹坑的熔融物和飞溅物明显减少,并且直径明显增大。此外,弹坑的深度为数十微米,保证了标印的可靠性和耐久性。除了满足标印的形貌和尺寸要求外,在标印单元表面还形成了具有明显色差的抗反射微结构,这样有助于提高标印的识别率。然而,由于激光光斑的能量分布为高斯分布,所以仍然存在形貌质量和识别率的问题。一方面,高斯光斑的能量分布为中间能量高、边缘能量低,所以熔融物从单元的中部往边缘堆积形成堆积物,使得单元边缘轮廓不清晰。单元边缘的激光能量太低,不能将堆积物刻蚀掉,所以单元边缘的高度就会比原始表面要高,形成了边缘凸起,在标印时要避免这个问题。另一方面,从图5.125(b)中可以看出,弹坑边缘的微结构要比弹坑中心区域的微结构少得多,所以弹坑内不同区域的灰度值差异较大。高斯光束作用下单元不同区域的微结构差异较大,使得识别区域不可控。此外,弹坑的形状不是一个完美的圆形,其边缘轮廓也不清楚,于是可以通过定义弹坑短轴与长轴的比值来计算弹坑的圆度[132]。由于离焦后加工的弹坑的圆度均小于0.95,所以还需要进一步提高弹坑的圆度。

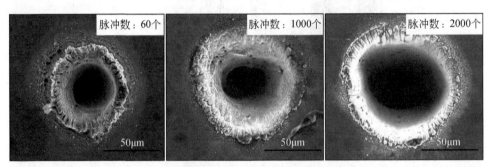

(a)GH4169焦点处加工的形貌

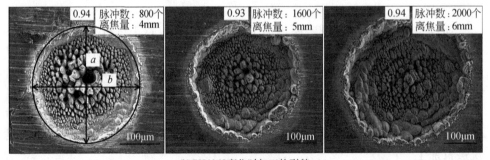

(b)GH4169离焦时加工的形貌

图5.125　GH4169未添加光阑时实验结果

为了消除弹坑边缘凸起现象,提高弹坑识别的均匀性和圆度,本节提出利用光阑对激光能量空间分布进行调制的方法。考虑到实际应用中的标印单元有圆形的和方形的,分别采用圆形和方形的光阑来制备标印单元。添加圆光阑后得到了形貌质量较好的圆形标印单元,说明光阑可以对激光光斑进行有效调制,从而获得特定形状的烧蚀单元,因此添加了方光阑制备标印单元。除了激光单脉冲能量、离焦量和脉冲数会影响标印单元的形貌和尺寸外,光阑尺寸(圆光阑直径、方光阑边长)也会影响标印单元的形貌和尺寸。图 5.126 给出了激光单脉冲能量为 1.5mJ、脉冲数为 1400 个和离焦量为 7mm 不同尺寸的圆光阑和方光阑下得到的标印单元形貌。由于激光光斑在聚焦前的尺寸约为 12mm,所以当光阑尺寸大于 10mm 时,标印单元形貌并没有明显变化。从图 5.126 中可以看出,光阑尺寸不仅对标印单元的尺寸有影响,而且对标印单元的形貌也有重要影响。当光阑尺寸为 10mm 时,由于激光边缘能量提高,所以边缘的沉积物被刻蚀掉,标印单元没有熔融现象,轮廓清晰。随着光阑尺寸减小至 8mm,标印单元的尺寸也随之减小,仍能获得无熔融的圆形单元和方形单元,但是光阑的边缘衍射变得严重。随着光阑尺寸继续减小至 6mm,光阑边缘产生的衍射越来越强烈,严重影响了标印单元的形貌,圆形单元和方形单元的轮廓不再清晰。光阑尺寸的选取很重要,太小会产生严重的边缘衍射,太大会失去添加光阑整形的意义。合适的光阑尺寸范围为 8~10mm。

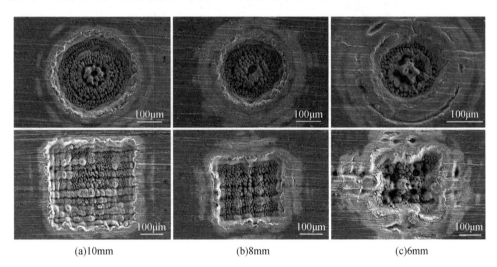

图 5.126 光阑尺寸对标印单元形貌的影响

添加圆光阑和方光阑后得到了形貌质量较好的圆形标印单元和方形标印单元,说明光阑可以对激光光斑进行有效调制,从而获得特定形状的烧蚀单元。图 5.127 为在激光能量为 1mJ 时采用 10mm 的圆光阑制备的标印单元。从图中可以看出,与未加光阑的标印单元相比,加光阑后标印单元的圆度最高达到了 0.99,圆度最大提高了 6%。此外,标印单元边缘的熔融现象基本消失,并且标印单元内部布满了激光诱导微结构。然而,当离焦量为 4mm 或脉冲数为 4000 个时,孔的烧蚀现象比较严重,所以孔内的微结构被进一步烧蚀并被刻蚀掉。当离焦量为 6mm 时,光阑的衍射作用在孔内诱导出了大量的周期性抗反射微结构。当离焦量增加到 8mm 时,孔内表面所辐照的激光能量减小,孔内微结构的数量也减少。因此,基于光阑的光束空间整形不仅明显扩大了孔径的范围,而且明显提高了孔的形貌质量。

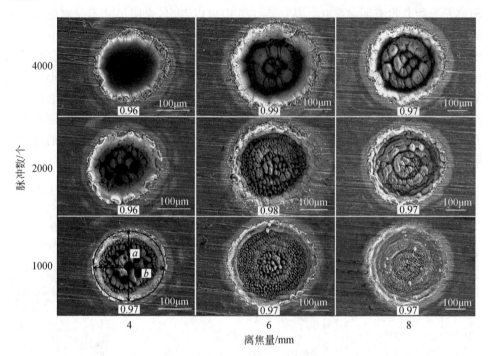

图 5.127　不同离焦量和脉冲数下孔的形貌变化(图中数值为圆度)

添加圆光阑后不仅圆形标印单元的形貌质量得到了提高,而且孔的尺寸范围也变得可控,说明光阑可以对激光光斑进行有效调制,从而获得特定形状的烧蚀单元。因此,可以根据所需标印单元的尺寸进行特定参数的选取。图 5.128 为单脉冲能量为 1.5mJ 时添加直径为 10mm 的方光阑时不同加工参数下的标印单元,同样,单元的直线度很高,边缘的熔融物较少,获得了与添加圆光阑时形貌一样好的结构单元,并且方光阑的衍射效应在标印单元内部诱导出了交叉的微结构,因此光阑的形状能够控制微结构的排列形式。

为了更加详细准确地描述孔径和孔深在不同光阑尺寸、单脉冲能量、脉冲数和离焦量下的变化趋势,数值拟合时选取了同一参数下 3 个标印单元的平均值。图 5.129 为添加圆光阑时不同参数下的孔径和孔深变化。当光阑尺寸、单脉冲能

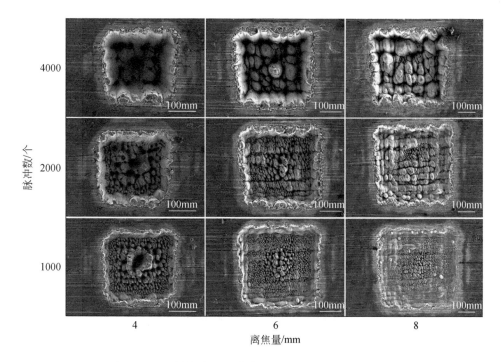

图 5.128 不同离焦量和脉冲数下孔的形貌变化(方光阑)

量和离焦量不变时,由于光阑的调制作用,孔径基本不随脉冲数的增多而发生变化。当光阑尺寸、单脉冲能量和脉冲数不变时,孔径随着离焦量的增大而增大。当光阑尺寸不变时,随着单脉冲能量的增大,孔径的调节范围变大。当单脉冲能量不变时,随着光阑尺寸的增大,孔径的调节范围也会变大。当光阑尺寸、单脉冲能量和离焦量不变时,孔深随着脉冲数的增大而增大。当光阑尺寸、单脉冲能量和脉冲数不变时,孔深随着离焦量的减小而增大。当光阑尺寸不变时,孔深基本不随单脉冲能量的增大而发生明显变化。当单脉冲能量不变时,孔深也基本不随光阑尺寸的增大而发生明显变化。根据激光标印的行业标准,标印单元的孔深不能超过 $70\mu m$,所以选取的脉冲数不能超过 2000 个。

由以上分析可知,当单脉冲能量和脉冲数不变时,孔径随着离焦量的增大而增大,孔深随着离焦量的增大而减小。随着脉冲数的增加,未加光阑时孔径先增大后减小,尺寸不可控,而加光阑后孔径的调节范围变大,并且同一离焦量下孔径大小基本不变,因此光阑的束缚性使尺寸调节变得可控。孔深在未加光阑和加光阑后整体没有明显变化,但是加光阑后结构单元内部更平整。

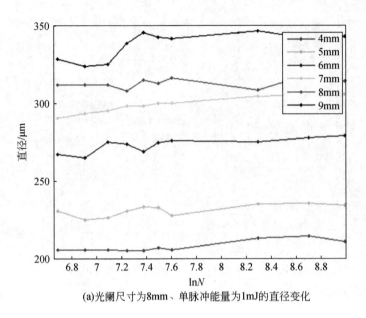

(a)光阑尺寸为8mm、单脉冲能量为1mJ的直径变化

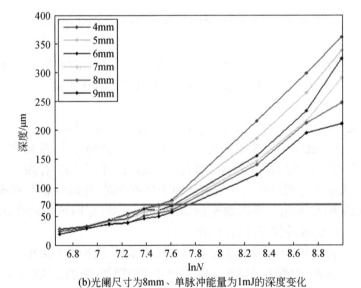

(b)光阑尺寸为8mm、单脉冲能量为1mJ的深度变化

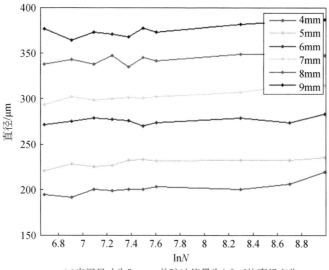

(c)光阑尺寸为8mm、单脉冲能量为1.5mJ的直径变化

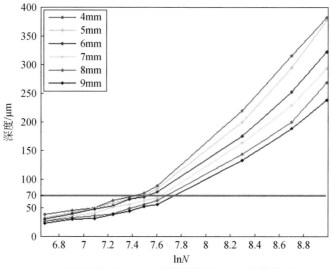

(d)光阑尺寸为8mm、单脉冲能量为1.5mJ的深度变化

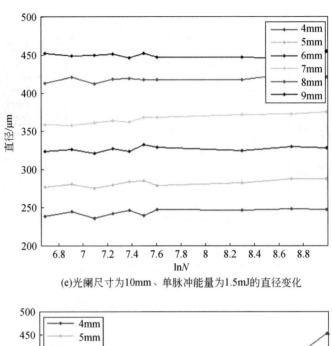

(e)光阑尺寸为10mm、单脉冲能量为1.5mJ的直径变化

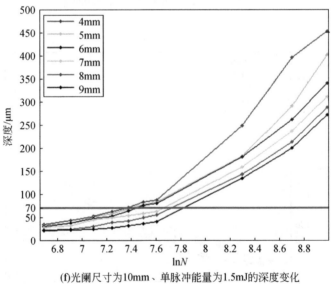

(f)光阑尺寸为10mm、单脉冲能量为1.5mJ的深度变化

图 5.129　不同光阑尺寸、单脉冲能量、脉冲数和离焦量下的尺寸变化

　　标印的首要条件是图案能够被识别,并且通常具有高对比度的标印图案的识别率也较高。激光在金属表面诱导的微结构能够增加光在结构之间的折射,减少光对外界的反射,因此在标印单元表面制备具有抗反射的微结构有助于标印图案对比度的提高。图 5.130 给出了添加光阑前后单元内部的形貌图。本书利用二维

傅里叶变换对单元内部不同区域微结构的尺寸进行了计算,如表 5.12 所示。从未加光阑前的标印单元可以看出,微结构的分布只是在单元内的 A 区域和 B 区域,边缘区域由于受到的激光辐照能量太低而没有诱导出微结构。从未加光阑前的微结构尺寸可以看出,由于激光能量分布为高斯分布,所以微结构的尺寸由内向外逐渐减小。前面提到微结构的尺寸与表面的抗反射有关,而具有数量多、尺寸小和深度大特征的微结构表面的灰度值更低,即反射率更低。通过对单元内部不同区域灰度值的计算可以看出,A 区域的灰度值为 21,B 区域的灰度值为 31。相比未加工区域的灰度值 94,加工表面的灰度得到了有效减小。虽然 B 区域微结构的数量较多,尺寸较小,但是微结构间的深度比 A 区域的小很多,所以 A 区域的灰度值更小。从添加光阑后的标印单元可以看出,边缘能量的提高以及周期性能量分布的特点使得整个单元内部布满了微结构。然而,从表 5.12 中可以看出,添加光阑后,单元内部微结构的最大尺寸变小,而单元边缘的最小尺寸变大,因此单元内部微结构的均匀性得到了提高。与此同时,激光能量得到了调制,因此边缘微结构的深度增加。添加光阑后不仅单元整体的灰度值减小了,不同区域之间灰度值的差异也降低了 60%。因此,添加光阑后标印图案的识别均匀性和识别率都得到了提高。

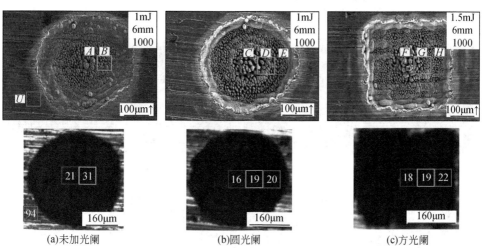

图 5.130　添加光阑前后单元内部的形貌图

表 5.12　孔内不同区域微结构的尺寸及灰度值

参数	U	A	B	C	D	E	F	G	H
长轴/μm	—	30.30	14.93	24.10	17.70	16.26	28.57	13.16	13.16
短轴/μm	—	26.32	10	15.75	14.60	9.95	20.20	8.85	7.38
灰度值	94	21	31	16	19	20	18	19	22

　　本书对不同加工参数的单元尺寸和形貌进行了分析,从中随机选取了两组参数进行标印图案的制备。图 5.131 给出了分别采用圆光阑和方光阑制备的激光标印图案,标印图案的实物图是通过数码显微镜拍摄的,并且均能够被手机二维码识读软件所识别。图 5.131(a)为在光阑尺寸为 10mm、单脉冲能量为 1mJ、脉冲数为2000 个和离焦量为 9mm 的加工参数下得到的圆光阑标印图案,可以看出标印单元的一致性和边缘质量都很高。同样,在方光阑下也得到了识别率高、形貌质量好的标印图案。图 5.131(b)为在光阑尺寸为 10mm、单脉冲能量为 1mJ、脉冲数为1600 个和离焦量为 9mm 的加工参数下得到的方光阑标印图案。考虑到标印图案可能会被部分污染,从而影响标印的识别率,为了研究不同面积的污染区域对标印图案识别率的影响,用记号笔对标印图案进行了污染测试实验。当标印图案 1/4的面积被污染时,标印图案仍能被快速识别;随着污染面积增加到 1/2 时,被红色记号笔污染的标印图案依旧能够被很容易地识别,但是由于蓝色相对较暗,所以只有当环境亮度适当提高时标印图案才会被识别;当整个标印图案都被污染时,红色记号笔污染的标印图案的识别速度有所降低,在高环境亮度条件下蓝色记号笔污染的标印图案也能够被识别。因此,污染面积并没有影响标印图案的识别率,所以激光标印具有很高的识别率。

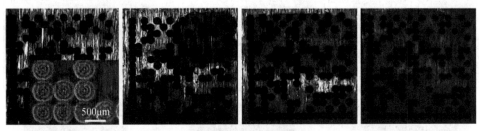

(a)圆光阑制备的标印图案

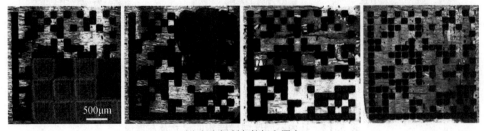

(b)方光阑制备的标印图案

图 5.131　不同污染面积对识别率的影响

在保证标印图案的识别率后,对不同光阑下的标印图案进行金相分析。图 5.132(a) 和图 5.132(b)分别为圆光阑和方光阑标印图案的金相图,从中可以看出,即使在光镜 1000× 下也没有观测到重铸层和微裂纹。除此之外可以看出,与扫槽标印方式相比,离焦＋光阑得到的标印单元的底部比较平整,可靠性更高。

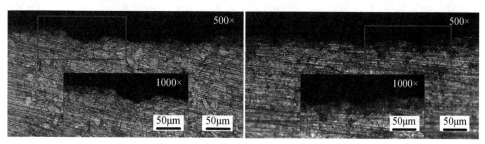

(a)圆光阑标印图案的金相图　　　　　　(b)方光阑标印图案的金相图

图 5.132　不同光阑标印图案的金相分析

5.5.4　高温合金表面高效高质量标印

图 5.133 给出了通过飞秒超快激光烧蚀复合诱导和飞秒超快激光离焦＋光阑方法制备的标印图案,标印图案的实物图是通过数码显微镜拍摄的,并且均能够被手机二维码识读软件所识别。通过激光烧蚀和激光烧蚀复合诱导方法制备标印图案。烧蚀参数如下:重复频率为 50kHz、单脉冲能量为 150μJ、扫描速度为 80mm/s 和槽间距为 15μm。烧蚀复合诱导参数如下:重复频率为 50kHz、单脉冲能量为 13μJ、扫描速度为 40mm/s 和槽间距为 5μm。通过激光烧蚀方法制备标印单元的加工时间为 0.21s,诱导时间为 1.25s,因此通过激光烧蚀复合诱导方法制备标印单元的加工时间为 1.46s。因为激光诱导后在标印表面生成了微纳米结构,从拍摄的激光标印的实物图可以看出,复合标印表面明显黑于初级标印表面,即标印表面抗反射微结构的生成有效提高了标印图案的识别率。在光阑尺寸为 10mm、单脉冲能量为 1mJ、脉冲数为 2000 个和离焦量为 9mm 的加工参数下得到圆光阑标印图案,标印单元的加工时间为 2s,可以看出标印单元的一致性和边缘质量都很高。同样,在方光阑下也得到了识别率高、形貌质量好的标印图案。加工参数如下:光阑尺寸为 10mm、单脉冲能量为 1mJ、脉冲数为 1600 个和离焦量为 9mm,标印单元的加工时间为 1.6s。从图中可以看出,通过两种加工方法不仅得到了高质量的激光标印图案,而且标印单元都是在几秒内完成的,满足高效的加工要求。

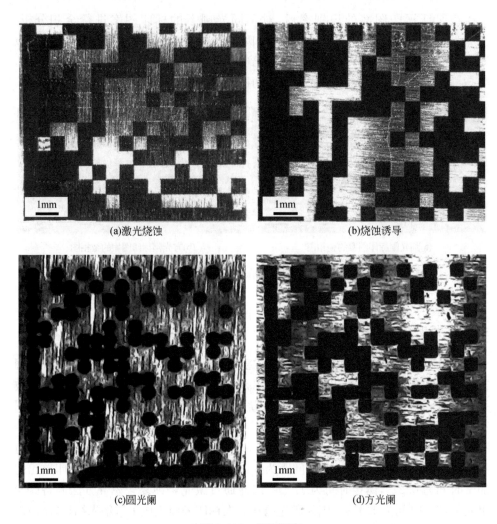

(a)激光烧蚀　　　　　　　　　　　　　　(b)烧蚀诱导

(c)圆光阑　　　　　　　　　　　　　　　(d)方光阑

图 5.133　标印图案

参 考 文 献

[1] 王祯,杨泽南,张朕,等. 单晶涡轮叶片气膜孔加工技术及其发展[J]. 特种铸造及有色合金,2019,(8)：838-842.

[2] Bunker R S. A review of shaped hole turbine film-cooling technology[J]. Journal of Heat Transfer,2005,127(4)：441-453.

[3] Liu Y Z. Coaxial waterjet-assisted laser drilling of film cooling holes in turbine blades[J]. International Journal of Machine Tools and Manufacture,2020,150：1-11.

[4] Zheng H Y, Huang H. Ultrasonic vibration-assisted femtosecond laser machining of

microholes[J]. Journal of Micromechanics and Microengineering,2007,17(8):N58-N61.

[5] Padture N P, Gell M, Jordan E H. Thermal barrier coatings for gas-turbine engine applications[J]. Science,2002,296(5566):280-284.

[6] Whitfield C A,Schroeder R P,Thole K A,et al. Blockage effects from simulated thermal barrier coatings for cylindrical and shaped cooling holes[J]. Journal of Turbomachinery, 2015,137(9):1-12.

[7] Lugscheider E,Bobzin K,Etzkorn A,et al. Electron beam-physical vapor deposition - thermal barrier coatings on laser drilled surfaces for transpiration cooling[J]. Surface and Coatings Technology,2000,133-134:49-53.

[8] Naeem M,Wakeham M. Laser percussion drilling of coated and uncoated aerospace materials with a high beam quality and high peak power lamp pumped pusled ND:Yag laser[C]. The 29th International Congress on Applications of Lasers and Electro-Optics,ICALEO 2010-Congress Proceedings,Francesco,2010:111-120.

[9] Oguma H, Tsukimoto K, Goya S, et al. Development of advanced materials and manufacturing technologies for high-efficiency gas turbines[J]. Mitsubishi Heavy Industries Technical Review,2015,52(4):5-14.

[10] 董一巍,吴宗璞,李效基,等. 叶片气膜孔加工与测量技术的现状及发展趋势[J]. 航空制造技术,2018,61(13):16-25.

[11] 康军卫,程玉贤. 航空发动机涡轮叶片缩孔问题及控制研究[J]. 沈阳航空航天大学学报,2018,35(4):60-66.

[12] Zheng C,Zhao K,Shen H,et al. Crack behavior in ultrafast laser drilling of thermal barrier coated nickel superalloy[J]. Journal of Materials Processing Technology,2020,282:1-13.

[13] Shen H,Jiang J,Feng D,et al. Environmental effect on the crack behavior of yttria-stabilized zirconia during laser drilling[J]. Journal of Manufacturing Science and Engineering,2019,141(5):054501-054505.

[14] Yu Y Q,Zhou L C,Cai Z B,et al. DD6 single-crystal superalloy with thermal barrier coating in femtosecond laser percussion drilling[J]. Optics & Laser Technology,2021,133:1-10.

[15] Li J,Ji L,Hu Y,et al. Precise micromachining of yttria-tetragonal zirconia polycrystal ceramic using 532nm nanosecond laser[J]. Ceramics International,2016,42(3):4377-4385.

[16] Das D K,Pollock T M. Femtosecond laser machining of cooling holes in thermal barrier coated CMSX4 superalloy[J]. Journal of Materials Processing Technology,2019,141(5):054501-1-054501-5.

[17] Feng Q,Picard Y N,Mcdonald J P,et al. Femtosecond laser machining of single-crystal superalloys through thermal barrier coatings[J]. Materials Science and Engineering:A,2006,430(1-2):203-207.

[18] 亓协兴. 气体介质中飞秒光丝现象的数值研究[D]. 成都:西南交通大学,2016.

[19] 王燕玲. 紫外超快激光产生及其光丝效应研究[D]. 上海:华东师范大学,2009.

[20] Dausinger F,Lichtner F,Lubatschowski H. Femtosecond Technology for Technical and

Medical Applications[M]. Heidelberg：Springer-Verlag,2004.

[21] Nolte S,Momma C,Kamlage G,et al. Polarization effects in ultrashort-pulse laser drilling [J]. Applied Physics A,1999,68(5)：563-567.

[22] 郁道银,谈恒英. 工程光学[M]. 北京：机械工业出版社,2000.

[23] Li Q,Yang L,Hou C,et al. Surface ablation properties and morphology evolution of K24 nickel based superalloy with femtosecond laser percussion drilling[J]. Optics and Lasers in Engineering,2019,114：22-30.

[24] 汤文仙. 全面提升国防科技工业的智能制造水平在"中国制造 2025"战略中发挥独特作用[J]. 国防科技工业,2016,3(3)：23-25.

[25] Balendra R. Economic considerations in die-form compensation for nett-forming [J]. Journal of Materials Processing Technology,2001,115(2)：260-263.

[26] 桂忠楼,张鑫华,钟振纲,等. 高效冷却单晶涡轮叶片制造技术的发展[J]. 航空制造工程,1998,(2)：11-13.

[27] 朱海南,齐歆霞. 涡轮叶片气膜孔加工技术及其发展[J]. 航空制造技术,2011,13：71-74.

[28] 谭超. 飞秒激光加工金属微孔工艺及表面质量研究[D]. 长沙：中南大学,2014.

[29] Samant A N,Dahotre N B. Laser machining of structural ceramics—A review[J]. Journal of the European Ceramic Society,2009,29(6)：969-993.

[30] 李晓溪,贾天卿,冯东海,等. 超短脉冲激光照射下氧化铝的烧蚀机理[J]. 物理学报,2004,53(7)：2154-2158.

[31] 王晓健. 飞秒激光烧蚀陶瓷的加工机理及工艺过程研究[D]. 哈尔滨：哈尔滨工业大学,2009.

[32] 肖威,林晓辉. 超短脉冲激光辐射固体材料的库仑爆炸烧蚀模型研究[J]. 机械制造与自动化,2010,39(2)：24-27.

[33] 张文涛. 飞秒激光与氮化硅晶体相互作用的研究[D]. 西安：西北大学,2009.

[34] Kim S H,Balasubramani T,Sohn I B,et al. Precision microfabrication of AlN and Al_2O_3 ceramics by femtosecond laser ablation[J]. Proceedings of SPIE - The International Society for Optical Engineering,2008,6879：687910-1-687910-7.

[35] Oosterbeek R N,Ward T,Ashforth S,et al. Fast femtosecond laser ablation for efficient cutting of sintered alumina substrates[J]. Optics and Lasers in Engineering,2016,84：105-110.

[36] Ho C Y,Ku H H,Lee Y C,et al. Prediction of ablated region of ultrafast-pulse laser processing for alumina[J]. Materials Research Innovations,2015,19(5)：S5-744-S5-747.

[37] Chen M F,Hsiao W T,Wang M C,et al. Multi-performance characterization analysis of diameter and taper angle on alumina ceramic via using pulsed ultraviolet laser percussion drilling method[J]. Optical and Quantum Electronics,2017,49(11)：1-18.

[38] Nazemosadat S M,Foroozmehr E,Badrossamay M. Preparation of alumina/polystyrene core-shell composite powder via phase inversion process for indirect selective laser sintering applications[J]. Ceramics International,2018,44(1)：596-604.

[39] 曹腊梅. 单晶叶片用氧化铝基陶瓷型芯 AC-1[J]. 材料工程,1997,(9)：21-23.

[40] 薛明,曹腊梅. 单晶空心叶片用 AC-2 陶瓷型芯的组织和性能研究[J]. 材料工程,2002,(4)：33-34,37.

[41] 赵效忠. 陶瓷型芯的制备与使用[M]. 北京:科学出版社,2013.

[42] 赵尚弘,石磊,李玉江,等. 飞秒激光脉冲在大气中的光丝现象及其应用[J]. 激光技术,2003,(3)：97-99.

[43] 王守国,张岩. SiC 材料及器件的应用发展前景[J]. 自然杂志,2011,33(1)：42-45,53.

[44] 向钦莹. HDI 印制电路板激光直接成孔技术研究及应用[D]. 成都:电子科技大学,2019.

[45] 陈文德,陈臣. 填孔电镀 Dimple 对高阶高密度互联产品的影响[C]. 春季国际 PCB 技术/信息论坛,上海,2009:1-5.

[46] 宁敏洁. HDI 印制电路板通孔电镀和盲孔填铜共镀技术的研究[D]. 成都:电子科技大学,2013.

[47] Tevinpibanphan O,Tangwarodomnukun V,Dumkum C. Effect of water flow direction on cut features in the laser milling of titanium alloy under a water layer[J]. Materials Science Forum,2016,872：18-22.

[48] 王玉霞,何海平,汤洪高. 宽带隙半导体材料 SiC 研究进展及其应用[J]. 硅酸盐学报,2002,30(3)：372-381.

[49] 邓锐. 宽带隙半导体(ZnO,SiC)材料的制备及其光电性能研究[D]. 合肥:中国科学技术大学,2008.

[50] Östling M,Ghandi R,Zetterling C. SiC power devices—Present status, applications and future perspective[C]. The 23rd International Symposium on Power Semiconductor Devices and ICs,San Diego,2011:1-15.

[51] Hirano T,Okamoto Y,Okada A,et al. Investigation on micro-machining characteristics and phenomenon of semiconductor materials by harmonics of Nd：YAG laser [J]. Key Engineering Materials,2012,516：36-41.

[52] Duc D H,Naoki I,Kazuyoshi F. A study of near-infrared nanosecond laser ablation of silicon carbide[J]. International Journal of Heat & Mass Transfer,2013,65：713-718.

[53] Savriama G,Baillet F,Barreau L,et al. Optimization of diode pumped solid state ultraviolet laser dicing of silicon carbide chips using design of experiment methodology[J]. Journal of Laser Applications,2015,27(3)：032009.

[54] Kim S,Bang B S,Ren F,et al. SiC via holes by laser drilling[J]. Journal of Electronic Materials,2004,33(5)：477-480.

[55] Anderson T J,Ren F,Covert L,et al. Comparison of laser-wavelength operation for drilling of via holes in AlGaN/GaN HEMTs on SiC substrates[J]. Journal of Electronic Materials,2006,35(4)：675-679.

[56] Liu L,Chang C Y,Wu W,et al. Circular and rectangular via holes formed in SiC via using ArF based UV excimer laser[J]. Applied Surface Science,2011,257(6)：2303-2307.

[57] Hong D,Iwatani N,Fushinobu K. Laser processing by using fluidic laser beam shaper[J].

International Journal of Heat and Mass Transfer,2013,64(5)：263-268.

[58] Hong D,Iwatani N,Sasaki H,et al. Nanosecond time-resolved visualization of short pulse laser ablation processes for various laser beam profiles[C]. Proceedings of the Fourteenth InterSociety Conference on Thermal and Thermomechanical Phenomena in Electronic Systems,Storrs,2014：1279-1284.

[59] Byunggi K,Ryoichi I,Doan D H,et al. Mechanism of nanosecond laser drilling process of 4H-SiC for through substrate vias[J]. Applied Physics A,2017,123(6)：392.1-392.9.

[60] Kim B,Iida R,Kiyokawa S,et al. Effect of beam profile on nanosecond laser drilling of 4H-SIC [J]. Journal of Laser Applications,2018,30(3)：032207.

[61] Molian P,Pecholt B,Gupta S. Picosecond pulsed laser ablation and micromachining of 4H-SiC wafers[J]. Applied Surface Science,2009,255(8)：4515-4520.

[62] Farsari M,Filippidis G,Zoppel S,et al. Efficient femtosecond laser micromachining of bulk 3C-SiC[J]. Journal of Micromechanics & Microengineering,2005,15(9)：1786-1789.

[63] Li C,Xu S,Si J,et al. Alcohol-assisted photoetching of silicon carbide with a femtosecond laser[J]. Optics Communications,2009,282(1)：78-80.

[64] Khuat V, Ma Y C, Si J H,et al. Fabrication of micro-grooves in silicon carbide using femtosecond laser irradiation and acid etching[J]. Chinese Physics Letters,2014,31(3)：169-172.

[65] Khuat V,Si J,Tao C,et al. Simple method for fabrication of microchannels in silicon carbide [J]. Journal of Laser Applications,2015,27(2)：022002.

[66] Wang W,Song H,Liao K,et al. Water-assisted femtosecond laser drilling of 4H-SiC to eliminate cracks and surface material shedding[J]. International Journal of Advanced Manufacturing Technology,2021,112：553-562.

[67] 段文强,王恪典,董霞,等. 激光旋切法加工高质量微小孔工艺与理论研究[J]. 西安交通大学学报,2015,49(3)：95-104.

[68] Eom J H,Kim Y W,Raju S. Processing and properties of macroporous silicon carbide ceramics：A review[J]. Journal of Asian Ceramic Societies,2013,1(3)：220-242.

[69] Baunack S,Oswald S,Tönshoff H K,et al. Surface characterisation of laser irradiated SiC ceramics by AES and XPS[J]. Fresenius' Journal of Analytical Chemistry,1999,365(1)：173-177.

[70] 李缨,黄凤萍,梁振海. 碳化硅陶瓷的性能与应用[J]. 陶瓷,2007,(5)：36-41.

[71] 柴威,邓乾发,王羽寅,等. 碳化硅陶瓷的应用现状[J]. 轻工机械,2012,(4)：117-120.

[72] Ferraris E,Vleugels J,Guo Y,et al. Shaping of engineering ceramics by electro,chemical and physical processes[J]. Cirp Annals-Manufacturing Technology,2016,65(2)：761-784.

[73] Gao C,Wu G,Wang S. Drilling mechanism investigation on SiC ceramic using diamond bits [J]. The Open Mechanical Engineering Journal,2017,11(1)：25-36.

[74] Kremer D,Saleh S,Ghabrial S,et al. The state of the art of ultrasonic machining[J]. Cirp Annals-Manufacture Technology,1981,30(1)：107-110.

[75] Li C,Zhang F,Meng B,et al. Material removal mechanism and grinding force modelling of ultrasonic vibration assisted grinding for SiC ceramics[J]. Ceramics International,2017, 43(3): 2981-2993.

[76] Nath C,Lim G,Zheng H. Influence of the material removal mechanisms on hole integrity in ultrasonic machining of structural ceramics[J]. Ultrasonics,2012,52(5): 605-613.

[77] Lauwers B,Kruth J P,Brans K. Development of technology and strategies for the machining of ceramic components by sinking and milling EDM [J]. Cirp Annals- Manufacture Technology,2007,56(1): 225-228.

[78] Lauwers B,Kruth J P,Liu W,et al. Investigation of material removal mechanisms in EDM of composite ceramic materials[J]. Journal of Materials Processing Technology,2004,149 (1-3): 347-352.

[79] Shao T,Hua M,Tam H,et al. An approach to modelling of laser polishing of metals[J]. Surface Coatings Technology,2005,197(1): 77-84.

[80] Tsai C H, Ou C H. Machining a smooth surface of ceramic material by laser fracture machining technique [J]. Journal of Materials Processing Technology, 2004, 155: 1797-1804.

[81] Parry J,Ahmed R,Dear F,et al. A fiber- laser process for cutting thick yttria- stabilized zirconia: Application and modeling [J]. International Journal of Applied Ceramic Technology,2011,8(6): 1277-1288.

[82] Wang H J,Chen Q,Lin D T,et al. Effect of scanning pitch on nanosecond laser micro-drilling of silicon nitride ceramic[J]. Ceramics International,2018,44(12): 14925-14928.

[83] Wang W J,Mei X S,Jiang G D,et al. Effect of two typical focus positions on microstructure shape and morphology in femtosecond laser multi- pulse ablation of metals[J]. Applied Surface Science,2008,255(5): 2303-2311.

[84] Wang X C,Zheng H Y,Chu P L,et al. Femtosecond laser drilling of alumina ceramic substrates[J]. Applied Physics A,2010,101(2): 271-278.

[85] Neuenschwander B,Jaeggi B,Schmid M,et al. Optimization of the volume ablation rate for metals at different laser pulse-durations from ps to fs [C]. Laser Applications in Microelectronic and Optoelectronic Manufacturing (LAMOM) XVII,San Francisco,2012: 824307-1-824307-14.

[86] 李卫波. 飞秒激光抛光碳化硅陶瓷材料的工艺过程研究[D]. 哈尔滨：哈尔滨工业大学,2011.

[87] Bordatchev E V,Hafiz A M K,Tutunea- Fatan O R. Performance of laser polishing in finishing of metallic surfaces[J]. Internation Journal of Advanced Manufacture Technology, 2014,73(1): 35-52.

[88] Morikawa J,Orie A,Hashimoto T,et al. Thermal and optical properties of femtosecond-laser-structured PMMA[J]. Applied Physics A,2010,101(1): 27-31.

[89] Rung S,Barth J,Hellmann R. Characterization of laser beam shaping optics based on their

ablation geometry of thin films[J]. Micromachines,2014,5(4): 943-953.

[90] Biswas S,Ghosh A,Odusanya A,et al. Effect of irradiation wavelength on femtosecond laser- induced homogenous surface structures[J]. Applled Surface Science, 2019, 493: 375-383.

[91] Lin Q,Fan Z,Wang W, et al. The effect of spot overlap ratio on femtosecond laser planarization processing of SiC ceramics[J]. Optics & Laser Technology,2020,129: 1-8.

[92] Li S,Chen G,Katayama S,et al. Experimental study of phenomena and multiple reflections during inclined laser irradiating[J]. Science and Technology of Welding and Joining,2014, 19(1): 82-90.

[93] He W,Yang J. Probing ultrafast nonequilibrium dynamics in single- crystal SiC through surface nanostructures induced by femtosecond laser pulses[J]. Journal of Applied Physics, 2017,121(12): 123108-1-123108-7.

[94] Talbi A,Kaya-Boussougou S,Sauldubois A,et al. Laser-induced periodic surface structures formation on mesoporous silicon from nanoparticles produced by picosecond and femtosecond laser shots[J]. Applied Physics A,2017,123(7): 1-7.

[95] Tomita T,Kinoshita K,Matsuo S,et al. Effect of surface roughening on femtosecond laser- induced ripple structures[J]. Applied Physics Letters,2007,90(15): 153115-1-153115-3.

[96] Xue H,Deng G,Feng G, et al. Role of nanoparticles generation in the formation of femtosecond laser- induced periodic surface structures on silicon[J]. Optice Letters,2017, 42(17): 3315-3318.

[97] Bonse J,Krüger J,Höhm S,et al. Femtosecond laser- induced periodic surface structures [J]. Journal of Laser Applications,2012,24(4): 1-7.

[98] Shi X,Xu X. Laser fluence dependence of ripple formation on fused silica by femtosecond laser irradiation[J]. Applied Physics A,2019,125(4): 1-8.

[99] Qin Y,Gong Q. Optical information encryption based on incoherent superposition with the help of the QR code[J]. Optics Communications,2014,310: 69-74.

[100] Valette S,Steyer P,Richard L,et al. Influence of femtosecond laser marking on the corrosion resistance of stainless steels[J]. Applied Surface Science, 2006, 252(13): 4696-4701.

[101] 王振. 木材表面激光直接标刻二维条码技术研究[D]. 济南：山东大学,2016.

[102] 陶亮. 水辅助条件下铝合金表面激光标记二维条码的实验研究与质量预测[D]. 济南：山东大学,2017.

[103] Penide J,Quintero F,Riveiro A,et al. High contrast laser marking of alumina[J]. Applied Surface Science,2015,336: 118-128.

[104] Amara E H,Haïd F,Noukaz A. Experimental investigations on fiber laser color marking of steels[J]. Applied Surface Science,2015,351: 1-12.

[105] Diaci J,Bračun D,Gorkič A,et al. Rapid and flexible laser marking and engraving of tilted and curved surfaces[J]. Optics and Lasers in Engineering,2011,49(2): 195-199.

[106] Dragievi D, Tegeltija S, Ostoji G, et al. Reliability of dot peen marking in product traceability[J]. International Journal of Industrial Engineering and Management, 2017, 8(2): 71-76.

[107] Denkena B, Grove T, Seibel A. Direct part marking by vibration assisted face milling[J]. Procedia Technology, 2016, 26: 185-191.

[108] Liang K, Thomasson J A, Lee K-M, et al. Printing data matrix code on food-grade tracers for grain traceability[J]. Biosystems Engineering, 2012, 113(4): 395-401.

[109] Li J, Lu C, Wang A, et al. Experimental investigation and mathematical modeling of laser marking two-dimensional barcodes on surfaces of aluminum alloy [J]. Journal of Manufacturing Processes, 2016, 21: 141-152.

[110] Astarita A, Genna S, Leone C, et al. Study of the laser marking process of cold sprayed titanium coatings on aluminium substrates[J]. Optics & Laser Technology, 2016, 83: 168-176.

[111] Velotti C, Astarita A, Leone C, et al. Laser marking of titanium coating for aerospace applications[J]. Procedia CIRP, 2016, 41: 975-980.

[112] Li X S, He W P, Lei L, et al. Laser direct marking applied to rasterizing miniature data matrix code on aluminum alloy[J]. Optics & Laser Technology, 2016, 77: 31-39.

[113] 李夏霜. 耐久微小标识的激光标刻机理与技术研究[D]. 西安: 西北工业大学, 2018.

[114] Sterling A J, Torries B, Shamsaei N, et al. Fatigue behavior and failure mechanisms of direct laser deposited Ti-6Al-4V[J]. Materials Science and Engineering: A, 2016, 655: 100-112.

[115] Chikarakara E, Naher S, Brabazon D. High speed laser surface modification of Ti-6Al-4V [J]. Surface and Coatings Technology, 2012, 206(14): 3223-3229.

[116] Zhou Z, Bhamare S, Ramakrishnan G, et al. Thermal relaxation of residual stress in laser shock peened Ti-6Al-4V alloy[J]. Surface and Coatings Technology, 2012, 206(22): 4619-4627.

[117] Ren X D, Zhan Q B, Yuan S Q, et al. A finite element analysis of thermal relaxation of residual stress in laser shock processing Ni-based alloy GH4169[J]. Materials & Design, 2014, 54: 708-711.

[118] Liu B, Bai P K, Li Y X, et al. The relationship of processing parameters and surface topography of selective laser melted GH4169 alloy[J]. Materials Science Forum, 2017, 893: 207-211.

[119] Sun X Y, Wang W J, Mei X S, et al. Sequential combination of femtosecond laser ablation and induced micro/nano structures for marking units with hig-recognition-rate[J]. Advanced Engineering Materials, 2019, 21(8): 1-10.

[120] 柏锋, 范文中, 李阳博, 等. 光斑重叠率对飞秒激光硅材料表面着色的影响[J]. 中国激光, 2016, 43(7): 141-147.

[121] Chen T, Wang W, Tao T, et al. Deposition and melting behaviors for formation of micro/

nano structures from nanostructures with femtosecond pulses[J]. Optical Materials, 2018,78: 380-387.

[122] Pan A F,Wang W J,Mei X S,et al. The formation mechanism and evolution of ps-laser-induced high-spatial-frequency periodic surface structures on titanium[J]. Applied Physics B,2016,123(1):1-11.

[123] Nayak B K, Iyengar V V, Gupta M C. Efficient light trapping in silicon solar cells by ultrafast-laser-induced self-assembled micro/nano structures[J]. Progress in Photovoltaics: Research and Applications,2011,19(6): 631-639.

[124] Bonse J,Wrobel J M,Krüger J,et al. Ultrashort-pulse laser ablation of indium phosphide in air[J]. Applied Physics A,2001,72(1): 89-94.

[125] Semaltianos N G,Perrie W,French P,et al. Femtosecond laser ablation characteristics of nickel-based superalloy C263[J]. Applied Physics A,2008,94(4): 999-1009.

[126] Bonyár A,Sántha H,Varga M,et al. Characterization of rapid PDMS casting technique utilizing molding forms fabricated by 3D rapid prototyping technology (RPT)[J]. International Journal of Material Forming,2012,7(2): 189-196.

[127] Con C,Bo C. Effect of mold treatment by solvent on PDMS molding into nano-holes[J]. Nanoscale Research Letters,2013,8(1): 1-6.

[128] Zhao W Q,Wang W J,Jiang G D,et al. Ablation and morphological evolution of micro-holes in stainless steel with picosecond laser pulses[J]. International Journal of Advanced Manufacturing Technology,2015,80(9-12): 1713-1720.

[129] Yao C,Ye Y,Jia B,et al. Polarization and fluence effects in femtosecond laser induced micro/nano structures on stainless steel with antireflection property[J]. Applied Surface Science,2017,425: 1118-1124.

[130] Ionin A A,Klimachev Y M,Kozlov A Y,et al. Direct femtosecond laser fabrication of antireflective layer on GaAs surface[J]. Applied Physics B,2013,111(3): 419-423.

[131] Wu C, Crouch C H, Zhao L, et al. Near-unity below-band-gap absorption by microstructured silicon[J]. Applied Physics Letters,2001,78(13): 1850-1852.

[132] Yamashita Y,Ichihara S,Moritani S,et al. Does flat epithelial atypia have rounder nuclei than columnar cell change/hyperplasia? A morphometric approach to columnar cell lesions of the breast[J]. An International Journal of Pathology,2016,468(6):663-673.

第6章　激光加工装备

激光加工技术的实际应用是以激光加工装备为载体而得到落实的。激光及激光复合加工装备有很多相似之处,属于激光加工装备的一种。本章首先介绍激光加工装备的硬件和控制系统等主要功能部件;然后作为应用实例,介绍紫外纳秒群孔加工装备和激光-电解复合气膜孔加工装备。

6.1　激光加工装备主要组成系统

用于生产实际的激光加工装备系统主要由激光器、光路传输、实时监控、运动装置、控制系统五大部分组成。激光器是激光加工装备系统中的核心功能部件,作用是将电能转化成光能并发出所需要的高能激光光束用于材料的去除加工;光路传输是激光加工系统的重要组成部分之一,其作用是将激光束引导至样品表面,对激光光束进行整形、均匀、扩束、聚焦和准直,使辐照在样品表面的光斑获得所需的形状、尺寸及功率密度;实时监控是对加工的部件,通过设置光学、视觉等监控传感器,观察加工过程的状态,监控激光光束、功率等信息,从而对加工过程进行有效管控;运动装置用来实现机械平台的运动,保证激光光斑的聚焦、定位及轨迹移动精度;控制系统用来控制激光脉冲的生成,以及激光脉冲与加工速度、加工路径的匹配,进而实现高效高质量的激光加工等。

用于科学实验研究的激光微加工系统常采用不同的加工运动装置,主要由脉冲激光器、光学导光及聚焦系统、精密位移平台、计算机控制系统、电荷耦合器件(charge coupled device,CCD)观察系统及其他辅助系统组成。图6.1为精密三轴位移平台激光加工系统,精密三轴位移平台受本身机械惯性限制,不适于高速运动加工。

采用扫描振镜加工系统并经过场镜聚焦的激光光斑也可实现对材料的加工。如图6.2所示,该系统主要包括脉冲激光器、光学导光、扫描振镜、计算机控制系统、CCD观察系统及其他辅助系统。扫描振镜通过两个反射镜的转动控制光斑在平面内的位移,速度高、响应时间短,但是在运动控制精度上不及精密三轴位移平台。

6.1.1　激光器

激光器是激光加工装备系统中的核心功能部件,决定着加工装备能够实现的

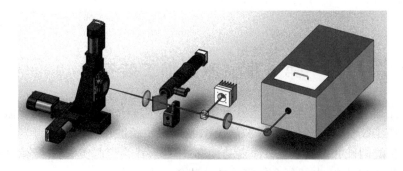

图 6.1　精密三轴位移平台激光加工系统

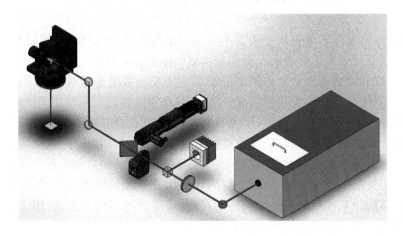

图 6.2　扫描振镜加工系统

材料加工能力和范围。本节以皮秒激光器为例具体介绍激光器的组成及其内部光束传输。图 6.3 为一台 IC-1500 系列皮秒激光器主要部件实物图,主要由激光头、水冷机以及控制器组成[1,2]。激光头中,由振荡器、再生放大器、普克尔盒、倍频器以及光学元件等封装在一个机体里组成激光光学系统,采用半导体可饱和吸收体(semiconductor saturable absorption mirror,SESAM)锁模技术和再生放大技术相结合,将电能转化成光能,产生 1064nm 波长、10ps 脉冲宽度的激光脉冲输出,通过倍频器的非线性光学转化为二倍频 532nm 或三倍频 355nm 波长的脉冲激光。水冷机提供冷却水在激光器内循环,保证机器正常工作。控制器可以驱动激光种子半导体和泵浦半导体,通过脉冲时序负责控制振荡器、放大器和普克尔盒的时序工作。皮秒激光器的结构示意图如图 6.4 所示;皮秒激光头内部结构实物图如图 6.5 所示。

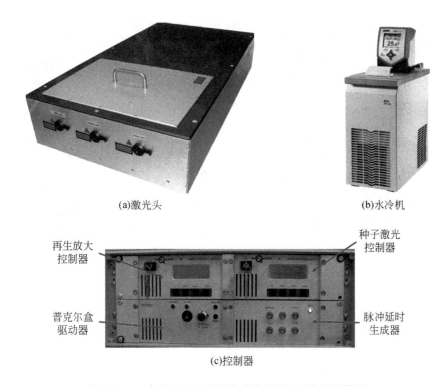

(a)激光头　　　　　　　　　　　　(b)水冷机

(c)控制器

图 6.3　一台 IC-1500 系列皮秒激光器主要部件实物图

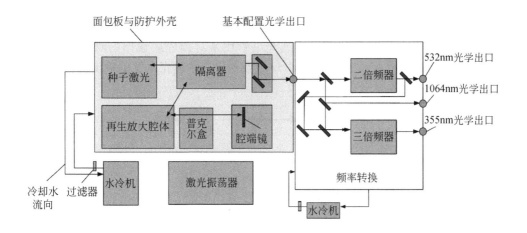

图 6.4　皮秒激光器的结构示意图

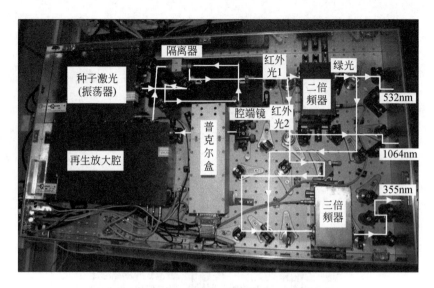

图 6.5　皮秒激光头内部结构实物图

　　激光振荡器位于皮秒激光头内部,将各种光学零部件封装于密闭壳体内。振荡器可由半导体激光二极管提供激光激发能量,辐照在 Nd:VAN(Nd:vanadate) 晶体上,利用 SESAM 进行被动锁模,产生稳定的皮秒脉冲序列作为种子激光。振荡器作为激光种子源具有自启动、结构简单、稳定性好等特点;其半导体激光二极管采用模块设计,可由用户根据半导体使用状态和寿命自行更换。皮秒激光 SESAM 锁模振荡器光路示意图和实物图如图 6.6 所示,其中图 6.6(b)中的 M1～M13 为反射镜片。振荡器中安装快速光电管用来对锁模后输出的激光脉冲波形进行信号采集,利用 DPO3054-500MHz 示波器采集快速光电管的输出信号并进行

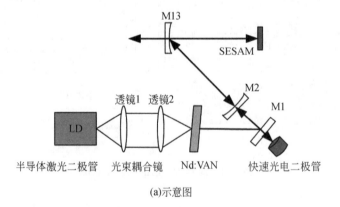

(a)示意图

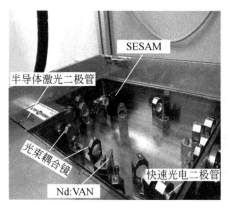 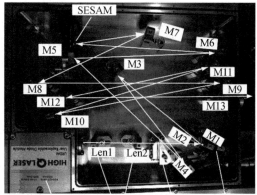

(b)实物图

图 6.6　皮秒激光 SESAM 锁模振荡器光路示意图和实物图

观测,可在示波器的屏幕上看到锁模脉冲序列波形图。图 6.7 为激光二极管(laser diode,LD)泵浦 Nd:VAN/SESAM 锁模激光脉冲序列波形图,其中曲线为锁模波形,锁模激光的输出功率为 42mW,重复频率为 69.88MHz,用自相关仪检测出锁模脉冲宽度为 10ps。

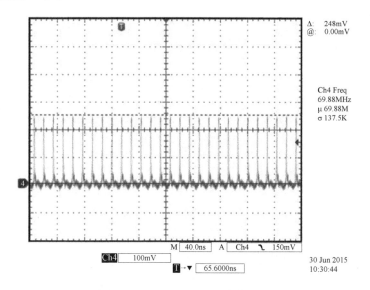

图 6.7　LD 泵浦 Nd:VAN/SESAM 锁模激光脉冲序列波形图

再生放大器是具有谐振腔结构的一种利用高速光电元件进行控制的激光脉冲放大器,为使获得的激光脉冲能量满足加工应用,需要将锁模出来较弱的皮秒脉冲通过再生放大器进行放大。图 6.8 为 LD 端面泵浦 Nd:VAN 皮秒激光再生放大光路示意图和实物图。

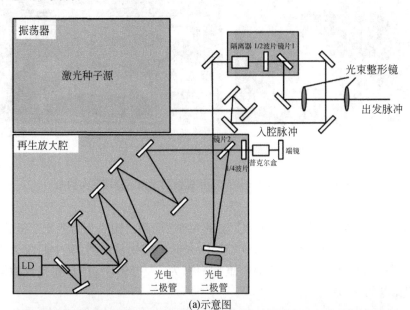

图 6.8　LD 端面泵浦 Nd:VAN 皮秒激光再生放大光路示意图和实物图

　　为了调试和检测激光脉冲再生放大的状态,在再生放大腔中安装 2 个快速光电管,其在再生放大腔内的位置如图 6.8 所示,光电管 PDInt 用来检测倒空输出激光种子源在谐振腔内的放大过程,光电管 PDEnt 用来检测再生放大腔倒空输出单脉冲。图 6.9 给出了再生放大谐振腔内脉冲成长波形、再生放大谐振腔倒空单脉冲的输出以及普克尔盒开关信号的下降沿,在图 6.9 中,Ch1 所示信号表示光电管 PDInt 采集的倒空输出时种子光在谐振腔内的放大过程,Ch2 所示信号表示光电管 PDEnt 采集的再生放大谐振腔倒空输出的单脉冲,Ch3 所示 PC 信号表示普克尔盒信号,通过观察此过程可以判断出再生放大谐振腔倒空是不是在脉冲被放大到最大时发生。图 6.10 为普克尔盒开关信号的门长度完整波形图,其中 Ch3 同样代表普克尔盒信号,可以通过控制普克尔盒开关信号的门长度以及上升沿和下降沿的延迟时间实现控制再生放大谐振腔内脉冲成长波形并在种子脉冲放大到峰值时输出单个激光脉冲。

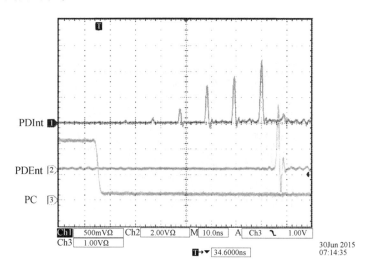

图 6.9　倒空输出时种子光在谐振腔内放大过程和再生放大谐振腔倒空输出单脉冲

　　振荡器输出的一路锁模激光的重复频率为 69.88MHz,用自相关仪检测出锁模脉冲宽度为 10ps。锁模激光经过反射镜和隔离器导入再生放大腔进行放大,最后得到了波长为 1064nm、脉冲宽度为 10ps、单脉冲能量最高为 2mJ@1kHz 的皮秒激光输出。通过脉冲时序生成器从进入再生放大腔的锁模激光序列中选取一定频率的脉冲进行放大,即可实现重复频率从 1kHz 到 100kHz 的激光脉冲输出。采用自相关仪对再生放大后输出的激光脉冲宽度进行测量,如图 6.11 所示,测量的激光脉冲宽度为 9.962ps。

　　在皮秒激光头内部安装两个倍频器,即二倍频器和三倍频器。二倍频器和三

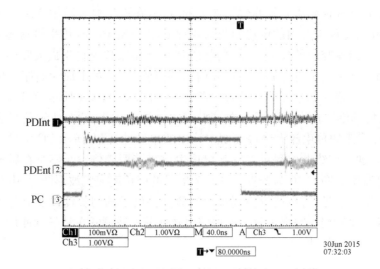

图 6.10　普克尔盒开关信号的门长度完整波形图

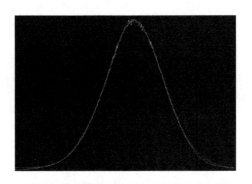

图 6.11　自相关仪测得的再生放大后激光脉冲宽度

倍频器采用相同的晶体保温、调节和安装机构,不同的是二倍频器中采用双面 532nm 增透膜的三硼酸锂(lithium borate,LBO)晶体,三倍频器采用双面 355nm 增透膜的磷酸二氢钾(potassium dihydrogen phosphate,KDP)晶体。再生放大后的 1064nm 激光脉冲进入二倍频器通过非线性 LBO 晶体变成 532nm 激光脉冲,1064nm 和 532nm 激光脉冲经过脉冲同步后,同时进入三倍频器通过非线性 KDP 晶体变成 355nm 激光脉冲。图 6.12 为二倍频器内的晶体保温、调节和安装机构及双面 532nm 增透膜的 LBO 晶体。

　　利用光束质量分析仪对输出重复频率在 1kHz 的激光光束的光斑进行能量分布测试,光斑能量分布如图 6.13 所示。从中可以看出,激光光斑为高斯光斑,出口处的光斑形状不佳,但是在 150mm 透镜聚焦后的光斑尺寸和能量分布有良好的状

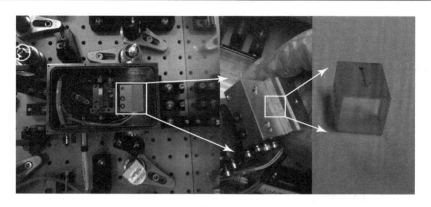

图 6.12　二倍频器内的晶体保温、调节和安装机构及双面 532nm 增透膜的 LBO 晶体

态。激光出口处的光束经过测量,光斑直径 $2W_x=1.839\text{mm}$、$2W_y=1.423\text{mm}$,光束发散角 $\alpha_x=0.50\text{mrad}$、$\alpha_y=0.77\text{mrad}$。

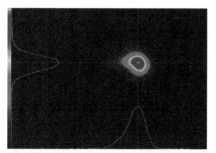

(a)出口处光束二维能量分布
$2W_x=1.839\text{mm}$, $2W_y=1.423\text{mm}$

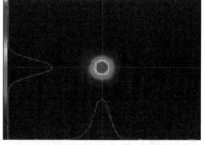

(b)150mm透镜聚焦的光束二维能量分布

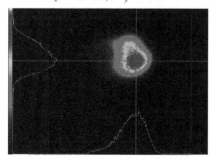

(c)距出口115cm处光束二维能量分布
$2W_x=2.458\text{mm}$, $2W_y=2.421\text{mm}$

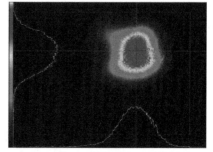

(d)距出口198cm处光束二维能量分布
$2W_x=2.876\text{mm}$, $2W_y=3.059\text{mm}$

图 6.13　1064nm 皮秒激光光斑二维能量分布图
光束发散角计算:$\Delta\alpha[\text{rad}]=2\arctan[(W_x-W_y)\Delta d]$

皮秒激光器的详细参数如表 6.1 所示[1,2]。

表 6.1 皮秒激光器的详细参数

参数			数值
1kHz	平均功率	IR 1064nm	310mW
		GREEN 532nm	181mW
		UV 355nm	67mW
	脉冲宽度		9.96ps
	光束质量	M_x^2	1.37
		M_y^2	1.29
	光束发散角	α_x	0.55
		α_y	0.77
	稳定性	IR 1064nm	0.48($>$15h)
		GREEN 532nm	0.48($>$15h)
100kHz	平均功率	IR 1064nm	2130mW
		GREEN 532nm	590mW
		UV 355nm	44mW

6.1.2 光路系统

光路系统是激光加工装备的重要组成部分,影响激光加工系统的精度、稳定性以及效率等重要指标。激光加工光路传输部分的主要功能是将激光输送到样品加工部位,通过调整器件得到所需光束,使激光对准加工点,经过聚焦透镜构成高功率密度的激光光束进行加工。整体加工系统光路传输部分主要包括反射镜、衰减器、快门、聚焦镜等一系列基本光学元件。

1. 反射镜

反射镜是一种利用反射定律工作的光学元件,采用的反射镜均为介质膜反射镜。介质膜反射镜是在高度抛光的玻璃衬底上镀非金属化合物材料,如氧化镁,通过设计各层膜的光学厚度实现在设计波长范围内增大反射率的目的。介质膜反射镜的反射率高达 99.99%,且性能稳定、损伤阈值高,但是其对入射角敏感、工作带宽窄。图 6.14 为 Nd:YAG 激光反射镜和 532nm 反射镜,其设计用来反射中心波长为 532nm 的激光,反射率大于 99.5%,损伤阈值大于 3J/cm²,可分为不可互换使用的 45°反射镜和 0°反射镜。采用高反射比的反射镜可使激光器的输出功率成倍提高。另外,由于反射镜是第一反射面反射,反射图像不失真,无重影。采用镀膜膜面反射镜得到的图像不仅亮度高,而且精确无偏差,画质更清晰,色彩更逼真。

(a)Nd:YAG激光反射镜

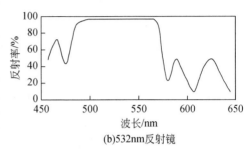

(b)532nm反射镜

图 6.14　Nd:YAG 激光反射镜和 532nm 反射镜

2.衰减器

激光加工过程中需要进行激光平均功率、脉冲量等的调节。激光平均功率的衰减一般由可变衰减器实现,可以连续地调节光斑强度。通常根据激光光束强度和对激光平均功率的衰减效果来选择不同的衰减器,比较常用的有中性密度滤光片和可调偏振式衰减器。

中性密度滤光片是在滤光片一面上镀金属膜,使其在可见光区到近红外光区的宽波段内保持近似相等的能量透过率,可在 K9 光学玻璃或是石英基底上,镀上不同的光密度(optical density,OD)膜。当镀膜基底形状为圆形时,可在圆形 $0°\sim270°$ 扇形内的线性变化扇区镀上一定范围光密度值的金属膜,通过旋转滤光片可使可见光到近红外光在透过时通过吸收和反射得到光学密度的线性衰减,这就是圆形金属膜中性密度渐变滤光片。圆形金属膜中性密度渐变滤光片调整衰减值方便,且表面加镀了起衰减作用的 Ni-Cr-Fe 膜层,允许其在中等能量强度的激光系统中使用。同时,此滤光片还可以被当作可变分束器使用。如图 6.15 所示,圆形金属膜中性密度渐变滤光片选用 K9 光学玻璃作为基底,使其可以满足一般的实验室需求,或可选用热稳定性极佳的紫外熔融石英作为基底,在 $450\sim700$nm 波段使用效果最佳,但是在 $400\sim1100$nm 波段使用时会有微小的光损失。

可调偏振式衰减器主要由 $\lambda/2$ 波片和偏振分光棱镜组成。当一束非偏振光垂直于入射面入射时,分成两束偏振光,从互相垂直的两相邻表面出射,偏振态互相垂直,透射光为 P 偏振光,反射光为 S 偏振光。当线偏振光与 $\lambda/2$ 波片的光轴成一定角度入射时,将使 $\lambda/2$ 波片透过光的偏振方向发生改变,促使合成线偏振光中 P

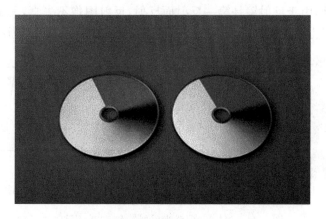

图 6.15　圆形金属膜中性密度渐变滤光片

偏振光与 S 偏振光的比例发生变化,再入射偏振分光棱镜后,偏振光束分为互成 90°的 P 偏振光和 S 偏振光,其原理如图 6.16 所示。通过旋转 λ/2 波片,使入射偏振分光棱镜后分为互成 90°的 P 偏振光和 S 偏振光的光强分束比连续变化。在偏振分光棱镜后,放置第二片 λ/2 波片,可起到调节出射光偏振方向的作用。偏振分

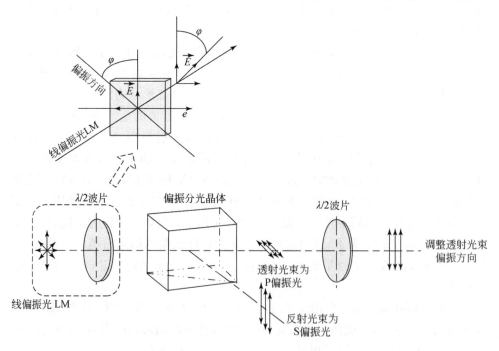

图 6.16　线偏振光的可调偏振衰减原理

光棱镜由一对高精度直角棱镜胶合而成,其中一块棱镜的斜面上镀有多层介质分光膜,因此不适用于高强度激光。当入射高强度激光时,可用格兰-泰勒棱镜代替偏振分光片,采用通用的原理来实现对线偏振光的连续衰减。

3. 快门

快门作为一种高速的光闸,通过控制开与关以及开关之间的时间来控制靶材上面的脉冲数。快门根据控制开关光的原理分为机械式和晶体式两大类。机械式快门一般采用电磁控制机械闸,而晶体式快门采用可以改变入射光偏振方向的声光晶体或电光晶体。声光晶体是具有声光效应的晶体,在超声波的作用下可以像波片一样通过延时改变线偏振光的偏振方向。电光晶体是具有电光效应的晶体,其在高电场的作用下像波片一样通过延时改变线偏振光的偏振方向。晶体配合偏振元件,通过控制光束的偏振方向就可以控制是否输出光束,其原理如同线偏振光的可调偏振衰减。两者的反应时间是电光晶体快门最短,声光晶体快门次之;但是晶体式快门复杂且价格较高,故一般用在对光束通断有严格要求的场合,如激光再生放大谐振腔的光束通断。本书采用的电磁机械式快门打开关闭的反应时间为100ms 左右,其通过计算机控制与三轴位移平台的运动结合,当三轴位移平台根据编写好的程序运动时,快门也能根据程序自动通断,实现复杂的微结构加工,同时采用触发脉冲延时的方法来减小脉冲数的控制误差。图 6.17 为电磁机械式快门及其驱动控制器实物图。

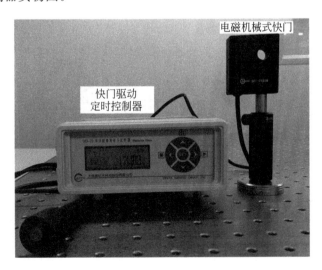

图 6.17　电磁机械式快门及其驱动控制器实物图

4.聚焦镜

皮秒激光因其脉冲持续时间较短和峰值功率较高而闻名,尽管皮秒激光光束从放大器被放大并发射出来,但是其平均功率通常比普通激光要低,光束本身并不能满足实际微加工时对皮秒激光平均功率或激光能量密度所提出的较高要求。因此,在这种情况下,为了进一步提高激光烧蚀的瞬时激光能量密度,迫切需要对皮秒激光光束根据微加工的需要再次进行聚焦,从而得到更小的光斑直径。要进行微加工必须将激光光束聚焦,以获得较小的光斑尺寸,进而使得辐照到靶材表面的瞬时激光能量密度增大,以实现材料的烧蚀。聚焦镜对激光束有聚焦的功能,需要根据所加工微结构的不同,选取满足加工要求的聚焦镜,最终能够将光束聚焦为具有足够高激光能量密度的光斑,入射到样品表面进行加工。

在精密三轴位移平台加工系统中,采用显微物镜或透镜对激光束进行聚焦。实验中使用的显微物镜主要有 LECIA 显微物镜,其数值孔径(numerical aperture,NA)为 0.4,工作距离约为 5mm,如图 6.18(a)所示。通过显微物镜聚焦的最小光斑的计算公式为

$$D_{\text{spot}} = 1.22\lambda/\text{NA} \tag{6.1}$$

式中,D_{spot} 为聚焦光斑的直径;λ 为波长;NA 为显微物镜数值孔径。

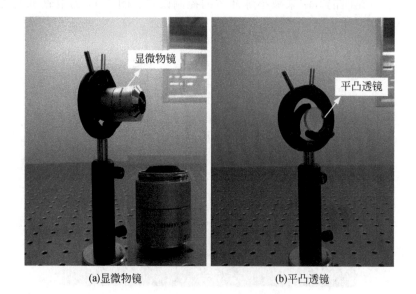

(a)显微物镜　　　　　　　　　　　(b)平凸透镜

图 6.18　显微物镜和平凸透镜实物图

使用显微物镜有利于实验操作,但不能避免加工过程中溅射出的材料损伤显微物镜,因此也可以改为使用长焦显微物镜。当需要去除的材料面积或体积较大时,需要较大的激光光斑,此时可改用焦距为 150mm 的平凸透镜聚焦,如图 6.18(b)所示。通过平凸透镜聚焦的最小光斑的计算公式为

$$D_{spot} = 2f\lambda/D_{beam} \tag{6.2}$$

式中,f 为透镜焦距;D_{beam} 为入射光束直径。

在激光扫描振镜加工系统中,采用场镜(F-theta 镜)对激光束进行聚焦。与平凸透镜或显微物镜不同,场镜可以将一束以不同角度入射的准直激光光束聚焦到一个平面像场上,而且整个平面像场上得到大小一致的聚焦光斑,且通常与振镜系统搭配使用,通过振镜系统改变准直光束的入射角度。图 6.19 为 Jenoptik FE17064 场镜,型号为 FE17064,焦距为 170mm,波长为 1064nm,工作距离为 194mm[3]。通过场镜聚焦激光光束,聚焦光斑的位置与入射光的角度成正比,满足 F-theta 条件:

$$y' = f'\theta \tag{6.3}$$

式中,y' 为聚焦光斑的像高;f' 为系统焦距;θ 为入射光束的角度。

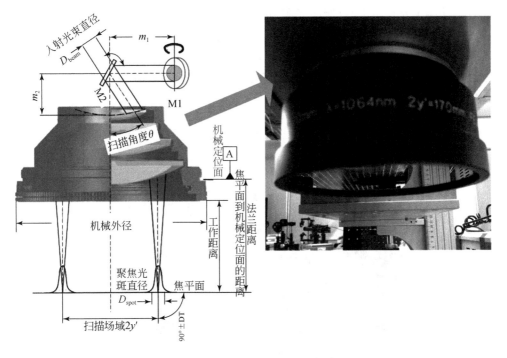

图 6.19　Jenoptik FE17064 场镜

场镜的最小聚焦光斑直径的计算公式为

$$D_{spot} = \lambda f' \text{FAP} M^2 / D_{beam} \tag{6.4}$$

式中,FAP 为切趾因子,与场镜的入瞳直径和入射光束直径的比值有关;M^2 为激光光束聚焦能力因子,是激光光束与理想高斯光束的远场发散角和束腰直径的乘积之比。

6.1.3　实时监控

为保障激光加工装备的易用性和稳定性,往往对加工过程进行实时监测,使激光加工中的故障得到及时处理和避免。对激光加工过程的实时监控,通常是对激光加工中的过程图像进行记录和监控,也有对激光传输的功率进行监控。随着激光加工应用范围和应用场景的增大,对激光加工系统的监控越来越多,以保证激光加工装备的质量、效率等性能得到充分发挥。

1. 过程图像监控

为了实现加工过程的图像监控,将图像监控套件加入激光光路中。图像监控套件的功能主要是由 LED 照明光源、透射激光发射可见光的二向色镜、可内置安装滤光片的变焦镜头以及成像 CCD 配合使用来实现的,图 6.20 为过程图像监控套件实物图。成像 CCD 与计算机相连,可以将图像实时通过计算机屏幕进行显示,因此通过图像监控套件,不但可以实时观察加工过程、检查加工的微结构质量,还能进行加工前的样品定位。

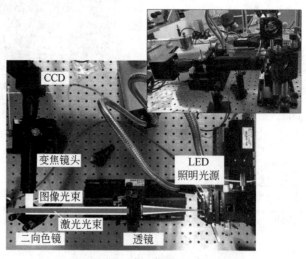

图 6.20　过程图像监控套件实物图

2. 实时功率监控

功率监控套件主要由 9∶1 分光晶体和功率计组成。100％的入射激光被分光晶体分为 10％的反射光和 90％的透射光,90％的透射光通过聚焦进行加工,10％的反射光被功率计探头接收,如图 6.21 所示。通过功率计表头的设计,将 10％的反射光的功率数值补偿成 90％的透射光的功率数值,这样就可以实时检测到用来加工的光束的功率变化过程。在图 6.21 中,使用的 THORLABS 功率计分为表头和探头两部分,表头为触摸屏功率计表头 PM200,探头为热功率探头 S310C,可以根据激光的功率、波长以及测量精度选用不同类型的光敏探头或热敏探头。功率监控套件可以分别安装在精密三轴位移平台加工系统和激光二维扫描振镜加工系统中。

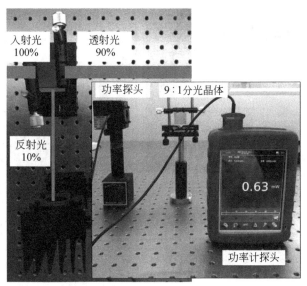

图 6.21　实时功率监控套件实物图

6.1.4　运动装置和控制

激光加工系统的运动装置包含两大部分:一部分是机械运动工作台,与普通的多轴机床工作台原理类似,主要是承载加工样品的移动装置;另一部分是控制光束运动的扫描振镜系统,是控制光束的移动装置,也是激光加工系统特有的部件。

1. 精密三轴位移平台

激光经过透镜聚焦辐照到待加工材料表面,激光光束位置固定,而样品进行移动,激光光束和样品之间的相对运动是通过精密三轴位移平台来实现的。精密三轴位移平台控制架构及实物图如图 6.22 所示。精密三轴位移平台由三根工作轴组成,每根工作轴装有的精密定位光栅尺与直流伺服电机驱动的位移组成闭环控制,驱动控制卡 PS-30 进行实时控制。计算机作为上位机,在计算机软件 OWI Soft 的控制下向驱动控制卡 PS-30 发送执行程序,以实现工作台的三轴联动,进而完成各种二维与三维复杂微结构的加工。三维微纳加工工作台及其程序控制软件界面显示于图 6.22 中,激光加工系统的 LIMS 60-50 HiDS 工作轴的具体参数如表 6.2 所示[4]。

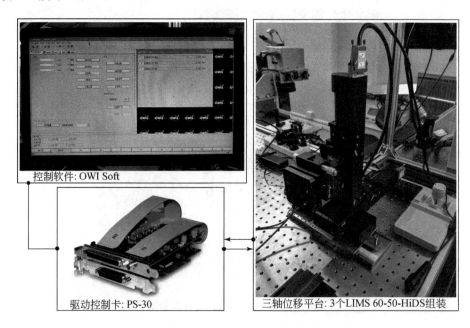

图 6.22　精密三轴位移平台控制架构及实物图

表 6.2　LIMS 60-50 HiDS 工作轴的具体参数

参数	数值
行程	50mm
速度	≤30mm/s

续表

参数	数值
载重能力	≤100N
双向重复定位精度	<2μm
定位误差	<16μm/100mm
偏转角	<100μrad
齿距角	<150μrad
垂直偏差	<4μm
水平偏差	<4μm

2. 二维扫描振镜和控制软件

激光二维扫描振镜工作示意图及控制架构图如图 6.23 所示。激光经过场镜聚焦辐照到样品表面，样品位置固定，而激光光束进行移动，激光光束和样品之间的相对运动是通过激光二维扫描振镜实现的。在计算机软件程序的控制下，驱动控制卡 EC-1000 驱动振镜的两轴摆动电机的联动，进而完成各种二维图样的加工。ProSeries II 7-10-14 振镜头参数工作轴的具体参数如表 6.3 所示[5]。大面积金属表面亚波长周期波纹结构的制备，为了追求较高的效率采用了激光二维扫描振镜。

表 6.3　ProSeries II 7-10-14 振镜头参数工作轴的具体参数

参数	数值
通光孔径	14mm
光束偏移速度	18.5mm/s
阶跃响应	360μs
标准刻画速度	1.0m/s
标准跳转速度	4m/s
分辨率	12μrad
重复精度	12μrad
标准扫描角	±22°

续表

参数	数值
增益误差	<5mrad
零点误差	<5mrad
温度补偿	30mrad/℃

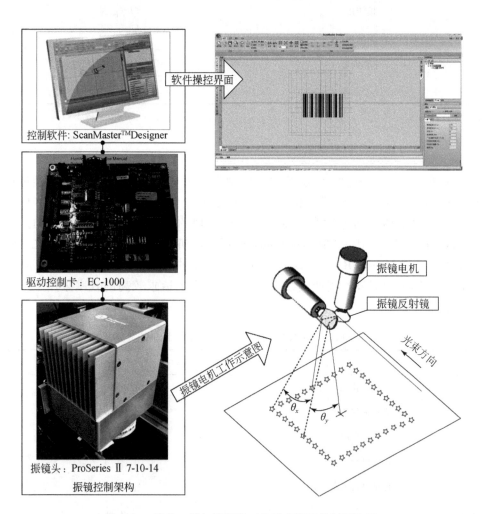

图 6.23　激光二维扫描振镜工作示意图及控制架构图

6.2　激光加工装备控制系统

6.2.1　振镜控制

近年来,随着激光成像和激光加工等高新技术领域的飞速发展,具有高速、高精度特性的光束扫描伺服系统在激光加工、增材制造、纳米科学以及生命科学等交叉学科领域中发挥着至关重要的作用,得到了广泛关注。光束扫描伺服系统作为光学系统的核心部件,广泛应用于激光扫描、光固化成型系统、共聚焦光学显微镜、选择性激光烧结等系统。针对光束扫描系统开展控制算法的研究,可以极大地促进特种加工、精密检测,生物医学等领域的发展,具有十分重要的理论价值和产业化应用前景。

激光振镜系统是光束扫描伺服系统的典型代表之一,与其他光学扫描系统相比(如摆角台、MEMS 微镜、声光偏转器),可适用于各种光束波长的扫描,具有扫描范围大、响应速度快、扫描精度高、生产成本低等优势。在生产加工领域中,基于振镜电机的光学加工系统有力地促进了精密加工技术的进步,推动传统产业加工中几十微米的加工精度,发展到半导体以及生物科技等领域中的纳米量级精度。在激光直写系统中,激光振镜系统作为核心的执行机构,通过反射激光束使光束直接与光刻胶作用,按所需的结构要求进行光束线的路径规划,实现光刻胶扫描式曝光,经过显影和刻蚀将光刻胶表面结构显现出来,最终完成纳米结构的器件制备。激光振镜系统的扫描速度与精度直接决定着光学加工系统的加工精度。因此,激光振镜系统得到了各领域学者的广泛关注,研究激光振镜系统的控制技术对推动激光加工、激光成像系统的进一步发展具有重大意义。

1.激光振镜控制原理

振镜是一种优良的矢量扫描器件,是一种特殊的摆动电机,基本原理是通电线圈在磁场中产生力矩,但与旋转电机不同,其转子上通过机械扭簧或电子的方法加有复位力矩,大小与转子偏离平衡位置的角度成正比。当线圈通以一定的电流而转子偏转到一定角度时,电磁力矩与回复力矩大小相等,故不能像普通电机一样旋转,只能偏转。偏转角与电流成正比,与电流计一样,故振镜又称为电流计扫描器,其由计算机、xy 扫描头、动态聚焦组件、驱动器、物镜等组成。这种结构称为后物镜平场扫描系统。扫描镜 x、y 分别沿 x 和 y 轴扫描受计算机控制的协调运动,可以扫描出任何二维图形。

　　如图 6.24 所示,激光器发射的激光首先通过一个光栅得到一定强度的激光光束。激光光束通过一个聚集镜照到振镜 a,反射到振镜 b,经振镜 b 反射投影到工作台的 xy 平面。

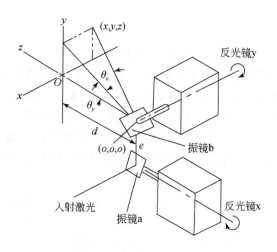

图 6.24　振镜扫描原理图

　　设反射镜 x 和反射镜 y 之间的距离为 e,振镜 y 的轴线到视场平面坐标原点的距离为 d,当 x、y 轴的光学偏转角分别为 θ_x 和 θ_y 时,视场平面上相应光点坐标为 (x,y),当 $x=y=0$ 时,$\theta_x=\theta_y=0$,有

$$\begin{cases} y=d\tan\theta_y \\ x=(\sqrt{d^2+y^2}+e)\tan\theta_x \end{cases} \tag{6.5}$$

$$\begin{cases} \theta_y=\arctan\left(\dfrac{y}{d}\right) \\ \theta_x=\arctan\left(\dfrac{x}{\sqrt{d^2+y^2}+e}\right) \end{cases} \tag{6.6}$$

　　振镜 a、b 的偏转角 θ_x 和 θ_y 与振镜 a、b 的控制电压 V_x 和 V_y 的关系为

$$\begin{cases} \theta_x=k_x V_x \\ \theta_y=k_y V_y \end{cases} \tag{6.7}$$

式中,k_x 和 k_y 为系数。通过控制 V_x 和 V_y 就可以控制振镜 a、b 的偏转角度。

　　激光振镜、扫描振镜系统是一种由驱动板与高速摆动振镜组成的高精度、高速度伺服控制系统,如图 6.25 所示。激光振镜、扫描振镜系统一般是由位置传感器、位置区分器、误差放大器、功率放大器、处理器组成的闭环控制系统。

　　激光振镜、扫描振镜是一种很成熟的光路扫描器件,在一些双光束分光光度计中有应用,主要用于光路切换,速度极快。工作时步进动作像在高速振动,故称其

为振镜,最成熟的应用是激光扫描、激光图案显示等。图 6.26 是光路扫描器件的
外形和驱动电路。

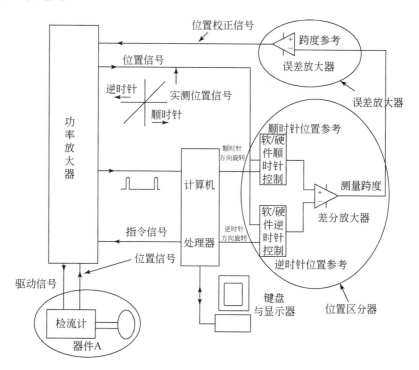

图 6.25　激光振镜、扫描振镜系统

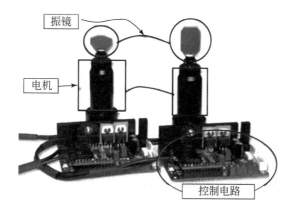

图 6.26　光路扫描器件的外形和驱动电路

2.扫描误差

动态聚焦振镜式平面扫描过程中存在聚焦误差和离焦误差,如图 6.27 所示。若聚焦镜为静态聚焦,则激光光束的聚焦面是以振镜为中心的一个球面,由于激光光束聚焦有一定的焦深,当扫描幅面较小时,离焦误差在可以接受的范围内。当扫描幅面较大时,必须通过动态聚焦的方式来补偿离焦误差,而聚焦误差同样会引起光斑直径的变化。

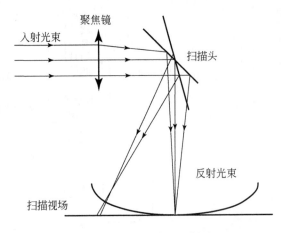

图 6.27　离焦误差示意图

动态聚焦振镜式激光扫描时存在扫描图形的线性失真和非线性失真,特别是当扫描区域较大时,严重影响了激光扫描的加工质量,也给进一步分析处理带来困难,而描述理想图和畸变图之间的地址映射关系的平面坐标变换方法能够很好地解决这个问题。

根据振镜扫描轨迹式(6.5),令 $\tan\theta_x = A$,当 $e \neq 0$ 时,有

$$\frac{(x-Ae)^2}{(Ad)^2} - \frac{y^2}{d^2} = 1 \tag{6.8}$$

由式(6.8)可得振镜扫描轨迹为双曲线,当振镜在工作面上扫描一个矩形时,得到的实际轨迹并非一个标准矩形,即枕形畸变,示意图如图 6.28 所示。

此外,振镜式激光扫描系统的扫描精度还受到机械安装误差和控制系统的影响。其中,控制系统本身因素主要包括噪声干扰、系统响应性能、控制算法以及控制信号输出量与扫描角度之间存在的非线性等。机械安装误差主要来自振镜、激光器、动态聚焦、安装基准面的平行度以及机械加工结构变形等,可能造成振镜系统扫描时产生图形畸变。

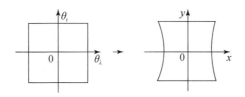

图 6.28　枕形畸变示意图

6.2.2　扫描振镜多轴加工系统

激光加工中,利用扫描振镜实现二维可控的激光光束偏转,以一定的速度控制往复移动的光束,从而获得规定的图案。但是,目前在激光加工中,扫描振镜配合场镜实现的图像场是一个有限的工作区域,加工精度要求越高,加工区域越小。为了扩展加工区域,结合机械运动工作平台定位精度高的优势,使用二维机械 XY 平台进行样品的加工定位。因此,在激光加工系统中,往往采用多轴移动机械工作台与激光振镜协同实现复杂的零件加工,这种光机电的协同控制是实现高效、高精度激光加工的基础。在一个简单的激光加工协同中,二维扫描振镜与 XY 平台相互配合工作,按其控制方案的难易程度和工作效率的精度要求,主要分为拼接扫描、二维飞行加工和无限视野加工三类。

1.拼接扫描

拼接扫描是对大型样品的二维加工,扫描振镜和 XY 平台移动是相互独立的。样品表面被平铺成更小的等截面,且具有大小适合的扫描加工范围。在平台停止运动时,需要激光加工的所有区域通过扫描加工完。XY 平台移动仅是点对点的移动,进行工作区域的切换,配合扫描区域的移动。拼接扫描的特点如下:

(1)扫描振镜和 XY 平台独立运动。

(2)解决方案预算低,易与扫描振镜匹配。

2.二维飞行加工

在二维飞行加工中,扫描振镜将与 XY 平台协同运动。用户对 XY 平台的路径提前进行编程规划。振镜控制卡从整体运动中减去平台运动,并计算扫描振镜的加工剩余路径。在加速和制动阶段中,两者间的时间偏差将降低加工准确性。二维飞行加工的特点如下:

(1)扫描振镜和 XY 平台需要精确的协同运动。

(2)激光扫描加工和 XY 平台的运动路径分开编程。

3. 无限视野加工

针对大范围扫描加工,与拼接扫描、二维飞行加工相比,无线视野加工具有效率高、精度好的优点,如表 6.4 所示。无限视野加工将激光的运动路径自动分割为 XY 平台路径和扫描振镜的扫描路径。这两个运动分量都是完美的同步,同时激光源也将被专用控制系统同步触发。用户根据应用准确性或效率,定义路径分布参数。通过模拟程序显示 XY 平台与扫描振镜的独立位置和动态特性,从而促进两者的最佳配合。该解决方案对生产大量同类产品的模式尤为适用,但需要专门的计算机辅助制造(computer aided manufacturing,CAM)软件才能实现。

(1)扫描振镜和 XY 平台协同运动。

(2)自动分离激光加工路径。

(3)激光加工路径需要提前编程。

表 6.4　大范围扫描加工方案对比

方案	灵活性	效率	精度	控制	应用
拼接扫描	优	中	好	易	频繁的加工方案更改
二维飞行加工	差	优	中	中	相似模式的大量产生
无限视野加工	中	优	好	难	相似模式的大量高精度产生

图 6.29 给出了飞秒加工的振镜扫描和机械工作台协同控制架构。该架构通

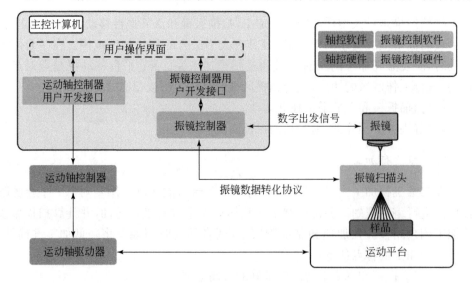

图 6.29　振镜扫描与机械工作台协同控制架构

过改变软件系统可以实现拼接扫描、二维飞行加工和无限视野加工。由此可以看出激光加工系统的光机电协同控制的核心作用。

6.3　激光加工装备案例

6.3.1　纳秒激光群孔加工装备

作为机械式工作台与振镜扫描协同加工的激光加工系统应用,本书给出一种紫外纳飞秒超脉冲激光复合多能场的高质高效加工装备,能够开展超脉冲激光复合多能场的微结构加工、群孔加工的工艺研究。该装置是用来加工氧化铝、氮化铝等陶瓷基片硬脆材料表面微群孔的装置,可以实现拼接扫描、二维飞行加工两种形式的激光加工。

1. 装备基本结构方案

图 6.30 为紫外纳秒群孔加工装备硬件示意图。该硬件包括激光器及光路、CCD 相机、振镜式激光加工头以及三轴位移平台,控制器包括固高运动控制卡、振镜控制箱、激光器电源及控制柜。图 6.31 为紫外纳秒激光加工装备实物。实际加工中机床三轴联动二轴扫描振镜,微孔加工精度为 $10\sim50\mu m$;机床 XY 轴行程为 400mm,Z 轴行程为 300mm,定位精度小于等于 0.01mm;二维振镜扫描角度为 $\pm0.35rad$;重复精度为 $2\mu rad$,追踪误差为 0.13ms;激光参数为 355nm/20ns/10W/50kHz。

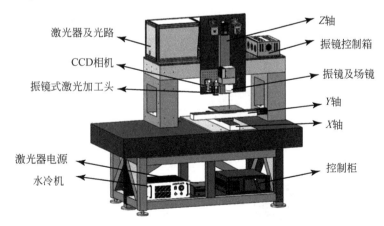

图 6.30　紫外纳秒群孔加工装备硬件示意图

图 6.31　紫外纳秒激光加工装备实物

2. 装备硬件连接

图 6.32 为紫外纳秒激光加工装备硬件连接示意图,固高运动控制卡即 GT-Scan 控制卡通过 PCI(peripheral component interconnect)插槽固连在工控机上,振镜控制卡与工控机通过网线连接,同时工控机通过 RS232 串口控制激光器。

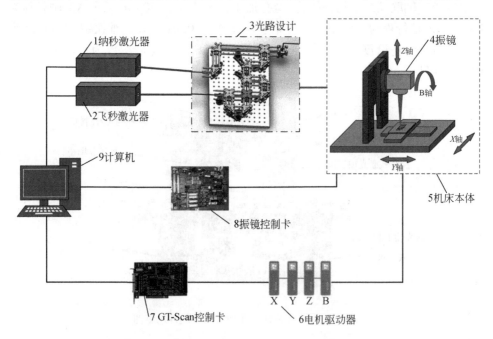

图 6.32　紫外纳秒激光加工装备硬件连接示意图

3. 装备软件设计

图 6.33 为紫外纳秒激光加工装备软件功能需求,根据控制系统需要实现的功能将控制系统软件划分为三个模块,分别是图形模块、激光器和振镜控制模块、机床运动控制模块。图形模块实现图形添加与处理,对图形进行切削宽度补偿和轨迹优化;激光器和振镜控制模块实现对激光器和振镜的控制;机床运动控制模块实现机床运动控制以及 G 代码的执行。

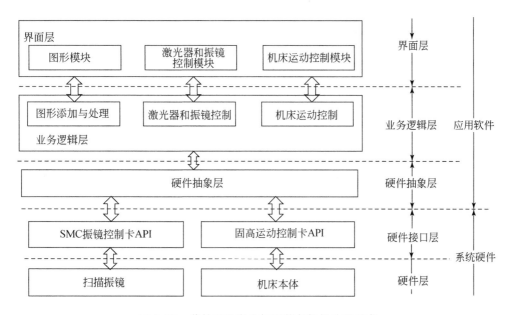

图 6.33　紫外纳秒激光加工装备软件功能需求

界面层又称表示层,最接近用户,该层不进行数据运算,只是接收并显示用户输入的数据以及从硬件层获得的数据,为用户提供一种交互式的操作界面。业务逻辑层是软件的核心部分,处于界面层和硬件抽象层之间,起到数据交换中承上启下的作用。业务逻辑层对界面层的输入数据、数据库中的数据以及通过硬件接口层从系统硬件中获得的数据进行处理,实现相应的功能,在界面层进行显示或通过硬件抽象层控制硬件实现相应的功能。

硬件抽象层是将硬件抽象化,使软件与硬件具有无关性,可在多种平台上进行移植。在该软件中,根据需要对控制器的 API 进行进一步封装,定义通用接口,在业务逻辑层利用抽象接口来取代控制器 API 进行调用,同时增加了系统的扩展性,若需要硬件更换,只需要对更换后的硬件 API 用相同的抽象接口进行封装,而不需要对业务逻辑层进行大量改动。一般实现一个功能需要调用多个 API 接口函数,对接口进行封装,可以简化程序结构,使程序可读性更强,便于以后的升级和维护。

图 6.34 为紫外纳秒群孔加工计算机辅助制造(computer aided manufacturing, CAM)软件的图形模块界面。根据其功能需求划分为三个模块:图形模块、激光器和振镜控制模块以及机床运动控制模块,该软件可以实现拼接和飞行加工两种形式的加工编程。

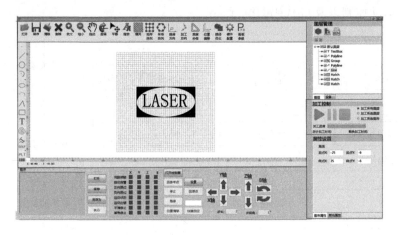

图 6.34　紫外纳秒群孔加工 CAM 软件的图形模块界面

6.3.2　激光-电解复合气膜冷却孔加工装备

除上述两轴运动的机械平台与激光振镜运动复合之外,对于一些复杂的零件加工,还可以利用多轴数控运动工作台实现激光的精密零件加工。本节针对航空发动机涡轮叶片和燃烧室内外壁气膜孔加工,开发一套激光-电解复合气膜孔加工装备,该装备具有 5 轴联动数控机床控制功能,集成了激光加工高效和电解加工无重铸层的优势,先用高能激光高速加工出预制孔,再在机器视觉引导下对预制孔进行电解后处理,去除激光加工产生的重铸层,完成整个叶片或内外壁气膜冷却孔的加工。该装备可实现直径为 0.35～2.0mm 的微小群孔高效无重铸层的加工。

1. 机床的总体设计与集成

根据零件结构和激光-电解复合加工工艺的特点,加工过程需在两个可自由切换的工位进行,分别开展激光加工和电解加工,因此该装备主要包含激光、电解两大子系统。此外,为了实现孔的精确二次定位,还加入了机器视觉导航系统。从整体硬件部分来讲,装备由激光模块、数控机床本体模块、电解模块和机器视觉模块组成,如图 6.35 所示。激光模块、机器视觉模块和电解模块被安装在数控机床本体模块上,通过机床精度、工装设计和机器视觉导航的准确性来保证激光与电解两道工序的定位一致性。

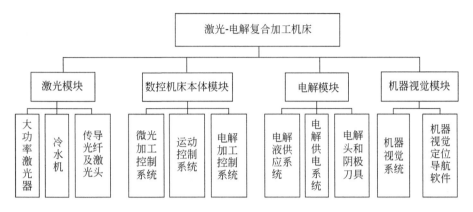

图 6.35　复合加工机床的构成

激光模块中,激光光束通过光纤传导至激光发射头,这里选择 JK300D 型 Nd：YAG 激光器,如图 6.36 所示[6],这台激光器具有如下特点：

（1）激光平均功率可达 300W,单脉冲能量可达 35J,有利于提高孔加工效率。

图 6.36　JK300D 型 Nd：YAG 激光器

（2）激光能量通过光纤传输,便于实现激光的自动化加工。

（3）激光器性能稳定,可靠性强,对环境要求低,有利于工业生产。

（4）可通过加工工艺参数的优化将微孔的孔壁重铸层厚度降低到 $10\mu m$ 以下,减小电解去除的余量,提高装备的生产效率。

电解模块中的电解液供应系统如图 6.37 所示,阴极喷嘴起到夹持工具电极的作用,同时形成了电解液的冲液流道,使电解液包裹在电极周围形成稳定液束,内冲液电解加工头如图 6.38 所示。

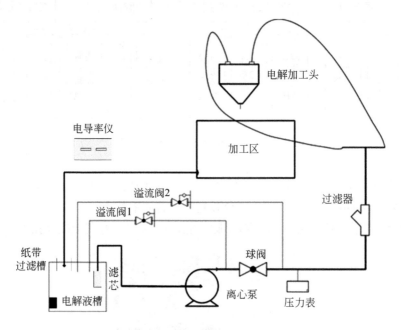

图 6.37　电解液供液系统

激光-电解复合加工装备的总体方案如图 6.39 所示,机床总体结构形式为八轴三联动,两个加工头分别由三个相互垂直的直线轴 X_1、Y_1、Z_1 和 X_2、Y_2、Z_2 来控制,两个旋转轴位于下部用来控制叶片样品在空间的角度,通过这五个轴的组合运动可以实现叶片型面上所有孔的加工。该设计方案中激光加工与电解加工在同一台机床上进行,两个工序相对独立,激光头与电解头均由各自的运动轴控制,转台转向左侧进行激光加工,激光加工完成后转台转向右侧进行电解加工,这样有利于避免激光组件受电解液污染。在电解平台上配有显微 CCD 相机,通过机器视觉定位的方式保证电解电极丝准确进入小孔内开展电解加工。为了避免电解液对传动机构的腐蚀,直线轴均加上防护罩与加工区隔离。

图 6.38　内冲液电解加工头

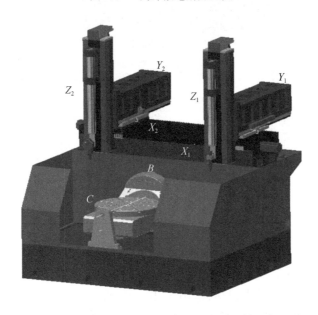

图 6.39　激光-电解复合加工装备的总体方案

工作台的主要技术参数设置如下:激光工位 X_1、Y_1、Z_1 轴行程为 1025mm×400mm×800mm,电解工位 X_2、Y_2、Z_2 轴行程为 1025mm×400mm×800mm;单

轴定位精度为 0.008mm;重复定位精度为 0.005mm;摇臂 B 轴旋转角度范围为±95°;最大转速为 5r/min;分度精度为 20″;重复分度精度为 15″;旋转载样台(C 轴)台面直径为 800mm;旋转角度范围为 360°连续;最大转速为 5r/min;分度精度为 20″;重复分度精度为 15″。

为了提高机床的加工精度和稳定性,还进行了以下方面的设计:

(1)机床 X_1、Y_1、Z_1、X_2、Y_2、Z_2、B、C 轴均加入高精度光栅尺,以实现各轴的精确闭环控制。

(2)针对机床防腐问题,除从材料方面予以重视,如主要结构零部件均采取耐腐蚀不锈钢,底座采用大理石材料,还将从结构设计上充分完善机床电解液循环液路的布局,对电解液的送液与回收系统进行合理设计。设计中专门加长激光头 X 轴行程以使激光头能远离电解加工区并方便地进行激光头防护。

(3)激光加工过程中会产生大量微细粉尘,并且在电解加工时会有酸雾。为了保护操作人员的健康,给机床整体加上防护罩,并安装排气装置。

激光-电解复合加工装备实物如图 6.40 所示。

图 6.40　激光-电解复合加工装备实物

2.机床控制系统及功能

针对激光-电解复合加工工艺及机床结构的特点,本书选择西门子 840D 控制系统。西门子 840D 的特点包括:采用 32 位微处理器实现计算机数字控制,可完成计算机数字控制连续轨迹控制以及内部集成式可编程逻辑控制器(programmable logic controller,PLC)控制。机床配置最多可控制 31 个轴。其插补功能有样条插补、三阶多项式插补、控制值互联和曲线表插补,这些功能为加工各类曲线、曲面类零件提供了便利条件。此外,机床还具备进给轴和主轴同步操作的功能。控制系统具有以下特点:

（1）操作方式。操作方式主要有自动、手动、交互式程序编制、手动过程数据输入。轮廓和补偿西门子 840D 可根据用户程序进行轮廓的冲突检测、刀具半径补偿的接近和退出及交点计算、刀具长度补偿、螺距误差补偿和测量系统误差补偿、反向间隙补偿、过象限误差补偿等。

（2）安全保护功能。数控系统可通过预先设置软极限开关的方法进行工作区域的限制，当超程时，可以触发程序进行减速，还可以对主轴的运行进行监控。

（3）NC 编程。NC 编程符合 DIN66025 标准，具有高级语言编程特色的程序编辑器，可进行公制、英制尺寸或混合尺寸的编程，程序编程与加工可同时进行，系统具备 1.5MB 的用户内存，用于零件程序、刀具偏置、补偿的存储。

（4）PLC 编程。集成 S7- 300，PLC 程序和数据内存可扩展到 288KB，I/O（input/output）模块可扩展到 2048 个输入/输出点，PLC 程序可以极高的采样速率监视数字输入，向数控机床发送运动停止/启动命令。

根据实际加工需要，设计机床系统主要控制参数，控制系统示意图如图 6.41 所示。操作系统包含多级菜单命令，主菜单下设防撞保护、自动放电、参数编辑、代码编辑、移动速度、更换电极、寻边功能、机床复位、坐标系统、用户设置 10 个一级菜单，部分一级菜单涉及多个二级菜单命令。

防撞保护：改变防撞保护的功能状态，选中时防撞保护起作用。

自动放电：进入程序加工模式。

参数编辑：进入加工参数的编辑功能，并对参数数据具有档案存取功能，方便参数的管理与操作。

代码编辑：进图程序编辑功能。

移动速度：更改各轴的移动速度，可直接输入所需速度值，也可通过控制手柄改变速度参数。

更换电极：控制电极夹头回到更换电极的位置。

寻边功能：进入样品位置的自动靠边功能。

机床复位：进入机床各轴的复位功能。

坐标系统：进入实验平台的工作坐标设置的存取功能。

上述激光-电解复合加工机床完全采用了通用的数控机床运动控制方式，从而实现特殊工艺要求的孔加工，其加工中的运动仅是点位控制，而对于其他具有复杂曲面加工要求的零件，如陶瓷型芯的修型、金刚石刀具刃口加工等，则需要空间轨迹控制要求，该类型的机床若配备二维、三维扫描振镜，则可以实现更加复杂的零件表面曲线加工与切割，需要开发更加复杂的 CAM 软件，如无锡超通智能制造研究院有限公司 2021 年推出的激光加工 CAM 软件[7]，实现了前面所述的飞行加工和无限视野加工。随着大功率超快激光器工业应用的逐步成熟，所需要的激光加

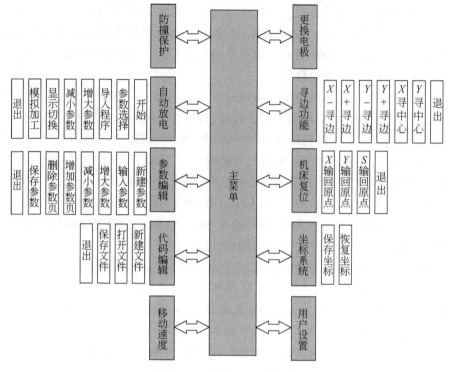

图 6.41　控制系统示意图

工装备越来越复杂,相应的加工效率、加工质量得到了提升,除替代传统的加工方法之外,正日益产生新的颠覆性应用。

参 考 文 献

[1] 奥地利 High Q Laser 公司. 皮秒激光器用户手册[M]. 兰克韦尔:奥地利 High Q Laser 公司,2010.

[2] 奥地利 High Q Laser 公司. 皮秒激光器测试报告(西安交通大学)[M]. 兰克韦尔:奥地利 High Q Laser 公司, 2010.

[3] 德国 Jenoptik 公司. FE17064 场镜参数表[M]. 耶拿:德图 Jenoptik 公司, 2018.

[4] 德国 OWIS 公司. LIMS 60-50 HiDS 运动平台参数表[M]. 施图芬:德国 OWIS 公司,2013.

[5] 美国 Cambridge Technology 公司. Pro Series II 7-10-14 振镜参数表[M]. 莱克星顿:美国剑桥科技公司, 2010.

[6] 英国 GSI 公司. JK300D 激光器用户手册[M]. 旧金山:英国 GSI 公司,2015.

[7] 无锡超通智能制造研究院有限公司. 激光加工 CAM 软件应用手册[M]. 无锡:无锡超通智能制造研究院有限公司,2021.